U0217022

高等职业教育园林园艺类专业系列教材

# 蔬菜生产技术

主　编　刘艳华
副主编　张　健　周龙发　梁新安
参　编　张国锋　樊　蕾　姚丽敏　詹　云
主　审　郭晓龙　牛红云

机械工业出版社

本书以工作过程为导向，介绍了蔬菜生产技术基础、蔬菜生产安排以及白菜类、根菜类、茄果类、瓜类、豆类、葱蒜类、薯芋类、绿叶菜类、多年生蔬菜、水生蔬菜的露地生产技术和设施生产技术。全书共十二个项目，每个项目前都提出了知识目标和能力目标，利于学生明确学习目标。本书内容中包括了要求学生重点掌握的操作内容和考核标准，旨在教师指导学生融"教、学、做"为一体，实现专业教学与学生就业岗位零距离对接。各项目后附有练习与思考题。书后附有本课程的课程标准，并且配合制作了电子课件和题库，凡使用本书作为教材的教师可登录机工教育服务网 www.cmpedu.com 注册下载。咨询邮箱：cmpgaozhi@sina.com。咨询电话：010-88379375。

本书可作为高职高专院校、成人高校、民办高校的农学、园林、园艺等相关专业的教学用书，也可作为从事农业技术工作人员的培训、参考用书。

**图书在版编目（CIP）数据**

蔬菜生产技术/刘艳华主编. —北京：机械工业出版社，2013.3
（2021.8 重印）

高等职业教育园林园艺类专业系列教材

ISBN 978-7-111-40921-2

Ⅰ.①蔬…　Ⅱ.①刘…　Ⅲ.①蔬菜园艺－高等职业教育－教材　Ⅳ.①S63

中国版本图书馆 CIP 数据核字（2012）第 302900 号

机械工业出版社（北京市百万庄大街22号　邮政编码100037）
策划编辑：覃密道　责任编辑：覃密道　王靖辉
版式设计：赵颖喆　责任校对：赵　蕊
封面设计：马精明　责任印制：李　昂
北京捷迅佳彩印刷有限公司印刷
2021 年 8 月第 1 版第 4 次印刷
184mm×260mm·20.25 印张·498 千字
标准书号：ISBN 978-7-111-40921-2
定价：49.80 元

电话服务　　　　　　　　网络服务
客服电话：010-88361066　　机 工 官 网：www.cmpbook.com
　　　　　010-88379833　　机 工 官 博：weibo.com/cmp1952
　　　　　010-68326294　　金 书 网：www.golden-book.com
**封底无防伪标均为盗版**　　机工教育服务网：www.cmpedu.com

# 前　言

蔬菜生产技术是园艺专业和种植类专业的一门重要专业课程，本书根据《教育部关于以就业为导向　深化高等职业教育改革的若干意见》、《教育部等七部门关于进一步加强职业教育工作的若干意见》、"高等教育面向 21 世纪教学内容和课程体系改革计划"等文件精神和国家"十二五"规划关于推进职业教育的规定，为满足我国南方和北方地区蔬菜产业发展对专业技能型人才培养的需求，针对我国南、北方地区气候特点和蔬菜生产情况，采用"项目引导—任务驱动"的教学模式，以蔬菜生产工作过程为导向，以任务实施的相关专业知识和生产实践技能为重点，以专业能力培养为中心，以生产为载体，突出蔬菜生产实践技能训练。教师指导学生学习以团队从事蔬菜生产为主线，将课程内容置于蔬菜生产过程的工作任务中，使学生在"做"中学习知识、提高技能、积累经验，从而培养学生自主学习和自我发展的能力。

本课程以培养能直接从事蔬菜技术推广、生产和管理的实用型人才为指导，以现代蔬菜发展要求为依据，在保证基本理论和基本技能教学的前提下，突出了新技术、新模式的教学方法，并根据蔬菜生产的需要，介绍了不同生产方式的蔬菜生产技术、植物生长调节剂和除草剂的使用技术、蔬菜采后处理等新技术，更好地适应了现代蔬菜发展的需要。为满足我国南北方不同地区的教学和生产需要，在教学内容安排上，以典型蔬菜和通用技术教学为主，适当介绍设施栽培的内容，以适应我国现代设施蔬菜发展的需要。

根据蔬菜季节性生产的特点，本课程的计划教学时数为 90～100 学时，宜安排在春、秋两个季节完成，以保证"教、学、做"同步进行，方便生产操作。各学校在使用该教材时，可根据学校专业设置、当地蔬菜生产及教学侧重点等选择教学内容，并适当调整相关内容。

本书由刘艳华任主编，张健、周龙发、梁新安任副主编。教材的前言、附录——课程标准、项目三、项目四和项目八由黑龙江生物科技职业学院刘艳华编写；绪论由黑龙江省农业科学院园艺分院詹云编写；项目二由哈尔滨市香坊区成高子镇农业推广中心姚丽敏编写；项目一和项目五由黑龙江生物科技职业学院张健编写；项目六由黑龙江农业职业学院周龙发编写；项目七和项目十由河南农业职业学院梁新安编写；项目十一和项目十二由黑龙江生物科技职业学院张国锋编写；项目九由山西运城农业职业技术学院樊蕾编写。本书由黑龙江生物科技职业学院刘艳华统一修改，并补充和替换了部分插图。本书由黑龙江生物科技职业学院郭晓龙和黑龙江农垦职业学院牛红云主审，在此表示感谢。

由于编者水平和能力有限，书中不妥之处在所难免，恳请各院校师生通过教学和生产实践提出宝贵意见。

编　者

# 目　　录

# 绪　论

## 一、蔬菜的定义与生产特点

### （一）蔬菜的定义

凡是栽培的一、二年生或多年生草本植物，也包括部分木本植物和菌类、藻类、蕨类和某些调味品等，具有柔嫩多汁的产品器官，可以佐餐的植物均可列入蔬菜的范畴。栽培较多的是一、二年生草本植物。蔬菜食用器官包括植物的根、茎、叶、花、果实、种子和子实体等。

### （二）蔬菜生产的特点

蔬菜生产是根据蔬菜的生长发育规律及其对环境条件的要求，通过采取适应的生产管理措施，创造适合蔬菜生长发育的良好环境，获得蔬菜优质高产的过程。

#### 1. 季节性较强

蔬菜生产季节性较强，不同蔬菜对生长环境的要求不同，适宜的生产季节也不同。如大白菜喜冷凉的气候，适宜的生产季节为秋季；黄瓜喜温暖的气候，适宜的生产季节则是春季和初夏。露地蔬菜生产如果不在其适宜的季节，轻者产量降低和产品品质下降，重者则绝产。

#### 2. 技术性较强

蔬菜生产要求精耕细作，从种植前生产资料的准备、施肥、整地、做畦或起垄到播种育苗、定植、蹲苗、浇水、中耕除草、培土、搭架、绑蔓、整枝、打杈、摘心等田间管理和采收等环节均要求按照一定的技术规范进行操作，技术性较强。

#### 3. 生产形式和生产方式多种多样

蔬菜生产按规模大小，分为零星栽培和规模栽培；按生产目的，分为自给自足的庭院蔬菜生产、半农半菜的季节性蔬菜生产、以种菜为业的专业性蔬菜生产、以外销为主的出口蔬菜生产及特色蔬菜生产等形式；按生产环境，分为露地蔬菜生产和设施蔬菜生产；按蔬菜类型，分为普通蔬菜生产和特色蔬菜生产；按蔬菜生产手段，分为促成生产、早熟生产、延迟生产等方式。

#### 4. 集约化程度高

蔬菜生产的集约化程度高，即在单位土地面积上投入较多的生产资料和劳动，进行精耕细作，用提高单位面积产量的方法来获取较高的经济效益。

#### 5. 具有明显的市场性

蔬菜的品种类型、种植面积等应根据蔬菜市场的需求情况进行安排；蔬菜生产资料的供应状况受当地农业生产资料市场货源状况的影响，也间接影响当地的蔬菜生产；蔬菜的销售价格及生产效益受当地蔬菜市场价格和销售量的影响。

6. 必须符合国家颁布的有关标准和规定

蔬菜作为人们生活的主要副食品，其质量优劣与人们的健康关系非常密切，随着人们环保意识和食品安全意识的不断增长，无公害有机蔬菜越来越受到市场和消费者的关注，有机产品的消费出现快速增长，消费规模在日益扩大，因此蔬菜的生产过程和产品质量必须符合国家颁布的有关标准和规定。

## 二、我国蔬菜栽培区域及特点

按照我国自然经济条件和蔬菜栽培特点，一般分为 4 个蔬菜栽培区域。

### （一）东北、蒙新、青藏蔬菜单主作区

此区主要有黑龙江、吉林、辽宁北部、内蒙古、新疆、甘肃和陕西北部及青海、西藏等地，冬季气候寒冷，全年有 3～5 个月平均温度在 0℃以下，无霜期仅为 90～150d，一年中雨水量稀少，夏季温度低，喜温和喜凉性蔬菜可同时在露地生长，一年内只能在露地栽培 1 茬生长期较长的蔬菜，因此露地蔬菜生产供应上存在着半年淡季（冬春）、半年旺季（夏季）的状况。但这一地区，尤其是西部高原，冬季日照充足，适宜发展冬春季日光温室或加温温室栽培。

### （二）华北蔬菜双主作区

此区有辽宁南部、河北、北京、山东、河南、山西、陕西和甘肃南部、江苏和安徽的淮河北部地区，为温带半干旱气候区，1 月份平均气温降到 0℃以下，冬季有冰冻，全年无霜期为 200～240d，夏季炎热多雨，冬季寒冷干燥，一年内可在露地栽培 2 茬主要蔬菜，典型的茬口是春夏季栽培茄、瓜、豆类等喜温性蔬菜，而在秋冬季换茬栽培白菜和根菜类等喜凉性蔬菜。所以，露地蔬菜生产存在着两旺（春夏、秋冬）和两淡（夏、冬）的现象。但这一地区冬季晴日多，又不及东北、西北寒冷，是发展日光温室最适宜的地区。

### （三）长江流域蔬菜三主作区

此区有四川、贵州、湖北、湖南、陕西的汉中盆地、江西、安徽和江苏淮河以南、浙江、上海和广西、广东、福建三省的北部，气候温和多雨，全年无霜期为 240～340d，冬季很少严霜冰冻，夏季雨水量充沛，一年内可在露地栽培 3 茬主要蔬菜。喜温性的蔬菜如番茄、黄瓜、菜豆等一年内可春作和秋作栽培 2 茬，喜凉性的蔬菜如大白菜、萝卜等则作为秋作，越冬茬可栽培耐寒性的菠菜、塌菜等。冬季设施栽培多以塑料大棚为主，夏季则以遮阳网、防虫网覆盖栽培为主。此区与华北地区一样，存在"二旺二淡"的特点。

### （四）华南蔬菜多主作区

此区主要包括广东、广西、福建、台湾、海南等地，为亚热带和热带气候区，全年温暖无冬，同一蔬菜可在一年内多次栽培，喜温的茄果类、豆类及耐热的西瓜、甜瓜等，可在冬季露地生产。此区是重要的南菜北运生产基地，但夏季高温，往往多台风、暴雨，形成了蔬菜生产与供应上的淡季。

## 三、我国蔬菜生产中存在的问题及发展趋势

### （一）我国蔬菜生产中存在的问题与解决对策

1. 合理布局，发挥优势

过去我国蔬菜产业的发展，只停留在数量上的扩张，存在着一定的盲目性，缺乏统一规

划，没有按照适地生产进行布局，导致各地蔬菜生产方式、栽培季节和品种结构雷同，不能充分发挥各地独特的气候条件和品种资源优势，生产成本高、产品质量差、产量不稳定、价格波动大，还经常出现区域性、季节性和结构性的过剩，以及卖菜难、菜贱伤农的现象。

针对以上问题，根据我国不同地区的生态气候特点和资源优势，将蔬菜产区划分为四大功能区、八个优势带。

1）冬春蔬菜生产区的华南冬春蔬菜优势带和长江上中游冬春蔬菜优势带。

2）夏秋蔬菜生产区的黄土高原夏秋蔬菜优势带、云贵高原夏秋蔬菜优势带和浙闽赣皖丘陵山地夏秋蔬菜优势带。

3）设施蔬菜生产区的环渤海湾设施蔬菜优势带。

4）蔬菜出口功能区的沿海蔬菜出口优势带和西北部出口蔬菜优势带。

还划分了出口蔬菜加工区、冬季蔬菜优势区、夏秋延时蔬菜和水生蔬菜优势区。根据不同地域的自然和生产条件，安排种植不同的蔬菜种类，既能充分利用自然资源，降低生产成本，又可避免地区间的重复生产和浪费资源，减少内耗。

2. 改善基础设施和技术设备，提高生产力

我国菜田基础设施薄弱，抗灾能力差，生产受低温冷害、冻害及干旱、暴风雨等自然灾害的影响较大。特别是近几年，由于城镇建设加快，郊区蔬菜基地面积减少，农区蔬菜基地发展较快，但基础设施建设和技术装备跟不上，生产受自然灾害的约束较大；蔬菜生产的日常管理，如施肥、打药、喷花、放风闭风等，很多作业环节靠手工操作，劳动强度较大、效率低、成本高、效益差。

为降低我国蔬菜生产劳动强度、节省用工，实现节本增效和规模效益，应继续研制、装备适合我国蔬菜生产的设备，如施肥机、植保机械、放闭风设备等；研制、推广自动化控制和机械操作装置；在掌握设施小气候变化规律和主栽蔬菜生长发育规律、产量形成因子的基础上，开发设施蔬菜生产技术管理软件。

3. 创新与推广蔬菜科技，提高产业竞争力

我国蔬菜栽培管理水平相对较低，很多局限于经验型，距离标准化、指标化、措施化的现代农业要求相差甚远，造成蔬菜单产水平较低、质量差、档次低、国际竞争力不强。

为提高我国蔬菜的国际竞争力，应开发适销对路的品种和配套的栽培技术，拓展多元化的国内外市场；开发蔬菜无害化生产技术，并推行无公害标准化生产，提高产品质量安全水平；开发蔬菜采后商品化处理及冷藏保鲜贮运设备和技术，提高蔬菜的档次，降低损耗，实现转化增值；提高劳动生产率，发展规模经营，保持我国蔬菜低成本的国际竞争优势。

4. 实行标准化生产和管理，提高质量安全水平

近几年各地采取行政制约，加强禁限用农药的监管，蔬菜安全质量水平有所提高，但无害化栽培和高效低毒农药的研发、推广滞后于无公害蔬菜生产的发展，使产品质量不稳定，进一步提高产品质量难度加大。又由于长期连作、无序引种和流通、蔬菜品种数量的增多等原因，导致原有病虫害发生加重，还造成病虫害种类的增加，加大了病虫害防治的难度。

无公害蔬菜生产工作应推广生态栽培技术，创造适宜蔬菜作物生长发育的环境条件，抑制病虫害的发生和蔓延，实现不发生或少发生病虫害，从而达到不用药或少用药的目的。采收阻隔、诱杀、高温消毒等物理防治措施，控制病虫害的发生，减少用药。合理选择施用高效低毒农药，从而控制农药残留污染。

5. 推行采后商品化处理和加工，实现转化增效

采后商品化处理是蔬菜商品生产和经营的重要环节，在日本、美国和欧洲极为广泛，而我国仅在供应超市、高档宾馆饭店的蔬菜和礼品菜上应用。采后商品化处理程度低带来商品质量差、运耗大、污染环境、食用不便等诸多问题。随着国民收入的增加、旅游业的发展、消费水平的提高和人们生活节奏的加快，人们对洁净的半成品和成品蔬菜的需求日益增长，采后商品化处理正在成为蔬菜产业新的增长点。目前，我国蔬菜采后增值与采收时自然产值比仅为 0.38：1，而美国为 3.7：1，日本为 2.2：1，所以我国发展蔬菜采后处理加工增值潜力很大。

6. 推进发展蔬菜产业化经营，提高整体效益

我国农村基本的经营制度是以家庭承包经营为主，农民组织化程度低，小而全，随意性大，从而带来标准化生产难、采后商品处理难、品牌化销售难、质量管理难等问题。

通过采取龙头企业带动、专业市场带动、中介组织带动、经纪人和专业大户带动等多种形式的产业化经营，把一家一户的小规模生产，有效地组织起来，实行专业化、规模化、标准化生产，商品化加工，品牌化销售，提高我国蔬菜产业整体效益和国际竞争力。

**（二）我国蔬菜产业的发展趋势**

我国已成为世界上最大的蔬菜生产国和消费国，蔬菜已成为我国仅次于粮食的第二大作物，今后我国蔬菜产业将呈以下发展趋势。

1. 进一步深入研究，完善栽培生产设施

改善栽培设施，尤其是节能型日光温室的结构，提高其综合性能，集成配套栽培技术如进一步优化节能型日光温室的结构性能，包括最佳采光屋面角度的确定；选择最佳的墙体和拱架结构材料；开发新型的覆盖保温材料；大力推广反光幕等；栽培种类多样化，打破只种黄瓜、番茄、甜椒、韭菜、芹菜的格局；优化栽培模式，有效利用时间和空间，提高生产效率；研究开发节本增效技术；进一步研究、推广设施栽培新技术，如育苗新技术、无土栽培技术、节水灌溉技术和二氧化碳施肥技术、遮阳降温技术等；加强对设施土壤改良技术的研究；加强灾害性天气对策的研究，减少风险性；设施生产品质优化研究；推广病虫害综合防治技术等。

2. 加强蔬菜优良品种的培育工作，推广设施专用蔬菜品种力度

随着蔬菜消费市场的多元化发展，将不断培育适应不同消费群体、不同季节、不同熟性的蔬菜新品种。尤其是地方特色资源的研究开发，野生蔬菜资源的开发利用，名、优、新、稀、特蔬菜的引育，利用生物技术进行种质资源的创新等。

3. 研究开发优质、高产、高效栽培新模式及配套技术

科学合理的菜田耕作与土壤培肥制度，因地制宜的间、套作制度和轮作制度，采取相应的培育壮苗、合理密植、机械施肥、植株调整、病虫害综合防治等技术，集成配套栽培技术，提高蔬菜品质及蔬菜生产效益。

4. 加大新技术、新材料的研究与推广力度，提高科学种菜水平

加大工厂化育苗、无土育苗、快速育苗、组织培养与快速繁殖、蔬菜嫁接技术（瓜类、茄果类）的推广应用。加快蔬菜无土栽培技术的进一步研究，大力推广基质栽培、营养液培、雾培、有机生态无土栽培。加大生物肥、生物农药的研究开发与推广应用。加大测土施肥、配方施肥、节水灌溉等精准农业技术的研究与推广。以无滴膜、防虫网和遮阳网为代表

的新材料，将在蔬菜生产中得到普遍应用。

**5. 蔬菜高效安全标准化生产技术将普遍应用**

国家相关部门将制定严格的蔬菜质量认证标准，无公害蔬菜将成为我国蔬菜产品的主体，在禁止使用高毒农药的同时，应注意避免蔬菜生产中出现的硝酸盐污染和重金属污染。绿色蔬菜将是未来我国蔬菜发展的方向。

**6. 进一步研究蔬菜贮藏、加工技术**

蔬菜是不同于粮食的鲜活产品，过去我国蔬菜贮藏和加工技术非常薄弱，绝大多数蔬菜只能以鲜菜形式销售，产品附加值低，甚至导致蔬菜产品腐烂比例较高，严重制约了我国蔬菜产业的健康发展。进一步研究蔬菜贮藏、加工技术是今后工作的重点。

**7. 开展出口蔬菜产业化开发研究，推动蔬菜生产标准化，蔬菜出口量将稳定增长**

蔬菜产业是劳动密集型产业，而我国劳动力众多，低成本的蔬菜产品在国际市场极具竞争力，加强卫生安全工作，抓住 WTO 给蔬菜产业发展带来的机遇，研究开发适销对路的品种，规模化生产的组织经营，生产资料的采购、经营、管理、使用，开发研究协调统一的田间管理制度及相关的采后处理技术，使蔬菜经营集约化、生产规范化、产品标准化，提高国际市场竞争力。

**8. 推广利用信息技术指导蔬菜生产和蔬菜经营，网络营销将迅速发展**

充分利用电视、广播、网络等现代传媒，进行信息发布，指导蔬菜生产、上市档期、蔬菜的种类和需求信息等，搞好品种调剂，保证蔬菜供应不脱销、不断档，引导蔬菜跨区域合理流通；建立蔬菜流通网络直销点，解决农副产品积压和部分商家的垄断问题，促进菜价平稳。

## 四、蔬菜生产技术课程的学习任务和学习方法

### （一）本课程的学习任务

蔬菜生产技术是园艺专业和种植专业的重要专业课程之一。学习本课程的主要任务是理解蔬菜生产任务实施的相关专业知识，掌握蔬菜生产任务实施的相关生产操作技能。学生应根据蔬菜行业和市场需要，进行种植品种的选择，适时播种，培育壮苗；能根据不同的蔬菜种类，进行整地作畦，施足基肥；能根据蔬菜特性，确定播种（定植）日期、密度和方法；能根据蔬菜长势，进行环境调控、调整肥水管理和植株调整；会使用植物生长调节剂；能识别和防治常见的蔬菜病虫害；会确定采收适期，掌握采收方法和进行采后处理；并能及时掌握当前蔬菜生产上推广应用的优良品种、高新技术和高效栽培模式，为以后从事蔬菜生产和科学研究奠定坚实的基础。

### （二）本课程的学习方法

蔬菜生产是一门综合性的农业技术科学，只有对蔬菜的生物学特性有足够的了解，并具备一定的植物和植物生理、土壤与肥料等基础理论知识，才能深刻理解和掌握本课程的内容。

蔬菜生产又是一门实践性很强的应用科学，应经常参与到生产实践中，并不断地思考与总结，所以学好该课程必须做到以下几点：

1）必须掌握本课程的基本理论和基本概念，掌握主要蔬菜的生长发育规律、对环境条件的要求规律和栽培生产的关系、茬口安排和高产高效栽培模式等。

2）结合当地的气候条件和生产实际，灵活运用生产栽培技术。掌握必要的生产管理技能，加强实践技能训练。

3）学会举一反三，融会贯通，把握好本学科及其他相关学科的联系。

4）多观察、勤思考，提高分析、总结、概括和创新能力。

5）多看书和查阅科技资料，经常关注国内外蔬菜发展的动态信息。不断更新和改进自己的专业生产知识和生产技能，从而提高蔬菜生产技术水平。

## 五、本课程学习的建议

在蔬菜生产过程中，学生应具备良好的社会责任感和吃苦耐劳的精神，以小组为单位，发扬团队精神，通力合作，在技术员或指导教师的指导下，认真学习和操作，共同参与栽培生产全过程，最终实现个人能够独立完成蔬菜栽培生产的目标。

技术员或指导教师可根据学生表现和技能训练评价表对学生的学习和生产操作技能进行评价，测评满分为100分，85分以上为优秀，75～84分为良好，60～74分为及格，60分以下为不及格。不及格的学生需重新进行知识学习和任务训练，直到任务完成，达到合格为止。

项目一

# 蔬菜生产技术基础

## 知识目标

1. 熟悉蔬菜播种、育苗的理论知识和技术环节。
2. 明确蔬菜定植期确定方法，知道主要蔬菜的定植方式及密度。
3. 理解菜田化学除草的意义，熟悉蔬菜化控技术。
4. 明确蔬菜产品的成熟度、采收方法和采后商品化处理与产品质量的关系。

## 能力目标

1. 掌握育苗操作技能和技巧，完成主要蔬菜播种育苗各环节的操作，提高标准苗的质量。
2. 完成蔬菜整地、做畦、地膜覆盖及定植操作，掌握蔬菜田间管理各项技术操作。
3. 掌握植物生长调节剂的应用方法，学会化学除草剂的配制和使用方法。
4. 能判断蔬菜产品采收成熟度，掌握主要蔬菜产品采收方法和采后商品化处理技术。

# 任务一 种子处理

## ● 任务实施的专业知识

蔬菜种类繁多，狭义的蔬菜种子专指植物学上的种子。蔬菜栽培上所用的种子是指所有用来播种进行繁殖的植物器官或组织，常用的种子可分为三类。

（1）真正的种子 由受精胚珠发育而成的种子，如十字花科、豆科、茄科、葫芦科、百合科、苋科等蔬菜的种子。

（2）果实 有些蔬菜的播种材料是植物学的果实，如伞形科、藜科、菊科等蔬菜的种子。

（3）营养器官 有些蔬菜的播种材料为营养器官，如鳞茎（大蒜、洋葱）、球茎（芋、

荸荠）、块茎（马铃薯、山药、菊芋）、根状茎（藕、姜），还有枝条和芽等。

蔬菜种子播前处理是指在播种前采用的物理、化学或生物处理措施的总称，如选种、晒种、浸种、催芽等，此外，还有拌种、包衣、丸粒化等。其目的是使种子发芽快而整齐、幼苗生长健壮、预防病虫害和促进早熟、增产。

## 一、浸种

浸种是将种子浸泡于水中，使其在短期内吸水膨胀，吸足种子发芽所需要的水分。一般用水量为种子量的 5~6 倍，浸种时间一般在播种前的 3~5d 进行。

### （一）浸种方法

根据水温不同分为三种方法：一般浸种、温汤浸种、热水烫种。生产上常用温汤浸种。

#### 1. 一般浸种

用温度与种子发芽适宜温度（20~30℃）相同的水浸泡种子为一般浸种，也叫温水浸种，一般浸种对种子只起供水作用，无灭菌和促进种子吸水作用，简单方便，适用于普通种子。

#### 2. 温汤浸种

水温 55~60℃，浸种时要不断搅拌，并随时补给温水保持水温，持续 10~15min 后，使水温逐渐降低，再进行一般浸种。耐寒、半耐寒类蔬菜降低到 20~22℃，喜温蔬菜及耐热蔬菜降到 25~28℃，浸种时间比一般浸种缩短 1~2h。种皮坚硬而厚，如西瓜、苦瓜、丝瓜等吸水困难的种子，浸种前进行机械处理，以利进水。温汤浸种对种子具有灭菌作用。

#### 3. 热水烫种

热水烫种用于吸水困难的种子（如冬瓜、茄子）或不宜长期浸泡的种子（如豆类）等。水温 75~85℃，甚至更高，水量不超过种子量的 5 倍，种子应充分干燥。烫种要迅速，可用两个容器来回倾倒以降低水温，水温降至 30℃ 左右为止，以后步骤同温汤浸种法，时间可比温汤浸种缩短一半。

### （二）浸种时间

蔬菜因种子大小、种皮厚度、种子结构等不同，浸种时间也不同。

浸种时应把种子淘洗干净，除去果肉；浸种过程中勤换水，保持水质清新，一般以每12h 换 1 次水为宜；浸种水量以略大于种子量的 4~5 倍为宜；浸种时间要适宜，豆类蔬菜浸种时间不宜过长，种子由皱缩变鼓胀时及时捞出，防止种子内养分大量渗出，影响发芽势与出苗力；浸种要用清洁的非金属容器，防止有毒物质危害种子。

## 二、催芽

催芽是将吸水膨胀的种子置于适宜温度下（喜温及耐热蔬菜 25~30℃，耐寒及半耐寒性蔬菜 20~25℃），促使种子较迅速而整齐一致地萌发的措施。浸种后也可不催芽，直接播种。

### （一）催芽方法

浸种后，沥去种皮上多余的水，使种皮呈湿润状态，用洁净的白布包起，架空放在干净容器里，盖一层较厚的布以保温、保湿；种子量大时放入编织袋中；也可将种子与清洁河沙按1:1 比例混合装于盆中，以给种子创造保温、保湿及通气条件。

### （二）催芽期管理

催芽初期可使温度稍高，出芽后逐渐降温"蹲芽"，防止胚根徒长。催芽 4~5h 后至破嘴前要经常翻动、淘洗种子，以便散发呼吸热，供给新鲜空气。有些耐寒性蔬菜（如芹菜等）催芽时需放到温度较低的地方。当70%左右的种子露白时停止催芽，准备播种。如不能及时播种，应将催完芽的种子放在冷凉处（5～10℃）抑制芽的生长。主要蔬菜浸种催芽的适宜温度与时间见表1-1。

表1-1 主要蔬菜浸种催芽的适宜温度与时间

| 蔬菜种类 | 浸　种 | | 催　芽 | |
| --- | --- | --- | --- | --- |
| | 水温/℃ | 时间/h | 温度/℃ | 时间/d |
| 黄瓜 | 25～30 | 8～12 | 25～30 | 1～1.5 |
| 西葫芦 | 25～30 | 8～12 | 25～30 | 2 |
| 番茄 | 25～30 | 10～12 | 25～28 | 2～3 |
| 辣椒 | 25～30 | 10～12 | 25～30 | 4～5 |
| 茄子 | 30 | 20～24 | 28～30 | 6～7 |
| 甘蓝 | 20 | 3～4 | 20～25 | 1.5 |
| 花椰菜 | 20 | 3～4 | 18～20 | 1.5 |
| 芹菜 | 20 | 24 | 20～23 | 2～3 |
| 菠菜 | 20 | 24 | 15～20 | 2～3 |
| 冬瓜 | 25～30 | 12＋12★ | 28～30 | 3～4 |

注：★表示浸种12h后，将种子捞出晾10～12h，再浸种12h。

### （三）补充营养

生产上常用的微量元素有硼酸、硫酸锰、硫酸锌、钼酸铵等，可用单一元素或将几种元素混合进行浸种，营养液浓度一般为0.01%～0.1%，浸种时间同温汤浸种，浸种后催芽。

### （四）物理处理

用物理方法处理种子，诱导变异、提高发芽势及出苗率、增强抗逆性等，达到选育新品种及增产的目的。如γ射线处理、激光处理、磁化处理、变温处理、干热处理等。

### （五）化学处理

利用化学药剂处理种子，可以起到诱发突变、打破休眠、促进发芽、增强抗性、种子消毒等多方面的作用。

#### 1. 药剂浸种

如先将种子用清水浸泡，然后用1%高锰酸钾溶液、2% NaOH溶液、0.02% CuSO$_4$溶液浸泡15min，再用清水冲洗干净，能杀灭附着在种子上的病毒和真菌，可预防病毒病、炭疽病、角斑病和早疫病等，并可分解种皮外的粘液和油质，避免幼苗烂根；将种子曝晒6h，再用0.1%甲基托布津溶液浸种1h，然后用清水浸泡3h，晾18h，可预防真菌类病害。

#### 2. 药剂拌种

将药剂、肥料和种子混合搅拌后播种，以防病虫为害、促进发芽和幼苗生长健壮。药剂拌种分为干拌、湿拌和种子包衣。将种子装入干净的容器内，再按种子重量的0.3%～0.6%加入福美双、多菌灵等，使药剂均匀粘附在种子表面，能杀灭多种虫卵。用种衣剂农药处理种子效果更好。

## ● 任务实施的生产操作

### 一、蔬菜种子浸种处理

根据不同蔬菜种类正确选择浸种催芽的方法，根据种子数量正确计算用水量。

**（一）一般浸种**

把种子放在洁净、无油的盆内，倒入清水；搓洗种皮上的果肉、果皮、黏液等，不断换水，除去瘪籽（辣椒除外），直至洗净；用25~30℃的清水浸泡种子；每5~8h换1次水；种子浸至不见干心时，捞出种子。

**（二）温汤浸种**

将黄瓜、番茄或茄子、辣椒等种子放在洁净、无油的盆内，倒入种子量5~6倍的水，水温55~60℃，不断搅拌，并随时补充温水，保持55℃水温10~15min，然后加入凉水，使水温降低至自然温度（25~30℃）；搓洗种皮上的果肉、果皮、黏液等，不断换水，除去瘪籽（辣椒除外），直至洗净；用25~30℃的清水浸泡种子；每5~8h换1次水；种子浸至不见干心时，捞出种子，稍晾。

**（三）热水烫种**

将冬瓜、西瓜或黑籽南瓜等种子，放入洁净的容器内，倒入凉水浸润种子，然后倒出水；往盛有种子的容器内加入75~85℃热水，迅速朝一个方向搅拌1~2min，使热气散发并提供氧气。水温降到55℃时停止搅拌，并保持水温约7~8min；搓洗种皮上的果肉、果皮等，不断换水，除去瘪籽（辣椒除外），直至洗净；用25~30℃清水浸泡种子；种子浸至不见干心时，捞出种子，进行摧芽。浸种后若不催芽，可洗净后使水分稍蒸发至互不粘结时即可播种，或加入一些细沙、草木灰以助分散。

### 二、蔬菜种子催芽处理

培养皿内铺双层滤纸，用清水浸润。将已浸种吸足水的种子均匀摆在培养皿中，盖好；或将吸足水分的种子包于湿润的双层纱布包中，外面裹湿毛巾保湿。把培养皿或种子袋放在适宜温度的培养箱内或温暖处，盖上湿布。每天用20~30℃清水投洗种子1~2次，直至小粒种子芽长达种子长度的1/3~1/2，大粒种子芽长不超过1cm时，结束催芽。催芽期间每天翻动种子，洗纱布包，并记录种子的发芽情况，计算发芽率。

蔬菜种子浸种催芽技能训练评价表见表1-2。

**表1-2　蔬菜种子浸种催芽技能训练评价表**

| 学生姓名： | | 测评日期： | | 测评地点： | | |
|---|---|---|---|---|---|---|
| | 内　容 | | 分　值 | 自　评 | 互　评 | 师　评 |
| 考评标准 | 熟练掌握温汤浸种和热水烫种的基本技能 | | 30 | | | |
| | 掌握常温催芽的技术，催芽期间管理及时 | | 30 | | | |
| | 顺利完成常温催芽和变温催芽的对比实验 | | 20 | | | |
| | 正确计算种子发芽率 | | 20 | | | |
| 合　计 | | | 100 | | | |
| 最终得分（自评30% + 互评30% + 师评40%） | | | | | | |

# 任务二　播种

## ● 任务实施的专业知识

### 一、播种期确定

根据蔬菜的生物学特性和对光照、温度等的要求及当地的地理环境条件等确定播种期。在露地栽培中，自然温度条件是主要的决定因素，所以确定露地蔬菜播种季节的原则是按各种蔬菜对温度的适应能力，把蔬菜的生育期安排在其所能适应的温度季节，把蔬菜产品器官形成期安排在温度最适宜的月份。如耐寒性蔬菜，一般在春季土壤化冻后播种，晚霜过后出苗，冻害发生前收获；或秋季播种，也可秋播后越冬生长。喜温性蔬菜，要在无霜期生产，晚霜过后在露地生产，秋季早霜来临前须收获完毕。

为了周年生产，均衡上市，解决春秋两个淡季，除按上述原则适时播种外，还须分期播种，但必须与改进栽培技术、选用适宜品种、增加花色品种相结合。

### 二、播种量计算

单位面积上播种的数量称为播种量，应根据蔬菜种植密度、单位重量的种子粒数、种子的使用价值及播种方式、播种季节来确定。点播种子播种量计算公式如下：

$$单位面积播种量 = \frac{单位面积出苗数}{每克种子粒数 \times 种子纯度 \times 种子净度 \times 种子发芽率}$$

由于人为和自然等因素影响，实际出苗数往往低于理论数值，因此最后确定播种量时，还应增加一个保险系数，保险系数取值范围一般为 1.2 ~ 4.0。一般大粒种子保险系数应大；干旱季节及雨季播种量大，保险系数也大；土壤耕作质量高的地块用种量可小，保险系数应小；育苗移栽的用种量较直播的小，保险系数不宜过高。

### 三、播种方法

#### （一）播种方式

1. 撒播

撒播是将种子均匀撒播到畦面上。优点是密度大，单位面积产量高，可经济利用土地；缺点是种子用量大，间苗费工，对土壤质地、作畦、播种技术和覆土厚度的要求都比较严格。撒播适用于生长迅速、植株矮小的速生菜类及苗床播种，如茴香、菠菜、小油菜、小葱、芫荽等，还常用于多种蔬菜育苗播种，如西红柿、茄子、甜椒、甘蓝、莴苣等。

根据播种前是否浇底水，撒播又分为干播和湿播两种方式。

（1）干播　播前不浇底水。一般趁雨后土壤墒情合适，能满足发芽期对水分的需要时播种。干播操作简单，速度快，但如播种时墒情不好，播种后又管理不当，容易造成缺苗。

（2）湿播　湿播用于干旱季节或浸种、催芽的种子，播种前先浇底水，待水渗下后播种。湿播质量好，出苗率高，土面疏松而不易板结，但操作复杂，工效低。

## 2. 条播

条播是将种子均匀撒在播种沟内。便于机械化播种及中耕、起垄，用种量少，覆土方便，灌溉用水量经济。条播适用于单株占地面积小而生长期较长的蔬菜及需要中耕培土的蔬菜，如菠菜、胡萝卜、大葱等，速生性蔬菜通过缩小株距和加大行距也可以进行条播。

## 3. 穴播

穴播又称为点播种。根据行距、株距的不同，穴播分为以下几种形式，如图1-1所示。

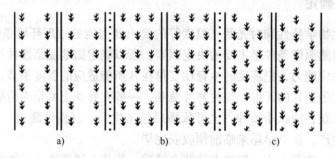

图1-1 蔬菜点播的形式

a）宽行点播 b）正方形点播 c）交叉点播

（1）宽行点播 按宽行距、窄株距播种，单株营养面积是长方形。宽行距有利于田间管理、通风透光及防病，适宜于大型叶菜、根菜、茄果类、瓜类和薯芋类蔬菜。

（2）正方形点播 按等株行距播种，单株营养面积是正方形。其适用于大白菜、甘蓝等株体投影圆形的蔬菜和播种营养面积较小的蔬菜，如早甘蓝、洋葱、小架番茄等。

（3）交叉点播 邻近行蔬菜的播种位置相互错开，单株营养面积是菱形。其既能保证单株蔬菜的营养面积，又能保持较高的种植密度，土地利用更充分，一些大中型蔬菜应用较普遍。

### （二）播种深度

播种深度即覆土厚度，主要取决于种子大小、土壤质地、栽培季节、种子特性等。如小粒种子，贮藏物质少，发芽后顶土能力弱，宜浅播，覆土0.5～1cm。中粒种子覆土1.5～2.5cm。大粒种子宜深播，覆土3cm左右。一般播种深度以种子直径的2～6倍为宜；沙质土壤，土质疏松，对种子的脱壳能力弱，保湿能力也弱，宜适当深播；黏质土对种子的脱壳能力强，且透气性差，宜适当浅播；高温干燥时宜深播，天气阴湿时宜浅播。喜光种子宜浅播，如芹菜等，反之则应适当深播；菜豆种子发芽时子叶出土，为避免腐烂，则宜较其他同样大小的种子浅播。瓜类种子发芽时种皮不易脱落，妨碍子叶开展和幼苗生长，播种时除注意将种子平放外，还要保持一定的深度。

## ● 任务实施的生产操作

# 一、蔬菜露地直播

生长期较短、生长速度较快的绿叶菜类蔬菜，应直接播种生产；根菜类蔬菜断根后易形成岐根，也不易育苗移栽，需进行直播；豆类蔬菜、白菜类中的大白菜、瓜类蔬菜中的南瓜、甜瓜等蔬菜也不适合育苗移栽，需进行露地直接播种生产。

**（一）土地准备**

**1. 整地**

蔬菜根系多集中在 5～25cm 深的土层内，播种前要深耕细耙，一般深耕 25～30cm，土块要细碎。

**2. 做畦**

整地后作畦，以调节土壤含水量，有效控制浇水，利于排水，改善土壤温度与通气条件，便于密植、进行田间农事操作和进一步改善土壤环境。常见的有平畦、底畦、高畦和高垄等。

畦向应与蔬菜种植的行向平行，并与栽培季节有关，冬季日光入射角小，东西向畦能接受较多的阳光，背风向阳，利于设施蔬菜和越冬菜生长；夏季高温时则应用南北向畦，因受光状态及通风均良好，能改善棚架田间的小气候，利于蔬菜开花、结实，从而能提高产量。

**3. 施基肥**

结合深耕施有机肥，以促进土壤熟化。播种前施足底肥，每畦内再施入一定量的有机肥和化肥，要求土壤与肥料混合均匀。

**4. 覆盖地膜**

覆盖地膜的目的是保墒增温。人工覆盖地膜力求达到紧、严的标准。

**（二）种子准备**

选择品种纯正、子粒饱满、发芽率达 85% 以上的种子为播种用种，按播种面积的大小准备适宜的数量。播种前可对种子进行药剂消毒和浸种催芽处理。

**（三）播种方法**

菠菜、芫荽、茴香、茼蒿、小白菜等采用撒播；大白菜、萝卜、胡萝卜、根用芥菜采用条播，有时为便于中耕除草或便于间、套作，将习惯撒播的蔬菜改为条播，如韭菜、茴香、小油菜、水萝卜等；豆类蔬菜、瓜类蔬菜中的直播种和韭菜等采用点播，播种时按株行距挖穴，播种穴的大小、深浅要一致，每穴播种 2 粒以上，要将种子分开放置。盖土时将土拍碎，盖土后稍加镇压，以利种子吸水出土。对于瓜类催芽后播种的，种子要平放，种芽弯曲时，种芽向下而后覆土，切勿使种子立置胚芽向下放置，容易造成"戴帽"出土。

蔬菜露地直播操作技能训练评价表见表 1-3。

**表 1-3 蔬菜露地直播操作技能训练评价表**

| 学生姓名： | | 测评日期： | | 测评地点： | |
|---|---|---|---|---|---|
| | 内　　容 | 分　值 | 自　评 | 互　评 | 师　评 |
| 考评标准 | 整地质量符合要求，土壤细碎，无坷垃、石砾、薄膜等杂物 | 20 | | | |
| | 畦的规格适合，畦面平坦，土壤松紧适度 | 20 | | | |
| | 覆膜质量符合要求 | 20 | | | |
| | 播种程序和方法正确，技术熟练，种子分布均匀、密度合适 | 20 | | | |
| | 覆土厚度适中，均匀一致 | 20 | | | |
| 合　　计 | | 100 | | | |
| 最终得分（自评 30% + 互评 30% + 师评 40%） | | | | | |

## 二、蔬菜苗床播种

### （一）设施准备

设施准备包括温室消毒与加温、温床制作、扣塑料棚、准备防寒设施、育苗工具与营养钵。

早春进行茄果类、瓜类蔬菜育苗时，在播种前25～30d建好棚，深耕，施足底肥；肥与土混匀、锄细整平、做畦。

### （二）床土准备

**1. 床土配制**

按照播种床和移苗床对床土的要求配制好育苗土（床土）。播种床的床土中园土占40%，腐熟的有机质占60%；移苗床的床土中园土占40%，腐熟有机质占50%，细沙或细炉渣占10%。将园土、腐熟的有机质过筛，按比例混合配制床土。

**2. 床土消毒**

播种前5～7d进行床土消毒，根据播种面积计算消毒所用药剂的用量，将消毒所用药剂与营养土均匀混合；也可用物理方法消毒。

### （三）苗床制作

根据条件选择适宜建造某种苗床的位置，按要求做好苗床骨架。大小根据播种量确定，一般宽1.2m，长不超过10m，播种床要求整地细致，畦面平整。

### （四）播种

**1. 普通地床及育苗盘播种**

铺床土或装育苗箱，搂平，将配制好的床土铺8～10cm厚，床面要搂平，无凸凹；浇温水，底水深度6～8cm，均匀一致；底水渗下后，取2/3药土均匀地铺在苗床上；小粒种子拌细沙后播种，撒播均匀；取剩余的1/3药土均匀地盖在已播种子的床面上，均匀覆土，搂平床面；播种床覆盖上塑料薄膜，保温保湿。

**2. 营养钵播种**

营养钵播种主要用于根系木栓化较早的豆类等蔬菜。在营养钵内装床土，并稍按实使土面平整，床土填装至钵沿下2cm处。然后把营养钵从苗床的一端开始紧密摆放，摆平；浇足底水；水渗下后每钵摆放3～4粒已催好芽的种子；均匀覆土，厚1cm左右；覆薄膜。

蔬菜苗床播种操作技能训练评价表见表1-4。

**表1-4 蔬菜苗床播种操作技能训练评价表**

学生姓名：　　　　　测评日期：　　　　　测评地点：

| | 内　容 | 分　值 | 自　评 | 互　评 | 师　评 |
|---|---|---|---|---|---|
| 考评标准 | 准备工作充分，如床土配制、过筛、消毒，种子消毒、浸种催芽等 | 30 | | | |
| | 正确计算播种面积和播种量 | 20 | | | |
| | 播种程序和方法正确，技术熟练，种子分布均匀、密度合适 | 30 | | | |
| | 覆土厚度适中，均匀一致 | 20 | | | |
| 合　　计 | | 100 | | | |
| 最终得分（自评30%＋互评30%＋师评40%） | | | | | |

# 任务三 育苗

## ● 任务实施的专业知识

育苗是将要栽培的蔬菜作物先在苗床内播种至定植到大田之前的培育过程。育苗是在气候不适宜育苗的季节，利用栽培设施、设备及先进的生产技术，人为地创造适宜的环境条件，提前播种，培育出健壮的秧苗，在气候适宜时再移栽到大田。一般茄果类、甘蓝类、叶菜类及部分豆类、白菜类、葱类、水生菜类等蔬菜多进行育苗生产。

## 一、育苗方式

### （一）根据育苗场所及育苗条件分类

#### 1. 设施育苗

整个育苗过程都是在设施内进行的，受气候影响小，育苗期灵活，早熟作用明显，容易培育出适龄壮苗，是现代育苗的重要方式。

#### 2. 露地育苗

露地育苗为传统的育苗方式，育苗质量受气候影响较大，育苗时间短、晚，早熟作用不明显，苗期病虫害较为严重，主要用于葱蒜类、秋白菜、秋芥菜等蔬菜的育苗。

### （二）根据育苗基质分类

#### 1. 床土育苗

床土是根据育苗的要求，人为配制的蔬菜育苗用土。床土育苗单位面积育苗数量少，床土重量大，易分散，护根效果差，不方便批量运输。床土育苗为传统的育苗方式，适于自给性育苗。

#### 2. 无土育苗

无土育苗是在容器内，选用理化性状优良的有机和无机材料为育苗基质，由营养液为蔬菜幼苗提供营养，用人工调节或自动控制秧苗所需的水、肥、温、光、气等环境条件培育蔬菜秧苗。无土育苗特点：单株幼苗需要的营养空间小，单位面积育苗数量多；育苗基质重量轻，颗粒大，容易被根固定，不易散坨，护根效果好，定植后缓苗快，成活率高达90%以上，适于批量长距离运输；适合机械化、规模化、集约化生产育苗，减小劳动强度；节约种子，生产成本低，不受季节限制，周年可育苗；病虫害少，苗齐苗壮，缩短育苗期，缩短蔬菜生产时间。

### （三）根据幼苗根系保护方法分类

#### 1. 容器育苗

利用容器盛装床土或基质进行育苗，育苗过程或大部分过程在容器内完成。能保持育苗土完整，避免散坨露根，护根效果更好，定植后不缓苗或缓苗时间短，早熟作用明显；便于搬运和管理，整个苗床秧苗生长整齐一致，长势强，产量高；容器育苗利于实行从填装床土、播种、覆土到苗床管理机械化和自动化，适应现代蔬菜生产发展的要求。

目前常用的育苗容器有塑料营养钵、薄膜营养钵、纸袋、穴盘等。

#### 2. 营养土块育苗

把配制好的育苗土摊平在苗床内，放一大水后用木板切成10cm见方的土块，深10cm，后在土方中间开 1cm 深的播种穴。

### （四）根据育苗所用的繁殖材料分类

#### 1. 种子育苗

用种子作为播种材料，是目前蔬菜生产中主要的育苗方法。种子质量好坏、播前处理及播种技术直接关系到蔬菜秧苗的质量。

#### 2. 扦插育苗

利用某些蔬菜的一定部位易产生不定根的特性，取这些部位，用植物生长调节剂处理，并在适宜环境条件下培养，促使其发根生芽，形成新幼苗的育苗方法。蔬菜扦插可增加蔬菜的繁殖系数，加速育种进程，并能保持品种纯度；扦插育苗较播种育苗节省种子，育苗时间短，管理方便，成本低，并可进行立体育苗，节省空间。

#### 3. 嫁接育苗

将植物体的芽或枝（接穗）接到另一植物体（砧木）的适当部位，使两者接合成一个新植物体的技术称为嫁接。采用嫁接技术培育秧苗称为嫁接育苗，可有效防止因连作重茬引起的枯萎病等土传病害；嫁接苗根系发达、生长势旺、抗低温能力强、可提早定植、延长生育期、提早收获、提高产量产值。嫁接育苗目前在蔬菜生产中应用广泛，如用黑籽南瓜嫁接黄瓜等。

影响嫁接成活率的因素主要有：砧木和接穗的亲和力；砧木和接穗的生活力；嫁接方法和技术水平；嫁接后的管理水平和到位程度。

#### 4. 组织培养

在无菌的条件下，将离体的蔬菜器官组织细胞，放在培养基上培养，促进其分裂或诱导成苗的技术称为蔬菜组织培养技术。其具有快速繁殖和大规模生产的优势，还可培育无病毒幼苗，如马铃薯脱毒苗。

## 二、育苗中常见问题及预防措施

### （一）土表板结

播种后育苗畦的床土表面干硬结皮，称为土表板结。其妨碍种子进行呼吸作用，不利于种子发芽。已发芽的种子被板结层压住，不能顺利钻出土面，致使幼苗茎细弯曲，子叶发黄，成为畸形苗。配制床土时，可使用腐殖质较多的堆肥、厩肥，覆土时适量加入砻糠灰、细沙或腐熟的圈肥。

### （二）出苗障碍

#### 1. 烂种

一是与种子质量有关，如种子未成熟，贮藏过程中霉变，浸种时烫伤均可造成烂种；二是播种后低温高湿，施用未腐熟的有机肥，出土时间长，长期处于缺氧条件下发生烂种。

#### 2. 不出苗

至规定时间，种子仍不顶土出苗，与种子质量、种子处理、育苗环境等有关。种子已经腐烂、焦芽的应重新播种；基质过干的应补浇温水；基质过湿时应将育苗盘搬出催芽室，或将苗床（播种床）盖膜揭开，在阳光下晾晒，待湿度降低后再继续催芽出苗。

#### 3. 出苗不齐

出苗时间不一致或苗床内幼苗分布不均匀。前者主要是因为种子质量差，成熟不一致；

苗床环境不均匀，局部差异过大；播种深浅不一致，覆土薄厚不均；后者主要是因为播种不均匀、底水不均，床温不均，有机肥未腐熟，化肥施用过量，局部发生烂种或伤种芽等。

生产中应选质量好的种子播种；精细整地，均匀播种和覆土；保持苗床环境均匀一致；加强苗期病虫害防治等。

4. 子叶"戴帽"出土

种子出苗时没有将种壳留在土内，种壳夹着子叶一起出土，这种子叶带着种壳一起出土的苗叫"戴帽"或"顶壳"苗，如图1-2所示。

"戴帽"苗产生的原因是土温过低、覆土太薄或盖土太干，使种皮受压不够或种皮干燥发硬不易脱落；播种方法不当，如瓜类种子直插播种，也易"戴帽"出土；种子生活力弱等。生产中要足墒播种，保证苗畦

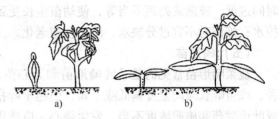

图1-2　戴帽苗与正常苗比较
a）戴帽苗　b）正常苗

水分充足；选用成熟度高的种子，妥善保管，避免受潮；播种后均匀覆土，瓜菜播种时种子要平放，覆土后喷水湿润表土；如种子出苗时仍有子叶"戴帽"出苗，要及时撒盖湿润细土，帮助子叶脱壳。少量子叶"戴帽"苗，可人工挑去种壳。播种深度要适宜，避免播种过浅。

（三）幼苗沤根和烧根

1. 沤根

幼苗不发新根，根部发锈，严重时表皮腐烂，不长新根，幼苗变黄萎蔫，易从土中拔出。沤根产生原因主要是苗床土温长期低于12℃；浇水过量，使苗床湿度过大，土壤透气不良，缺氧；遇连阴天，光照不足，幼苗发育不良。应保持土温在16℃以上，播种时一次浇足底水，出苗过程中适当控水，避免床土长时间湿度过高。

2. 烧根

烧根时根尖发黄，不发新根，但根不烂，地上部生长缓慢，矮小发硬，不发棵，形成小老苗。烧根产生原因主要是施肥过多或使用了未腐熟的有机肥。配制床土时使用的有机肥应充分腐熟，不过量使用化肥并与床土混合均匀。

（四）徒长苗（高脚苗）、老化苗

1. 徒长苗（高脚苗）

徒长又称为疯长，秧苗茎叶生长过于旺盛，茎细长，叶薄色淡，须根少而细弱，抗逆性较差，定植后缓苗慢，不易早熟高产，如图1-3所示。徒长苗产生原因是出苗初期苗床温度过高、湿度过大、光照不足、夜温过高、水分和氮肥过多；幼苗拥挤或遭遇连阴天，光照不足等引起幼苗下胚轴生长过快。

幼苗出土后应适当降低温度，保持适当的昼夜温差；适当增加光照、加强通风；控制浇水，晴天多浇，一次浇透，阴雨天不浇或少浇；播种量不能过大，及时间苗、分苗，保证通风透光；多施有机肥，氮、磷、

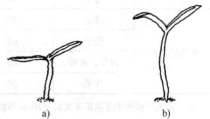

图1-3　壮苗与徒长苗比较
a）壮苗　b）徒长苗

钾肥应配合使用。

2. 老化苗

老化苗又称为"僵苗"、"小老苗"，幼苗茎细弱、发硬、颜色较深；生长点不明显，幼苗生长缓慢；叶瘦小、色暗发黑，根少色暗。老化苗定植后发棵缓慢，开花结果迟，结果期短，易早衰，产量低。老化苗产生原因主要是苗床长时间干旱，水分供应不足；苗床温度长时间过低，或激素处理不当等，使幼苗生长受到抑制过度。应保持适宜的土壤湿度，控温不控水；炼苗时不宜过分缺水，防止秧苗老化。

**（五）畸形苗**

蔬菜畸形苗常见的是子叶畸形苗和无心苗，主要是由于使用陈种子或受损伤的种子播种，或苗畦长时间温度偏低或干燥，引起子叶扭曲；施肥不均匀，施肥偏多处种芽被烧伤，或叶面喷药和施肥浓度不当，发生烧心。应选用饱满的新种子播种，播前进行种子处理时，不要把种子直接放在强光下曝晒，也不要放在吸热后升温较快的金属表面或水泥地上晒种，进行种子干热处理的时间不要太长；出苗期间保持苗床适宜的温、湿度；均匀施肥，叶面喷药和叶面喷肥的浓度要适宜，避免中午后喷药或叶面喷肥。

● **任务实施的生产操作**

# 一、床土育苗

**（一）床土配制**

床土又称为营养土，是根据幼苗生长发育的需要，将大田土、腐熟的有机肥、疏松物质（可选用腐熟的碎草、细河沙、细炉渣、炭化稻壳等）、化学肥料、农药等按一定比例人工配制和混合好的营养适宜、不带病菌和虫卵的育苗专用土壤。优良床土应富含有机质，有机质含量不少于30%；疏松透气，具有良好的保水、保肥性能；物理性状良好，浇水时不板结，干时不裂，总孔隙度60%左右，营养完全，并且各元素的比例协调；化学性质稳定，土壤pH值为6.5~7.0；不含对秧苗有害的物质和盐类；无病菌、害虫和杂草种子。

1. 床土配制比例

床土配制的常用配比见表1-5。

表1-5　床土配制的常用配比

| 床土的用途 | | 田土（%） | 腐熟的有机肥或草炭土（%） | 细沙或细炉灰渣（%） |
|---|---|---|---|---|
| 播种用床土 | 通用 | 40 | 60 | — |
| | 通用 | 40 | 40 | 20 |
| 移植用床土 | 通用 | 40 | 50 | 10 |
| | 茄子 | 60 | 30 | 10 |
| | 番茄、辣椒 | 50 | 40 | 10 |
| | 叶菜 | 50 | 30 | 20 |

注：床土中按每平方米苗床面积（10cm厚的床土）加尿素25g，过磷酸钙250g。

2. 床土配制方法

（1）人工配制床土　配制床土的园土要捣碎过筛，清除石块等杂物。根据所需要的床土数量，按比例将各种成分混拌均匀，并浇一定量的人粪尿，堆积，用旧薄膜盖好。

（2）就地床土　大批量育苗或用作移植的苗床，面积大、用土量多，可就地利用苗床基地的表土作床土。先将床土深翻进行晒白，然后耙碎，但不必过分细碎，以利通气和排水。每 $10m^2$ 施腐熟人粪尿 25kg，腐熟堆肥、厩肥、糠灰等 50 ~ 80kg，磷肥、复合肥各 0.6kg，翻倒 1 ~ 2 遍与表土掺匀。表面再铺一薄层疏松的干土（糠灰为主），防止床土板结。

### （二）床土消毒

用物理或化学方法对床土进行消毒处理，以控制病虫害，保证蔬菜幼苗优质健壮。

#### 1. 物理消毒

多用蒸汽消毒，结合温室加温进行。将带孔的钢管或瓦管埋入床土中，床土表面覆盖厚毡布，通入高温蒸汽消毒。多数土壤病原菌用 60℃，消毒 30min 即可杀死；大多数杂草种子需 80℃ 左右，消毒 10min 即可杀死；要想既杀死土壤有害病菌又保留有益微生物，要求基质湿度 35% ~ 45%，温度 82.2℃，消毒时间 30min。

#### 2. 化学消毒

常用的药剂有福尔马林（40% 甲醛）、多菌灵、五氯硝基苯、福美双、甲霜灵、代森锰锌、氯化苦、溴甲烷等。如福尔马林可防治猝倒病和菌核病，一般用 0.5% 的福尔马林喷洒床土，拌匀后堆积，再用塑料薄膜密封 5 ~ 7d，然后撤膜，翻倒土堆，待药味完全挥发后方可使用。用 70% 五氯硝基苯粉剂和 70% 代森锰锌各 8 ~ 10g 等量混合成五代合剂消毒，与 15kg 床土混合均匀配成药土，每立方米床土用药 60 ~ 80g，播种时下铺上盖。

### （三）苗床播种

#### 1. 苗床播种期确定

根据栽培方式、蔬菜种类、设施条件、苗龄大小、育苗方法及当地气候条件等确定播种期。一般是从定植时间按某种蔬菜的育苗期向前推算，即为播种期。如茄果类比瓜类育苗期长，播种期要早。同样一种蔬菜，设施栽培比露地栽培播种早，设施条件和保温性能差，秧苗生长缓慢，就要比设施条件好的稍早播种；营养液育苗的秧苗生育快，要比床土育苗者稍晚播种；育苗技术水平高者，秧苗生育快，要比技术水平差者稍晚播种；定植地块温度条件差者要比定植地块温度条件好者晚些时间播种。

苗龄有两种，一是日历苗龄，即从播种到定植的天数；二是生理苗龄，即幼苗的形态指标。由于育苗措施不同，育苗天数也不一样，如黄瓜常规育苗需 45 ~ 50d，达到 5 片真叶，若采用电热温床育苗，35d 就可达到同样标准。主要蔬菜不同栽培方式育苗苗龄及育苗期见表 1-6，其可作为播种期确定的依据。

表 1-6　主要蔬菜不同栽培方式育苗苗龄及育苗期

| 蔬菜名称 | 栽培方式 | 苗　龄 | 育苗期/d |
| --- | --- | --- | --- |
| 番茄 | 日光温室早熟栽培 | 8 ~ 9 片叶、现大蕾、苗干重 1.5g 左右 | 70 ~ 75 |
|  | 大棚早熟栽培 | 8 ~ 9 片叶、现大蕾、苗干重 1.5g 左右 | 60 ~ 70 |
|  | 露地早熟栽培 | 8 ~ 9 片叶、现大蕾、苗干重 1.5g 左右 | 60 |
| 辣椒 | 大棚早熟栽培 | 12 ~ 14 片叶、现大蕾、苗干重 0.6g 左右 | 80 ~ 90 |
|  | 露地早熟栽培 | 9 ~ 12 片叶、现大蕾、苗干重 0.5g 左右 | 70 ~ 75 |

（续）

| 蔬菜名称 | 栽培方式 | 苗　龄 | 育苗期/d |
|---|---|---|---|
| 茄子 | 日光温室早熟栽培 | 9~10片叶、现大蕾 | 100~120 |
| | 露地早熟栽培 | 8~9片叶、现大蕾、苗干重1.2g左右 | 70~80 |
| 黄瓜 | 日光温室早熟栽培 | 5片叶左右、见雌花瓜纽 | 40~50 |
| | 大棚早熟栽培 | 5片叶左右、见雌花瓜纽 | 40~50 |
| | 露地早熟栽培 | 3~4片叶 | 30~35 |
| 西葫芦 | 小拱棚栽培 | 5~6片叶 | 40 |
| | 露地早熟栽培 | 5片叶 | 35~40 |
| 冬瓜 | 露地早熟栽培 | 3~4片叶 | 30~35 |
| 甜瓜 | 露地早熟栽培 | 4片叶 | 35~40 |
| 西瓜 | 露地早熟栽培 | 3~4片叶 | 35~40 |
| 结球甘蓝 | 露地早熟栽培 | 6~8片叶 | 60~65 |
| 洋葱 | 露地栽培 | 3片叶、高20~25cm | 日光温室65 |
| 大葱 | 露地栽培 | 高35~40cm、假茎粗1~1.5cm | 250（越冬苗） |
| 韭菜 | 露地栽培 | 5~6片叶、高18~20cm | 60 |

**2. 苗床播种量和苗床面积**

播种前应确定播种量和苗床面积。实际播种量按下列公式计算：

$$667m^2 需种量（g）=\frac{667m^2需苗数}{每克种子粒数×种子纯度×发芽率}×安全系数$$

苗床面积应根据需苗数和蔬菜种类确定。中小粒种子如茄果类、叶菜类等，一般用撒播法，按3~4粒/cm² 的苗床种子分布密度计算。

$$播种床面积（m^2）=\frac{需种量（g）×每克种子粒数×每粒种子所占苗床面积（cm^2）}{10000}$$

移植床面积按移植时的秧苗营养面积确定。茄果类蔬菜营养面积一般为（8~10）cm×（8~10）cm；叶菜类为（5~8）cm×（5~8）cm。移植床面积可用下式计算：

$$移植床面积（m^2）=\frac{分苗总数×秧苗营养面积（cm^2）}{10000}$$

大粒种子类如瓜类、豆类，一般采用点播，不移植。秧苗营养面积为（8~10）cm×（8~10）cm。

几种主要蔬菜的播种量及苗床数见表1-7。

**表1-7　几种主要蔬菜的播种量及苗床数**

| 蔬菜种类 | 每667m²播种量/g | 每床播种量/g | 播种1床可移植床数/个 | 栽667m²地需苗床数/个 |
|---|---|---|---|---|
| 番茄 | 50~70 | 100~150 | 5~7 | 2~3 |
| 辣椒 | 100~150 | 150~200 | 4~5 | 2~3 |
| 茄子 | 70~100 | 100~150 | 5~6 | 1~2 |
| 甘蓝 | 50~60 | 70~80 | 5~6 | 2~3 |

（续）

| 蔬菜种类 | 每667m² 播种量/g | 每床播种量/g | 播种1床可移植床数/个 | 栽667m² 地需苗床数/个 |
|---|---|---|---|---|
| 花椰菜 | 50~60 | 70~80 | 5~6 | 2~3 |
| 黄瓜 | 130~150 | 60~70 | — | 2~2.5 |
| 西葫芦 | 250~350 | 150~200 | — | 2~2.5 |
| 冬瓜 | 100~150 | 100 | — | 1~2 |

注：每床面积为（1.3×13）m²。

### 3. 播种

用处理后的种子播种，低温期选晴天上午进行，不论干籽或浸种催芽的种子，最好用湿播法，播前浇足底水，水渗下后，在床面撒盖一层床土。小粒种子用撒播法，大粒种子用点播法。覆土厚度1.5~2.0cm，用塑料薄膜覆盖畦面，幼芽顶土时揭去薄膜。

### （四）苗期管理

#### 1. 苗期温度调节

苗期温度管理应掌握"三高三低"的原则，即"白天温度高，晚间温度低；晴天高，阴天低；出苗前、移植后高，出苗后、移植前、定植前低。"

通过放风、遮阴等来降低温度，通过加温、防寒保暖来提高温度。放风应本着高于适宜温度才放风，顺风放风，小苗小放风，大苗大放风；由小到大，由大到小，防冷风直入，不能放地风，要放顶风和腰风等原则。主要蔬菜苗期温度管理指标见表1-8。

表1-8　主要蔬菜苗期温度管理指标　　　　　　（单位：℃）

| 生育阶段 | 温度 | 黄瓜 | 番茄 | 茄子 | 辣椒 | 甘蓝 |
|---|---|---|---|---|---|---|
| 出苗期 | 日温 | 25~30 | 25~30 | 25~30 | 25~30 | 20~25 |
|  | 夜温 | 25~30 | 25~30 | 25~30 | 25~30 | 15~20 |
|  | 地温 | 25 | 20~25 | 20~25 | 20~25 | — |
| 出苗后 | 日温 | 22~25 | 22~25 | 25~28 | 20~25 | 15~20 |
|  | 夜温 | 15~18 | 12~15 | 13~15 | 15~18 | 5~10 |
|  | 地温 | 20~25 | 15~20 | 18 | 18~20 | — |
| 缓苗期 | 日温 | 25~28 | 25~28 | 25~30 | 28~30 | 25~28 |
|  | 夜温 | 18~20 | 15~18 | 20 | 18~22 | 18~20 |
|  | 地温 | 15~20 | 15~20 | 20~25 | 20~25 | — |
| 成苗期 | 日温 | 22~25 | 18~22 | 25~28 | 26~28 | 15~20 |
|  | 夜温 | 13~17 | 12~17 | 16~18 | 8~20 | 10~12 |
|  | 地温 | 15~18 | 20~22 | 18~20 | 17~24 | — |
| 定植前7~10d | 日温 | 20~25 | 18~20 | 20 | 20 | 12~15 |
|  | 夜温 | 5~10 | 5~8 | 10~12 | 10~12 | 3~4 |

#### 2. 苗期湿度调节

应掌握"控温不控水"的原则，即苗期水分不能缺，保持土壤湿润。长期缺水使幼苗老化，严重缺水时会造成幼苗花打顶现象。秧苗各阶段水分管理见表1-9。

表 1-9　秧苗各阶段水分管理

| 生 育 阶 段 | 水 分 管 理 |
|---|---|
| 播种至出苗 | 播种前浇足底水，出苗前不浇水，以覆土保墒为主 |
| 出苗至破心 | 不浇水，否则引起下胚轴徒长。必要时可在晴天上午浇小水，浇温水，浇水后随即提高温度，并覆土保墒 |
| 破心至移苗 | 不浇水，苗床干旱时，可在晴天中午喷小水，并随即提高温度，随后覆细土保墒。移植前一天晚上浇起苗水，移植时浇移植水 |
| 缓苗期 | 缓苗前不浇水，缓苗后浇缓苗水 |
| 成苗期 | 随着幼苗生长，浇水量加大，但应尽量减少浇水次数，以床土"见干见湿"为好 |
| 定植前 7~10d | 定植前 7~10d 浇一次透水，然后控水蹲苗。定植前一天要浇透水，以便起苗 |

### 3. 苗期光照管理

蔬菜育苗期光照不足，幼苗易徒长或黄化。低温期设施育苗由于受保温材料影响，光照不足，需增加光照。如保持设施采光面清洁；在满足保温的前提下，尽量早揭、晚盖保温覆盖物，以延长床内光照时间；及时进行间苗或移苗，以增加营养面积，改善光照条件；冬季温室采光时间不足或连雨天时应人工补光；夏季光照太强时可进行遮阴处理。

### 4. 间苗

苗齐后疏去拥挤、细弱、畸形的秧苗，使留苗分布均匀，充分利用阳光和床土中的水肥营养，一般间苗 1~2 次。

### 5. 移植

移植又称为分苗，适时调整秧苗的营养面积和生长空间，改善光照条件和营养条件；切断主根，刺激多发侧根，有利于缓苗；淘汰病苗、弱苗，使秧苗生长整齐；防止徒长，防治病虫害。

一般移植 1~2 次。果菜类在花芽分化以前，对于不耐移植的蔬菜（如瓜类）应在第 1 片真叶展开前移植，其他蔬菜多在 2~3 片真叶展开前移植。一般间距应达到 6~10cm 见方。

几种主要冬春育苗蔬菜移植时苗龄和移植后单株营养面积见表 1-10。

表 1-10　几种主要冬春育苗蔬菜移植时苗龄和移植后单株营养面积

| 项　目　种　类 | 移植时苗龄 | | | 移植后单株营养面积（cm×cm） | |
|---|---|---|---|---|---|
| | 生 理 苗 龄 | 日历苗龄/d | | 最小营养面积 | 最佳营养面积 |
| | | 温床育苗 | 冷床育苗 | | |
| 黄瓜、西葫芦 | 2 子叶 1 心叶 | 6~8 | 8~15 | 8×8 | 12×12 |
| 番茄 | 3~4 片真叶 | 28~30 | 35~50 | 8×8 | 10×10 |
| 辣椒 | 3~4 片真叶 | 30~35 | 40~60 | 6×6 | 10×10 |
| 茄子 | 3~4 片真叶 | 30~35 | 40~60 | 8×8 | 10×10 |
| 叶菜类 | 2~3 片真叶 | — | — | 6×6 | 8×8 |

瓜类、茄果类等移植到营养钵、营养土块里或纸筒内；撒播的茄果类、甘蓝等常用开沟法移植到苗床中去。移植宜在晴天进行，地温高，易缓苗。移植后因秧苗根系损失较大，吸水量减少，应适当浇水，防止萎蔫，并提高温度，促发新根。光照强时应适当遮阴。

**6. 苗期营养**

一般床土不缺肥，如果幼苗弱小，须适当喷施叶面肥，可用 0.1% ~0.2% 尿素，0.1% ~0.2% 磷酸二氢钾，0.2% ~0.3% 磷酸钙溶液，应选择晴朗无风天上午气温升高时进行。

苗期追施 $CO_2$ 可促进果菜类花芽分化，提高花芽质量。适宜的 $CO_2$ 浓度为 800 ~1000mL/$m^3$。

**7. 定植前秧苗锻炼**

蔬菜幼苗锻炼是使蔬菜幼苗逐渐适应外界环境条件的过程，幼苗锻炼有利于迅速缓苗。

（1）夜冷锻炼阶段　当幼苗长到接近定植所要求的大小时，即定植前 10 ~15d，逐渐降低夜间温度，控制水分，用放夜风、降温、控水的方法对秧苗进行锻炼，增强适应性。

（2）露天锻炼阶段　定植前 7 ~10d，在夜冷锻炼的基础上，在没有霜冻的前提下，日夜全部揭去覆盖物，使秧苗获得适应定植后的露地环境条件的能力，锻炼应逐步进行。有寒流、阴雨天气时，要做好防寒保温工作，防止秧苗受冻。

锻炼不可过度，否则茎叶趋于老化，定植后缓苗时间长，且不易发棵；或出现未熟抽薹现象；果菜类蔬菜锻炼过度便会出现"花打顶"和第一花序发育畸形。

蔬菜移植（分苗）技能训练评价表见表 1-11。

表 1-11　蔬菜移植（分苗）技能训练评价表

| 学生姓名： | 测评日期： | | | 测评地点： | |
|---|---|---|---|---|---|
| | 内　　容 | 分　值 | 自　评 | 互　评 | 师　评 |
| 考评标准 | 起苗不伤根，并能够合理分级 | 20 | | | |
| | 熟练掌握营养钵移植技术 | 20 | | | |
| | 熟练掌握苗床移植的基本技能 | 20 | | | |
| | 栽苗深度适宜，徒长苗处理合理 | 20 | | | |
| | 移植成活率在 90% 以上 | 20 | | | |
| 合　　计 | | 100 | | | |
| 最终得分（自评 30% + 互评 30% + 师评 40%） | | | | | |

## 二、容器育苗

### （一）营养土配制

容器育苗用的营养土应适当减少田土的用量，增加有机质的用量，适宜的田土用量为 40% ~50%，有机肥中应增加腐熟秸秆或碎草的用量，使有机肥的总用量达到 50% ~60%。营养土的其他用料配方同普通育苗用土。

### （二）容器选择

常用的容器有塑料钵、纸钵、纸筒、穴盘、营养土块、薄膜筒等，可根据不同蔬菜种类、预期苗龄选择相应规格（直径和高度）的育苗容器，也可就地取材制成各种容器。

### （三）营养土填装

如果是容器直播，装土量为容器高的 8 分满，上部剩余的部分留做浇水用。如果是在容器内移栽培养大苗，装土量以容器的 6 ~7 分满为宜，以利于带土移栽秧苗。

装土松紧度要适宜，装土过松，浇水后容器内的土容易随水流失，减少土量，导致幼苗露根，不利于培育壮苗；装土过紧，浇水后水不能及时下渗，发生积水。

### （四）播种或移苗

#### 1. 播种

种子须经过检验和精选，播前应进行消毒和催芽。大粒种子和经催芽已"露白"的种子播一粒；未经催芽或虽已催芽，但尚未"露白"的小粒种子播 2～3 粒。

#### 2. 移苗

移苗又称为上杯，先在苗床上密集播种，小苗长到 3～5cm 时移入容器中培育。

### （五）容器苗管理

#### 1. 灌水

一般用喷灌。幼苗期水量应充足，促进生根；后期控制浇水量，使秧苗粗壮。容器育苗床土与地面隔开，秧苗根系局限在容器内，不能吸收利用土壤中的水分，要增加浇水次数。使用纸钵育苗时，钵体周围均能散失水分，易造成苗土缺水，应用土将钵体间的缝隙弥严。

#### 2. 遮阴

移植初期若无自动间隙喷雾设施，必须进行遮阴，减少水分消耗。

#### 3. 追肥

容器苗追肥一般采用浇施。结合浇水施入，一般 7～10d 或 10～15d 施一次肥。

#### 4. 倒苗

为保持苗床内秧苗生长均衡一致，育苗过程中要进行 1～2 次倒苗。

#### 5. 定植

秧苗育成定植时，营养土苗带钵搬运，定植时边栽苗边脱去塑料钵，纸钵则连带钵定植。

## 三、嫁接育苗

### （一）砧木选择

嫁接育苗对相应的土传病害具有免疫性或较高抗性，能弥补栽培品种的性状缺陷；与接穗具有较高的嫁接亲和力，以保证嫁接后伤口及时愈合；对不良环境条件有较强的抗逆性；能明显提高蔬菜的生长势；对蔬菜品质无不良影响或不良影响小，并能改善产品品质。生产上应用的砧木主要是一些野生种、半栽培种或杂交种。主要蔬菜常用嫁接砧木与嫁接方法见表 1-12。

表 1-12　主要蔬菜常用嫁接砧木与嫁接方法

| 蔬 菜 种 类 | 砧 木 种 类 | 嫁 接 方 法 |
| --- | --- | --- |
| 黄瓜 | 黑籽南瓜、南砧一号、新土佐 | 靠接法、插接法 |
| 西葫芦 | 黑籽南瓜 | 靠接法、插接法 |
| 西瓜 | 瓠瓜、新土佐、将军葫芦、华砧二号葫芦、超丰 F1 葫芦、华砧一号瓠瓜、抗砧二号南瓜、西域砧野生西瓜、强刚一号葫芦 | 插接法、劈接法 |
| 甜瓜 | 白菊座南瓜、金刚南瓜 | 插接法、劈接法 |
| 网纹甜瓜 | 园研网纹甜瓜砧木一号、强荣、大井、埃索拉托塞姆 | 插接法、劈接法 |
| 茄子 | 托鲁巴姆、野生刺茄等 | 劈接法、靠接法 |
| 番茄 | BF 兴津 101、PFN、KVFN | 劈接法、靠接法 |

**（二）嫁接前准备**

嫁接应在温室或塑料大棚内进行，场地内适宜温度25～30℃、空气湿度90%以上，并用草苫或遮阳网将地面遮成花阴。嫁接用具主要有刀片（图1-4）、竹签（图1-5）、托盘、干净的毛巾、嫁接夹（图1-6）或塑料薄膜条、手持小型喷雾器和酒精或1%的高锰酸钾溶液。

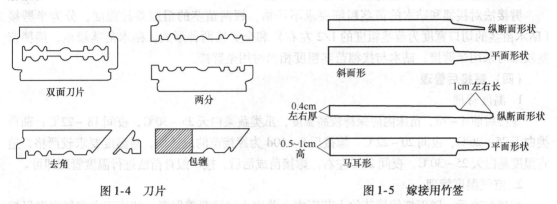

图1-4　刀片　　　　　　　　　　　　　　　图1-5　嫁接用竹签

**（三）嫁接方法**

**1. 靠接法**

将接穗与砧木的苗茎靠在一起，两株苗通过茎上的切口互相咬合而形成一株嫁接苗。靠接法操作容易，暂时保留接穗苗自根系，成活后切断，接穗苗在成活期间能从土壤中吸收水分，不易失水萎蔫，成活率高达80%以上；对外界不良环境抵抗力较强。其缺点是嫁接速度慢、效率低、接口处愈合不牢固，容易从接口处折断和劈裂；嫁接部位偏低，接穗苗切断苗茎后留茬偏长，防病效果不理想。靠接法主要应用于土壤病害不严重的黄瓜、甜瓜、丝瓜、番茄等的嫁接。

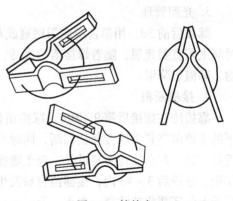

图1-6　嫁接夹

靠接法应选苗茎粗细相近的砧木和接穗苗进行嫁接。靠接过程包括砧木苗去心和苗茎切削、接穗苗茎切削、切口接合及嫁接部位固定等步骤。

**2. 插接法**

用竹签或金属签在砧木苗茎的顶端或上部插孔，把削好的接穗苗茎插入孔内而组成一株嫁接苗。插接法操作简便，工效高，占苗床面积小；蔬菜苗穗距离地面较远，苗茎上不容易产生不定根，防病效果较好；接穗苗和砧木的接合比较牢固，嫁接部位也不易发生劈裂和折断。但插接法属于断根嫁接，接穗苗对于干燥及高温等不良环境的反应较为敏感，成活率较低；对嫁接技术水平和嫁接苗的管理要求均较严格。

插接法主要应用于西瓜、厚皮甜瓜、黄瓜、网纹甜瓜、番茄和茄子等以防病栽培为主要目的的嫁接育苗。普通插接法所用砧木苗茎要较接穗苗茎粗1.5倍以上，主要通过调节播种期使两苗茎粗达到要求。插接过程包括砧木去心、插孔、蔬菜苗切削、插接等步骤。

### 3. 劈接法

劈接法也叫切接法，砧木苗茎去掉心叶和生长点，用刀片由顶端将砧木苗茎纵劈一刀，把削好的接穗苗插入并固定后形成一株嫁接苗。接穗苗不易遭受地面污染，也不易产生不定根，防病效果较好；接穗苗不带根系嫁接，操作容易、工效高、成活率高，但使用种类范围较窄，主要适用于实心苗茎的茄子、番茄的嫁接。

劈接法对接穗和砧木的苗茎粗细要求不严格，视两苗茎的粗细差异程度，分为半劈接（砧木苗茎的切口宽度为苗茎粗度的1/2左右）和全劈接两种形式。砧木苗茎较粗、接穗苗茎较细时采用半劈接；砧木与接穗苗茎粗度相当时用全劈接。

### （四）嫁接后管理

#### 1. 温度管理

嫁接后前4~7d，苗床内应保持较高温度，瓜类蔬菜白天25~30℃，夜间18~22℃；茄果类白天25~26℃，夜间20~22℃。嫁接后8~10d为嫁接苗的成活期，对温度要求较严格，适宜温度是白天25~30℃，夜间20℃左右。嫁接苗成活后，按一般育苗法进行温度管理即可。

#### 2. 空气湿度管理

嫁接结束后，随即把嫁接苗放入苗床内，并用小拱棚覆盖保湿，使苗床内空气湿度保持90%以上，不足时要向畦内地面洒水。3d后适量放风，降低空气温度，并逐渐延长苗床的通风时间，加大通风量。嫁接苗成活后，撤掉小拱棚。

#### 3. 光照管理

嫁接后前3d，用草苫或遮阳网遮成花荫防晒。从第4d开始，每天的早晚让苗床接受短时间太阳直射光照，随着嫁接苗的成活，逐渐延长光照时间。嫁接苗完全成活后，撤掉遮阴物、降温、降湿。

#### 4. 接穗断根

靠接法在嫁接后第9~10d，嫁接苗恢复正常生长后，选阴天或晴天傍晚，将嫁接部位下的接穗苗茎紧靠嫁接部位切断，同时将已断根的接穗苗根部拔除。断根部位应尽量向上靠近接口处，避免接穗断茬过长，与土壤接触后重生不定根，引起病原菌浸染，失去嫁接防病作用。断根后3~4d内，接穗苗容易发生萎蔫和倒伏，要进行遮阴，同时在断根的前1d或当天上午还要将苗钵浇一次水。及时抹掉砧木苗茎的腋芽和接穗苗茎上的不定根，一周左右便可恢复正常，转入正常的管理。

瓜类蔬菜嫁接技能训练评价表见表1-13。

**表1-13　瓜类蔬菜嫁接技能训练评价表**

| 学生姓名： | 测评日期： | | 测评地点： | | |
|---|---|---|---|---|---|
| | 内　　容 | 分　值 | 自　评 | 互　评 | 师　评 |
| 考评标准 | 熟练掌握靠接的基本技能 | 20 | | | |
| | 熟练掌握插接的基本技能 | 20 | | | |
| | 熟练掌握劈接的基本技能 | 20 | | | |
| | 嫁接成活率在85%以上 | 40 | | | |
| 合　　计 | | 100 | | | |
| 最终得分（自评30% + 互评30% + 师评40%） | | | | | |

# 任务四 定植

## ● 任务实施的专业知识

经过育苗的蔬菜，达到定植适期时需移栽到田间，称为定植。

## 一、定植前准备

### （一）整地

整地的作用是改善土壤的耕层结构和表层状况，加深耕层，平整地面；调节土壤中水、肥、气、热等，为蔬菜生长发育创造适宜的土壤环境。整地包括翻耕、耙地、耢地、镇压、起垄、做畦、中耕等。

1. 深翻

耕翻深度以 25～30cm 为宜，加深耕作层可获增产。耕翻时期包括秋翻（冬前深耕冬灌）和春翻（早春化冻后进行第二次耕翻）两个时期。

2. 施基肥

基肥主要有有机肥（如鸡粪、猪粪、牛粪、羊粪、生物有机肥、饼肥、油渣等）和化肥（如磷钾肥、复合肥、氮肥和微肥等）。

有机肥施用量，露地栽培 3000～5000kg/667m²，设施栽培 4000～6000kg/667m²。饼肥、油渣用量较少，为 50～100kg/667m²。有机肥必须充分腐熟。

化肥用量一般是钙、镁、磷肥 25～500kg/667m²，钾肥多用硫酸钾，用量为 15～20kg/667m²；复合肥多使用氮磷钾复合肥或磷酸二铵，用量 20～30kg/667m²；氮肥主要是尿素，用量为 25～40kg/667m²；微肥每 667m² 参考用量为硫酸亚铁 2～3kg、硼砂或硼酸 1kg、硫酸锌 2～3kg、硫酸铜 1～2kg、钼酸铵 2kg。

施肥方法有普遍施肥、集中施肥和分层施肥，后者适用于施肥量大、产量高、宽窄行种植的果菜类、大白菜、结球甘蓝、马铃薯、生姜等蔬菜的施肥。

3. 耙地、耢地、镇压

耙地的作用是疏松表土，耙碎耕层土块，平整地面，保持墒情，为做畦及播种打好基础。耢地的作用是使地表形成覆盖层，减少土壤水分蒸发，也有平地、碎土和轻度镇压的作用。如土壤墒情及土壤细碎程度适宜时可以免除镇压。

### （二）做畦

1. 畦的类型

（1）平畦 操作简单，土地利用率较高。

（2）低畦 利于蓄水和灌溉，保湿性好。但地面容易板结，影响土壤透气而阻碍蔬菜生长，土壤湿度偏高，容易诱发蔬菜病害。

（3）高畦 耕层加厚，排水方便，土壤透气性好，有利于根系发育；地温上升快；畦面比较干燥，可减轻病害蔓延；适于种植嫁接蔬菜。

（4）高垄 可以控制浇水量，有利于控制土壤湿度，适合进行地膜下浇水，控制地面水分蒸发；春季地温上升快，有利于蔬菜生长；雨季排水方便，且浇水时不直接浸泡植株，可减轻病害传播。但垄沟占地较多，土地利用率不高，生产结束后平整垄沟较为费工。菜畦主要类型如图1-7所示。

2. 畦向

（1）露地栽培　冬春季应采用东西向，以利于保持畦内温度，促进植株生长；夏季南北向做畦有利于田间通风排热，降低温度。

（2）设施栽培　温室一般采用南北向，以利于通风透光；生产用塑料大棚多采用与棚长同向的方向做畦，以提高土地利用率；小拱棚、阳畦等畦向与设施的长向一致。

图 1-7　菜畦主要类型
a) 平畦　b) 低畦　c) 高畦　d) 高垄

## 二、定植时期

春季露地栽培的定植时期应在当地晚霜（20年平均值）过后，一般半耐寒性蔬菜应在土壤10cm土层的地温稳定在5℃以上，喜温蔬菜以10cm土层地温稳定在10~12℃，耐热蔬菜应在土壤10cm土层的地温稳定在15℃以上，气温稳定在10℃以上为宜；北方地区露地早熟栽培的果菜类一般在5月中旬至5月下旬定植，设施栽培可提前定植。秋季栽培的果菜类可在初霜期前的三个月左右定植。

早春露地蔬菜定植时，为了防止低温对秧苗的危害，定植时间应在上午10点至下午2点；在夏秋季定植时，为了减少高温对秧苗的危害，定植时间宜选在傍晚为好。

## 三、定植方式及密度

### （一）定植方式

1. 双高垄定植

垄高15cm，两小垄间距40cm，每双垄间距80cm；采用白色地膜覆盖，并用竹杆将地膜支起形成小拱棚，使两个小高垄在小拱棚中间，容易提高地温。浇水时从膜下走水。适宜深冬栽培高产蔬菜，如黄瓜、辣椒、豆类蔬菜等。

2. 单高垄大小行定植

垄高15cm，宽40cm，垄间距为大行80cm，小行60cm；采用2m宽白色地膜小拱棚覆盖，较易升高地温，适宜冬季蔬菜生产，如茄子、洋香瓜、番茄等。

3. 单高垄等行定植

垄高15cm，宽40cm，垄间距为80cm左右，地膜覆盖单垄，不用形成小型拱棚。地温较前两种稍低，但适合喜光、喜温、大叶片的蔬菜栽培，如大棚吊秧西瓜。

4. 小高畦定植

畦高15cm，宽60cm，畦间距40cm，该定植方式适宜于早春、晚秋蔬菜栽培，如洋香瓜、辣椒、番茄等，最适宜于滴灌。

### （二）定植密度

几种主要夏菜的定植密度见表1-14。

表1-14  几种主要夏菜的定植密度

| 种 类 | 栽 培 方 式 | 行株距/cm | 每667$m^2$ 保苗株数/株 |
|---|---|---|---|
| 甘蓝 | 畦栽双行 | (33~52)×(26~33) | 5000~8200 |
| 番茄 | 垄作 | 60×(33~36) | 3000~3333 |
| 西葫芦 | 畦栽单行 | 100×40 | 1667 |
|  | 畦栽双行 | 100×(60~70) | 1870~2200 |
| 辣椒 | 垄作 | 60×26 | 8333 |
| 茄子 | 垄作 | 60×40 | 2766 |
| 黄瓜 | 垄作 | 60×(43~46) | 2200~2567 |

## 四、定植方法

### （一）定植方式

1. 开沟定植

按株行距开定植沟，沟深10~12cm，宽15~20cm，沟要直，沟底要平。适宜低温季节的露地和设施蔬菜定植。

2. 挖穴定植

按株行距挖穴，对需要插架的蔬菜，同畦内两行应相对定植，便于支架；对于不需插架的蔬菜，两行之间定植穴相互错开。

根据浇定植水的先、后，蔬菜定植方法又分为水稳苗和干栽苗。水稳苗是按行距开沟，在沟内浇水后按株距将带坨苗按入沟内，栽植深度一般要求覆土后土坨上顶与地面相平；干栽苗同样按行距开沟，在沟内先将苗埋好后再顺沟浇水。

### （二）定植深度

番茄易生不定根，适当深栽可增加根系数量；茄子是深根性，根系数量相对较少，为增强其支持能力，也宜深栽；黄瓜为浅根作物，需水量大，为便于根系吸收水分和养分，宜浅栽；大葱可深栽，辣椒则深浅适中，以略深于原根际水平为好。早春温度低，定植一般要浅，以利发根；夏季定植可稍深，可减轻地温过高的危害，增强根系抗低温能力；春季定植的恋秋蔬菜，也要略深于早熟蔬菜。地势低洼，地下水位高的地方宜浅栽；土质过于疏松，地下水位偏低的地方，则应适当深栽，以利保墒。

### （三）浇缓苗水

定植缓苗后，要及时浇灌缓苗水，最好浇施低浓度的催苗肥水，N∶P∶K为0.1%∶0.2%∶0.1%，每株300~500g，或浇低浓度的粪稀水，可促进秧苗生长，不脱肥。

## ● 任务实施的生产操作

## 一、整地、施基肥、做畦

### （一）整地

整地是为植物创造适宜的土壤环境，为栽培蔬菜高产优质奠定基础，包括平整土地、翻地和耙地等。

### （二）施基肥

露地每 667m² 菜田均匀撒施 2000～3000kg 充分腐熟的有机肥，深翻 40cm，整细耙平。设施内除撒施外，还应在栽培畦下开深、宽均为 40cm 的施肥沟，沟内集中施入有机肥和化肥。

### （三）做畦

#### 1. 做低畦

畦宽 1～1.6m，长 10～15m，要求畦面平整，无土块，畦埂坚梗，顺直。

#### 2. 做高畦

高畦底宽 0.6～0.75m，中高 10～15cm，高畦面呈"龟背形"，高畦长 10～15m。

#### 3. 做高垄

基部宽 0.4～0.5m，垄长 10～15m。高垄中部高 10～15cm。培垄用土要细碎，高垄表面要平整，尤其是要覆地膜。

操作要求：畦面平坦、土壤细碎、土壤松紧适宜。

整地、施肥及做畦技能训练评价表见表 1-15。

**表 1-15　整地、施肥及做畦技能训练评价表**

| 学生姓名： | 测评日期： | | 测评地点： | | |
|---|---|---|---|---|---|
| | 内　　容 | 分　值 | 自　评 | 互　评 | 师　评 |
| 考评标准 | 掌握基肥撒施和沟施的基本技能，施肥量准确 | 25 | | | |
| | 整地方法正确，整地质量符合要求 | 25 | | | |
| | 掌握低畦的制作方法，并在规定时间内按要求完成低畦的制作 | 25 | | | |
| | 掌握高畦的制作方法，并在规定时间内按要求完成高畦的制作 | 25 | | | |
| 合　　计 | | 100 | | | |
| 最终得分（自评 30%＋互评 30%＋师评 40%） | | | | | |

## 二、蔬菜定植

### （一）开沟定植

定植沟一般深 10～12cm，宽 15～20cm，沟要直，沟底要平；在定植沟内撒施化肥或发酵好的有机肥（如大粪干），化肥用磷酸二铵或复合肥，每 667m² 施 25kg，肥料与土混拌均匀以免烧苗；苗床移植，起苗前一天傍晚苗床要浇透水，以利起苗时多带土、少伤根，起苗的同时要对秧苗进行分级；将经过分级的秧苗脱去营养钵，均匀地摆在定植沟或定植穴内，秧苗在沟中要摆成一条线，高矮一致；苗摆好后，立即向沟内浇定植水，定植水一定要浇足，以保证定植成活率，在底墒充足的情况下，每株苗浇水 1.5L 左右；水渗下后随即覆土。栽苗深度因蔬菜种类不同而异，有的需保持原来的深度，如油菜等；茄子、番茄、瓜类等栽植深度宜稍深；大葱、甜椒等多栽于沟内，还需培土加深。

## （二）挖穴定植

需要插架的蔬菜，同畦内两行定植要相对，便于支架；对于不需插架的蔬菜，两行之间定植坑相互错开，定植坑大小深浅同样要根据土坨大小、浇水方式和蔬菜根系特点来决定；每穴施少许复合肥或发好的有机肥，如大粪干，肥料与土拌匀，以免烧苗；将苗摆在穴正中，先推上一部分土将苗根固定，立即向沟内浇足定植水，在底墒充足的情况下，每株苗浇水1.5L左右。水渗下后将定植穴覆平。

蔬菜定植技能训练评价表见表1-16。

**表1-16 蔬菜定植技能训练评价表**

| 学生姓名： | 测评日期： | | 测评地点： | | | |
|---|---|---|---|---|---|---|
| | 内　容 | 分　值 | 自　评 | 互　评 | 师　评 | |
| 考评标准 | 起苗不伤根，并能够合理分级 | 20 | | | | |
| | 熟练掌握定植程序 | 25 | | | | |
| | 定植沟深浅适宜，施肥量准确 | 25 | | | | |
| | 按照规定的株距摆苗、稳坨、浇定植水、封墒等，栽苗深度适宜 | 30 | | | | |
| | 合　计 | 100 | | | | |
| 最终得分（自评30% + 互评30% + 师评40%） | | | | | | |

# 任务五　田间管理

## ● 任务实施的专业知识

### 一、追肥

追肥是在蔬菜生长发育过程中施用肥料，是满足蔬菜生长发育所需营养元素的重要技术措施。追肥是基肥的补充，应根据气候、土壤、蔬菜种类、同种蔬菜不同生长时期的需肥特点，适时适量地分期追肥，既要满足蔬菜需要，又要避免肥料过分集中产生不良的影响。肥料种类多为速效氮、钾和少量磷肥，也可用腐熟的有机肥（如饼肥、人粪尿等）。

#### （一）追肥时期

1. 以变态营养器官为产品的蔬菜

如根菜类、葱蒜类的洋葱和薯芋类，追肥时期在扩叶期后期与养分积累期的前期，即根或茎开始膨大期。

2. 以生殖器官为产品的蔬菜

在幼苗后期，调节营养生长与生殖生长的需肥矛盾是管理的关键，如瓜类、茄果类、豆类，追肥应重点在坐果期和果实膨大期进行。

3. 以绿叶为产品的蔬菜

有发芽期、幼苗期、扩叶期以及养分积累期四个阶段的重点施肥时期。如白菜类、甘蓝类、芥菜类等追肥应重点在结球初期或花球出现的初期（花椰菜）进行。

**（二）施肥量**

追肥数量可根据基肥多少、蔬菜作物营养特性及土壤肥力高低等确定。一般每次用量不宜过多，以勤施薄施为原则。一般果菜类蔬菜定植后 15～20d 内生长缓慢，所需养分不多，追肥不能过早，以防植株徒长，引起落花落果。而在植株旺盛生长的前期和中期，应追施速效氮、钾肥 3～4 次。果菜类蔬菜整个生育期追施氮、钾肥量占全部施肥量的 50%～60%；大白菜或甘蓝的叶球形成期，根菜类的直根肥大期，需肥量多，应多追肥以补充基肥的不足。

确定蔬菜追肥量与产量有很大关系，如番茄、黄瓜一般平均产量为 10000kg/667m²，每次追肥可施尿素 10～15kg/667m²，硫酸钾 10kg/667m²，全生育期追肥总次数以 5～7 次为宜。

**（三）追肥方法**

**1. 土壤施肥**

土壤施肥主要包括地下埋施、地面撒施、随水冲施等方法。地下埋施是在蔬菜行间或株间开沟或开穴，将肥料施入后覆土；地面撒施是将肥料均匀撒于蔬菜行间并进行灌水；随水冲施是将肥料先溶解于水中，结合灌水施入蔬菜根际。

**2. 叶面追肥**

叶面追肥又称为根外追肥，将化学肥料配成一定浓度的溶液，喷施于叶片上。其操作简便、用肥经济、作物吸收快，但根外追肥只能作为辅助性补充。

## 二、灌溉

灌水是根据蔬菜不同生长期对水分的需求和土壤含水量及降雨情况，人工补充土壤水分，以满足蔬菜生长发育对水分需求的技术措施。

**（一）蔬菜对水分的要求**

**1. 按照蔬菜对水分需要的程度不同，把蔬菜分为五类**

1）耗水量多，吸水力强的蔬菜（如西瓜、甜瓜、南瓜等），有很强的抗旱能力。

2）耗水量大，吸水力弱的蔬菜（如黄瓜、甘蓝、白菜类、芥菜类及大部分绿叶菜类），要选择保水性能好的土壤，并注意灌溉。

3）耗水量、吸水力中等的蔬菜（如茄果类、根菜类及豆类等），要求中等灌溉水平。

4）耗水量少，吸水力弱的蔬菜（如葱蒜类等），其地上部叶片呈筒状或带状，叶面积小且表皮有蜡质，蒸腾作用小，比较耐旱，并且根系入土浅，几乎无根毛，所以，吸收水分的能力弱，对土壤水分要求比较严格。

5）耗水量多而吸水力弱的蔬菜（如藕、荸荠等水生蔬菜），根系不发达，不形成根毛，且体内有发达的通气结构，所以要在水田栽培。

**2. 蔬菜不同生育期对水分的要求**

（1）种子发芽期　种子发芽需要一定的土壤湿度，但各种蔬菜种子的吸水力、吸水量和吸水速度有所差异。在播种前应浇足底水，或播种后及时浇水。

（2）幼苗期　此期植株较小，蒸腾量也小，需水量不多，但根群也很少，且分布浅，同时苗床土壤大部分裸露，表土湿度不易稳定，幼苗易受干旱影响，栽培管理上要特别注意苗期浇水，保持一定的土壤湿度。

（3）营养生长盛期和养分积累期 此期是蔬菜生长需水最多的时期，蔬菜产品重量的90%是在此期形成的。在营养器官开始形成时，供水要及时，但不能过多，以防茎叶徒长，影响产品的质量和产量。

（4）开花期 此期对水分要求比较严格，浇水过多或过少都易引起落花落果。特别是果菜类在开花始期不宜浇水，需进行蹲苗，如水分过多，会引起茎叶徒长，造成落花落果。

在生产实践中，应根据气候条件、土壤物理性状以及生长发育的不同时期和各种蔬菜的生长发育特点进行浇水、保水和排水，以保证蔬菜优质高产。

### （二）灌溉方式

#### 1. 传统灌溉方式

传统灌溉即地面灌水，包括畦灌、沟灌、淹灌等几种形式，适用于水源充足、土地平整、土层较厚的土壤和地段。地面灌溉机械投资低，耗能少，易实施，对土质要求不严，适用于大面积蔬菜生产，但土地利用率低，水分消耗量大，劳动强度大，功效低，易使土表板结。我国以地面渠道为主的大部分沟灌系统，就是这种形式。

#### 2. 节水灌溉方式

节水灌溉方式即微灌，其在设施栽培中普遍使用，包括渗灌、滴灌、微喷灌和小管流滴灌等，是以低压的小水流向植物根部送水而浸润土壤的灌溉方式。微灌能连续或间歇地为植株提供水分，节水量大，对整地质量要求不严，可结合追肥使用，装置的拆卸与安装方便，但其投资较高。如采用膜下灌溉方式，可降低菜田空气湿度，有利于蔬菜植物生长，减轻病虫害发生。

## 三、植株调整

蔬菜植株调整可以平衡营养生长与生殖生长、地上部与地下部生长关系，协调植株发育；促进产品器官形成与膨大，增加单果重并提高品质；促进植株器官新陈代谢，获得优质、丰产；通风透光良好，提高植株对自然生产要素的有效利用率，合理利用自然资源；增加单位面积株数，提高单位面积产量；减少机械伤害和病、虫、草害发生。

蔬菜植株调整主要包括摘心、整枝、打杈、摘叶、束叶、疏花疏果和保花保果、搭架、绑蔓、压蔓、落蔓等技术措施。

### （一）搭架

蔓生蔬菜的蔓不能直立，需进行搭架栽培。搭架的作用是供植株攀附向上生长，利于通风透光、减少病虫害发生；利于实行间套作，提高复种指数，增加单位面积株数，提高光能利用率，达到增大产品个体、提高品质、增加产量和收入的目的。

### （二）整枝、打杈、摘心

#### 1. 整枝

分枝性强，放任生长易于枝蔓繁生的蔬菜，要控制其生长，促进果实发育，人为地使每一植株形成最适的果枝数目称为整枝。其作用是可使田间通风透光良好，提高对光能的利用率；平衡营养器官与产品器官生长，减少病虫为害；有利于增加单位面积株数，提高前期产量及总产量；改进产品品质。

**2. 打杈**

打杈又称为抹芽，即摘除侧芽，当侧枝长到 6~7cm 时打杈为宜。打杈可调整植株营养器官与生殖器官的比例，提高经济系数，达到高产的目的。

**3. 摘心**

摘心又称为掐尖或打顶，即除去生长枝梢的顶芽。其可抑制生长，促进花芽分化，调节营养生长和生殖生长的关系。对无限生长的瓜类和茄果类蔬菜，在保持植株有一定数量的果实和相应的枝叶后，要及时将其顶芽去除。西瓜开花坐果期摘心，有利于提高坐果率。秋延后番茄、辣椒后期摘心有利于前期所结果实增重及产量提高。摘心时应注意果实上部要留几片叶子。

**（三）吊蔓、落蔓和盘蔓、压蔓、绑蔓**

**1. 吊蔓**

吊蔓是棚室栽培蔓生、半蔓生蔬菜引蔓的一项作业。采用尼龙绳、塑料绳，一端系在棚顶骨架上，也可以与设施顶部专门设置的引线相连，另一端固定于植株茎基部或地面。吊蔓分为直立式牵引和人字形牵引。

**2. 落蔓和盘蔓**

将茎蔓定期从支架上解开，下落，将生长点下放。落蔓和盘蔓可使生长点与地面始终保持一定的距离；保持植株上部充足的光照和良好的通风环境；使结果部位与根系距离始终保持在适宜的范围内，保证果实的营养供应；延长结果枝的长度，增加结果数量，提高产量。

**3. 压蔓**

瓜类等蔓生爬地蔬菜，如大田西瓜、南瓜等，在茎蔓的适当部位压土定向固定茎蔓，一般每 2 节压一次蔓，压入土中 5~10cm。经压蔓后可使植株排列整齐，受光良好，管理方便，促进果实发育，提高品质，同时在压蔓处，可诱发植株产生不定根，有防风和增加营养吸收的能力。压蔓还可控制茎叶生长过旺。

**4. 绑蔓**

对于支架栽培的蔓生蔬菜植物，植株在向上生长过程中依附架条的能力并不是很强，需要人为地将主茎捆绑在架杆上，以使植株能够直立向上生长。对攀缘性和缠绕性强的豆类蔬菜，经过一次绑蔓或引蔓上架即可；对于攀缘性和缠绕性弱的番茄，则需多次绑蔓。瓜类蔬菜长有卷须可攀缘生长，但由于卷须生长消耗养分多，攀缘生长不整齐，所以一般不予应用，仍以多次绑蔓为好，同时将卷须摘除。

**（四）摘叶与束叶**

**1. 摘叶**

设施黄瓜、番茄等栽培中，要及时摘除植株下部的老叶、病叶、黄叶，以减少养分消耗，改善透风、透光条件。摘叶的适宜时期是在生长的中、后期，摘叶宜选晴天上午进行，用剪刀剪除，留下一小段叶柄，剪除病叶后对剪刀做消毒处理，以避免病菌传染。摘叶不可过重，即便是病叶，只要其同化功能较为旺盛，就不宜摘除。

**2. 束叶**

束叶即将靠近产品器官周围的叶片尖端聚集在一起，常用于花球类和叶球类蔬菜生产中。束叶可保护产品器官不受阳光曝晒，提高品质，改善植株间的通风透光。如花椰菜在花球将成熟前，将部分叶片捆起来或折弯一部分叶片盖在花球上，可防止阳光对花球表面的暴晒，使花球洁白柔嫩，品质提高；大白菜束叶可使叶球软化，同时所束莲座叶对叶球可起到防寒的作用。

### （五）疏花疏果和保花保果

1. 疏花疏果

对以营养器官为产品的蔬菜，疏花疏果可减少生殖器官对同化物质的消耗，利于产品器官形成，如摘除大蒜、马铃薯、莲藕、百合等蔬菜的蓓蕾均有利于产品器官的膨大。对于以果实为产品器官的蔬菜，如番茄，疏花疏果可以提高果重和产品质量。及早摘除畸形花及花序先端的无效花、有病或机械损伤的果实。

2. 保花保果

当营养不足、低温或高温时，一些花和果实即自行脱落，可改善肥水供应和植株自身营养状况，创造适宜环境条件；控制营养生长过旺或用植物生长调节剂处理。

## 四、中耕培土

### （一）中耕

中耕是在蔬菜田表土板结的情况下，为改善透气性，提高地温等，运用相应的农机具疏松表层土的田间作业管理。菜园中蔬菜的株行距较小，多由人工中耕。

中耕可消灭杂草；增强土壤的通透性，有利于蔬菜根系呼吸，促进土壤养分分解；有利于提高土温，促进蔬菜根系发育；保持土壤墒情；调节土壤水、热、气状况，提高养分利用率；促进蔬菜根系生长；减少病虫害发生；便于施肥。

每次中耕都要做到土壤疏松、地面干净、平整一致、不伤苗、不压苗、不埋苗。幼苗期及移栽缓苗后，植株个体小，大部分土面暴露于空气中，应及时中耕，可以有效地减少杂草的发生。当幼苗逐渐长大、枝叶覆盖地面、杂草发生困难时，根系已扩大于株间，应停止中耕，否则易因中耕损伤根系，影响植株的生长发育。

### （二）培土

培土是在植株生长期间将行间土壤分次培于植株根部的耕作方法，一般结合中耕除草进行。通过培土可以加厚土层，起到保墒、防寒、防热，压草灭荒，固定植株，增强抗倒伏能力的作用；防止根部和地下产品器官露出地面，保护根系，提高产量和品质；多次培土后，在行间形成一条畦沟或垄沟，有利于灌溉；培土前在植株的一侧或两侧施肥，培土后将肥包埋在土内，可起到深施肥的效果；促进不定根形成，扩大吸收面积，防止茎叶徒长；软化产品器官，增进产品品质；促进地下根菜类和茎菜类产品器官的形成与肥大。

## ● 任务实施的生产操作

## 一、蔬菜追肥

### （一）土壤追肥

1. 地下施肥法

在蔬菜周围开沟或开穴，将肥料施入后覆土并浇水。施肥点要与主根保持一段距离，每点的施肥量不要过大，避免发生肥害。

### 2. 地面撒施法

将肥料撒施于蔬菜行间并进行浇水，主要使用一些速效性化肥，如尿素、磷酸二氢钾等。地面撒施法主要适用于成株期，此时植株已经长高，肥料不易撒到菜心里。

### 3. 随水冲施法

将肥料先溶解于水，随灌溉施入根区，不需开沟。随水冲施法适用于蔬菜各生长期，其中以成株期的应用效果最好。设施栽培使用该方法时要采取膜下冲施肥形式，防止氨气挥发到空气中。

### （二）叶面追肥

在植物生长发育的苗期、始花期、中后期是根外追肥的关键时期，常用尿素、磷酸二氢钾、复合肥以及所有可溶性微肥。喷施在叶片背面，有利于蔬菜对营养的吸收；注意追肥的浓度适中，过高烧伤叶片，过低肥效不明显，每 $667m^2$ 施用量 $40 \sim 75kg$。部分叶面肥的使用浓度参考表见表 1-17。不同蔬菜种类施用的浓度也有差异。在无风的晴天、傍晚或早晨露水刚干时进行喷肥效果较好，可使肥料溶液在叶片表面有较长的浸润时间；高温干燥天气进行叶面追肥易造成叶片伤害，喷后遇雨易将肥料冲洗掉；设施内进行叶面追肥应在上午，追肥后要打开通风口进行适量通风，排除潮湿的空气。

**表 1-17　部分叶面肥的使用浓度参考表**

| 品　　种 | 浓　　度 | 品　　种 | 浓　　度 |
|---|---|---|---|
| 磷酸二氢钾 | 0.2% ~ 1.0% | 硫酸锰 | 0.05% ~ 0.1% |
| 尿素 | 0.5% ~ 1.0% | 硼砂 | 0.01% ~ 0.2% |
| 氯化钙 | 0.3% ~ 0.5% | 硫酸锌 | 0.05% ~ 0.2% |
| 硫酸镁 | 0.1% ~ 0.2% | 硫酸亚铁 | 0.2% ~ 1.0% |
| 钼酸铵 | 0.02% ~ 0.1% | 硫酸铜 | 0.01% ~ 0.05% |

蔬菜追肥技能训练评价表见表 1-18。

**表 1-18　蔬菜追肥技能训练评价表**

| 学生姓名： | | 测评日期： | | 测评地点： | | |
|---|---|---|---|---|---|---|
| | 内　　容 | | 分　值 | 自　评 | 互　评 | 师　评 |
| 考评标准 | 完成 1、2 种蔬菜作物的追肥过程 | | 20 | | | |
| | 追肥方法正确 | | 20 | | | |
| | 肥料选择正确 | | 20 | | | |
| | 不烧苗、不浪费 | | 20 | | | |
| | 对促进蔬菜作物生长效果显著 | | 20 | | | |
| 合　　计 | | | 100 | | | |
| 最终得分（自评30% + 互评30% + 师评40%） | | | | | | |

### 二、蔬菜灌水

#### （一）灌水方法

**1. 地面灌水**

地面灌水包括畦灌、高畦的泼浇或浸灌等。地面灌溉机械投资低，耗能少，对土质要求不严。但土地及灌溉水利用率低，整地质量要求高，劳动强度大，而且容易造成土壤板结。

**2. 喷灌**

喷灌又称为"人工降雨"。可人工控制灌水量，灌水均匀，水的利用率高；保持土壤结构，对整地质量要求不严，土地利用率较高；调节菜田小气候，利于蔬菜增产。但喷灌机械耗能多、投资大，喷灌效果常受风的影响。

**3. 滴灌**

滴灌是把灌溉水通过输水系统，定时定量地滴到蔬菜根际的灌溉方式，主要用于蔬菜设施栽培。滴灌直接把水滴到蔬菜作物的根域，用水量少，利用率高。

#### （二）灌溉量

蔬菜整个栽培期内的灌水总量称为灌溉量，其单位可用毫米（mm）或吨每公顷（$t/hm^2$）表示。灌溉量与蔬菜种类、降水量、栽培季节及灌水次数等有关。

蔬菜灌水技能训练评价表见表1-19。

**表1-19　蔬菜灌水技能训练评价表**

| 学生姓名： | 测评日期： | | 测评地点： | | |
|---|---|---|---|---|---|
| | 内　　容 | 分　值 | 自　评 | 互　评 | 师　评 |
| 考评标准 | 完成1、2种蔬菜作物的灌水过程 | 25 | | | |
| | 掌握灌水的基本原则 | 25 | | | |
| | 掌握地面灌水方法 | 25 | | | |
| | 掌握地下灌水方法 | 25 | | | |
| 合　　计 | | 100 | | | |
| 最终得分（自评30%＋互评30%＋师评40%） | | | | | |

## 任务六　化学调控

### ● 任务实施的专业知识

蔬菜化学调控技术是在蔬菜生产中使用植物生长调节剂，与传统蔬菜生产技术相结合，按人们的需要调节和控制蔬菜某些生育阶段的进程和生育状况的技术。通过化学调控，可克服生产中的不利因素，从而提高生产效率，达到高产、稳产、优质、高效的目的。

### 一、化学控制技术在蔬菜生产中的作用

#### （一）促进生长，提高产量

赤霉素（GA）可促进生长，增加植株高度，具有明显的增产作用。如应用赤霉素处理

芹菜、菠菜、茼蒿、苋菜等绿叶菜，均有明显的效果；番茄等果菜类蔬菜，结果盛期在其叶面喷施赤霉素加磷酸二氢钾溶液，可明显提高产量。

**（二）促进扦插生根**

生长素类都具有促进生根的作用，常用的有吲哚丁酸（IBA）、α-萘乙酸（NAA）及吲哚乙酸（IAA）。其主要用于枝条扦插繁殖，可提高成活率。

**（三）防止徒长、培育壮苗**

用生长抑制剂处理可有效防止徒长，常用的有矮壮素（CCC）、比久（$B_9$）、多效唑（$PP_{333}$）、整形素、乙烯利等。如番茄、黄瓜苗期 3~4 叶时土壤浇施矮壮素或叶面喷施 $B_9$，一周后即可表现出节间较短，叶色浓绿，生长健壮；黄瓜、南瓜 2 叶 1 心时叶面喷施乙烯利可抑制徒长，促进雌花分化，提高雌花率，降低根瓜节位；茄果类蔬菜育苗时，喷施多效唑可使苗茎增粗，叶片增厚，增强植株抗旱、抗寒力，并能促进花芽分化。

**（四）打破休眠、促进发芽**

芹菜、菠菜等耐寒性蔬菜种子需在 15~20℃ 才能萌发，夏播时用赤霉素浸种，可代替冷凉条件，促进种子在夏季高温条件下萌发。白菜类、莴苣、茄果类、马铃薯及胡萝卜用赤霉素浸种可打破种子休眠，促进发芽。

**（五）促进结实、防止脱落**

蔬菜植物的许多器官，如花、果实、叶、种子等在生长过程中，尤其是在逆境条件下，会出现脱落现象，应用 2,4-D、防落素（PCPA）、萘乙酸（NAA）、赤霉素（GA）、$B_9$、CCC、2,4,5-T、2M-4X、βNOA 等防止茄果类、瓜类及豆类等果菜类的落花落果。

**（六）促进果实成熟和催熟**

低温期栽培果菜类蔬菜，果实的生长较慢，体积小，开花也不良，需要用果实生长促进剂处理，加快果实的膨大，提早成熟。如番茄进入转色期时，用乙烯利浸果，可使果实变为红色；用植物生长调节剂可促使瓜类蔬菜形成无籽果实，如用 1% NAA 加 1% IAA 羊脂涂抹西瓜雌花，可获得无籽西瓜，并促进果实膨大生长。

**（七）控制蔬菜性别**

瓜类蔬菜是雌雄同株异花植物，植物生长调节剂可以控制其性型分化，如乙烯利可促进黄瓜、西葫芦、南瓜的雌花分化；赤霉素可促进瓜类的雄花分化。

**（八）提高植株的抗逆性**

利用生长抑制剂如 CCC、$B_9$、$PP_{333}$、ABA 等可控制生长，增加植株体内营养物质的积累，从而增强蔬菜植物的抗逆性，但使用不当会有副作用。

**（九）蔬菜保鲜**

保鲜剂主要是通过防止产品叶绿素分解、抑制呼吸作用、减少核酸和蛋白质降解，达到防止蔬菜组织的衰老变色和腐烂变质，延长蔬菜保鲜期的目的。保鲜剂还可控制蔬菜抽薹与开花，抑制马铃薯、洋葱等在贮藏期萌芽，延长贮藏期，防衰保鲜。

**二、主要植物生长调节剂应用**

目前蔬菜生产上应用的植物生长调节剂有 40 多种，如植物生长促进剂有赤霉素、萘乙酸、吲哚乙酸、吲哚丁酸、2,4-D、防落素、6-苄基氨基嘌呤、激动素、乙烯利、油菜素内酯、三十烷醇、ABT 增产灵、西维因等；植物生长抑制剂有脱落酸、青鲜素、三碘苯甲酸等；植物生长延缓剂类有多效唑、矮壮素、烯效唑等。常用植物生长调节剂的种类及作用见表 1-20。

表 1-20 常用植物生长调节剂的种类及作用

| 种　　类 | 主要作用 | 浓度/(mg/L) | 使用方法及注意事项 |
|---|---|---|---|
| 2，4-D<br>（2，4-二氯苯氧乙酸） | 防止器官脱落 | 防止落花落果的适宜浓度为 10 ~ 30；防止大白菜脱帮的适宜浓度为 25 ~ 50；防止结球甘蓝、花椰菜脱帮的适宜浓度为 25 ~ 50 | 使用时只能点抹花朵或花梗，严禁喷花，采收前或采收后喷洒叶梢或根部 |
| 防落素 | 防止器官脱落 | 20 ~ 50 | 对植物茎叶的危害轻，一般在花半开放时或花穗的半数花开放时进行喷花 |
| 助壮素（缩节胺） | 防止植株徒长 | 5 ~ 200 | 助壮素为内吸性植物生长调节剂，溶于水。茄果类定植前和初花期喷洒心叶，瓜类花期喷洒心叶，豆类花夹期喷洒心叶 |
| 矮壮素 | 防止植株徒长促进根系生长 | 200 ~ 300 | 多采用灌根法 |
| 赤霉素 | 促进器官生长，提早成熟，茎叶伸长，叶片扩大；打破种子休眠；提高发芽率 | 促进生长适宜浓度为 20 ~ 50；打破种子休眠，促进发芽浓度为 5 ~ 20；马铃薯催芽切块后，用 0.5 ~ 1，整薯用 2 ~ 5 | 经赤霉素处理的植株，叶色较淡，有一时失绿现象，几天后可以恢复正常生长，同时促进生长的作用也随之消失，需要再次喷药才能有促进生长的作用；马铃薯催芽浸种时间为 1h |
| 乙烯利 | 果实催熟；促进瓜类雌花分化 | 果实催熟适宜浓度为 2000；雌花分化适宜浓度为 100 ~ 200 | 易溶于水及酒精、丙酮等有机溶剂中。主要用于对番茄、西瓜类以老熟果为产品的蔬菜进行果实催熟；促进瓜类蔬菜雌花分化于幼苗 2 ~ 4 片真叶时连续喷洒 2 ~ 3 次 |
| 吲哚乙酸吲哚丁酸萘乙酸 | 促进扦插枝条、茎叶生根 | 吲哚乙酸适宜浓度为 100；萘乙酸适宜浓度为 50 | 100mg/L 吲哚乙酸或 50mg/L 萘乙酸或二者混合液浸 10min；保持白天 22 ~ 28℃、夜间 10 ~ 18℃，7d 左右即可发根成苗 |

## 三、植物生长调节剂的使用方法及注意事项

### （一）植物生长调节剂的使用方法

**1. 浸蘸法**

浸蘸法多用于种子处理、果实催熟、贮藏保鲜、促进插条生根等，其中促进插条生根最为常用。

（1）快蘸法　将插条基部浸于高浓度的药液中，经2~5s后取出晾干，即可扦插。

（2）慢蘸法　将插条基部浸于低浓度的药液中浸泡4~24h，以促其发根，适合对嫩枝或发根较难的插条进行处理。

（3）蘸粉法　插条基部用水浸湿后，再蘸上混有植物生长调节剂的粉剂，蘸后要抖掉多余的粉。蘸粉法适于嫩枝扦插，具有简单快捷、插条不易腐烂、成活率较高等优点。

2. 涂抹法

采用毛笔等工具将植物生长调节剂涂抹在蔬菜植物需要处理的部位，以达到预期的处理效果。例如把一定浓度的乙烯利涂抹在绿熟或白熟期的番茄果实上，可以催熟。

3. 喷施法

将植物生长调节剂加少量表面活性剂配成一定浓度的药液，喷洒在植物的茎、叶、花、果等部位。喷洒要均匀，雾滴细小，喷湿为止。大面积使用还可以采用飞机施药。

4. 浇灌法

将药液直接浇灌于土壤中通过根系吸收，达到化学调控的目的。该方法施药效果稳定，但应考虑某些植物生长调节剂在土壤中的残留状况。

5. 熏蒸法

一些挥发性的植物生长调节剂，如萘乙酸甲酯、乙烯等，在使用时通常要用熏蒸法。

**（二）使用植物生长调节剂应注意事项**

1. 明确生长调节剂的性质，注意应用范围

使用植物生长调节剂必须配合水、肥等管理措施才能发挥其效果。注意使用范围，不能随意扩大。如防落素可安全有效地应用于茄科蔬菜的蘸花，但如果喷施在黄瓜、青椒、菜豆上就会使幼嫩叶片产生严重药害。

2. 正确把握浓度和剂量

植物生长调节剂的使用浓度范围极大（0.1~5000mg/L），具体应视植物生长调节剂的种类和使用目的而定。如乙烯利应用在黄瓜上应在花芽分化期，即2~4片真叶期喷施，浓度3000倍液以上；茄子、番茄用防落素正常浓度蘸花时，如果应用时不做标记，反复多次重复处理，相当于应用浓度过大，同样也会产生药害。

3. 注意使用方法

凡是在低浓度下就能够对蔬菜产生药害的植物生长调节剂必须采取点涂方法，做局部处理，减少用药量，严禁采取喷雾法。对不易产生药害的，为提高工效，可根据需要选择喷雾、点涂等方法。另外，用植物生长调节剂蘸花，并不是把整个花朵浸在药液中，而是用药液涂抹花柄，否则就会产生药害，并造成灰霉病病菌的传播。

4. 注意环境温度

施用植物生长调节剂应在一定温度范围内进行，应用浓度还要随着温度变化做相应的调整。高温时应用低剂量，低温时应用高剂量，否则，高温时用高剂量易出现药害，而低温时应用低剂量又达不到效果。一般保花保果类生长调节剂里含有2,4-D等一些易飘移的化学成分，高温时施用易因飘移而造成植株叶片或相邻敏感作物产生药害。

5. 注意应用时间

施用时期决定于植物生长调节剂的种类、药效延续的时间、预期达到的效果以及蔬菜植

物生长发育的阶段等因素。蔬菜植物在不同的发育阶段，甚至同一发育阶段的不同器官对药剂有不同反应。一般植株生长旺盛的时期，施用浓度应降低，多在100mg/L以下；而对于休眠部位，如种子、休眠芽等，施用浓度可高些。

另外，大部分植物生长调节剂在高温、强光下易挥发、分解，所以环境因素对药效影响很大。施用时间夏季一般在上午10时前，下午4时后。在一定限度内，随温度升高，植物吸收药剂增加，但温度过高，则植物生长调节剂会失去活性。高湿度也可促进药剂吸收，但如果喷药后遇到降雨应及时补喷。

**6. 注意正确诊断**

早春时因地温低，蹲苗时间长，植株根系活动弱，黄瓜、番茄易产生严重的花打顶和沤根现象。此时如果盲目大量喷施保花保果类植物生长调节剂，用以刺激植物生长，就会加重花打顶、沤根等生理障碍。

**7. 先试验，再推广**

一般先做单株或小面积试验，再中试，最后才能大面积推广，不可盲目草率，否则一旦造成损失，将难以挽回。

**8. 消除激素万能的错误思想**

虽然激素能够在一定程度上调节蔬菜的生长快慢以及开花结果，但其只能够起到辅助的作用。应从根本上控制蔬菜的生长和开花结果，要应用合理的栽培管理技术措施。另外，蔬菜上大量使用植物激素也不符合蔬菜无公害生产的要求。

## ● 任务实施的生产操作

### 一、防止果菜类蔬菜落花落果

应用2，4-D、防落素、萘乙酸、赤霉素、B$_9$、CCC、2，4，5-T、2M-4X、βNOA等对防止果菜类花果脱落效果显著，具体使用方法见表1-21。

**表1-21 植物生长调节剂的使用方法**

| 蔬菜种类 | 使用目的 | 生长调节剂 | 浓度/(mg/L) | 使用方法 | 使用时期 | 备 注 |
|---|---|---|---|---|---|---|
| 番茄 | 防止落花落果 | 2，4-D | 10~25 | 浸花或蘸花 | 开花后 | |
| 番茄、茄子 | 防止落花 | PCPA | 10~50 | 喷花 | 开花时 | |
| 茄子 | 防止落花 | 2，4-D | 30 | 浸花 | 花期 | 喷洒时易产生药害；较低温度时可用高浓度；较高温度时浓度可低些 |
| 辣椒 | 防止落花 | NAA | 50 | 喷花 | 开花期 | |
| 瓜类蔬菜 | 防止化瓜 | B$_9$ | 1000 | 浇根 | 开花结瓜期 | |
| | | CCC | 250~500 | 浇根 | 开花结瓜期 | |
| 豆类蔬菜 | 防止落花落荚 | PCPA | 1~5 | 喷洒花序 | 开花期 | |
| | | NAA | 15 | 喷洒花序 | 开花期 | |
| 白菜、甘蓝 | 防止脱帮 | 2，4-D | 25~50 | 喷洒 | 采收前3~7d | |

使用生长调节剂进行番茄保花保果技能训练评价表见表1-22。

**表1-22　使用生长调节剂进行番茄保花保果技能训练评价表**

| 学生姓名： | | 测评日期： | | 测评地点： | | |
|---|---|---|---|---|---|---|
| | 内　容 | 分　值 | 自　评 | 互　评 | 师　评 | |
| 考评标准 | 能够准确地选用生长调节剂种类 | 20 | | | | |
| | 正确配制药液并根据处理时的环境温度确定药液浓度 | 30 | | | | |
| | 正确选择果实采收的时期 | 20 | | | | |
| | 处理方法正确 | 30 | | | | |
| | 合　计 | 100 | | | | |
| 最终得分（自评30% + 互评30% + 师评40%） | | | | | | |

## 二、促进果菜类蔬菜果实早熟

利用乙烯利促进各种果实成熟，既可提早采收，增加早期产量和后期的红熟果实产量，还可以改善番茄果实的风味，提高产品品质。$B_9$、GA以及各种生长抑制剂都有促进成熟的作用。

**（一）促进番茄果实成熟**

1. 浸果处理

用浓度为2000～4000mg/L的乙烯利溶液浸泡约1min，取出后放置在温室或温床中，温度控制在20～25℃，2～3d后即可转红成熟。

2. 植株上处理

一是喷洒法，在果实转色期，用500～1000mg/L乙烯利溶液喷洒果实，可提早成熟5～6d，一般在最后一次采收前进行全株喷洒；二是涂果法，用浓度2000～4000mg/L乙烯利溶液，在番茄果实进入转色期时涂果，可促进番茄提早成熟6～8d。涂抹时要均匀，时期不要太早，否则会影响果实成熟度和食用品质。

除乙烯利外，$B_9$也可以促进番茄果实成熟，提高产量。处理方法是在幼苗1叶及4叶期，用2000～3000mg/L的$B_9$进行全株喷洒。此外，果数足够以后，可喷洒5000mg/L的$B_9$，用以抑制营养生长，促进果实成熟。

**（二）促进西瓜成熟**

在采收前用100～500mg/L乙烯利溶液喷洒西瓜果实，可提早成熟5～7d。处理时应注意尽量避免喷到叶面上。

**（三）促进甜瓜成熟**

在甜瓜长到接近成熟时，用500～1000mg/L乙烯利溶液喷瓜，有明显催熟作用。避免喷到叶片上，以防叶片发黄，提早脱落。一般处理后2～5d采收。也可用1000mg/L乙烯利溶液浸泡2～3min进行催熟。对于网纹甜瓜，在采收前用500～1000mg/L乙烯利溶液喷洒处理，也有催熟效果。

使用生长调节剂对果菜类蔬菜催熟技能训练评价表见表1-23。

**表 1-23　使用生长调节剂对果菜类蔬菜催熟技能训练评价表**

| 学生姓名： | 测评日期： | | | 测评地点： | | |
|---|---|---|---|---|---|---|
| 考评标准 | 内　容 | 分　值 | 自　评 | 互　评 | 师　评 |
| | 能够准确地选用生长调节剂种类 | 15 | | | |
| | 正确配制药液并根据处理时的环境温度确定药液浓度 | 20 | | | |
| | 选择花序符合处理要求 | 15 | | | |
| | 使用蘸花法处理操作正确 | 15 | | | |
| | 使用喷雾法处理操作正确 | 15 | | | |
| | 坐果率达 80% 以上，且无畸形果 | 20 | | | |
| | 合　计 | 100 | | | |
| 最终得分（自评 30% + 互评 30% + 师评 40%） | | | | | |

## 三、防止蔬菜秧苗徒长

常用的生长调节剂有 CCC、助壮素、多效唑（PP$_{333}$）、B$_9$ 等。使用浓度为矮壮素（CCC）250～500mg/L、B$_9$ 1000～4000mg/L、助壮素 100～200mg/L、烯效唑 5～10mg/L。如番茄秧苗长到 5～6 片叶时进行喷洒，可使植株矮化，并可促进花芽分化，而且不易发生药害。

应用 250～500mg/L CCC 进行土壤浇灌，每株用量 100～200mL，处理后 5～6d 茎生长缓慢，叶色变绿，植株变矮，其作用可持续 20～30d，此后又恢复正常生长。

应用 1000～4000mg/L B$_9$ 和 100～200mg/L 助壮素喷洒秧苗，不仅使植株矮化，还有明显的促进花芽分化的作用，而且安全，不易发生药害。

应用烯效唑，浓度为 5～10mg/L，喷洒秧苗 1 次，即可取得显著的壮苗效果。

使用生长调节剂处理番茄幼苗防止徒长技能训练评价表见表 1-24。

**表 1-24　使用生长调节剂处理番茄幼苗防止徒长技能训练评价表**

| 学生姓名： | 测评日期： | | | 测评地点： | | |
|---|---|---|---|---|---|---|
| 考评标准 | 内　容 | 分　值 | 自　评 | 互　评 | 师　评 |
| | 能够准确地选用生长调节剂种类 | 20 | | | |
| | 正确配制药液并根据处理时的环境温度确定药液浓度 | 20 | | | |
| | 选择处理的生长时期正确 | 20 | | | |
| | 使用土壤浇灌法处理操作正确 | 20 | | | |
| | 使用喷洒法处理操作正确 | 20 | | | |
| | 合　计 | 100 | | | |
| 最终得分（自评 30% + 互评 30% + 师评 40%） | | | | | |

# 任务七　菜田除草剂使用

● 任务实施的专业知识

## 一、除草剂的种类及应用

菜田杂草的防除方法主要有人工除草法，一般与中耕结合进行铲除；农业防除法，即利用农业技术措施达到除草的目的，如精选种子、合理轮作、合理翻耕、合理安排茬口、施用充分腐熟的有机肥等；还有植物检疫防除法，用规章制度防止检疫性杂草传播蔓延；机械除草法，利用各种中耕机械进行除草，这种方法只能除去行间杂草，不能除去株间杂草；生物防除法，即利用真菌、细菌、病毒、昆虫、动物、线虫等除草；化学除草法，即用化学除草剂进行除草，能够有效控制杂草，免除草荒危害，既节省劳力，又能降低成本。

### （一）化学除草剂的种类

#### 1. 土壤处理剂

以土壤处理法施用的除草剂称为土壤处理剂，可以通过杂草的根、叶鞘与下胚轴等部位吸收而产生毒效，必须在土壤或介质中溶解以提高药效。这类除草剂在土壤中有一段时间的残效期，因此必须慎重选择，以免对蔬菜作物造成伤害。土壤处理剂适用于空地、蔬菜播种前或播种后出苗前，对于未出土的杂草有效，如氟乐灵、地乐胺、除草剂1号等。

#### 2. 茎叶处理剂

在作物生育期喷洒在植物茎叶上进行除草，如敌稗、2，4-D、拿扑净、盖草能等，使用时首先要对这类除草剂的杀草谱、杂草敏感期以及选择性能有所了解，其次要了解施药时所要求的气候条件，特别是与降雨要有一定的间隔时间。这类除草剂多用于防除已出苗的杂草，只适用于某种蔬菜作物的某一生育期，使用时应特别注意防止药害。

#### 3. 茎叶兼土壤处理剂

这类除草剂可以通过土壤作为媒介进入植物，也可通过茎叶进入植物起作用，按用药时间可分为土壤处理阶段和茎叶处理阶段，如百草枯、果尔等。目前，菜田化学除草多采用土壤处理法，茎叶处理很少应用。

### （二）除草剂选择

选择除草剂时主要根据除草剂的性能、适用的蔬菜种类及防除杂草类型等综合考虑。主要除草剂的适用剂量、除草范围及适用的蔬菜范围见表1-25。

表1-25　主要除草剂的适用剂量、除草范围及适用的蔬菜范围

| 除草剂名称 | 常用剂型 | 用药量 | 除草范围 | 适用的蔬菜种类及使用时期 |
|---|---|---|---|---|
| 除草通 | 33%乳油 | 100～150 | 一年生禾本科杂草和小藜、马齿苋、鳢肠等双子叶杂草 | 白菜类、萝卜、西葫芦、胡萝卜、韭菜、大蒜、洋葱、薤菜等播种后苗前；洋葱、茄果类、甘蓝、花椰菜等移栽前 |
| 地乐胺 | 48%乳油 | 200 | 一年生单、双子叶杂草与莎草 | 胡萝卜、黄瓜、南瓜、冬瓜、苦瓜、丝瓜等播种后苗前或移栽缓苗后；芫荽、韭菜、豆类等播种后苗前 |

（续）

| 除草剂名称 | 常用剂型 | 用药量 | 除草范围 | 适用的蔬菜种类及使用时期 |
|---|---|---|---|---|
| 异丙隆 | 50%可湿性粉剂 | 150~300 | 一年生禾本科杂草和小藜、马齿苋、鳢肠等双子叶杂草 | 茄科蔬菜移栽前；豆类、大蒜、洋葱等播种后苗前 |
| 扑草净 | 50%可湿性粉剂 | 100 | 一年生单、双子叶杂草与莎草 | 萝卜、马铃薯、生姜、山药、豆类、胡萝卜、韭菜、大蒜、洋葱、茼蒿、藕等播种后苗前；西葫芦、茄果类、白菜类等整地后移栽前 |
| 大惠利 | 50%可湿性粉剂 | 75~150 | 一年生禾本科杂草和小藜、马齿苋、鳢肠等双子叶杂草 | 白菜类、茄果类、大蒜、山药、生姜等播种后苗前；西葫芦、茄果类、白菜类等整地后移栽前 |
| 利谷隆 | 50%可湿性粉剂 | 150~300 | 一年生单、双子叶杂草与莎草 | 芦笋、芫荽等播种后苗前；芦笋移栽前 |
| 氟乐灵 | 48%乳油 | 100~150 | 一年生单子叶杂草与部分小粒种子阔叶杂草 | 白菜类、茄果类、黄瓜、南瓜、冬瓜、苦瓜、丝瓜、芹菜、苋菜等播种前或移栽前；山药、生姜、马铃薯等播种后苗前 |
| 拉索 | 48%乳油 | 150~200 | 一年生单子叶杂草与部分双子叶杂草 | 十字花科蔬菜移栽前（地膜覆盖）；葫芦科、菜豆、豇豆、番茄、辣椒、洋葱等播种后苗前 |
| 杜耳 | 72%乳油 | 80~150 | 一年生禾本科杂草、部分阔叶杂草 | 大白菜、芥菜、萝卜、豆类、胡萝卜、芹菜、韭菜、西瓜等，于杂草3~5叶期叶面喷雾 |
| 精稳杀得 | 15%乳油 | 50~100 | 一年生和多年生禾本科杂草 | 十字花科、胡萝卜、韭菜、豆类、茄科、西瓜等，于杂草3~5叶期叶面喷雾 |
| 拿捕净 | 12.5%乳油 | 40~100 | 一年生禾本科杂草 | 油菜及多种蔬菜（黄瓜、菠菜、韭菜、地膜大蒜除外）播种后苗前或移栽前 |
| 乙草胺 | 50%乳油 | 70~150 | 一年生禾本科杂草和部分小粒种子阔叶杂草 | 油菜及多种蔬菜（黄瓜、菠菜、韭菜、地膜大蒜除外）播种后苗前或移栽前 |

注：用药量为每667m² 的用药量（g或mL）。

## 二、使用除草剂应注意的事项

### （一）正确选用除草剂种类

如选择性除草剂在一定剂量范围内使用，可有选择地杀灭某些杂草，而对作物是安全的；灭杀性除草剂对所有植物均有灭杀作用，仅限于休闲田、空闲地的灭草；触杀型除草剂只伤害植株接触到药剂的部位，对没有接触到药剂的部位无影响；内吸传导型除草剂的有效成分可被植物的根、茎、叶吸收，并迅速传导到全株，从而杀灭有害植物。黄瓜、莴苣、茼蒿对氟乐灵、扑草净除草剂敏感，芹菜、胡萝卜对敌草胺敏感，使用时应避免施用和接茬。

**（二）严格按照规定用量、方法和适期**

掌握用药量必须做到"两个准确"，即田块面积准确、计算药量准确。

使用方法必须掌握：播后苗前施药的不能等到苗后施用，宜作土壤处理的药剂不能用作茎叶处理；土壤处理剂必须在雨后或浇水后喷药，即土壤含水量在20%～30%时，除氟乐灵喷药后要及时混土，混土深度4～6cm，其他类型的除草剂一般要保护好土表药膜，忌混土和践踏；处理土壤时，土壤要平整、细碎、湿润，并且喷施均匀，每667m² 药剂兑水25～30kg。

要适期用药，尽量在苗前用药，必须在播种前或播种后出芽前用药。可以避免或减轻药剂对蔬菜的污染与残留；茎叶处理时，以在杂草2～6叶期喷施效果最好。

**（三）注意风向和天气条件**

喷施除草剂时，喷孔方向要与风向一致，走向要与风向垂直或夹角不小于45°，防止药液随风飘移，伤害附近的敏感作物。

不宜在高温、高湿或大风天气喷施，以防止对作物产生药害或降低药效。宜选择气温10～30℃的晴朗无风或微风天气喷施。气温过高、土壤过干时，杂草要先灌溉后喷药。

**（四）交替用药、注意残留**

长期施用单一的除草剂品种会使杂草产生抗性，降低防除效果。另外，在蔬菜作物敏感期使用除草剂易产生药害，所以要避开敏感期。

● **任务实施的生产操作**

## 一、土壤处理法

**（一）播前土壤处理**

1. 播前土表处理

播前土表处理即蔬菜种植前将除草剂施于土壤表面。

2. 播前混土处理

在蔬菜播种前后或移栽前将除草剂施到土壤表层，并均匀混入浅土层（混土4～6cm深），浅耙形成一个封锁药层，当药层内的杂草萌芽或穿过药层时将杂草杀死。此方法挥发性强，对光敏感的药剂采用此法，可减少流失，增加药效。采用此法的除草剂应具有足够的选择性，否则会出现药害。

**（二）播后苗前土壤处理**

对蔬菜播种后出苗前进行土壤处理，多数土壤处理采用这种施药方法。要求用此处理方法使用的除草剂必须具有一定的残效，才能有效地控制杂草，进入土壤后很快钝化的除草剂，如敌稗、百草枯、草甘膦等不宜做土壤处理。

**（三）苗后土壤处理**

在蔬菜育苗期处理土壤，可防除萌芽期杂草。为避免药害可采用粒剂撒布，以减少在植物体上的附着量。

### 二、茎叶处理法

#### （一）播前茎叶处理

在蔬菜尚未播种或移栽前，用药剂防除田间已经长出的杂草。这种施药法一般要求杀草谱广，易于叶面吸收，落入土壤能迅速降解或钝化的除草剂，常用的有百草枯和草甘膦等。此方法只能消灭长出的杂草，对后发的杂草难以控制。

#### （二）生育期茎叶处理

在蔬菜出苗后施用除草剂处理茎叶，此法药液不仅能接触到杂草，也能接触到蔬菜作物，故要求除草剂具有选择性。若施用灭生性除草剂，一定要定向喷雾，通过控制喷头的高度或在喷头上安装防护罩，控制药液的喷洒方向，使药液接触杂草或土表而不触及蔬菜。一般茎叶处理多采用喷雾法，不用喷粉法，喷雾法药剂易附着与渗入到杂草组织中，有较高的药效。

菜田化学除草技能训练评价表见表1-26。

**表1-26　菜田化学除草技能训练评价表**

| 学生姓名： | 测评日期： | | 测评地点： | | |
|---|---|---|---|---|---|
| | 内　　容 | 分　值 | 自　评 | 互　评 | 师　评 |
| 考评标准 | 除草剂选择正确 | 20 | | | |
| | 能独立完成除草剂配制，浓度准确 | 20 | | | |
| | 喷施除草剂时使用量适宜 | 20 | | | |
| | 除草剂使用时期正确 | 20 | | | |
| | 除草剂使用方法正确 | 20 | | | |
| 合　　计 | | 100 | | | |
| 最终得分（自评30% + 互评30% + 师评40%） | | | | | |

# 任务八　采收及采后处理

## ● 任务实施的专业知识

蔬菜采收是指蔬菜的食用器官生长发育到有商品价值时进行收获。采收是蔬菜生产的最后一个环节，但对多次采收的蔬菜，在采收期间还要进行田间管理。采收的目标是使蔬菜产品在适当的成熟度时转化成商品；采收的速度要尽可能快；采收要力求做到最小的损伤。

### 一、蔬菜产品采收

蔬菜产品采收成熟度与产量、品质有密切关系。采收过早，产品大小和重量达不到标准，而且风味、品质和色泽也不好；采收过晚，产品成熟衰老，产量下降，不耐贮藏和运输。在确定蔬菜产品的采收成熟度、采收时间和方法时，应该考虑蔬菜产品的用途、本身特点、贮藏时间的长短、贮藏方法和设备条件、运输距离的远近、销售期长短和产品的类型等因素。

**（一）蔬菜产品成熟度**

蔬菜由播种到产品成熟需要的天数，因蔬菜种类、品种、栽培季节、栽培技术和栽培目的而不同，对成熟度的标准要求也有差异。一般产品的成熟度可分为三种。

**1. 食用成熟**

蔬菜的产品器官已长到具有该品种应有的形状、色泽、风味和香气，并具有较高的营养价值，在硬度上也是最好时期，也称"商品成熟"。大多数蔬菜都是在此期采收，如番茄在绿熟期采收，黄瓜、丝瓜在种子尚未开始发育时采收。食用成熟的标准通常是只要供食用部分适合人们的需要就算成熟，即可采收。

**2. 技术成熟**

蔬菜的采收根据运销、贮藏和加工所要求的成熟度而定。如远途运输的果菜类，为了避免因过熟而腐烂和防止运输途中因挤压而败坏，应提前采收，番茄可在绿熟期和转色期采收，在运输期间可进行后熟作用，当到达目的地时已经红熟可供食用；以贮藏为目的时，在贮藏器官最适于贮藏时收获，如洋葱、大蒜地上部叶片已枯黄，鳞茎表面上的叶鞘已干燥成膜时，最适贮藏。

**3. 生理成熟**

生理成熟又称自然成熟，果实已完熟，种子已有独立生活的能力，可供繁殖。如以采收种子为目的或收获老熟果实的，都在此时采收。

**（二）采收时期**

商品蔬菜的采收时期主要由蔬菜种类以及市场需求来决定。

**1. 不同蔬菜的采收时期**

一般情况下，以成熟器官为产品的蔬菜，其采收期比较严格，要待产品器官进入成熟期后才能采收，而以幼嫩器官为产品的蔬菜，其采收时期较为灵活，根据市场价格以及需求量变化，从产品器官形成早期到后期进行采收。主要蔬菜的适宜采收时期见表1-27。

表1-27　主要蔬菜的适宜采收时期

| 蔬 菜 名 称 | 产品器官类型 | 适宜采收时期 | 备　　注 |
|---|---|---|---|
| 西瓜、甜瓜、番茄 | 成熟的果实 | 成熟前 | 要求严格 |
| 大白菜、结球甘蓝、花椰菜等叶球、花球类蔬菜 | 成熟的叶球、花球 | 叶球、花球紧实期 | 要求严格 |
| 大葱、大蒜等鳞茎类蔬菜 | 成熟的鳞茎 | 嫩茎发育充分、进入休眠期前 | 要求严格 |
| 黄瓜、西葫芦、丝瓜、苦瓜、茄子、青椒、菜豆、豇豆等 | 嫩果 | 果实膨大期后，种皮变硬前 | 要求不严格 |
| 冬瓜、南瓜等 | 嫩果或成熟果 | 果实膨大期至成熟期 | 视栽培目的而定 |
| 根菜类、薯芋类及水生蔬菜、莴笋、榨菜等 | 成熟的根、茎 | 成熟期或进入休眠期前 | 要求不严格 |
| 绿叶菜类 | 嫩叶、嫩茎 | 茎、叶旺盛生长期后，组织老化前 | 要求不严格 |

**2. 市场需求对采收期的影响**

一般蔬菜供应淡季的销售价格比较高，供应量少，对采收期要求不严格的嫩瓜、嫩茎以及根、叶菜的收获期往往提前，以提早上市、增加收入；进入蔬菜供应旺季，蔬菜的收获期比较晚，一般在产量达到最高期后开始采收，以确保产量。

如冬季黄瓜一般长到20cm左右长时就开始采收，而春季则需要长到30cm左右后才开始采收；早春大萝卜通常进入露肩期后就开始采收，而秋季则要在圆腔后开始收获。

3. 蔬菜销售方式对采收期的影响

蔬菜收获后的销售方式不同，对采收期也有影响。如番茄、西瓜、甜瓜等以成熟果为产品的蔬菜，如采收后产品就地销售，一般当果实达到生理成熟前开始采收；如果采收后进行远距离外销，则在果实体积达到最大，即定个后进行采收，以延长果实的存放期；供加工番茄汁或番茄酱用的番茄应在果实充分成熟后采收。

（三）采收时间

蔬菜适宜采收时间为晴天的早晨或傍晚，在气温偏低时进行。此时采收，产品中含水量高，色泽鲜艳，外观好，产量也比较高。中午前后温度偏高，植株蒸发量大，蔬菜体内的含水量低，产品的外观差，产量低，不宜采收。阴天温度低、湿度大，也不宜采收蔬菜。

（四）采收方法

蔬菜产品采收的原则是及时而无伤。要保证质量，减少损耗，提高贮藏、加工性能。

1. 人工采收

人工采收灵活性高，可以任意挑选，精确地掌握成熟和分次采收，做到轻摘轻放，机械损伤少，投资少，人多速度快，便于调节控制；但缺少采收标准，工具原始，采收粗放。

2. 机械采收

机械采收适用于成熟时果梗与果枝间形成离层的果实，一般使用强风或强力振动机械，迫使果实从离层脱落，在树下铺垫柔软的帆布垫或传送带承接果实并将果实送至分级包装机内；高密度栽植的叶菜类、根菜类蔬菜，一般使用机械收割和深耕犁翻刨；制罐头和制酱番茄、豌豆、甜玉米、马铃薯、辣椒均可以用机械采收，但要求成熟度一致。其优点是采收效率高、节省劳力、降低采收成本，可以改善工人的工作条件、减少因大量雇佣和管理工人所带来的问题；但产品损伤严重，影响产品质量、商品价值和耐贮性。因此，机械采收后及时进行挑选、分级等处理，可以将机械损伤的影响降到最低。

## 二、蔬菜产品采后处理

蔬菜产品采后处理是在采收后通过再投入，将蔬菜产品转化为商品蔬菜的增值过程。蔬菜采收后一般需要经过整理、清洗、分级、晾晒、催熟、预冷、包装等处理，可保持或改进品质，提高商品价值，减少浪费，增加效益，提高市场竞争力。

## ● 任务实施的生产操作

## 一、蔬菜产品采收

蔬菜产品的采收应根据产品种类、用途而确定适宜的采收成熟度和采收期。主要从果实的色泽、形态、饱满程度、硬度、生长期、成熟特征、果梗脱离的难易程度和产品的目的及消费习惯等方面来判断产品的成熟度。蔬菜的采收方法因蔬菜的种类而异，主要采收方法如下：

### （一）手工采摘法

茄果类、瓜类、豆类等果菜类蔬菜可采用手工采摘法进行采收，根据产品的用途及成熟度确定采收时间，采收时要找准果柄的离层处，要轻拿轻放，避免损伤果实；绿叶菜类一般连根一起采收，以保持植株完整，防止松散。

### （二）挖掘法

萝卜、胡萝卜、马铃薯、洋葱、大蒜等可用挖掘法采收。

### （三）刀割法

韭菜、芹菜、大白菜、甘蓝等可用刀割法采收；白菜类、花菜类也要带少量根部，用刀将叶球或花球切割下来。

同一种蔬菜，采后的处理方式不同，采收方法也有所区别。如大白菜，采收后立即上市的一般不带根收获，而采后需要存放一段时间再上市的则要求带根收获。

## 二、蔬菜产品采后处理技术

进行白菜类、根菜类、叶菜类、茄果类、瓜类等蔬菜的采后处理，主要内容如下：

### （一）愈伤

马铃薯收后保持18.5℃以上的温度2d，然后在7.5~10℃和相对湿度90%~95%的环境下保持10~20d，可愈伤。洋葱和大蒜在收获后经过晾晒，使外部鳞片干燥，伤口愈合。

### （二）预冷

将大白菜、甘蓝、大萝卜、马铃薯等蔬菜产品在采收后放在阴冷处，夜间袒露，白天遮阴，使之自然冷却，然后入贮。

### （三）整理和清洗

整理是去掉叶类菜的老黄叶、根菜类的须根等不能食用部分。对能清洗的蔬菜洗掉表面泥土、杂物和农药等。

### （四）分级和包装

进行茄果类、瓜类等蔬菜的手工分级和包装。包装要求：蔬菜质量好，重量准确；使顾客能看清包装内部蔬菜的情况；避免使用有色包装，以混淆蔬菜本身的色泽；塑料薄膜包装透气性差，应打一些小孔，使内外气体进行交换，以减少蔬菜腐烂。

### （五）催熟

将转色期番茄果实用4000mg/L乙烯利浸果，浸后稍晾干，装在催熟箱内，在室温20~28℃时，6d可成熟。

### （六）催眠

大蒜、洋葱、马铃薯收获前20d用2500mg/L青鲜素（MH）进行叶面喷洒，可抑制贮藏期间发芽，延长休眠期。如果喷药后48~72h内遇雨应补喷。

### （七）防腐

菜豆、黄瓜、西瓜、茄子等在贮藏前喷杀菌剂，防治贮藏期腐烂。

## 练习与思考

1. 蔬菜种子有哪些主要处理方法？

2. 蔬菜浸种有几种方法？如何浸种？

3. 如何配制育苗土？

4. 嫁接育苗有哪些优点？如何选择嫁接方法？

5. 如何根据蔬菜生产季节和种类选择定植方法？

6. 菜田使用除草剂应注意哪些问题？

# 项目二

# 蔬菜生产安排

## 知识目标

1. 理解蔬菜栽培季节确定的原则，掌握蔬菜栽培季节确定的方法。
2. 明确蔬菜茬口安排原则，掌握露地蔬菜和设施蔬菜主要茬口。

## 能力目标

1. 能根据不同蔬菜种类的生物学特性、当地气候条件及栽培条件确定栽培季节与安排茬口。
2. 完成蔬菜的间、混、套、复作设计。

## 任务一　栽培季节确定

### ● 任务实施的专业知识

蔬菜的栽培季节是指该蔬菜作物从种子直播或幼苗定植开始，到产品收获完毕为止的全部占地时间。对于先在苗床中育苗，后定植到菜田中的蔬菜，因苗期不占生产田，苗期可不计入栽培季节。

### 一、蔬菜栽培季节确定原则

#### （一）露地蔬菜栽培季节确定原则

露地蔬菜生产是以高产优质为主要目的，确定栽培季节时，应将所种植蔬菜的整个栽培期安排在其能适应的温度季节里，而将产品器官的形成期安排在温度最适宜的月份里。

#### （二）设施蔬菜栽培季节确定原则

设施蔬菜生产是露地蔬菜生产的补充，其生产成本高，栽培难度大，因此，应以高效益为主要目的来安排栽培季节。原则是将所种植蔬菜的整个栽培期安排在其能适应的季节里，而将产品器官的形成期安排在该种蔬菜露地生产淡季或产品供应的淡季里。

## 二、蔬菜栽培季节确定方法

### （一）露地蔬菜栽培季节确定方法

**1. 根据蔬菜类型确定栽培季节**

耐热及喜温性蔬菜的产品器官形成期要求高温，故一年当中以春、夏季栽培效果为最好。

喜冷凉的耐寒性蔬菜以及半耐寒性蔬菜栽培前期对高温适应能力较强，而产品器官形成期却喜欢冷凉，故该类蔬菜最适宜栽培季节为夏、秋季。北方地区春季栽培时，往往因生产时间短，产量较低，品质也较差。品种选择不当或栽培时间不当，还容易出现提早抽薹的问题。

**2. 根据市场供应情况确定栽培季节**

本着有利于缩小市场供应的淡旺季差异、延长供应期的原则，确保主要栽培季节里蔬菜生产的同时，通过选择合适的蔬菜品种及栽培方式，在其他季节里，也安排一定面积的该类蔬菜生产。例如近几年，北方地区大白菜春种、西葫芦秋播以及夏秋西瓜栽培等，不仅提高了栽培效益，而且延长了产品的供应时间。

**3. 根据生产条件和生产管理水平确定栽培季节**

如果当地生产条件较差、管理水平不高，应以主要栽培季节里的蔬菜生产为主，确保产量；如果当地生产条件好、管理水平较高，就应加大非主要栽培季节里的蔬菜生产规模，增加淡季蔬菜供应，提高栽培效益。

### （二）设施蔬菜栽培季节确定方法

**1. 根据设施类型确定栽培季节**

不同设施类型综合性能不同，其适宜生产的时间也不同。对于温度条件好，可周年进行蔬菜生产的加温温室以及改良型日光温室（有区域限制），其栽培季节确定比较灵活，可根据生产和供应需要，随时安排生产；温度条件稍差的普通日光温室、塑料拱棚、风障畦等，其栽培期一般仅较露地提早和延后 15~40d，栽培季节安排受限制比较大。

**2. 根据市场需求确定栽培季节**

设施蔬菜栽培应避免其主要产品的上市期与露地蔬菜发生重叠，要把蔬菜的主要上市时间安排在"十一"至翌年"五一"期间。具体安排应根据设施类型考虑，温室蔬菜应提前，以 1~2 月份为主要上市期，日光温室和塑料大棚应以 5~6 月份和 9~11 月份为主要上市期。

# 任务二  茬口安排

## ● 任务实施的专业知识

蔬菜茬口安排是指在同一块耕地上，不同年份和同一年份的不同季节，安排作物种类、品种及其前后茬的衔接搭配和排列顺序，通称为茬口安排。茬口安排与品种搭配是不可分割的整体，所以茬口安排又称为品种茬口或品种布局。

蔬菜茬口安排包括轮作与连作，多次作和重复作，间、混、套作和休闲歇茬等栽培制度的规划设计。目前在我国蔬菜生产规模出现饱和的形势下，生产者必须掌握市场流通信息和技术信息，进行合理的品种茬口安排，生产出适销对路的产品，获得最佳的投入产出比，实现增产增收的目标。

蔬菜的品种茬口有季节茬口和土地茬口两类。二者在生产计划中共同组成完整的蔬菜栽培制度。

## 一、茬口安排原则

### （一）有利于蔬菜生产

以当地主要栽培茬口为主，充分利用有利的自然环境，创造高产、优质，降低生产成本。

### （二）有利于蔬菜的均衡供应

同一种蔬菜或同一类蔬菜应通过排开播种，将全年的种植任务分配到不同的栽培季节里进行周年生产，保证蔬菜的周年均衡供应，要避免栽培茬口过于单调，生产和供应过于集中。

### （三）有利于提高栽培效益

蔬菜生产投资大、成本高，在茬口安排上应根据当地的蔬菜市场供应情况，适当增加一些高效蔬菜茬口以及淡季供应茬口，以提高栽培效益。有条件的地区应逐渐加大蔬菜设施栽培的比例，减少露地蔬菜的生产数量，使设施蔬菜与露地蔬菜保持一个比较合理的生产比例，改变目前的露地蔬菜生产规模过大、设施蔬菜规模偏小的低效益状况。

### （四）有利于提高土地利用率

蔬菜的前后茬间，应通过合理的间、套作，以及育苗移栽等措施，尽量缩短空闲时间。

### （五）有利于控制蔬菜的病虫害

同种蔬菜长期连作，容易诱发并加重病虫害。因此，在安排茬口时，应根据当地蔬菜的发病情况，对蔬菜进行一定年限的轮作，不同种类的蔬菜可以使病原菌失去寄主，或改变其生活环境，从而达到消灭或减轻病虫害发生的目的。

### （六）有利于充分利用土壤养分

不同种类的蔬菜大多生物学特性不同，对养分的需求也不同。把对氮、磷、钾营养元素需求不同的品种和种类进行轮作，浅根性和深根性蔬菜进行合理搭配，能较好地利用土壤中的各种养分。长期种植某一类型蔬菜，会导致土壤中某一营养元素亏缺，易发生缺素症，降低产量和品质。

### （七）有利于缓解土壤酸碱度、平衡土壤肥力

注意调节土壤中酸碱度的影响以及养分的平衡，如种植马铃薯、甘蓝等会提高土壤酸度，而后茬种植玉米、南瓜等会降低土壤酸度，如把对酸度敏感的葱类安排在玉米、南瓜之后，可获得较高的产量；种植豆类蔬菜可以增加土壤有机质，改良土壤结构，提高土壤肥力；而长期种植一些需氮肥较多的叶菜类，易使土壤养分失去平衡，致使蔬菜发生缺素症，降低产量和品质。把生长期长、短，需肥多、少的蔬菜互相换茬种植，每一茬口蔬菜都可获得高产。

### （八）有利于抑制杂草发生

综合考虑对杂草的影响，如上茬安排的是对杂草抑制作用强的蔬菜，下茬就可安排对杂

草抑制作用弱的蔬菜，可减轻草害，提高产量，降低成本，增加收入。生长迅速或栽培密度大，生长期长，叶片对地面覆盖度大的蔬菜，如瓜类、甘蓝、豆类、马铃薯等，对杂草有明显的抑制作用；而胡萝卜、芹菜、葱蒜类、薯芋类等发苗较缓慢或叶小的蔬菜易滋生杂草。

## 二、主要蔬菜茬口安排技术

### （一）露地蔬菜茬口安排

**1. 季节茬口**

从时间角度出发，根据各种蔬菜适宜栽培季节的安排，把握蔬菜作物倒茬与接茬的规律。即确定在不同季节应种植哪些蔬菜，做到不误农时，提高经济效益。安排季节茬口应根据温度、光照、雨量、病虫情况等确定。由于各地气候条件不同，蔬菜栽培的季节茬口也不尽一致。目前，多数地区安排露地蔬菜的季节茬口主要有越冬茬、春茬、夏茬和秋茬。

（1）越冬茬 一般于秋季露地直播，或秋季育苗，冬前定植，以幼苗露地过冬，翌年春季或初夏上市，是供应春淡季的主要茬口。越冬茬是北方地区的重要栽培茬口，主要栽培耐寒或半耐寒性蔬菜，如菠菜、莴苣、分葱、韭菜等。

（2）春茬 一般于春季播种，或冬季育苗，春季定植，春末或夏初开始收获，采收期正值夏季茄果类、瓜类、豆类大量上市前，越冬茬大量下市后的"小淡季"，是夏季上市的主要蔬菜；适合春茬种植的蔬菜种类较多，以果菜类为主；耐寒或半耐寒性蔬菜一般于早春土壤解冻后播种，春末或夏初开始收获；喜温性蔬菜一般于冬季或早春育苗，露地终霜期后定植，入夏后大量收获上市。

（3）夏茬 一般于春末至夏初播种或定植，主要供应期为 8～9 月份，夏茬蔬菜分为伏菜和延秋菜两种栽培形式。伏菜是选用栽培期较短的绿叶菜类、部分白菜类和瓜类蔬菜等，于春末至夏初播种或定植，夏季或初秋收获完毕，一般用作加茬菜；延秋菜是选用栽培期比较长、耐热力强的茄果类、豆类等蔬菜，进行越夏栽培，至秋末结束生产。最好将早、中、晚熟品种排开播种，分期分批上市。

（4）秋茬 一般于夏末初秋播种或定植，中秋后开始收获，秋末冬初收获完毕。主要供应冬季蔬菜市场，蔬菜种类以耐贮存的白菜类、根菜类、茎菜类和绿叶菜类为主，也有少量的果菜类蔬菜栽培。

**2. 土地利用茬口**

土地利用茬口是指在同一块土地上，按照轮作的要求，一年内安排各种蔬菜的茬次，如一年一作制、一年两收制、三作三收或三作两收及两作三收制等。

土地茬口与复种指数有密切关系，应根据各地自然资源和生产条件等确定。

（1）一年两种两收 一年内只安排春茬和秋茬，两茬蔬菜均于当年收获，为一年二主作菜区的主要茬口安排模式。蔬菜生产和供应比较集中，淡旺季矛盾也比较突出。

（2）一年三种三收 在一年两种两收的基础上，增加一个夏茬，各茬蔬菜均于当年收获。该茬口种植的蔬菜种类丰富，蔬菜生产和供应的淡旺季矛盾减少，栽培效益也比较好，但栽培技术要求比较高，生产投入也比较大，生产中应合理安排前后季节茬口，不误农时，并增加施肥和其他生产投入。

（3）两年五种五收 在一年两种两收茬口的基础上，增加一个越冬茬。增加越冬茬的主要目的是解决北方地区早春蔬菜供应量少、淡季突出的问题。

**（二）设施蔬菜茬口安排**

**1. 季节茬口**

（1）冬春茬　一般于中秋播种或定植，入冬后开始收获，来年春末结束生产，主要栽培时间为冬、春两季。冬春茬为温室蔬菜主要栽培茬口，主要栽培一些结果期比较长、产量较高的果菜类。在冬季不甚严寒的地区，也可以利用日光温室、阳畦等对一些耐寒性强的叶菜类（如韭菜、芹菜、菠菜等）进行冬春茬栽培。冬春茬的主要供应期为1~4月。

（2）春茬　一般于冬末早春播种或定植，4月前后开始收获，盛夏结束生产。春茬为温室、塑料大棚、阳畦等设施的主要栽培茬口，主要栽培一些效益较高的果菜类及部分高效绿叶菜类。在栽培时间安排上，温室一般于2~3月定植，3~4月开始收获；塑料大棚一般于3~4月定植，5~6月开始收获。

（3）夏秋茬　一般春末夏初播种或定植，7~9月份收获上市，冬前结束生产。夏秋茬为温室和塑料大棚的主要栽培茬口，利用温室和大棚空间大的特点，进行遮阳栽培，主要栽培一些夏季露地栽培难度较大的果菜类及高档叶菜类等，在露地蔬菜的供应淡季收获上市，具有投资少、收效高等优点，较受欢迎，栽培规模扩大较快。

（4）秋茬　一般于7~8月份播种或定植，8~9月份开始收获，可供应到11~12月。秋茬为普通日光温室及塑料大棚的主要栽培茬口，主要栽培果菜类蔬菜，在露地果菜供应旺季后、加温温室蔬菜大量上市前供应市场，效益较好，但也存在栽培期较短、产量偏低等问题。

（5）秋冬茬　一般于8月前后育苗或直播，9月定植，10月开始收获，来年的2月前后收获完毕。秋冬茬为温室蔬菜的重要栽培茬口之一，可以解决北方地区"国庆"至"春节"阶段（特别是果菜类）供应不足的问题。该茬蔬菜主要栽培果菜类，栽培前温度较高，蔬菜容易发生旺长，栽培后期温度低，光照不足，容易早衰，栽培难度比较大。

（6）越冬茬　一般于晚秋播种或定植，冬季进行简单保护，来年春季提早恢复生长，并于早春供应。越冬茬是风障畦蔬菜的主要栽培茬口，主要栽培温室、大棚等大型设施不适合种植的根菜、茎菜及叶菜类等，如韭菜、芹菜、莴苣等，是温室、大棚蔬菜生产的补充。

**2. 土地利用茬口**

（1）一年单种单收　其是风障畦、阳畦及塑料大棚蔬菜的主要栽培茬口。风障畦和阳畦一般在温度升高后或当茬蔬菜生产结束后，撤掉风障和各种保温覆盖，转为露地蔬菜生产。在无霜期短的地区，塑料大棚蔬菜生产也大多采取一年单种单收茬口模式。在一些无霜期比较长的地区，也可选用结果期比较长的晚熟蔬菜品种，在塑料大棚内进行从春到秋高产栽培。

（2）一年两种两收　其是塑料大棚和温室蔬菜的主要栽培茬口。塑料大棚（包括普通日光温室）主要为"春茬→秋茬"模式，两茬口均在当年收获完毕，适宜于无霜期比较长的地区；温室主要分为"冬春茬→夏秋茬"和"秋冬茬→春茬"两种模式。该茬口中的前一季茬口通常为主要的栽培茬口，在栽培时间和品种选用上，后一茬口要服从前一茬口。为缩短温室和塑料大棚的非生产时间，除秋冬茬外，一般均应进行育苗栽培。

**（三）轮作的茬口安排**

**1. 轮作设计要求**

在确定蔬菜轮作顺序时，首先应使轮作中的前作与后作搭配合适，根据蔬菜作物的茬口特性，安排适宜的前后作。

第一种是前作能为后作创造良好的条件，以补后作之短，使后作有一个良好的土壤环境，土壤肥力高，杂草少，耕层土壤紧密度合适，如东北地区在豆茬地种葱蒜就是这种情况。

第二种是前作虽没有给后作创造显著好的土壤环境，但也没有不良影响，如玉米茬种马铃薯，马铃薯茬种瓜类蔬菜。

第三种是后作之长能克服前作之短。如胡萝卜（易于草荒）种茄果类（易于除草）；深根性的瓜类（除黄瓜）、豆类、茄果类与浅根性的白菜类、葱蒜类在田间轮换种植；需氮多的叶菜类、需磷较多的果菜类、需钾较多的根菜类、茎菜类合理安排轮作。

2. 轮作设计程序

先确定参与轮作的蔬菜作物，然后区划制定轮作计划。薯芋类、葱蒜类宜实行 2 ~ 3 年轮作；茄果类、瓜类（除西瓜）、豆类需要 3 ~ 4 年轮作；西瓜轮作年限多在 6 ~ 7 年以上。

例如，第一年种植白菜类；第二年种植根菜类、葱蒜类、茄果类和瓜类；第三年种植薯芋类、豆类及白菜类、伞形科植物。

# 练习与思考

1. 进行露地主要蔬菜栽培季节与采收期调查，调查结束后，将调查结果填入表2-1。

表 2-1　露地主要蔬菜栽培季节与采收期调查表

| 蔬菜种类 | 栽培方式 | 播 种 期 | 定 植 期 | 采 收 期 |
|---|---|---|---|---|
| 结球白菜 | 春季早熟栽培 | | | |
| | 秋季栽培 | | | |
| 大葱 | 秋葱 | | | |
| | 羊角葱 | | | |
| | 伏葱 | | | |
| | 春葱 | | | |
| | 白露葱 | | | |
| | 青葱 | | | |
| 菠菜 | 春菠菜 | | | |
| | 秋菠菜 | | | |
| | 越冬菠菜 | | | |
| | 埋头菠菜 | | | |

注：调查其他蔬菜种类和有关内容可适当增加表格。

2. 进行温室、大棚茄果类、瓜类栽培季节与采收期调查，调查结束后，将调查结果填入表2-2。

表 2-2　温室、大棚茄果类、瓜类栽培季节与采收期调查表

| 蔬菜种类 | 栽培方式 | 育苗方式 | 播种期 | 定植期 | 采收期 |
|---|---|---|---|---|---|
| 番茄 | 温室栽培 | | | | |
| | 大棚栽培 | | | | |
| 黄瓜 | 温室栽培 | | | | |
| | 大棚栽培 | | | | |

注：调查其他蔬菜种类和有关内容可适当增加表格。

3. 根据以上调查结果，总结出影响蔬菜栽培季节的因素，并考虑采取哪些措施可以实现蔬菜的周年均衡供应。

# 白菜类蔬菜生产

> **知识目标**

1. 了解白菜类蔬菜的生物学特性及其与栽培生产的关系。

2. 了解大白菜的发育和叶球形成的关系。

3. 理解花椰菜结球不良的原因及防止措施。

4. 掌握大白菜、甘蓝、花椰菜等白菜类蔬菜的育苗技术和生产管理技术。

> **能力目标**

1. 能够根据当地市场需要，选择白菜类蔬菜优良品种。

2. 会选择栽培季节与安排茬口。

3. 能够根据当地气候条件进行白菜类蔬菜的农事操作，能熟练进行播种、间苗、定苗、中耕除草、肥水管理等基本操作，具备独立蔬菜栽培生产的能力。

## 任务一　大白菜生产

● **任务实施的专业知识**

### 一、生物学特性

大白菜又叫结球白菜、包心菜等，为十字花科芸薹属种中能形成叶球的亚种，为一、二年生草本蔬菜。大白菜营养丰富，易栽培，产量高，耐贮运，是我国大部分地区的主要蔬菜之一。

**（一）形态特征**

1. 根

直根系，主根粗大，侧根发达，生根能力强，主要根系分布在 20～30cm 土层内。

2. 茎

营养生长时期，茎短缩，4～7cm，肥大呈圆锥形；生殖生长时期，短缩茎顶端抽生花茎，淡绿至绿色，表面有明显的蜡粉，高 60~100cm，有 1~3 次分枝。

**3. 叶**

异形变态叶，按其发生的先后顺序有子叶、基生叶、中生叶、顶生叶和茎生叶，如图 3-1 所示。

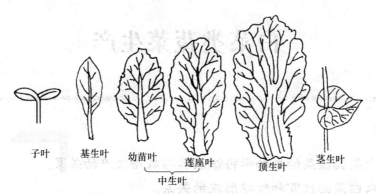

图 3-1　大白菜的叶型

（1）子叶　2 枚，对生，肾形，无叶柄。

（2）基生叶　2 枚，长椭圆形，有明显的叶柄，无叶翅，对生，着生于短缩茎基部，与子叶方向垂直呈"十"字形。

（3）中生叶　互生，叶片倒披针形至倒阔卵圆形，有叶翅，无叶柄，着生于短缩茎中部，是主要的同化器官并保护叶球；第 1 叶环的叶较小，为幼苗叶，椭圆形，有叶柄；第 2、3 叶环叶较大，叶片薄，皱而多脉，为莲座叶，倒阔卵圆形，无明显叶柄，有明显叶翅。

（4）顶生叶　也叫球叶或心叶，着生于短缩茎的顶端，互生，构成叶球，外层叶较大，内层渐小，是大白菜的营养贮藏器官，也是主要的产品。

（5）茎生叶　生殖生长时期着生在花茎上，抱茎而生，先端呈三角形，表面有蜡粉。

**4. 花**

完全花，花瓣 4 枚，黄色，十字花冠，四强雄蕊，虫媒花，总状花序。

**5. 果实**

长角果，圆筒形，先端陡缩成"果喙"。成熟时纵裂，种子易脱落。

**6. 种子**

球形微扁，红褐色至灰褐色，少数黄色。千粒重 2~3.5g，使用年限 1~2 年。

**（二）生长发育周期**

春播大白菜当年可开花结籽，表现为一年生植物。秋播大白菜为典型的二年生植物，全生育期分为营养生长时期和生殖生长时期，与生产关系比较密切的为营养生长时期。

**1. 营养生长时期**

从播种到形成叶球，需要 50~110d。

（1）发芽期　从种子萌动到 2 片子叶展开，真叶显露（俗称"破心"）时结束。一般需要 3~4d。2 片基生叶展开与 2 片子叶交叉垂直排列，又俗称"拉十字"。

（2）幼苗期　从破心到第 1 片叶环的叶片全部展开（俗称"团棵"）。早熟种展开 5 枚叶片，需 12~13d；中晚熟品种展开 8 枚叶片，需 17~18d。此期形成大量根系。

（3）莲座期 从团棵到第2、3个叶环形成。早熟品种长成10片莲座叶，需20~21d；中晚熟品种长成16片莲座叶，需27~28d。莲座末期心叶开始抱合，称为"卷心"。莲座期叶片迅速扩大，同化功能旺盛，根系也迅速扩展，大量吸收肥水，为良好的生长结球打下基础。管理关键在于既要促进莲座叶充分生长，又要防止旺长影响球叶分化。

（4）结球期 从球叶开始抱合到叶球形成。早熟品种需25~30d，中晚熟品种需45~55d。结球期可分为结球前期、中期和后期。结球前期外层叶片生长迅速并向内弯曲，形成叶球的轮廓，称为"抽筒"；中期内层球叶迅速生长充实叶球内部，称为"灌心"。前期和中期是大白菜产量形成的关键期，产量的80%~90%在这两个时期内形成。后期叶球的体积不再增加，内叶缓慢生长继续充实叶球，称为"壮心"。外叶养分向内叶运转，外叶衰老、变黄。

（5）休眠期 大白菜叶球形成后，遇到低温，生长发育受到抑制，被迫休眠，依靠叶球贮存的养分和水分生活。此期继续形成花芽和幼小的花蕾，为转入生殖生长做好准备。

2. 生殖生长时期

（1）抽薹期 冬眠后的种株，翌春从开始抽薹到开始开花，约需15d左右。

（2）开花期 从开始开花到全株谢花约需30d。

（3）结荚期 谢花后，果荚生长，种子发育成熟时果荚枯黄，需25d左右。

**（三）大白菜叶球的形态结构**

大白菜叶球是一肥大的顶芽，由许多球叶抱合而成，有迭抱、拧抱、褶抱等抱合形式。

（1）迭抱 叶球顶部的叶片上半部向内折叠，叶球平顶。

（2）拧抱 叶球顶部的叶片旋拧而抱合，叶球细长圆筒形。

（3）褶抱 叶球顶部的叶片边沿裪褶而抱合，叶球卵圆形。

**（四）对环境条件的要求**

1. 温度

发芽期适宜温度为20~25℃，生长适宜温度为10~22℃。不耐热，25℃以上生长不良。有一定的耐寒性，喜冷凉气候，但10℃以下生长缓慢，5℃以下生长停止，可短期忍耐-2~0℃的低温，当温度降到-5~-2℃时受冻害。大白菜属于种子春化型蔬菜，一般萌动的种子在2~5℃条件下，10~15d可以通过春化作用。

2. 光照

大白菜属于长日照植物，但对日照时数要求并不严格。低温通过春化后，在光照时数为12~13h以上，温度18~20℃的条件下可抽薹开花。遇阴雨低温、日照低的年份，产量低、品质差。

3. 水分

大白菜喜湿，营养生长时期，适宜的土壤湿度为80%~90%，适宜的空气湿度为65%~80%。

4. 营养

大白菜产量高，需肥量比较大，一般生产5000kg大白菜，约吸收氮7.5kg、磷3.5kg、钾10.0kg。大白菜以叶为产品，需氮较多，钾次之，磷最少。

大白菜生长期间还需要较多的钙和硼。通常缺钙时易发生干烧心病；缺硼会在叶柄内侧出现木栓化组织，由褐色变为黑褐色，叶片周边枯死，结球不良。

**5. 土壤**

大白菜对土壤的要求不严格，除了过于疏松的沙土以及排水不良的粘土外，其他土壤均可栽培大白菜；以肥沃壤土、沙壤土等的栽培效果为最好；适宜中性偏酸的土壤。

## 二、品种类型与优良品种

### （一）按叶球形态和对气候的适应性分类（图3-2）

**1. 卵圆形（海洋性气候生态型）**

叶球褶抱呈卵圆形，球叶数目较多。要求气候温和、湿润的环境，耐寒及耐热能力均较弱，也不耐旱，对水肥要求严格。优良品种有福山包头、胶州白菜、旅大小白根、通化大白菜等。

**2. 平头型（大陆性气候生态型）**

叶球叠抱呈倒圆锥形，球叶较大而数目较少。要求阳光充足、昼夜温差大、气候温和的环境，对水肥要求严格，抗逆性较差。代表品种主要有洛阳包头、太原包头等。

卵圆型　　　　平头型　　　直筒型

图3-2　结球大白菜的基本类型

**3. 直筒型（交叉性气候生态型）**

叶球拧抱呈细长圆筒形，球顶近于闭合。适应性强，水肥或气候条件较差时也能正常生长。代表品种有天津青麻叶、河北玉田包尖等。

### （二）按结球早晚与栽培期长短分类

**1. 早熟品种**

从播种到收获需60～80d。耐热性强，耐寒性稍差，多用作早秋栽培或春季栽培，产量低，不耐贮存。优良品种主要有中白19号、中白7号、山东2号、鲁白2号等。

**2. 中熟品种**

从播种到收获需80～90d。产量高，耐热、耐寒，多作秋菜栽培，无霜期短及病害严重的地方栽培较多。优良品种如鲁白3号、山东5号、中白1号、豫白6号、牡丹江1号等。

**3. 晚熟品种**

从播种到收获需90～120d。产量高，单株大，品质好，耐寒性强，不耐热，主要作为秋冬菜栽培，以贮存菜为主。优良品种主要有青杂3号、福山包头、中白81、北京新3号等。

## 三、栽培季节与茬口安排

大白菜要求温和的气候条件，其营养生长期都在月均温度为22～25℃的时期，因此全国各地主要安排在秋凉季节栽培。我国主要地域秋季大白菜的播种与采收期见表3-1。

表3-1　我国主要地域秋季大白菜的播种与采收期

| 地　域 | 播种期（旬/月） | 采收期（旬/月） |
| --- | --- | --- |
| 华北地区 | 上/8 | 上/11 |
| 新疆地区 | 中、下/7 | 下/10 |

（续）

| 地　　域 | 播种期（旬/月） | 采收期（旬/月） |
| --- | --- | --- |
| 东北及内蒙古地区 | 上、中/7 | 上、中/10 |
| 南方地区 | 中、下/8 | 中/12 |
| 长江中下游地区 | 下/8 | 12 月至翌年 3 月 |
| 华南地区 | 9～11 | 分批采收 |

　　此外，在南方城市郊区伏白菜栽培也较多，该茬白菜选用早熟、耐热的品种，于 7 月中、下旬播种，国庆节前上市。也可进行春白菜栽培，该茬大白菜通过选用栽培期极短（70d 以内）的抗抽薹品种，早春保护地育苗，露地定植，于初夏收获上市效益较好。东北地区春白菜栽培季节与采收期见表 3-2。

表 3-2　东北地区春白菜栽培季节与采收期

| 栽培方式 | | 播种期（旬/月） | 定植期（旬/月） | 采收期（旬/月） |
| --- | --- | --- | --- | --- |
| 大棚栽培 | 春季早熟栽培 | 上/3 | 上/4 | 下/5～上/6 |
| 露地栽培 | 春季早熟栽培 | 上/4 | 上、中/5 | 下/6～上/7 |

　　大白菜生产应与非十字花科作物实行 3～5 年以上的轮作，与葱、蒜、豆类、瓜类茄果类茬地或粮食作物轮作为好。

## ● 任务实施的生产操作

## 一、秋白菜露地生产

### （一）整地施肥

　　选择土层深厚、疏松、肥沃的沙壤土，重施基肥。结合整地，施入腐熟的有机肥 5000kg/667m² 、过磷酸钙 30kg/667m² 和硫酸钾 20kg/667m² ，铺施后翻入土中，翻地 20cm 深，精耕细作，做畦或起垄，如图 3-3 所示。

　　北方种植秋白菜采用垄作直播方式栽培。垄高 15～20cm，垄宽大型品种 65～75cm，小型品种 50～60cm，每垄种植一行。可做大小垄或每隔 8 行留出 1 个打药行，便于封垄后也能及时打药。起垄后拍实垄背以免塌陷。

　　华北多采用垄作或低畦，低畦畦宽 1.2～1.5m，种植 1～3 行；南方多采用高畦种植，畦高 10～20cm，畦宽 50～60cm，种植两行。两畦间留 40～50cm 宽

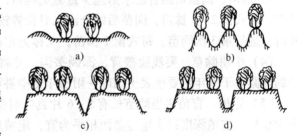

图 3-3　大白菜栽培畦的形式
a）低畦　b）垄畦　c）改良小高畦　d）高畦

的浅沟。早熟品种一般 33cm 见方，每 667m² 种植 3000～3500 株，中晚熟品种种植 2500 株为宜。

沙质土或灌溉不便的地块可采用 1.3~1.5m 宽的低畦。

**（二）适时播种**

1. 确定播种时期

一般从大白菜预收期往前推算，用所选用品种的生长期加上 5d 为该品种的适宜播种期。

$$适宜播种期 = 大白菜预收期 - （品种生长期 + 5d）$$

2. 确定播种方法

（1）直播 秋白菜一般采用直播栽培，直播白菜长势健壮，产量高，发病较轻。直播宜采用穴播，在垄中央按株距刨深 2cm 的浅穴，每穴 3~8 粒种子，覆土 1cm 厚，镇压。株距依品种而定：大型品种 50~55cm，小型品种 45~50cm。

种子发芽期要求土壤水分充足，最好在雨后表土湿润时趁墒播种，干旱地区应提前浇水造墒或在播种穴或沟中先浇水再播种。播后用树叶、遮阳网等覆盖，既能保湿防旱，也能够防止雨后地面板结。

（2）育苗移栽 生产上为缩短苗期，便于管理或前茬作物未能及时腾地时，采用育苗移栽方式栽培。苗床应设在利于排灌的地块，定植 667m² 需育苗床 30~35m²，将苗床作成 1~1.5m 宽的低畦，施入充分腐熟的厩肥 250kg、过磷酸钙 1.5kg、草木灰 0.5kg，翻地深 15cm，使粪土混匀，耙平畦面。比直播白菜提早 3~5d 播种，先浇透底水，水渗后将种子与 5~6 倍细沙混匀后撒种，再用过筛细土覆盖 1cm 厚。用种量 100~125g，苗龄 20d，带土移栽。

**（三）田间管理**

1. 苗期管理

（1）浇水 幼苗期应保持地面湿润，播种后若墒情好，在发芽期间可不浇水；若底墒不足或遇高温干旱年份，宜采取"三水齐苗，五水定棵"的浇水方法，即：播种后浇 1 次水，幼苗开始拱土时浇第 2 次水，子叶展开后浇第 3 次水，间苗、定苗后各再浇 1 次水。

（2）查苗补苗 齐苗后及时检查苗情，若有缺苗，应从苗密处挖取小苗补栽。

（3）间苗、追肥 直播播后 7~8d，幼苗长出 1~2 片真叶时，进行第 1 次间苗，每穴留 4~5 株苗，间苗后结合浇水追施少量氮肥提苗；当幼苗长有 3~4 片真叶时，进行第 2 次间苗，每穴留 2~3 株苗，间苗后结合浇水对长势较弱的幼苗偏施氮肥提苗；长出 5~8 片真叶时，进行第 3 次间苗，每穴留 1 株苗，又称为定苗。

（4）中耕除草 要浅锄垄背，深锄垄沟，并将少量松土培到幼苗根部，防止根系被水冲刷外露。干旱年份要使表土细碎，雨涝年份中耕可适当粗放，中耕撒墒。

（5）定植 育苗床当幼苗长有 5~6 片真叶时移栽。移栽前先浇 1 次透水，切坨时多带土少伤根。定植深度以土坨与垄面相平为宜，定植后浇透水，勿淹没菜心。

2. 莲座期管理

（1）追肥 定苗后追施 1 次"发棵肥"，每 667m² 施入充分腐熟的粪肥 1000~1500kg 或硫酸铵 10~20kg、硫酸钾 20kg，在小高垄的一侧开沟，施入肥料后覆土封沟。

（2）浇水 追肥后浇透水，过 3~4d 后再浇 1 次大水。此后勤浇水，保持地面湿润；结球前 10d 左右，控水蹲苗，促叶球生长。当叶片呈暗绿色，发皱，中午轻度萎蔫，中心的幼叶由黄绿转为绿色时结束蹲苗。若土质偏沙，保水保肥能力差，可适当缩短蹲苗期或不蹲苗；天气干旱，气温偏高，昼夜温差小，或因播种晚、秧苗偏小时也应适当缩短蹲苗期。

3. 结球期管理

（1）浇水　当莲座叶封垄、心叶开始抱合时结束蹲苗，浇第1次水，浇水量不宜过多，防止叶柄开裂及伤根，2~3d后再少浇1次水。封垄后每5~6d浇1次水，保持地面湿润。收获前1周停水，以利于贮藏。

（2）追肥　蹲苗结束时，包心前5~6d追"结球肥"，每667m² 施入优质农家肥1000~1500kg，草木灰100kg；包心后15~20d追"灌心肥"，随水冲施腐熟的豆饼水2~3次，也可追施复合肥15kg或硫酸钾10kg。

4. 中耕培土

大白菜生长期间进行2~3次中耕，定苗后，中耕深5~6cm；莲座期、封行前浅耕3~4cm，同时结合中耕进行培土；封行后不再中耕。

5. 束叶

中晚熟品种在收获前7~10d用草绳或塑料绳将外叶合拢捆在一起。防止或减轻霜冻危害，促进外叶养分向球叶中运送，也可减少收获时叶片的损伤，便于贮存。

6. 采收

（1）采收时期　在严霜（-2℃）来临之前收获。一般早、中熟品种在叶球八成紧时采收，晚熟品种可在成熟时采收；南方无严寒少雨地区，可留在地中过冬，根据需求随卖随收。

（2）采收方法　齐地面砍断菜根，将叶球朝北、菜根朝南放置田间晾晒，待菜帮不易折断时，修整上市。晾晒时如遇寒潮降温天气，可原地码堆，将根部朝内、叶球朝外，上面再盖些菜叶防冻，即使外界气温降至-8~-7℃也不会冻坏白菜。待气温回升时继续摊开晾晒。

## 二、春白菜生产

栽培春白菜可以育苗移栽在露地进行生产，也可以育苗后利用大棚的夏伏休闲期生产，实现周年供应上市，而且生长速度快，周期短。

**（一）品种选择**

选择对低温不敏感、抽薹晚、抗病的早熟品种，如夏阳、鲁春白4号、韩国的春夏王等。

**（二）播种育苗**

1. 播种时期

在15℃以上时播种，可避免未熟抽薹，又有足够的生长期。在东北地区可采用温室育苗，3月上、中旬播种，4月上、中旬定植于大棚。西南地区于2月中旬前后在保护地育苗，3月中、下旬带土定植在大田。华北地区多在气温较高的4月上、中旬露地育苗或直播，此期温度较高，一般不会因低温而抽薹，也可在3月份利用阳畦或小拱棚育苗，4月份定植于露地。

2. 育苗土配制

育苗的土壤要消毒后再用，用3份过筛的无病菌土、蛭石和有机肥各1份混合而成，加水至手握成团，堆闷20h，即可装钵播种。

**3. 播种方法**

种子一般干播或浸种4h左右，捞出后稍晾干种皮即可播种在（8~10）cm×（8~10）cm的营养钵内育苗，每钵播2~3粒种子，覆土1cm厚，喷水盖膜。每667m² 播种量为50~80g。出苗前白天应保持25~28℃，夜间20℃，播种后5d左右可出齐苗。

**4. 苗期管理**

（1）温度　出苗后白天为20~25℃，及时通风见苗，每钵留1棵壮苗；夜间应保持在12℃以上，避免10℃以下低温。适宜苗龄为30~35d，定植前10d低温炼苗。

（2）水肥　浇水要见干见湿，适当浇氮、磷、钾复合肥营养液3~5次；间苗后喷施1次500倍液的代森锌杀菌剂，以防猝倒病的发生；此后视苗色浓淡适当喷施1~2次叶面肥。

**（三）整地定植**

**1. 整地施肥**

大棚春白菜在定植前20~30d烤地增温，土壤化冻20cm以上时整地施肥。每667m² 施入腐熟有机肥4000kg、磷钾复合肥30kg、二铵10kg，翻地20cm深，精耕细耙，做畦或起垄。

**2. 定植**

棚内温度稳定在12℃，露地气温稳定在13℃以上时定植，以免通过春化而抽薹。北方一般为垄作栽培，垄宽60cm，垄高10cm，棚内株距30cm，穴栽，每667m² 栽植3300~3500株，露地定植株距45cm，穴栽，栽植2700~3000株。南方露地畦作，行距35~45cm，株距30~35cm，穴栽。每穴定植1株壮苗，浇足温水，培土以不埋住心叶为度，并覆盖地膜。

**（四）定植后管理**

**1. 温度**

棚内白天温度应控制在20~25℃，夜间控制在15~18℃，不应长期低于12℃，以免造成先期抽薹，影响产品品质。当外界最低气温稳定在15℃以上时，可全部撤掉棚膜。

**2. 水肥管理**

（1）浇水　定植后2~3d浇缓苗水，苗期应少浇水；定植水浇过后，宜浅中耕，增温保墒，促发根缓苗，缓苗后每隔7~8d浇1次水；露地定植，如果干燥少雨，莲座期可以不蹲苗，生长期间5~7d浇1次水，促进迅速形成莲座叶和叶球，抑制生殖生长，防止抽薹；包心期隔1d浇1次水，小水勤浇；结球后浇水不宜过多，保持地面见干见湿，以免高温高湿诱发软腐病；收获前7d停止浇水。

（2）施肥　结合浇缓苗水追施提苗肥，每667m² 施尿素15kg，随即中耕保墒；莲座期可用0.2%磷酸二氢钾和0.2%尿素进行叶面施肥，同时还可喷施0.7%氯化钙，促进包心并防止干烧心；开始包心时结合浇水，每667m² 追施粪稀700~800kg或速效氮肥15~20kg；结球中期，每667m² 追施复合肥20kg，追肥后应及时浇水。

**（五）采收**

春季早熟品种采收宜早不宜迟。一般定植后50d左右，白菜即可达到8成心，开始采收，勿推迟，以减少腐烂。根据个体成熟差异，分期分批采收上市。

大白菜播种与田间管理技能训练评价表见表3-3。

**表3-3 大白菜播种与田间管理技能训练评价表**

| 学生姓名： | | 测评日期： | | 测评地点： | |
|---|---|---|---|---|---|
| | 内　容 | 分　值 | 自　评 | 互　评 | 师　评 |
| 考评标准 | 刨埯距离准确，深度适宜；播种量适当，种子撒播均匀；覆土厚度适当 | 30 | | | |
| | 间苗时期准确，植株大小适宜，去留幼苗符合原则 | 20 | | | |
| | 中耕时期准确，深浅适度，不压苗 | 20 | | | |
| | 追肥时期准确，肥料选择正确，肥量适中 | 30 | | | |
| 合　计 | | 100 | | | |
| 最终得分（自评30%＋互评30%＋师评40%） | | | | | |

---

**生产操作注意事项**

1. 大白菜生长期较长，应重施基肥，以有机肥为主，以速效性肥料为辅。
2. 大棚春白菜追施硫酸铵后第2~3d，白天应大通风，避免中下部叶片氨气中毒。
3. 大白菜生产忌与同科蔬菜连作，以避免病虫害加重。
4. 大白菜浇水要勤浇少浇，防止大水漫灌，减少软腐病发生。
5. 大棚春白菜栽培，应严格控制温度不能低于12℃，以免先期抽薹开花。

---

# 任务二　结球甘蓝生产

## ● 任务实施的专业知识

结球甘蓝，简称甘蓝，别名洋白菜、卷心菜等，为十字花科芸薹属二年生蔬菜，适应性强，易栽培，产量高，耐贮运。我国各地均有栽培，一年内可多茬栽培，供应期长。

## 一、生物学特性

### （一）形态特征

**1. 根**

根系与白菜相似，主根基部肥大，圆锥形，其上着生许多侧根。吸收根密集在地表下30cm土层内。由于根系浅，抗旱能力不强。根的再生能力强，适于育苗移栽。

**2. 茎**

营养生长期为短缩茎，短缩茎越短，叶球包合越紧密。生殖生长期抽生花茎。

**3. 叶**

其叶有子叶、基生叶、幼苗叶、莲座叶、球叶、茎生叶等。

子叶肾形，对生；基生叶也对生，与子叶垂直，无叶翅，叶柄较长；幼苗叶，呈卵圆或椭圆形，互生；之后长出的叶为莲座叶，也叫外叶。随着生长，莲座叶叶片越大，叶柄越短，叶缘直达叶柄基部，形成无柄叶；结球期发生的叶为球叶，无叶柄，叶片主脉向内弯曲，包被顶芽，形成紧实的叶球；花茎上的叶称为茎生叶，互生，叶片较小，先端尖，基部阔，无叶柄或叶柄很短；真叶多为绿色，叶肉肥厚，叶面光滑。少数品种叶色紫红、叶面皱缩，覆有白色蜡粉，是主要的同化器官。

**4. 花**

完全花，淡黄色，十字花冠，总状花序，异花传粉，不同变种、品种间极易天然杂交，采种时应隔离 2000m 以上。

**5. 果实和种子**

长角果，圆柱形，表面光滑略似念珠状；种子圆球形，黑褐色或红褐色，无光泽，千粒重 3.3 ~ 4.5g。萌发年限 2 ~ 3 年。

**（二）生长发育周期**

结球甘蓝为二年生植物，一般情况下，第一年只生长根、茎、叶等营养器官，并贮存大量养分在茎和叶球内，经过冬季低温的春化阶段，到第二年春天通过长日照完成光周期后，抽薹、开花、结实，形成生殖器官。

**1. 营养生长时期**

（1）发芽期　从种子萌动到第一对基生叶展开与子叶形成十字形，称为"破心"，为发芽期。夏、秋季在适温下需 8 ~ 10d，冬、春季需 15 ~ 20d。生长发芽主要依靠种子内贮藏的养分萌发，所以选粒大饱满的种子和精细的苗床，是保证出苗好的前提条件。

（2）幼苗期　从"破心"到第 1 个叶环的 5 ~ 7 片叶全部展开，达到"团棵"时为幼苗期。夏、秋季需 25 ~ 30d，冬、春季需 40 ~ 60d。此期根据育苗条件，进行肥水管理，培育壮苗。

（3）莲座期　从"团棵"到第 2、3 个叶环的叶片全部展开，约展开 15 ~ 20 片叶，为莲座期。早熟品种需 20 ~ 25d，中熟品种约需 25 ~ 30d，晚熟品种约需 35 ~ 50d。叶片和根系生长速度快，应加强肥水管理，为发育成坚实硕大的叶球打好基础。

（4）结球期　从开始结球到采收叶球，为结球期。早熟品种需 20 ~ 25d，中熟品种约需 25 ~ 40d，晚熟品种一般需 45 ~ 50d。此期应加强肥水管理以促进叶球紧实。

（5）休眠期　形成叶球后可低温贮藏进行强制休眠，依靠本身养分和水分维持代谢。

**2. 生殖生长时期**

（1）抽薹期　从种株定植到花茎长出为抽薹期，约需 25 ~ 40d。

（2）开花期　从始花到全株花落时为开花期，一般需 30 ~ 35d。

（3）结荚期　从花落到角果黄熟时为结荚期，约需 30 ~ 40d。

**（三）对环境条件的要求**

**1. 温度**

结球甘蓝喜凉爽，较耐低温，生长适温范围较宽，在月均温 7 ~ 25℃ 的条件下都能正常生长与结球。种子发芽适宜温度 18 ~ 20℃，最低为 2 ~ 3℃。幼苗能长期忍受 -2 ~ -1℃ 低温，生长适温为 15 ~ 20℃。叶球生长适宜温度 17 ~ 20℃，25℃ 以上结球不良。

结球甘蓝是冬性较强的绿体或幼苗春化型植物。早熟品种的幼苗具有 7 片真叶，最大叶宽为 6cm 以上，茎粗达到 0.6cm 以上；中晚熟品种的幼苗长具有 10～15 片真叶，最大叶宽为 7cm 以上，茎粗达到 1.0cm 以上，才可以接受 0～10℃ 的低温，通过春化阶段。一般早熟品种约需 45～50d，中熟品种约需 50～60d，晚熟品种约需 70～90d。

### 2. 光照

结球甘蓝为长日照植物，也能适应弱光。低温长日照利于花芽形成，较短的日照对叶球的形成有利。

### 3. 水分

结球甘蓝要求较湿润的栽培环境，适宜的土壤湿度为 70%～80%，空气湿度为 80%～90%。如土壤水分不足，相对湿度低于 50% 会严重影响结球和降低产量，如土壤湿度高于 90% 会造成植株根部缺氧导致病害和植株死亡。幼苗期和莲座期能忍耐一定的干旱。

### 4. 营养

结球甘蓝喜肥、耐肥，整个生长期吸收氮、磷、钾的比例为 3∶1∶4。甘蓝对钙的需求量较多，缺钙易发生干烧心病害。

### 5. 土壤

结球甘蓝为喜肥和耐肥作物，对土壤养分的吸收量较一般蔬菜多，幼苗和莲座期需氮肥较多，结球期需磷、钾肥较多，其比例为 N∶P∶K 为 3∶1∶4。宜选择保水肥能力强的土壤栽培；适于微酸到中性土壤，有一定的耐盐碱能力。

## 二、品种类型

### (一) 按叶球形状和颜色分类

结球甘蓝按叶球颜色可分为白球甘蓝、紫甘蓝和皱叶甘蓝三种类型。白球甘蓝栽培最为普遍。白球甘蓝按叶球形状又可分为尖头型、圆头型和平头型三种类型，如图 3-4 所示。

### 1. 尖头型

植株较小，叶球小而尖，呈心脏形，叶片长卵形，中肋粗，内茎长，产量较低。尖头型多为早熟小型品种，从定植到开始收获需 50～70d。不易先期抽薹，一般作春甘蓝栽培，如大牛心、小牛心、鸡心甘蓝等。

尖头型　　　　圆头型　　　　平头型

图 3-4　白球甘蓝的三种类型

### 2. 圆头型

植株中等大小，叶球圆球形，结球紧实，球形整齐，品质好，成熟期集中。圆头型多为早熟或中熟的中型品种，从定植到开始收获需 50～70d。春秋季均可栽培，如中熟 5 号、迎春、中甘 11 号和 12 号、京丰一号、荷兰 3012、东农 606 等。

### 3. 平头型

植株较大，叶球扁圆形，直径大，结球紧实，球内中心柱较短，品质好，耐贮运。平头型多为晚熟大型品种或中熟中型品种，从定植到收获需 70～120d，是南方栽培的重要类型，适于秋季栽培，如黑叶小平头、黄苗、夏光、红旗磨盘等。

（二）按成熟期分类

1. 早熟品种

从定植到收获需 40 ~ 50d。优良品种有四季 39、中甘 12、冬甘 1 号、东农极早 610 等。

2. 中熟品种

从定植到收获需 55 ~ 80d。较优良的品种有中甘 15、中甘 16、迎春、京甘 1 号、东农 609、西园 4 号、西园 6 号等。

3. 晚熟品种

从定植到收获需 80d 以上。较优良的品种有中甘 9 号、华甘 2 号、黄苗、黑叶小平头等。

### 三、栽培季节与茬口安排

结球甘蓝适应性强，对温度的适应范围较宽，可进行四季栽培，但在冬春季节因栽培设施不同，其播种期与收获时间也有较大的差异。华北地区结球甘蓝早熟栽培方式与栽培时间见表 3-4。

表 3-4　华北地区结球甘蓝早熟栽培方式与栽培时间

| 栽培季节 | 栽培方式 | | 育苗方式 | 播种期（旬/月） | 定植期（旬/月） | 采收期（旬/月） |
|---|---|---|---|---|---|---|
| 春季 | 拱棚覆盖 | 夜间盖草苫 | 阳畦 | 下/11 ~ 上/12 | 上、中/2 | 上/4 ~ 下/5 |
| | | 夜间不盖草苫 | 阳畦 | 上/12 ~ 中/12 | 中、下/2 | 中/4 ~ 中/5 |
| | 地膜覆盖 | | 阳畦 | 中、下/12 | 上/3 | 5 月 |
| 夏季秋季越冬 | 露地 | | 阳畦 | 下/12 ~ 上/1 | 上、中/3 | 中/5 ~ 下/6 |
| | 露地 | | 露地 | 4 ~ 5 月 | 5 ~ 6 月 | 8 ~ 9 月 |
| | 露地 | | 遮阴棚 | 6 ~ 7 月 | 7 ~ 8 月 | 10 ~ 11 月 |
| | 露地或小棚 | | 露地 | 上、中/8 | 中、下/9 | 3 ~ 4 月 |

在北方除严冬外，其他三季均可露地栽培；东北、西北和华北的高寒地区，多在春、夏季育苗，夏季栽，秋季收获。生长期长，叶球个大，是我国甘蓝主产区；华北、东北和西北部分地区，以春、秋两茬栽培为主，也可进行多茬栽培；北方春甘蓝多为早熟栽培，在土壤化冻后即可定植。东北地区结球甘蓝栽培季节与采收期见表 3-5。

表 3-5　东北地区结球甘蓝栽培季节与采收期

| 栽培方式及品种类型 | | 播种期（旬/月） | 定植期（旬/月） | 采收期（旬/月） |
|---|---|---|---|---|
| 大棚栽培 | 早熟品种 | 中、下/1 | 中、下/3 | 中、下/5 |
| 露地栽培 | 早甘蓝 | 中、下/2 | 中、下/4 | 上/6 ~ 上/7 |
| | 中甘蓝 | 上、中/3 | 下/5 ~ 上/6 | 上/7 ~ 下/7 |
| | 晚甘蓝 | 下/4 ~ 上/5 | 下/6 | 下/9 ~ 下/10 |

栽培结球甘蓝都需育苗，不同季节其育苗设施与栽培期各有不同，见表 3-6。

**表3-6 不同季节结球甘蓝育苗设施与栽培期**

| 品种类型 | | 育苗设施 | 播种期（旬/月） | 苗龄/d | 定植期（旬/月） | 采收期（旬/月） |
|---|---|---|---|---|---|---|
| 春甘蓝 | 早熟品种 | 塑料大棚或小拱棚低畦 | 11~12 | 30~35 | 下/12至翌年1月 | 3~4 |
| 夏甘蓝 | 早熟或中熟品种 | 低畦露地 | 2~3 | 40~45 | 下/3~4 | 6~7 |
| 秋甘蓝 | 中熟品种 | 高畦阴棚，草帘或遮阳网搭架遮阴 | 6~7 | 30~35 | 7~8 | 10~11 |
| 冬甘蓝 | 中、晚熟品种 | 高畦露地 | 8~中/9 | 35~40 | 9~10 | 12月至翌年2月初 |

南方种植秋甘蓝，在7月份播种，生长前期温度高，但幼苗能适应。莲座期气温开始下降，利于莲座叶生长。结球期气候温和，利于叶球的形成，产量高。四川、重庆等多数地区在7月中、下旬播种育苗，8月定植，12月至翌年春抽薹前陆续采收。

● **任务实施的生产操作**

# 一、露地秋甘蓝栽培生产

## （一）选地整地

选择土层深厚、肥沃，排灌方便的地块。结合整地，每667m² 施腐熟的有机肥2000~3000kg、过磷酸钙25kg、草木灰150kg，翻地30cm，整平耙细后做畦育苗，北方一般做宽1.5~2m的低畦，南方多采用高畦，畦宽1~1.5m。窄畦栽2行，宽畦栽4行。

## （二）选择品种、确定播期

秋甘蓝栽培，宜选用耐热、抗病、适宜夏秋季栽培的中晚熟品种。

秋甘蓝的播种期，应根据品种的生育期长短而定，可适当提前，不可延迟。一般中熟品种在早霜前120~150d播种，晚熟品种应在霜冻前150~180d播种。

## （三）播种育苗

**1. 播种方法**

露地育苗，苗龄不超过30d。播种前先将苗床浇足底水，等水下渗后，先覆盖一薄层细土，然后将种子均匀撒播，再盖厚约1~1.5cm的细土。

**2. 苗期管理**

（1）遮阴 育苗期间正值高温多雨季节，播种后应扣遮阴小棚，用旧膜覆盖或遮阳网覆盖；出苗后逐渐撤除遮阴覆盖物，2叶1心时应撤除；分苗后仍需遮阴，缓苗后撤除。

（2）水肥 出苗前宜小水勤浇，防止土壤板结，3~4片真叶时分苗，浇透水，分苗后仍需遮阴覆盖，缓苗后结合浇水追提苗肥；定植前1d将苗床浇透水。

## （四）适时定植

**1. 定植时期**

6~8片真叶时定植，以保证有充足的生育期。秋甘蓝定植时正值温度高，土壤湿度小，蒸发量大的时期，宜选择阴天或晴天下午 16 时后进行，不宜在烈日下和暴雨前定植。

**2. 定植方法**

北方一般采取垄作定植，垄宽 50～60cm，垄高 15cm。每 667m² 穴施 500～1000kg 有机肥，5～10kg 氮肥。起苗时应尽量少伤根，多带宿土并保持土坨完整。定植株距为 25～30cm，适当浅栽，随栽苗随浇足定植水。南方一般采用畦作，一般按 40cm×30cm 左右的行株距定植，定植密度为早熟品种每 667m² 栽苗 3000 株左右，中晚熟品种每 667m² 栽苗 2000～2500 株。

**（五）田间管理**

**1. 查苗补苗**

秋甘蓝定植后，温度较高，部分弱苗因高温枯死，在缓苗期应及时查苗、补苗。

**2. 肥水管理**

浇过定植水后，间隔 3～4d 再浇 1 次水。浇水后地不黏时，连续进行 2 次中耕培土。

缓苗后，结合浇水进行追肥，每 667m² 施追 10kg 尿素，以后每隔 3～4d 浇 1 次水；卷心前 10～15d 进行控水蹲苗，当心叶开始抱合时结束蹲苗，结合浇水追肥，每 667m² 施追尿素 30kg、硫酸钾 15kg，10d 后结合浇水，每 667m² 再追施有机肥 1000～2000kg 或复合肥 25kg；勤浇水，经常保持地面湿润，收获前 1 周停止浇水。

## 二、露地春甘蓝栽培生产

**（一）品种选择**

选用早熟、抗病、冬性强、不易未熟抽薹的优良品种，如中甘 11 和中甘 12、8398 等。

**（二）培育壮苗**

**1. 确定播种期**

一般常规育苗苗龄为 40～50d，在温室内于 1～2 月中、下旬播种。

**2. 种子处理**

播种前用 45℃热水浸种 10min 后用温水浸种 4～6h，捞出后晾干种皮上水分即可播种。

**3. 床土配制**

腐熟马粪或草炭 4 份，葱蒜茬或豆茬 5 份，腐熟的大粪面或鸡粪 1 份，充分拌匀过筛，每千克床土加尿素 0.5kg、过磷酸钙 1～2kg，混拌均匀。

**4. 播种**

播种前搂平床土，用 30℃左右温水浇底水 3～4cm 深，水渗下后，铺 0.1cm 厚的药土（每平方米用 50% 多菌灵可湿性粉剂或 70% 甲基托布津可湿性粉剂 8～10g）进行土壤消毒。然后均匀撒播种子，上覆一薄层药土，再覆盖 0.5～1cm 厚的细土，畦面上覆盖薄膜。每 667m² 播种量为 25～30g。也可干籽直播，需用种子重量 0.4% 福美双或代森锌拌种，防治黑茎病。

**5. 苗期管理**

（1）温度 播种后苗床保持 20～25℃；出苗后揭去地膜，注意保墒，适当通风降温，防止幼苗徒长，保持白天 15～20℃，夜间 5～10℃为宜；分苗前 3d 适当降温、降湿，提高秧苗抗逆性；缓苗期适当高温，加快缓苗，白天 25～28℃，夜间 18～20℃；缓苗后适当降温，白天 15～20℃，夜间 10～12℃，以防幼苗进行春化作用，先期抽薹，特别是幼苗茎粗在 0.6cm 以上、4 ~ 5 片叶时；定植前通风降温，低温锻炼，白天保持 12 ~ 15℃，夜间保持 5℃；定植前 2 ~ 3d，昼夜通风，夜温降到 3 ~ 4℃，以适应外界环境条件。

（2）水分　结球甘蓝出苗后，一般不浇水，移植时浇足温水；定植前 7 ~ 10d 浇 1 次大水，然后控水；缓苗后，保持土壤湿润，促进秧苗生长。

苗期应加强光照，延长光照时间，使幼苗生长健壮；注意通风降湿，防病害发生及徒长。

**6. 移植**

结球甘蓝根系木栓化较早，应早移苗，生长出 2 ~ 3 片叶时在晴天上午或中午进行分苗，以利培育壮苗。分苗株行距为（8 ~ 10）cm ×（8 ~ 10）cm，最好采用营养钵移植，也可开沟移植。

**（三）整地施肥**

栽培生产春甘蓝的地块多为冬闲地，应提前深翻，每 667m² 施入腐熟的有机肥 5000kg，过磷酸钙 75kg，翻地整平后起垄，垄宽 50 ~ 60cm，垄高 15 ~ 20cm。

**（四）定植**

露地早甘蓝安全定植期为日均气温 6℃以上，最低温度不低于 0℃，寒流结束后，晴朗无风的日期，植株具有 5 ~ 6 片叶时定植。定植株距为 25 ~ 30cm，浇温水，覆盖地膜。

**（五）田间管理**

**1. 查田补苗**

定植缓苗后，应及时进行查苗补苗。

**2. 水肥管理**

定植 5 ~ 7d 浇缓苗水。不覆盖地膜的地块，浇缓苗水后进行中耕蹲苗，蹲苗 7d 后浇粪稀水，然后继续蹲苗。心叶开始向内翻卷是结球的预兆，此时结束蹲苗。进入莲座期，吸收水肥较多，可进行第 1 次追肥。每 667m² 追施复合肥 15 ~ 20kg，结合追肥浇 1 次透水，促进结球。以后每隔 5 ~ 7d 浇 1 次水，连续浇 3 ~ 4 次水就可收获。覆盖地膜的地块应随水施肥。

**3. 中耕除草**

不覆盖地膜的地块，缓苗后及时中耕松土和除草，以提高地温，保持土壤水分，控制外叶徒长，进行蹲苗。蹲苗期间浇 1 次小水后继续中耕，中耕深度为 3 ~ 4cm，在苗周围划破地皮即可，同时清除田间杂草。进入结球期，在封垄（行）前，应中耕除草 2 ~ 3 次，一般早熟品种中耕除草 1 次即可，中晚熟品种中耕除草 2 ~ 3 次。封垄（行）后，停止中耕，如有杂草，可人工拔除。覆盖地膜的地块，可在垄间浅中耕。

## 三、未熟抽薹的原因及防止措施

结球甘蓝在未结球或结球不完善时，抽薹开花，称为未熟抽薹或先期抽薹。

**（一）未熟抽薹现象发生的原因**

其主要原因是结球甘蓝幼苗的茎达到了通过春化的直径（粗度）时，通过一段时间的低温和长日照作用通过了春化阶段，分化了花芽，而不分化为球叶，再遇春季气温回升，未结球或结球不紧时抽出花薹。

**1. 与品种的关系**

北京早熟、迎春等品种冬性较弱，未熟抽薹率为 20% ~ 60%，而中甘 11 号、中甘 12 号、中甘 8 号、中甘 15 号等品种冬性较强，不易发生未熟抽薹现象。

2. 与播种期的关系

同一品种播种期越早，通过春化阶段的机会越多，发生未熟抽薹的概率越大。

3. 与幼苗大小的关系

定植时幼苗越大，未熟抽薹率越高。因此，在育苗期间必须防止幼苗生长过快。

4. 与育苗期间温度管理的关系

低温是引发未熟抽薹的重要因素，因为只有满足一定的低温条件，结球甘蓝才能通过春化阶段，但易发生未熟抽薹现象。

5. 与定植早晚的关系

早熟甘蓝如果定植过早，特别是定植后受到"倒春寒"的影响，很容易发生未熟抽薹现象，但也不宜定植过晚，以防受冻死苗。

（二）防止未熟抽薹现象的措施

选用耐寒性强的品种，如中甘 11 号、中甘 12 号、鲁甘蓝 1 号、8398 等品种，避免发生未熟抽薹现象；适时播种，适时定植，不要过早播种或提前定植；播种后加强苗期管理，特别是对温度、水分、光照的控制，防止幼苗徒长。

## 四、采收

结球甘蓝采收期不很严格，为争取早上市，早熟品种达到 6 ~ 7 成紧实的可食期时，中晚熟品种叶球达到 8 成紧实的程度，即可分批采收上市，不可过晚，以免裂球影响品质。

每采收 1 次适当浇水，每 3 ~ 4d 采收 1 次，一般在半月以内 3 次收完。如使用杂一代种，可以 1 次采收完毕。

结球甘蓝栽培生产技能训练评价表见表 3-7。

表 3-7　结球甘蓝栽培生产技能训练评价表

| 学生姓名： | 测评日期： | | 测评地点： | | |
|---|---|---|---|---|---|
| | 内　　容 | 分　值 | 自　评 | 互　评 | 师　评 |
| 考评标准 | 选地整地、施肥、做畦、起垄符合要求 | 20 | | | |
| | 选择品种、确定播期合适 | 20 | | | |
| | 播种育苗及苗期管理方法符合要求 | 20 | | | |
| | 定植时期、方法及田间管理方法适当 | 30 | | | |
| | 采收期及采收方法适合 | 10 | | | |
| | 合　　计 | 100 | | | |
| 最终得分（自评 30% + 互评 30% + 师评 40%） | | | | | |

### 生产操作注意事项

1. 结球甘蓝种子皮薄，用 45℃ 热水浸种消毒，水温不应过高，时间不超过 10min；浸种时间不宜超过 6h，以免种皮脱落影响发芽率。

2. 结球甘蓝苗期温度不应低于 10℃，以防幼苗感应低温进行春化，导致先期抽薹。

3. 大棚早甘蓝结球期应注意白天大通风，温度过高会引起底叶发黄，结球松散，品质和产量下降。

4. 选甘蓝茎基部小于 0.6cm，6 片叶以下的幼苗进行定植，以免发生未熟抽薹现象。

# 任务三 花椰菜生产

## ● 任务实施的专业知识

花椰菜，别名菜花或西兰花，是甘蓝的变种，属十字花科二年生蔬菜。花椰菜食用部分是肥嫩花枝短缩成的花球，含粗纤维少，营养价值高，风味鲜美，深受消费者欢迎。

## 一、生物学特性

### （一）形态特征

**1. 根**

主根基部粗大，须根发达，主要根群密集于30cm以内的土层，抗旱能力较差。

**2. 茎**

营养生长时期茎稍短缩，普通花椰菜顶端优势强，腋芽不萌发，在阶段发育完成后，抽生花薹；青花菜在主花球收获后，各腋芽能萌发形成侧花球，可多次采摘。

**3. 叶**

叶片狭长，叶面被有蜡粉，叶柄上有不规则的裂片。显球时心叶自然向内卷曲，可保护花球免受日光直射变色或受霜害。

**4. 花**

花球由花轴、花枝、花蕾短缩聚合而成，半圆形，质地致密，是养分贮藏器官，为主要食用部分，如图3-5所示。复总状花序，黄色花冠，异花传粉。

**5. 果实和种子**

长角果，成熟后爆裂。种子圆球形，褐色，千粒重2.5~4.0g。

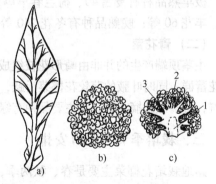

图3-5 花椰菜的叶片和花球

a）叶片 b）花球外形 c）花球纵剖面

1—花轴 2—花枝 3—花蕾

### （二）生长发育周期

花椰菜的营养生长过程与甘蓝相似，唯在莲座期结束时，主茎顶端变为花芽，进入花球生长期。从花芽分化到采收花球，因品种不同分别需要20~50d。

### （三）对环境条件的要求

**1. 温度**

花椰菜为半耐寒性蔬菜，喜温和，忌炎热干旱，不耐霜冻，耐寒及耐热能力均较结球甘蓝弱。种子发芽适温为25℃；幼苗生长适温为20~25℃；莲座期生长适温为15~20℃。花球形成期适温为17~18℃，25℃以上，花球形成受阻，而且松散，品质和产量下降；低于8℃时花球生长缓慢，遇1℃低温花球易受冻害。花椰菜种子萌动后即可接受5~20℃低温通过春化阶段。

### 2. 光照

花椰菜为长日照植物，但对日照长短要求不严格，喜光稍耐阴。在营养生长期，较长的日照时间和较强的光照强度有利于植株旺盛生长，提高产量。花球形成期忌阳光直射，否则花球易变黄、松散，产品品质下降。但青花菜若光照不足，容易引起幼苗徒长，花球颜色发黄。

### 3. 水分

花椰菜喜湿润环境，不耐干旱，土壤干旱则植株矮小，过早形成小花球；但土壤水分过多易使根系窒息褐变致死，或引起花球松散，花枝霉烂。

### 4. 营养

花椰菜为喜肥耐肥性蔬菜，前期叶丛形成需要较多的氮肥，花球形成期需要较多的磷钾肥。缺钾易诱发黑心病；缺硼易引起花球中心开裂，花球变锈褐色，味发苦；缺镁时叶片易黄化；缺钼时叶片出现畸形，呈酒杯状或鞭形。

### 5. 土壤

花椰菜适于土层深厚、土质疏松、富含有机质、保水保肥的土壤，最适宜的土壤 pH 值为 6.0～6.7。

## 二、品种类型与优良品种

### （一）花椰菜

极早熟品种有夏雪40、荷兰春早等；中熟品种有厦花80天1号、津雪88、龙峰特大80天、丰花60等；晚熟品种有冬花240等。

### （二）青花菜

主茎顶端产生的并非由畸形花枝组成的花球，而是由正常分化的花蕾组成的青绿色扁球形的花蕾群，同时叶腋的芽较花椰菜活跃，花茎及花蕾群一经摘除，下面叶腋便抽生侧枝形成花蕾群，可多次采摘。青花菜主要品种有绿宝青花菜、中青1号、中青2号等，均为早熟品种。

## 三、栽培季节与茬口安排

露地栽培花椰菜主要是春、秋两季，见表3-8。北方寒冷地区，春季于3月下旬至4月上旬在设施内育苗，5月上旬定植，7～8月收获。秋季栽培应采用早熟品种，于6月下旬至7月上旬露地播种育苗，8月上旬定植，9～10月收获；南方可随时播种。东北地区花椰菜栽培季节及青花菜不同栽培方式季节的安排见表3-9、表3-10。花椰菜忌与同科蔬菜连作，与非同科植物实行3～5年轮作，与葱、蒜或粮食作物轮作为好。

表3-8　我国部分地区花椰菜栽培季节安排

| 地　　区 | 春茬播种期<br>（旬/月） | 春茬采收期<br>（旬/月） | 秋茬播种期<br>（旬/月） | 秋茬采收期<br>（旬/月） |
|---|---|---|---|---|
| 南方亚热带区长江、 | —— | —— | 7～11月 | 10月至翌年4月 |
| 黄河流域 | 10～12月 | 翌年3～6月 | 6～8月 | 10～12月 |
| 华北地区 | 上、中/2 | 中、下/5 | 下/6～上/7 | 10～11月 |
| 北方寒冷地区 | 下/3～上/4 | 7～8月 | 6月 | 9～10月 |

表3-9 东北地区花椰菜栽培季节安排

| 栽培方式 | | 播种期（旬/月） | 定植期（旬/月） | 采收期（旬/月） |
|---|---|---|---|---|
| 温室栽培 | 春季早熟栽培 | 上/1~下/1 | 下/2~上/3 | 下/4~上/5 |
| | 秋季延后栽培 | 上、中/7 | 中、下/8（密植露地）上/10（定植） | 下/11~上/12 |
| 大棚栽培 | 春季早熟栽培 | 上/2~上/3 | 下/3~上/4 | 上、中/6 |
| | 秋季延后栽培 | 中/6 | 中、下/7（密植露地）下/9（定植） | 下/10~上/11 |
| 露地栽培 | 春季早熟栽培 | 下/2~上/3 | 下/4~上/5 | 中/6~上/7 |
| | 秋季延后栽培 | 上、中/6 | 上、中/7 | 下/9~上/10 |

表3-10 东北地区青花菜不同栽培方式季节的安排

| 栽培方式 | 播种期（旬/月） | 定植期（旬/月） | 采收期（旬/月） |
|---|---|---|---|
| 露地春季早熟栽培 | 中、下/2~上/3 | 中~上/5 | 上、中/7 |
| 露地秋季延后栽培 | 下/5~上、中/6 | 中/7 | 中、下/9~上/10 |
| 大棚春季早熟栽培 | 上/2 | 上/4 | |

## ● 任务实施的生产操作

### 一、花椰菜春季设施栽培

#### （一）设施类型

为提早上市，采用温室育苗大棚栽培、温室育苗地膜小拱棚栽培和阳畦育苗地膜覆盖等。

#### （二）品种选择

选用冬性强的春花椰菜类型，如米兰诺、瑞士雪球、法国雪球等品种。

#### （三）培育壮苗

一般早熟品种的日历苗龄 25~30d，中、晚熟品种的日历苗龄为 35~40d 时定植。壮苗标准是具有 5~6 片真叶，叶柄短，叶丛紧凑、肥厚，叶色浓绿，茎粗节短，根系发达等。

**1. 种子处理和播种**

可参照结球甘蓝育苗。幼苗管理上"控小不控大"，即小苗可以进行低温控制，大苗不能经受长期低温。每 $667m^2$ 用种量 35g 左右，每平方米苗床播种 4~5g。

**2. 苗期管理**

浇水要见干见湿；白天要加强光照，延长光照时间；夜间温度不要过高，花椰菜育苗期温度管理见表 3-11。

**表 3-11　花椰菜育苗期温度管理**

| 生长发育时期 | 适宜日温/℃ | 适宜夜温/℃ |
|---|---|---|
| 播种至齐苗 | 20 ~ 25 | 15 ~ 18 |
| 齐苗至分苗 | 16 ~ 20 | 8 ~ 12 |
| 分苗至缓苗 | 18 ~ 22 | 12 ~ 15 |
| 缓苗至定植前 7 ~ 10d | 15 ~ 18 | 6 ~ 10 |
| 定植前 7 ~ 10d | 5 ~ 8 | 4 ~ 6 |

3. 分苗

2 ~ 3 片真叶时分苗，最好采用营养钵或营养土块保护根系，也可用开沟移植的方法，株行距为（6 ~ 8）cm ×（6 ~ 8）cm。

**（四）整地定植**

耕地时每 667m² 施入优质农家肥 5000 ~ 6000kg，过磷酸钙 50kg，复合肥 25kg，硼砂和钼酸铵各 50g，混入基肥发酵后施入，深翻 30cm。

北方起垄，垄宽 60cm，早、中熟品种株距 35 ~ 40cm，每 667m² 定植 3500 ~ 4000 株；南方一般采用深沟高畦栽培，1.33m 开沟，早熟品种株行距 50cm × 35cm，中晚熟品种 50cm × 40cm 或 50cm × 60cm 为宜。

适宜定植期设施内地温在 5℃ 以上，定植时应保持土坨完整，尽量减少根系损伤。

**（五）定植后管理**

1. 温度

设施内白天保持 20℃ 以上，夜间 10℃ 以上。7 ~ 8d 缓苗后，白天超过 25℃ 进行通风；中后期白天保持 16 ~ 18℃ 以上，夜间 10 ~ 13℃。上午温度达 20℃ 时放风，下午温度降到 20℃ 时闭风，当外界夜间最低气温达到 10℃ 以上时大放风，放底风，并昼夜放风。

2. 肥水管理

缓苗后，浇 1 水，适度蹲苗，进行 2 ~ 3 次中耕松土，耕深 3 ~ 4cm；花球膨大期，即花球一露白，开始迅速生长，结束蹲苗，应经常保持地面湿润，约每隔 4 ~ 5d 浇 1 水，隔水追肥 1 次，连续追肥 2 ~ 3 次。每 667m² 可随水追施粪稀 500 ~ 700kg，追 1 ~ 2 次尿素和钾肥各 10 ~ 15kg；花球形成初期根外追肥 1 ~ 2 次，喷洒 0.2% ~ 0.5% 的硼酸、0.05% ~ 0.1% 的钼酸铵混合液。

3. 束叶和折叶

花椰菜的花球在阳光直射下，容易由白色变成淡黄色或绿紫色，致使花球松散粗劣，并生长小叶，品质下降。当花球直径达到 7 ~ 8cm 时，在下午将 2 ~ 3 片外叶上端用稻草束缚遮住花球，将花球附近不同方向的 2 ~ 3 片叶主脉折断后，覆盖在花球上，叶变黄时及时更换，使花球洁白致密。

**（六）采收**

当花球充分肥大，表面洁白鲜嫩，质地光滑，边缘花枝尚未展开和变黄之前及时收获。采收时用刀割下花球，保留花球下面 6 ~ 7 片嫩叶，保护花球以免受污染或损伤。

花椰菜春季设施生产技能训练评价表见表 3-12。

表 3-12  花椰菜春季设施生产技能训练评价表

| 学生姓名： | 测评日期： | | 测评地点： | | |
|---|---|---|---|---|---|
| 考评标准 | 内　容 | 分 值 | 自 评 | 互 评 | 师 评 |
| | 选地整地、施肥、做畦、起垄符合要求 | 20 | | | |
| | 选择品种、确定播期合适 | 20 | | | |
| | 播种育苗及苗期管理方法符合要求 | 20 | | | |
| | 定植时期、方法及田间管理方法适当 | 20 | | | |
| | 束叶、折叶、采收时期和方法适当 | 20 | | | |
| | 合　　计 | 100 | | | |
| 最终得分（自评30% + 互评30% + 师评40%） | | | | | |

## 二、青花菜春季生产

### （一）整地施肥

青花菜（绿菜花）对营养条件要求较高，一般每 $667m^2$ 施腐熟有机肥 5000kg、磷酸二铵和硫酸钾各 20kg。青花菜春季栽培以垄作为宜，有利于提高地温，垄距一般 60cm 左右。

### （二）品种选择

选用抗病性强，早熟耐高温，结球紧实而整齐的品种，如黑绿、茬京绿、玉寇、绿慧星、早生绿等；设施栽培宜选用耐寒性强的中晚熟品种，如哈依姿、绿族、宝石、阿波罗、峰绿等。

### （三）培育壮苗

东北地区在温室内播种育苗。中熟品种于2月下旬至3月上旬播种，中晚熟品种于2月中旬播种，中早熟品种于2月下旬播种。青花菜育苗方法与甘蓝基本相同，每平方米育苗播种量大约为3g，每 $667m^2$ 生产用种量为 30 ~ 40g。2 片真叶时，采用 8cm×8cm 营养钵进行分苗。育苗期间要防止连续长期低温，使幼苗完成春化作用，发生先期抽薹现象。定植前 7 ~ 10d 加强炼苗，以适应定植后的环境条件，尽快缓苗。

### （四）适时定植

青花菜日历苗龄 25 ~ 30d，生理苗龄 5 ~ 6 片真叶时定植。一般露地栽培在 4 月下旬至 5 月上旬定植，中早熟和中晚熟品种应提前于 4 月上、中旬定植，并随即扣小棚，5 月上旬经过通风炼苗后，将小棚拆除。中早熟品种定植的株行距为 35cm×60cm，中熟品种为 40cm×60cm，中晚熟品种为 42cm×60cm 为宜。

### （五）定植后管理

1. 水肥管理

青花菜需肥较多，特别是顶、侧花球兼用种和中晚熟品种，生长期和采收期都较长，可多次采收，消耗养分更多，除应施足基肥外，生育期间还应多次追肥。

定植后 7d 左右，如土壤较干，浇 1 次缓苗水。然后进行中耕、松土和除草，提高地温，促进生根缓苗。缓苗后 5 ~ 10d，幼苗恢复生长，进行第 1 次追肥，可以开沟环施，每 $667m^2$ 施入尿素 10kg、磷酸二铵 15kg，促进发棵。结合追肥浇水后，中耕，蹲苗，以控制茎叶徒长，促进根系生长、花茎加粗和花球形成；当花球直径达 2 ~ 3cm 时结束蹲苗，进行第 2 次追肥，每667m²施入腐熟的豆饼50kg，或优质大粪干1000kg或追施尿素15～20kg。施肥后浇水，并经常保持土壤湿润，尤其是当气温较高，空气干燥时，浇水更为重要；第3次追肥于花球膨大期，在叶面喷施0.1%～0.3%的硼砂溶液和0.05%～0.1%的钼酸铵溶液，减少黄蕾、焦蕾发生。

在采收前1～2d浇1次水，主花球收获后，侧枝上继续形成侧花球，根据土壤肥力条件和侧花球生长情况，加强水肥管理，以便多次采收。通常在每次采摘花球后施肥1次，以便收获较大的侧花球和延长收获期。一般选留健壮侧枝3～4个，抹掉细弱侧枝，减少养分消耗。

2. 光照

青花菜在花球形成期必须具备一定光照条件，才能使花球深绿鲜艳，品质好，并获得高产，切不可像管理花椰菜那样束叶盖花球。

（六）采收

青花菜的适收期很短，花球的形成也不一致，应适时分次采收。应在花蕾充分长大，色泽翠绿，花蕾颗粒整齐，质地致密，不散球，尚未露出花冠时及时采收。采收时间以清晨和傍晚为好，用锋利的小刀斜切花球基部带嫩花茎7～10cm。青花菜不耐贮运，采收后及时包装销售，运输过程应防震防压。

## 三、异常花球产生的原因与预防措施

### （一）僵化球

僵化球产生的主要原因是在植株幼龄期遇到低温或肥料缺乏、干旱、伤根等，抑制了植株的生长，提早形成僵小的花球。另外，秋季品种春种，也容易形成僵化球。

### （二）多叶散花球

多叶散花球产生的主要原因是花芽分化后，出现连续20℃以上高温，导致植株从生殖生长返回营养生长，在花球中长出许多小叶，花球松散。

### （三）花球周围小叶异形

球内茎横裂成褐色湿腐，有时花球表面呈水浸状，严重时初期顶芽坏死，是缺硼的缘故。

### （四）黑心花球

黑心花球由于缺钾引起。应合理选择品种；适期播种，培育壮苗，用壮苗定植生产；保证肥水供应，增施磷钾肥，不偏施氮肥，花球膨大期，加强叶面施肥，保证硼、钾、钙等的供应。

### （五）不结球现象

花椰菜只长茎叶，不结花球，造成大幅度减产以至绝收。主要原因有：晚熟品种播种过早，由于气温高，花椰菜幼苗未经低温刺激，不能通过春化阶段，因而不结花球；适宜春播的品种较耐寒，冬性较强，通过春化阶段要求的温度低，如果将其用于秋播，则难以通过春化阶段，而使植株不结花球；营养生长时期氮肥供应过多，造成茎叶徒长，也不能形成花球。生产中应根据栽培季节选择适宜品种，适时播种，满足植株通过春化阶段所需的低温条件，合理施肥，使植株正常生长。

### （六）花球老化现象

花球表面变黄、老化的主要原因有栽培过程中缺少肥水，使叶丛生长较弱，花球也不大，即使不散球也形成小老球；花球生长期受强光直射；花球已成熟而未及时采收，容易变黄老化；应加强肥水管理，满足花椰菜对水肥的需求，光照过强时用叶片遮盖花球，适时采收。

### （七）"散球"现象

花茎短小，花枝提早伸长、散开，致使花球疏松，有的花球顶部呈现紫绿色的绒花状，花球呈鸡爪状，产品失去食用价值。主要原因有：选用品种不适合，过早通过春化阶段，没有足够的营养面积。苗期受干旱或较长时间的低温影响，幼苗生长受到抑制，易形成"散球"；定植期不适宜，叶片生长期遇低温或花球长期遇高温使花枝迅速伸长导致"散球"；肥水不足，叶片生长瘦小，花球也小，且易出现"散球"；收获过晚，花球老熟。

预防"散球"应选择适宜品种；适期播种，培育壮苗；适期定植，定植后及时松土，促进缓苗和茎叶生长，使花球形成前有较大的营养面积。

### （八）青花

花球表面花枝上绿色包片或萼片突出生长，使花球表面不光洁，呈绿色，多在花球形成期连续的高温天气下发生。防止措施是适期播种，错过高温季节。

### （九）紫花

花球表面变为紫色、紫黄色等不正常的颜色。突然降温，花球内的糖苷转化为花青素，使花球变为紫色。在秋季栽培，收获太晚时易发生。防止措施是适期播种，适期收获。

---

**生产操作注意事项**

1. 花椰菜秋季露地定植时正值高温，不要蹲苗。

2. 花椰菜秋季冷床育苗，6～7片叶时适期早栽，切忌大苗晚定植。

3. 大棚定植花椰菜幼苗刚缓苗后，通风时不要放底风，以免冷风直吹，伤苗。

4. 进行花椰菜束叶和折叶时，注意不要使病叶接触花球，也要防止花球基部积水，以免传染病菌和引起花球腐烂。

5. 青花菜在花球形成期必须具备一定光照条件，切不可束叶盖花球。

---

## 任务四  茎用芥菜生产

### ● 任务实施的专业知识

茎用芥菜是十字花科芸薹属芥菜的一个变种，又称青菜头、菜头，其膨大茎的加工品称为榨菜。在四川、重庆、浙江、山东等地栽培较多。

### 一、生物学特性

#### （一）形态特征

1. 根

根系发达，主根可入土30cm以上，吸收能力强。

**2. 茎**

茎为短缩茎，节不明显。生长中后期主茎伸长膨大为肉质茎，在节间的叶柄下形成 1~5 个不整齐的瘤状突起，通常为 3 个，中间 1 个较大，如图 3-6 所示。

**3. 叶**

着生在短缩茎上，有椭圆形、卵圆形、倒卵圆形和披针形等。叶色有绿、紫红等。一般每 5 片叶形成 1 个叶环，叶环多少视播种期而异，通常可形成 6~8 个叶环。一般品种形成第 1 个叶环后茎开始膨大，以第 2 个叶环为茎膨大的主要节位。

**4. 花**

花与甘蓝相似，较甘蓝花小。复总状花序，自交结实率高。

图 3-6　茎用芥菜的肉质茎和叶
1—根　2—肉质茎（瘤状茎）　3—叶片

**5. 果实和种子**

长角果，种子圆或椭圆形，红褐或暗褐色，千粒重 1g 左右。

**（二）生长发育周期**

茎用芥菜从子叶出土到种子成熟一般为 220~230d，出苗至肉质茎成熟为 160~170d，现蕾至种子成熟为 50~60d。

**（三）对环境条件的要求**

喜冷凉湿润气候条件，但不耐积水、炎热和干旱，干旱易引发病毒病。幼苗生长适温为 20~26℃，成株生长适温为 15~25℃。瘤茎膨大的最适温度为 8~14℃，在温度较低，日照较短，昼夜温差大的条件下瘤茎更易膨大。现蕾开花的适宜温度为 20~25℃。植株长到一定大小时在 7~16℃和 10~12h 短日照条件下，肉质茎开始膨大。适宜黏壤土栽培，对肥水条件要求不高，除需氮肥外，还需磷、钾肥，单纯施用氮肥，空心率高。

## 二、品种类型和优良品种

**（一）适合加工的品种**

适合加工的品种主要有草腰子、市草腰子、三层楼、三转子、鹅公包、枇杷叶、碎叶种、半碎叶种等。

**（二）适合鲜食的品种**

适合鲜食的品种主要有笋子菜、棒菜、大棒菜 803、羊角菜等。此品种菜头瘤状突起较少且长，不宜加工成榨菜，常用于熟食或腌制泡菜。

## 三、栽培季节与茬口安排

茎用芥菜以秋季播种，翌年春季收获为主要栽培季节，我国茎用芥菜栽培季节安排见表 3-13。选择适宜的播种期是减轻病害和获得高产的关键，过早播种，病毒病较重，产量不稳定；过迟播种，生产期短，肉质茎小，产量低，且失去加工价值。

**表3-13 我国茎用芥菜栽培季节安排**

| 地　区 | 播种期（旬/月） | 收获期（旬/月） |
|---|---|---|
| 郑州、洛阳一带 | 下/8 | 下/11 |
| 上海、南京、杭州 | 下/9 ~ 上/10 | 翌年，中、下/4 |
| 武汉、宜昌 | 上/9 | 下/12 |
| 黄淮 | 中/8 | 中/11 |
| 重庆涪陵、四川 | 中、下/9 | 翌年，下/3 ~ 上/4 |
| 山东 | 中、下/8 | 中、下/10 |

● **任务实施的生产操作**

茎用芥菜栽培可直播，也可育苗移栽。生产上多采用育苗移栽方式，可减少田间占地时间，但直播有减轻病毒病的作用。

## 一、整地、施肥

育苗地应选择地势高燥、向阳，土层深厚、肥沃，保水、排水和保肥力强的壤土。播种前深翻25cm，用农药，或堆干草在苗床上烧1次，进行土壤消毒，以减少病虫害；或用3%护地净颗粒剂或50%辛硫磷1000倍液均匀喷洒，进行土壤处理，以消灭地下害虫。每667m² 施人粪尿或猪粪2000 ~ 2500kg，草木灰200kg或氯化钾10kg，过磷酸钙15 ~ 20kg。翻耕后日晒，整细耙平，开沟做畦。按1.70m 宽做畦，畦高15cm，待稍干后播种。南方多雨地区，需适当提高畦面和加深畦沟，以利排水，减少软腐病的发生，并按各地的生态环境条件做畦。

## 二、播种育苗

### （一）播种

选择适宜的品种适当稀播，每667m² 苗床用种量400 ~ 500g，可定植大田0.5 ~ 1hm²。播种前将种子浸湿，将1份种子用10份草木灰和细沙混合均匀后撒播在苗床上，踏实畦面。在畦面覆盖双层遮阳网或盖一层稻草、草片等覆盖物保湿，便于种子发芽。在萌芽前，苗床用60%丁草胺100mL或乙草胺50 ~ 70mL稀释1000倍喷洒畦面，防除杂草。面积较小的苗床可用银灰色塑料薄膜小棚覆盖，有较好的避蚜作用。

### （二）播后管理

种子出苗后除去覆盖物，出现1 ~ 2片真叶时，第1次间苗，拔除生长快、叶大、株高的杂种苗；出现3 ~ 4片真叶时，第2次间苗，拔除弱苗、劣苗，保持株、行距6 ~ 8cm。每次间苗后，施1次腐熟的淡粪水，同时喷施蚜力克防治蚜虫危害。一般苗龄在30 ~ 35d 左右，出现5 ~ 6片真叶时，即可移栽定植。

## 三、移栽

按33cm 见方的株行距栽植，适宜的栽植密度为每667m² 栽植4000 ~ 5000 株。为提高榨菜的加工品质，利用250g 左右较小的肉质茎整形加工，可适当推迟播种期，栽植密度增加到 6000～8000 株。早熟品种、直立性强的品种也可适当密植。起苗前苗床要浇透水，以利起苗和不损伤根系，带土移栽，移栽时要主根向下，不能弯曲，以利于缓苗。栽植深度以覆土掩住根茎为宜。大小苗要分开定植。移栽后要及时浇定根水，确保成活。霜降前移栽完。为了防止病虫害，移栽时，用蚜力克喷施 1 次，可有效地控制蚜虫，减轻缩叶病的危害。

### 四、田间管理

定植后保持地面湿润，促进缓苗。缓苗成活后，进行追肥，浓度不宜过大，结合浇水，每 667$m^2$ 浇稀粪水 800～1000kg；定植 1 个月后，每 667$m^2$ 施入人畜粪 1500～1800kg；越冬前适当控制肥水，在畦面铺撒厩肥或塘泥。越冬期间，一般不施肥；立春后，天气逐渐转暖，植株生长逐渐加快，是肉质茎膨大的重要季节，一般 15d 左右施 1 次肥，每 667$m^2$ 施浓度为 50% 的人畜粪水 2000kg，碳酸氢铵 15kg，促进植株生长整齐健壮；肉质茎膨大到 100～150g 时，每 667$m^2$ 追施尿素 15kg，以促进肉质茎膨大；收获前 6～7d，根据植株长势再补施 1 次速效化肥，每 667$m^2$ 追施尿素 8kg，使植株保持旺盛的营养生长，避免早抽薹。但应注意茎迅速膨大期若追肥过多，或偏施氮肥，而磷、钾、钙肥不足等易发生空心。

如遇长期干旱，可采取沟灌水 1 次，水深以半沟水为宜，待水充分渗透后，及时排干沟中积水。如遇多雨天气，应及时清沟排水，田间湿度过大、高温高湿易引起病害。

中耕除草 2～3 次，最后 1 次在封行前进行。如采用地膜覆盖，一般不进行中耕除草。

### 五、适时收获

适宜采收期是肉质茎已充分膨大和刚现绿色花蕾时，一般早中熟鲜菜用品种，在 12 月中旬开始收获，供应市场。专门加工榨菜的品种，一般在春节前后开始收获。采收过早，影响产量；采收过迟，含水量高，纤维多，容易空心，影响加工质量。

茎用芥菜栽培生产技能训练评价表见表 3-14。

**表 3-14　茎用芥菜栽培生产技能训练评价表**

| 学生姓名： | | 测评日期： | | 测评地点： | | |
|---|---|---|---|---|---|---|
| | 内　　容 | 分　值 | 自　评 | 互　评 | 师　评 |
| 考评标准 | 整地施肥、做畦符合要求 | 20 | | | |
| | 品种、播期适宜，种子处理及播种技术符合要求 | 20 | | | |
| | 播后管理得当，定植期合适 | 20 | | | |
| | 定植及管理技术符合要求、熟练 | 30 | | | |
| | 采收期和采收方法适当 | 10 | | | |
| 合　　计 | | 100 | | | |
| 最终得分（自评30% + 互评30% + 师评40%） | | | | | |

**生产操作注意事项**

1. 忌与十字花科蔬菜连作，以减少病虫害；避免用沙土栽培，以免土温偏高缺水，诱发病毒病。

2. 榨菜在高温条件下极易抽薹，必须适期播种。

3. 移栽时要主根向下，不能弯曲，以利于缓苗。

4. 及时采收，采收过迟，外皮老、纤维多、空心率高。

# 任务五　球茎甘蓝生产

● **任务实施的专业知识**

球茎甘蓝别名苤蓝、擘蓝、芥兰头、玉蔓菁等，为十字花科，芸薹属甘蓝种中能形成肉质茎的变种，为二年生蔬菜。球茎甘蓝食用部分为发达的肉质茎，可鲜食、熟食或腌制。

## 一、生物学特性

### （一）形态特征

1. 根

从球茎的底部中央生出一个主根，根系浅。

2. 茎

短缩茎膨大，形成肉质茎，如图 3-7 所示，圆球状或扁圆状。肉质茎及外皮的颜色一般为绿白色或绿色，少数品种为紫色。

3. 叶

丛着生短缩茎上，叶片似结球甘蓝，椭圆形、倒卵圆形或近三角形，平滑。绿色、深绿色或紫色，叶面有白色蜡粉。叶柄较结球甘蓝稀疏而细长。

4. 花、果实、种子

肉质茎自秋、冬成熟时南方在露地越冬，北方在窖内贮藏。球茎甘蓝一定大小的幼苗在 0~10℃ 条件下通过春化阶段后在长日照和适温下至第二年春、夏抽薹开花、结果。生殖器官的结构、形状及开花授粉的习性与结球甘蓝相同。

图 3-7　球茎甘蓝的肉质茎

### （二）生长发育周期

1. 营养生长时期

营养生长阶段可分为发芽期、幼苗期、莲座期和球茎形成期四个时期。通常在幼苗期早熟品种形成 5 片真叶为一个叶环，晚熟品种形成 8 片真叶为一个叶环时，即进入球茎生长前期。这时莲座叶再生长 1~2 个叶环，就可看到膨大的小茎，所以莲座期比甘蓝短。进入球茎膨大生长期后，顶部仍能发生新叶，但是生长缓慢。

### 2. 生殖生长时期

球茎甘蓝在生殖生长阶段，可分为抽薹开花期和果实形成期。

球茎甘蓝的冬性比结球甘蓝弱，容易完成春化，生产上易未熟抽薹造成损失。球茎甘蓝完成春化所需的低温及时间等条件，与结球甘蓝相似，但不如结球甘蓝有规律。

球茎甘蓝通过春化阶段，不仅需要一定的低温，还要求幼苗长出7枚叶片以上，茎粗为0.4cm以上。较小的幼苗或种子进行人工低温处理，均不能完成春化。

### （三）对环境条件的要求

球茎甘蓝对环境条件的要求和结球甘蓝相似，抗逆性强，适应性较广，但其具有耐寒性和适应高温的能力，生长适温为15～20℃。肉质茎膨大期如遇30℃以上高温，肉质易纤维化。

球茎甘蓝对土壤要求不严格，但宜于腐殖质丰富的粘壤土或沙壤土中种植。球茎甘蓝喜温和湿润、充足的光照，所以北方一般栽培在水道两侧，以获得较大的球茎。

## 二、品种类型与优良品种

球茎甘蓝根据肉质茎外皮的颜色，可分为绿色、浅绿色和紫色三种类型。浅绿色皮类型的品质较好。根据生长期长短可分为早熟、中熟和晚熟三个类型。早熟品种植株矮小，叶片少而小，定植后50～60d收获，如北京早白、天津小缨子等。中、晚熟品种植株生长势强，叶片多而大，从定植到收获需80～100d，如笨苤蓝、大同松根、云南长擘蓝等。

## 三、栽培季节与茬口安排

球茎甘蓝具有较强的耐寒性和适应高温的能力，在有轻霜的条件下也能正常生长。中国南方在秋季、冬季和冬、春季都可栽培，北方一般春、秋两季栽培，内蒙古、新疆、黑龙江等高寒地区多为一年一茬。北方地区球茎甘蓝周年生产主要茬口见表3-15。

**表3-15　北方地区球茎甘蓝周年生产主要茬口**

| 地区 | 茬口 | 育苗播种期（旬/月） | 定植期（旬/月） | 收获期（旬/月） |
|---|---|---|---|---|
| 华北 | 春茬 | 上/2～中/2（阳畦） | 上/4 | 上/6 |
| | 秋茬 | 下/7～上/8（露地） | 中/8 | 上/11 |
| 北方 | 春茬 | 上/1～上、中/2（冷床或温床） | 中/3～上、中/4 | 中/5～中/6 |
| | 秋茬 | 下/6～上、中/7（露地） | 下/7～上/8 | 下/9～上、中/10 |
| 高寒 | 秋茬 | 下/6～上/7（露地） | 下/7～上/8 | 下/9～上/10 |

## ● 任务实施的生产操作

## 一、整地施肥

用于栽培球茎甘蓝的土地，在前茬作物收获后，每667m² 施有机肥2500～3000kg或复合肥50～60kg，耕翻土壤后，耙平作畦。春季栽培为提高地温，北方可做高垄，垄高15cm，垄距30～40cm。南方做成高畦，一般畦宽1.2m，每畦种3行。

## 二、播种育苗

球茎甘蓝在春季栽培时，为便于管理，多在阳畦、塑料拱棚或温室中育苗。采用撒播法，畦内先浇水，待水渗下后，撒种盖土1cm左右，然后覆盖地膜，保持20～25℃温度。出苗后适当降低温度，防止幼苗徒长。苗龄40～50d即可定植，定植前5～7d开始在与露地相似的温度下进行幼苗锻炼，以使幼苗栽后能适应露地环境，快速恢复生长。

球茎甘蓝播种技能训练评价表见表3-16。

**表 3-16　球茎甘蓝播种技能训练评价表**

| 学生姓名： | | 测评日期： | | 测评地点： | | |
|---|---|---|---|---|---|---|
| | 内　　容 | | 分　值 | 自　评 | 互　评 | 师　评 |
| 考评标准 | 能熟练进行整地、施肥等播前准备 | | 20 | | | |
| | 正确选择茬口、品种，播种技术熟练 | | 30 | | | |
| | 能根据不同品种进行正确定植 | | 20 | | | |
| | 田间管理技术熟练、方法准确 | | 30 | | | |
| 合　　计 | | | 100 | | | |
| 最终得分（自评30% + 互评30% + 师评40%） | | | | | | |

## 三、定植

一般早熟品种行距30～40cm，株距25～30cm，每667m²栽6000～8000株；中、晚熟品种行距40～50cm，株距30～40cm，每667m²栽4000～5000株，栽植深度应与子叶平齐。

## 四、田间管理

### （一）浇水施肥

定植后浇1～2次缓苗水。缓苗后中耕，并适当蹲苗。球茎开始膨大时，进行追肥，浇水。追肥不可过早，过早追肥会造成叶片徒长，不利于球茎膨大。追肥以速效氮肥和复合肥为主，每浇1～2次水后即追肥。在球茎膨大后，要定期追肥和均匀浇水，保持土壤湿润。浇水不匀，易使肉质茎开裂或畸形。接近成熟时，停止浇水。

### （二）中耕培土

球茎甘蓝开始膨大后，结合中耕进行培土，应分2～3次培土，每次培土3～5cm，以加宽垄背，加厚土层，使球茎立直生长。到莲座叶封垄时，停止中耕，及时拔除杂草。

## 五、收获

球茎甘蓝定植后，早熟小型品种50～60d，晚熟品种70～120d，球茎已充分长大时即可收获。收获早了产量低，品质差；收获晚了易抽薹或糠心，降低品质。

## 六、采种

留种株应选叶片少，叶柄细，叶痕小而整齐，球茎色泽和形状与本品性状一致，以及球茎大小适中，不裂皮，成熟期较一致的，一般以秋播种株采种。我国南方，种株可露地越冬，北方可行窖藏或埋藏 20 ~ 40d 后，翌春定植于采种田内即可抽薹开花。应与甘蓝类蔬菜采种田隔离 1000m 以上，防止杂交。在 6 月中、下旬种荚黄熟时，即可采收种子。

---

### 生产操作注意事项

1. 球茎甘蓝定植的深度，应与子叶平齐。栽得过深，球茎变成长圆形；过浅，又偏向一侧生长，变成畸形。

2. 球茎膨大期要均匀浇水，始终保持土壤见干见湿，否则球茎易开裂或畸形。

3. 在球茎生长后期，应注意防止腐烂病的发生，如发现病株应及早拔除，以免传染。

---

### ● 白菜类蔬菜主要的病虫害

白菜类蔬菜主要病害有软腐病、霜霉病、黑腐病、黑斑病、病毒病等，虫害主要有菜蛾、甘蓝夜蛾、菜粉蝶、蚜虫、黄条跳甲等，另外斜纹夜蛾、蛞蝓也时有发生。要选用抗病品种，加强农业防治和田间管理，进行种子处理和药剂处理。

## 练习与思考

1. 进行白菜类蔬菜播种生产，记录播种、发芽、生长情况，填表 3-17 并进行分析总结。

表 3-17 白菜类蔬菜播种、发芽、生长情况记载

| 蔬菜名称 | 播种时间（年、月、日） | 嫩芽出土时间（年、月、日） | 子叶出土类型 | 真叶展现时间（年、月、日） | 出芽率（%） |
|---|---|---|---|---|---|
|  |  |  |  |  |  |

2. 实地调查，了解当地白菜类蔬菜主要栽培方式和栽培品种及特性，填入表 3-18 中。分析生产效果，整理主要的栽培经验和措施。

表 3-18 当地白菜类蔬菜主要栽培方式和栽培品种及特性

| 栽培方式 | 栽培品种 | 品种特性 |
|---|---|---|
|  |  |  |
|  |  |  |

3. 划分叶球品种类型和评价其品质时常需测定球形指数和叶球松紧度，按表 3-19 要求，详细观察大白菜和结球甘蓝植株，记录观测结果，并分析评价大白菜和结球甘蓝不同品种的球形指数和叶球松紧度。

**表 3-19 描述观测叶球的各项指标**

（长度单位：cm；重量单位：kg）

| 品种 | 株号 | 株高 | 开张度 | 全株 | 重 量 | | | 叶 球 | | | | | | | |
|---|---|---|---|---|---|---|---|---|---|---|---|---|---|---|---|
| | | | | | 外叶 | 球重 | 净菜率 | 球形 | 株高 | 球径 | 球形指数 | 包心方式 | 叶数 | 中心柱高 | 松紧度 |
| | | | | | | | | | | | | | | | |
| | | | | | | | | | | | | | | | |

球形指数计算公式：

$$球形指数\ (E) = \frac{叶球高度\ (H)}{叶球直径\ (O)}$$

式中 $E=1$ 时，叶球为圆球形；$E<1$ 时，叶球为扁圆形；$E \leqslant 1.5$ 时，叶球为短圆筒形；$1.5 < E \leqslant 2$ 时，为长圆形；当 $E>2$ 时，为细长圆筒形。

叶球松紧度计算公式：

$$叶球松紧度\ (p) = \frac{叶球高度\ (H) - 中心柱高度\ (h)}{叶球叶数\ (r)}$$

式中 $p$ 越小，叶球越紧实，一般 $p>1$，叶球松散；$p<1$，叶球紧密。

# 根菜类蔬菜生产

➤ **知识目标**

1. 了解根菜类蔬菜的生物学特性及其与栽培生产的关系。
2. 理解根菜类蔬菜对环境条件的要求。
3. 掌握萝卜肉质根品质变劣的原因及防治措施。
4. 掌握大萝卜、胡萝卜、根用芥菜、牛蒡等根菜类蔬菜的育苗技术和生产管理技术。

➤ **能力目标**

1. 能够根据当地市场需要，选择根菜类蔬菜优良品种。
2. 会选择栽培季节与安排茬口。
3. 能够根据当地气候条件进行根菜类蔬菜的农事操作，能熟练进行播种、间苗、定苗、中耕除草、肥水管理等基本操作，具备独立蔬菜栽培生产的能力。

## 任务一  大萝卜生产

● **任务实施的专业知识**

### 一、生物学特性

萝卜，别名莱菔，属十字花科、萝卜属二年生蔬菜。萝卜适应性广，产量高，供应期长。

（一）形态特征

1. 根

直根系，一般播种后 40~50d 主根就能深入土层 1m 多深，主要根系分布在 20~40cm 疏松肥沃的土层内。萝卜的根分为吸收根和肉质直根，肉质直根由根头、根颈和根部组成，如图 4-1 所示。根头也即短缩的茎，上面着生芽和叶片；根颈由下胚轴发育而成，其次生木质部比较发达，是主要食用部分，韧皮部不发达，是萝卜皮的主要组成部分。

**2. 茎**

营养生长时期为短缩茎。生殖生长时期抽生出花茎。

**3. 叶**

2 片子叶，肾形。初生叶 2 片，匙形，对生，称为基生叶。随后在营养生长期间丛生于短缩茎上端的叶均称为莲座叶。

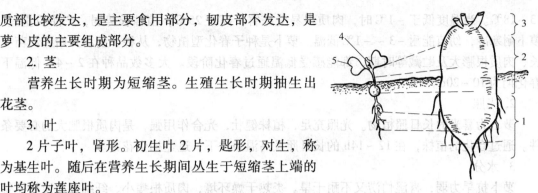

图 4-1　肉质直根的外部形态
1—根部　2—根颈　3—根头　4—第一真叶
5—子叶

**4. 花**

总状花序，完全花，花瓣 4 片呈十字形，花色有白色（白萝卜）、紫色（青萝卜）、粉色（红萝卜）等，虫媒花，全株花期 30~35d。

**5. 果实和种子**

长角果，成熟时不开裂。种子为不规则圆球形，种皮由浅黄至暗黄色，千粒重 7~15g。

**（二）生长发育周期**

**1. 营养生长期**

（1）发芽期　从种子萌发到第一片真叶显露（"破心"），需 5~7d。此期要防止高温干旱和暴雨死苗。

（2）幼苗期　从第一片真叶显露到第 5~7 片真叶展开，此期叶片生长迅速，要求较高温度和较强的光照。由于直根不断加粗生长，引起初生皮层破裂，露出新的皮层，俗称"破肚"。大中型萝卜约需 20d，小型萝卜需 5~10d。"破肚"是幼苗期结束的标志，也是肉质根迅速膨大的起点。应及时间苗、定苗、中耕、培土。

（3）莲座期　"破肚"后，随着叶的生长，肉质根不断膨大，根肩渐粗于顶部，称为"露肩"，从"破肚"到"露肩"需 20~30d。露肩标志着叶片生长盛期的结束。莲座前期以促为主，莲座后期以控为主，促使其生长中心转向肉质根膨大。

（4）肉质根生长盛期　从"露肩"到肉质根尾部肥大成圆形止。大中型萝卜需 40~60d，小型萝卜需 15~20d。此期地上部生长缓慢，肉质根生长加快，同化产物大量贮藏于肉质根内，叶片不断枯黄。此期对水肥的要求最多，如遇干旱易引起空心。

**2. 生殖生长期**

二年生的萝卜品种，在温度为 1~10℃范围内，约经 20~40d 通过春化阶段，南方温暖地区，植株经过冬季田间越冬；而北方寒冷地区需经过冬季低温贮藏，翌春回暖后定植于露地，在长日照和较高气温下抽薹开花结果。一年生的某些早熟品种，春播后当年就可抽薹开花结果，完成生活周期。从现蕾到开花，一般为 20~30d。从谢花到种子成熟，需 30d 左右。此期养分主要输送到生殖器官，供开花结实之用。

**（三）对环境条件的要求**

**1. 温度**

萝卜属于半耐寒蔬菜，喜冷凉。种子在 2~3℃时开始萌芽，发芽最适温度为 20~25℃；茎叶生长温度为 5~25℃，15~20℃时生长最好；肉质根生长温度为 6~20℃，最适温度为

13~18℃。当温度低于-1℃时，肉质根易受冻害；高于25℃，植株长势弱，产品质量差。萝卜耐寒冷，幼苗能耐-3~-1℃低温。萝卜是种子春化型植物，从种子萌动开始到幼苗生长、肉质根膨大及贮藏等时期，都能感受低温通过春化阶段。大多数品种在2~4℃低温下春化期为10~20d。

2. 光照

萝卜为喜光的长日照植物。光照充足，植株健壮，光合作用强，是肉质根肥大的必要条件。通过春化的植株，在12~14h的长日照及高温条件下，迅速抽生花薹。

3. 水分

萝卜抗旱力弱，喜湿怕涝又不耐干旱。炎热干燥环境，肉质根瘦小、纤维多、质粗硬辣味浓、易空心；水分过多，叶易徒长，肉质根生长量受影响，且易发病，所以应合理浇水。在土壤最大持水量为65%~80%、空气相对湿度为80%~90%的条件下，易获得高产、优质的产品。

4. 营养

萝卜对土壤肥力要求高。幼苗期和莲座期需氮较多；进入肉质根生长盛期，磷、钾需要量增加，特别是需钾肥更多。在萝卜的整个生长期中，对钾的吸收量最多，氮次之，磷最少。

5. 土壤

以土层深厚、富含腐殖质、排水良好、疏松透气的沙质土壤为好；但土壤过于疏松，肉质根须根多，表面不光滑。黏重土壤不利于肉质根膨大。土层过浅、坚实，易发生肉质根分叉。土壤pH值5.8~6.8为宜。

## 二、品种类型与优良品种

1. 秋萝卜

秋萝卜多为大中型品种，产量高、品质好、耐贮藏、供应期长，栽培面积最大。外皮有绿色、红色、白色等颜色。夏末、秋初播种，秋末、冬初收获。由播种至收获为90~100d。高温条件下，难以生成肥大的肉质根。常用的品种有豆瓣绿、农大红、象牙白、心里美、翘头青等。

2. 春萝卜

春萝卜耐寒性较强，抽薹晚，不易空心。南方栽培较多，晚秋播种，露地越冬，春季采收，品质优于贮藏的秋萝卜，如杭州笕桥大缨洋红萝卜、武汉春不老、成都春不老、鄂萝卜1号等；北方为春播春收，或春播初夏采收，生长期短，一般40~60d，如旅大小五缨、寿光春萝卜、春萝1号、黑龙江克山红、明水萝卜等。

3. 夏萝卜

夏萝卜耐热、耐旱、抗病虫，夏季气候炎热，日照长，仍能长成肥大的肉质根。生长期为50~70d，根形大小中等，一般是春播夏收，或夏播秋收，如青岛红萝卜、洋串白萝卜、大缨子萝卜等。

4. 四季萝卜

四季萝卜多为小型，耐热，不易抽薹，生长期很短，一般为30~40d，极早熟。能在温度较高的季节栽培，在露地除严寒酷暑季外，随时可以播种。北方地区多采用设施和春露地栽培，如樱桃萝卜、南京扬花萝卜、烟台红丁等。

## 三、栽培季节与茬口安排

萝卜肉质根的生长要求冷凉的气候，但低温又容易通过春化引起未熟抽薹。长江流域以南地区，除最炎热季节外，都可以栽培。北方地区一般大型萝卜在秋季栽培，小型的水萝卜和四季萝卜多在春季栽培。

萝卜吸肥力强，应实行 3 ~ 5 年轮作。前茬多为绿叶菜，以菠菜、芹菜、葱、香菜为好，忌与同科蔬菜连作。在中远郊区一般和大田作物进行轮作，最好选小麦、早玉米为前茬，豆科作物不宜，容易引起霜霉病和地下害虫的发生；另外还可与早黄瓜等进行套种。

## ● 任务实施的生产操作

## 一、秋季萝卜生产

### （一）整地与施基肥

前茬作物收获后立即清理田园，深翻、晒透、耙松、耙细、整平。大型萝卜深耕 35cm以上，中型萝卜深耕 30cm 左右，小型萝卜深耕 15cm 左右。以基肥为主，追肥为辅，基肥用量占总施肥量的 70%。结合整地，每 667m² 施入充分腐熟的优质厩肥 2500 ~ 4000kg、草木灰 50kg、过磷酸钙 25 ~ 30kg，全面撒施，并翻耕耙匀；再施入畜粪尿 2500 ~ 3000kg，干后耕入土中。

### （二）起垄

北方秋萝卜栽培采用垄作方式，垄宽 60cm。南方一般做畦，大型萝卜做高畦，多雨地区无论大型或小型品种都要做成高畦。

### （三）播种

1. 播种期

秋萝卜要在秋季适时并适当提早播种，使幼苗能在 20 ~ 25℃温度下生长。东北寒冷地区在 7 月上、中旬播种；北方海拔高的寒冷地区则提早至 6 月上、中旬播种；南方栽培春萝卜，一般在 10 月下旬至 11 月中旬播种，收获期在翌年 2 ~ 3 月；秋萝卜一般在 8 月下旬至 9月中旬播种，收获期在 11 ~ 12 月。我国各地秋萝卜播种和收获期见表4-1。

**表4-1 我国各地秋萝卜播种和收获期**

| 地 区 | 播种期（旬/月） | 收获期（旬/月） | 地 区 | 播种期（旬/月） | 收获期（旬/月） |
|---|---|---|---|---|---|
| 上海 | 中/8 ~ 中/9 | 下/10 ~ 下/11 | 西北 | 下/7 ~ 上/8 | 中/10 ~ 上/11 |
| 武汉 | 中/8 ~ 上/9 | 上/11 ~ 下/12 | 山东 | 上、中/8 | 中/10 ~ 上/11 |
| 长沙 | 下/8 ~ 9 | 11月至翌年1月 | 河南 | 上/8 | 中/10 ~ 中/11 |
| 重庆 | 下/8 ~ 上/9 | 下/11 ~ 上/12 | 云南 | 8 ~ 10月 | 10月至翌年1月 |
| 广州 | 8 ~ 10月 | 11 ~ 12月 | 北京 | 下/7 ~ 上/8 | 下/10 |
| 南宁 | 下/8 ~ 中/9 | 下/11 ~ 上/12 | 东北寒冷 | 上、中/7 | 中、下/10 |

### 2. 播种量

每 667m² 播种量一般为：大型品种穴播需 0.3～0.5kg，中型品种播种 0.7～1kg，小型品种 0.5kg。小型品种如用撒播方式播种，每 667m² 播种量 1～1.5kg。

### 3. 播种密度

北方垄作的株距一般大型品种为 35cm，中型品种为 30cm，小型品种为 25cm。播种时按所选用品种的株距在垄上刨埯，深度为 2cm 左右。南方畦作的一般大型品种行距 40～50cm，株距 35cm；中型品种行距 17～27cm，株距 17～20cm。

### 4. 播种技术

播前应做好种子质量检验。播种时要浇足底水，可先浇清水或粪水，再播种、盖土；也可先播种，后盖土浇清水或粪水。必须在出苗前再浇水，保持土壤湿润，幼苗才易出土。

秋萝卜多直接在垄上点播，每穴点播 5～8 粒种子，并要分散开，播后覆土厚约 2cm，不宜过厚，轻踩或镇压。

秋萝卜播种技能训练评价表见表 4-2。

#### 表 4-2 秋萝卜播种技能训练评价表

| 学生姓名： | | 测评日期： | 测评地点： | | |
|---|---|---|---|---|---|
| | 内　容 | 分　值 | 自　评 | 互　评 | 师　评 |
| 考评标准 | 确定适时播种期，并适当提前 | 20 | | | |
| | 能根据不同品种、不同播种方式确定播种量 | 30 | | | |
| | 能根据不同品种、不同播种方式确定播种密度 | 30 | | | |
| | 播种技术熟练、方法准确 | 20 | | | |
| | 合　计 | 100 | | | |
| 最终得分（自评30% + 互评30% + 师评40%） | | | | | |

### （四）田间管理

#### 1. 间苗和定苗

第 1 次间苗在第 1 片真叶展开时进行，选留生长健壮、子叶肥大、叶色浓绿、具有本品种特征的幼苗。点播每穴留 3 株苗，条播每 5cm 留 1 株苗；第 2 次间苗在 3～4 片真叶时，点播每穴留 2～3 株壮苗，条播每 10cm 留 1 株苗；第 3 次间苗（定苗）在 5～7 片真叶（"破肚"）时，每穴留 1 株苗，其余拔除。

#### 2. 浇水

播种后立即浇 1 次透水，幼苗大部分出土时，再浇 1 次小水，促进全苗；幼苗前期小水勤浇；"破肚"前小蹲苗，促根系深扎；叶生长盛期适量浇水，后期要适当控水，避免徒长；肉质根生长盛期要均匀供水，防止裂根；收获前 5～7d 停止浇水。

#### 3. 追肥

施足基肥后，生长期追肥 3 次。定苗后追 1 次提苗肥，每 667m² 追复合肥 15kg；蹲苗结束后，结合浇水，每 667m² 追复合肥 25～30kg；肉质根生长盛期，每 667m² 施尿素 15～20kg、硫酸钾 10kg。一般中型萝卜追肥 3 次以上，主要在萝卜旺盛生长前期施入，第 1、2 次追肥结合间苗进行，"破肚"时施第 3 次追肥，同时增施过磷酸钙、硫酸钾，每 667m²

各 5kg。

生长期长的大型萝卜可增加 1 次施肥，到"露肩"时，每 667m² 再追施硫酸钾 10～20kg。若条件允许可在萝卜旺盛生长期再施 1 次钾肥。

4. 中耕除草与培土

应进行多次中耕松土，特别是在秋萝卜苗较小时，气温高，雨水多，易滋生杂草，须勤中耕除草。一般中耕只疏松表土，在封行前进行；高畦、高垄上的土壤易被雨水冲刷，需定期培土。大型品种，需培土护根，以免肉质根弯曲、倒伏；封垄后停止中耕，拔除杂草；生长后期摘除基部枯老黄叶，以利通风。

（五）收获

肉质根充分膨大，叶色转淡渐变为黄绿时，为收获适期。

## 二、春季萝卜生产

春季气温升高后，在露地种植，到初夏收获。利用风障畦栽培，播种期和收获期可比露地栽培提前 10～15d。

（一）品种选择

春萝卜栽培正值早春季节，气候不稳定，变化剧烈，常有寒流侵袭。宜选用抗寒、早熟、肉质根较小的速生品种，如五缨萝卜、六缨萝卜、蓬莱春萝卜等。

（二）整地施肥

选疏松、肥沃、通透性良好、前茬不是十字花科蔬菜的地块，冬前进行深耕晒垡。早春土壤解冻后及早施肥，浅耕，耙平，做成平畦。每 667m² 施腐熟优质有机肥 5000kg、复合肥 25kg。如设有风障，应做东西长的畦，畦宽 1.5m、长 15～25m，可几个畦连成一排，北侧夹风障。

（三）播种

春萝卜播种期以土深 10cm 处地温稳定在 8℃ 以上时为宜。播种过早，地温、气温低，种子萌动后就能感受低温而通过春化，造成先期抽薹，降低产量和品质；播种过晚，收获期后延，不仅影响经济效益，也影响下茬栽植。华北地区露地以 3 月下旬到 4 月上旬播种为宜，风障畦可于 3 月中旬播种。

播种方法，以条播较多，按行距 20cm 左右开 1.0～1.5cm 深的沟，播种后覆土 1cm 左右。土壤墒情不足时，可先浇水，水渗下后撒播种子、覆土。一般不浸种催芽，而用干籽直播，每 667m² 用种量 1.0～1.2kg。

（四）田间管理

播种后 8～10d 出齐苗。覆盖地膜的 6～7d 齐苗，齐苗后及时揭除地膜，以免高温烤苗。揭膜宜在早上或傍晚气温低时进行。齐苗后和 2～3 片真叶时各间苗 1 次，4～5 叶时定苗，株距 10～15cm。条播的在苗期结合除草，中耕 1～2 次，以疏松土壤，提高地温，促进根系生长。此期由于气温偏低，土壤水分蒸发量小，幼苗耗水量也小，所以应尽量晚浇水，以免降低地温，影响生长。

春萝卜生长期短，肉质根破肚后，叶片生长和肉质根生长同时进行，此时外界气温已升高，土壤水分蒸发量大，应尽量早追肥、早浇水。一般在定苗后，每 667m² 追施尿素 15kg，并浇 1 次透水。北方春季多旱，降雨少，从肉质根膨大到收获应有充足的水分。此期水分不足会造成肉质根糠心、味辣、纤维增多，降低品质和产量。一般每 5～7d 浇 1 次水，保持土壤湿润。肉质根膨大期结合浇水再追 1 次腐熟的有机肥，每 667m² 追施豆饼 50kg；或每 667m² 追施复合肥 15kg，但追施化肥的时间应距收获期 30d 以上。

**（五）采收**

北方春季空气干燥，成熟的萝卜极易发生糠心，而且春季萝卜的价格越早越高，因此应适时早收。肉质根只要具有商品价值，就应采收，可连续采收 15～20d。在华北地区风障畦种植，可从 5 月上旬开始采收，一般露地栽培在 5 月中旬开始采收。

## 三、萝卜肉质根品质劣变的原因及预防措施

**（一）裂根**

肉质根开裂主要是由于生长前期土壤缺水或过分蹲苗，使肉质根皮层组织逐渐硬化，周皮失去弹性，生长后期水分过多，使肉质根的次生木质部薄壁细胞迅速膨大，内部压力增加，但周皮组织不能相应膨大，于是将周皮胀裂，肉质根开裂。

防止措施是栽培生产上应浇水均匀，蹲苗适当。

**（二）歧根**

歧根又称为分杈，是由于主根受损伤或生长受阻，使某些侧根膨大，形成分杈的肉质根，由原来具有吸收功能转变为贮藏功能的结果。

产生歧根的原因有以下几种情况：种子贮藏过久使胚根不能正常发育；育苗移栽的植株；被地下害虫咬断主根；营养面积过大；使用未充分腐熟的肥料或施肥不均；土壤耕层太浅，土壤坚硬或多砖石、瓦砾、树根等硬物阻碍主根生长导致畸形。

预防歧根的发生，栽培生产上要使用新种子；有机肥料一定要腐熟细碎并与土壤充分混匀，种植密度适宜；选用土层深厚的沙壤土，对土壤精耕细作并采用高垄直播的方式；及时防治地下害虫。

**（三）糠心**

糠心又称为空心，主要发生在叶的生长将近停止、肉质根膨大很快的时候。一般肉质根松软、生长快、含水量高的品种易糠心，早熟品种糠心早，晚熟品种糠心迟；播种过早、后期水肥供应不当，生长期间遇到高温干旱的环境易糠心；偏施氮肥、浇水过多，使地上部分生长过旺等也易糠心。沙质土空心早、粘壤土空心迟；采收过迟或抽薹开花也易造成空心。

栽培生产上应选择肉质致密不易糠心的品种；适期蹲苗，防止地上部分生长过旺；肉质根膨大期应避免土壤忽干忽湿；肉质根停止膨大时应及时收获等均可有效地防止糠心。

**（四）先期抽薹**

肉质根尚未充分肥大，即抽花薹，甚至开花。造成肉质根由致密变为疏松、实心变为空心，失去食用价值。栽培生产上应注意在不同栽培季节选用适宜的品种，适期播种，采用优良栽培技术等。

**（五）辣味与苦味**

因气候干旱炎热、肥水不足或受病虫危害而使肉质根不能充分膨大，肉质根中芥子油含量高而产生辣味。单纯使用氮肥或偏施氮肥，磷、钾肥不足时，肉质根中苦瓜素含量增加使

萝卜产生苦味。栽培生产上应注意合理施肥、及时浇水等管理措施，生食的萝卜品种秋季适当晚播，其芥辣油含量低，品质好。

### （六）黑心或黑皮

由于土壤坚硬、板结，通气不良；施用未腐熟的有机肥，土壤中微生物活动强烈，消耗氧气过多等，都易造成根部窒息，部分组织缺氧，造成呼吸障碍而发生坏死现象，出现黑心或黑皮。此外，黑腐病也会引起黑心。栽培生产上应针对黑心或黑皮产生的原因，采用增加土壤中空气含量的栽培技术，及时防治萝卜黑腐病。

---

**生产操作注意事项**

1. 大萝卜生产，忌与十字花科蔬菜和豆科作物连作，容易引起病虫害的发生。

2. 严格掌握施肥的种类和数量，不宜多施人粪尿及其他氮肥，易使萝卜亚硝酸盐含量超标，产生苦味。

3. 在萝卜生产过程中应经常保持土壤疏松、湿润，切忌忽干忽湿。

---

# 任务二　胡萝卜生产

## ● 任务实施的专业知识

胡萝卜，别名丁香萝卜、黄萝卜、红萝卜等，是伞形科二年生草本植物。以肥大的肉质根供食用，其适应性强，易栽培，极耐贮藏，营养丰富。

## 一、生物学特性

### （一）形态特征

1. 根

肉质直根，分为根头、根颈和真根 3 部分，真根占肉质根的绝大部分。肉质直根颜色多为橘红、橘黄（含大量胡萝卜素），少量为浅紫、红褐、黄或白色。胡萝卜为深根性植物，根系发达，入土深，成株一般可达 180cm 以上，主要根系分布在 20 ~ 90cm 的土层内，较耐旱。肉质根表面光滑，次生韧皮部发达，含养分较多，为主要的食用部分。根的"心柱"是次生木质部，含养分较少。因此肉质根韧皮部肥厚，心柱细小，是优良品种的特征之一。

2. 茎

营养生长期间茎短缩，着生在肉质根的顶端，在生殖生长时期，抽生出花茎，称为花薹。主花茎可高达 1.5m 以上，花茎的分枝能力极强，茎节粗硬。

3. 叶

叶丛着生在短缩茎上，叶柄较长，为三回羽状复叶，叶面积较小，叶色浓绿，叶面密生茸毛，耐旱能力强。

4. 花

复伞形花序，每株有小花上千朵。完全花，白色或淡黄色，虫媒花。

5. 果实和种子

双悬果，扁椭圆形，外皮革质，纵棱上密生刺毛，成熟时可一分为二成为两个果实，即为生产上的种子。播种前应搓去刺毛，将种子分成单个。种子黄褐色，含有挥发油，不易吸水，有特殊香气。种子很小，千粒重 1.1 ~ 1.5g，出土能力差，胚常发育不正常，种子发芽率低，只有 70% 左右。

胡萝卜肉质根观察测量技能训练评价表见表 4-3。

表 4-3　胡萝卜肉质根观察测量技能训练评价表

| 学生姓名： | | 测评日期： | | 测评地点： | | |
|---|---|---|---|---|---|---|
| 考评标准 | 内　　容 | 分　值 | 自　评 | 互　评 | 师　评 |
| | 根各部分长度及比例测量、计算准确 | 20 | | | |
| | 根各部分重量及比例称量、计算准确 | 20 | | | |
| | 肉质根内部结构比例测量、计算准确 | 30 | | | |
| | 找出规律、分析原因，改进措施合理 | 30 | | | |
| 合　　计 | | 100 | | | |
| 最终得分（自评 30% + 互评 30% + 师评 40%） | | | | | |

**（二）生长发育周期**

胡萝卜生长发育周期与萝卜基本相似，只是各时期历时较长。营养生长时期 90 ~ 140d，其中发芽期 10 ~ 15d，幼苗期约 25d，叶生长盛期（莲座期）约 30d，肉质根生长期 30 ~ 70d；生殖生长时期 100 ~ 120d，胡萝卜肉质根收获后，南方经过露地越冬，北方经过冬季低温（适宜窖温为 0 ~ 3℃）贮藏，到第 2 年春季定植于采种田，在适宜的条件下抽薹、开花与结实。

**（三）对环境条件的要求**

1. 温度

胡萝卜为半耐寒性蔬菜，其耐热性和耐寒性都比萝卜强。生产上可比秋萝卜播种早和延迟收获。种子发芽适温为 20 ~ 25℃；茎叶生长适温为 23 ~ 25℃；肉质根膨大适温为 13 ~ 18℃，低于 3℃停止生长。高于 24℃，根膨大缓慢，色淡，根形短且尾端尖细，产量低，品质差。幼苗期能耐短期 -5 ~ -3℃的低温。

胡萝卜属绿体春化型植物，早熟种 5 片真叶、晚熟种 10 片真叶，在 1 ~ 3℃下 60 ~ 80d 通过春化阶段。春播胡萝卜要注意防止先期抽薹。开花结实期适温为 25℃左右。

2. 光照

胡萝卜为长日照植物，要求充足的光照。光照不足，叶片狭长，叶柄细长，产量和品质下降。

3. 水分

胡萝卜耐旱性较强，适宜的土壤湿度为 60% ~ 80%。土壤过湿，前期产生叉根或抑制根发育；后期使根表皮粗糙，次生根的发根部突出，产生瘤状物，而且裂根增多；但水肥不足则影响肉质根膨大，肉质根质地也硬。

**4. 土壤及营养**

胡萝卜适宜在土层深厚的土壤中栽培，耕作层深度至少 25cm。适宜在肥沃、富含有机质、排水良好的壤土或沙壤土上栽培。胡萝卜对土壤的酸碱度适应性较强，适应范围为 pH 值 5.0 ~ 8.0。胡萝卜在生长发育过程中吸收钾的量最多，氮较多，磷次之。每生产 1 000g 胡萝卜需吸收钾 5g、氮 3.2g、磷 1.3g。钾肥有利于丰产和改善品质。胡萝卜对于土壤溶液浓度敏感，幼苗期不宜高于 0.5%，生长期最高为 1%，施肥时切忌浓度过高。

## 二、品种类型与优良品种

根据肉质根的颜色分为红、黄、紫 3 种类型，还有很多中间类型，如紫红、橘红、橘黄、浅黄等；按肉质根的形状分为长圆柱形、短圆柱形、长圆锥形和短圆锥形 4 种类型。

**1. 长圆柱形**

肉质根长 30 ~ 50cm，长圆柱形，肩部粗大，根先端钝圆，晚熟，生育期 150d 左右，如南京长红胡萝卜、江苏扬州红 1 号、北京京红五寸和春红五寸 1 号、三红胡萝卜、济南胡萝卜、青海西宁红等。

**2. 短圆柱形**

肉质根短柱状，一般长 25cm 以下，为中、早熟品种，生育期 90 ~ 120d，如西安齐头红胡萝卜、新透心红、岐山透心红、小顶黄胡萝卜和华北、东北地区的三寸胡萝卜等。

**3. 长圆锥形**

肉质根圆锥形，一般长 20 ~ 40cm，先端渐尖，味甜，耐贮藏，多为中、晚熟品种，如北京鞭杆红、济南蜡烛台、天津新红胡萝卜、日本新黑田五寸等。

**4. 短圆锥形**

肉质根圆锥形，较短，一般长 19cm 以下；早熟，冬性强，耐热，产量低，春栽抽薹迟。如烟台三寸、江苏四季胡萝卜、红福四寸、内蒙古金红 1 号及从荷兰引进的巴黎市场等。

## 三、栽培季节与茬口安排

胡萝卜适于冷凉气候，可春秋两季栽培，南方冬季暖和地区秋季播种，田间越冬，翌年春天收获。胡萝卜秋季生产的播种期和收获期见表 4-4。胡萝卜应实行 3 ~ 5 年的轮作，其优良的前作为春甘蓝、春花菜、菜豆、豇豆、茄果类、葱、蒜和瓜类等蔬菜及水稻、小麦等，其本身也是各种作物的优良前作。

表 4-4 胡萝卜秋季生产的播种期和收获期

| 地　区 | 播种期（旬/月） | 收获期（旬/月） |
| --- | --- | --- |
| 北方 | 6 ~ 7 月 | 中、下/10 ~ 上/11 |
| 长江中下游 | 下/8 | 下/11 ~ 上/12 |
| 西北和华北 | 上/7 ~ 下/7 | 上、中/11 |
| 华南 | 8 ~ 10 月 | 翌年春 2 ~ 3 月 |

## ● 任务实施的生产操作

# 一、夏秋茬胡萝卜生产

我国胡萝卜栽培大多在夏秋，初冬收获。

## （一）选地整地

胡萝卜直根入土深，比萝卜更耐贫瘠，要求土壤孔隙度高，所以宜选择耕层较深厚、通气的疏松土质，即排水良好的沙壤土或壤土栽培。

整地之前，要先浅耕灭茬，然后施入充足的底肥，一般每667m² 施入腐熟的有机肥4000~5000kg、草木灰200kg或生物钾肥1~2kg，在有机肥中最好掺入30%的鸡粪。最后深翻30cm，然后纵横细耙2~3遍，整平耙细。如土层较薄、多湿及多雨地区，宜用高畦或起垄，一般垄宽50~60cm。土层深厚、生长季节高温干燥的地区可作宽1.2~1.5m的平畦。如果肥料不足，可进行条施即破垄夹肥。

## （二）播种及播后管理

### 1. 播种时期

根据当地的气候、选用的品种确定播种期，使苗期在炎热的夏季或初秋，使肉质根膨大期在凉爽的秋季。胡萝卜播种过早，肉质根膨大期适逢高温季节，呼吸作用旺盛，影响营养物质积累，不但产量降低，而且植株会提早老化，如不收获，肉质根易老化、开裂，降低质量。而收获过早，因外界气温尚高，又影响贮藏。播种期过晚，生育期缩短，严霜到来时肉质根尚未膨大，产量降低，故播种期一定要适时。

### 2. 播种前处理

播种前7~10d晒种，搓去种子上的刺毛，用40℃温水浸泡2h。淋去水分，置于20~25℃黑暗下催芽，2~3d后，大部分种子的胚根露出种皮时播种。胡萝卜以直播为主，不移栽。

### 3. 播种方法

胡萝卜的播种有条播和撒播2种方法。北方大多采用垄作条播的播种方法，每垄播2行；畦作的可条播也可撒播。条播可按20~25cm的行距开深2~3cm的浅沟，将种子均匀地撒在沟内，一般每667m² 用种量为0.7~0.8kg。撒播一般每667m² 用种量为1~1.5kg。进口种子价格较高，应采用精播技术，每667m² 用种量为0.3~0.4kg。

在种子内掺入适量的细沙，播后覆土1.5~2cm，耙平，然后稍镇压、浇水。播种后可在垄上覆盖麦秸或稻草，以利于保持土壤中的水分，防止阳光曝晒产生高温。直播一般10d出苗，催芽7d出苗。出苗后及时除去覆盖物。

## （三）田间管理

### 1. 间苗、定苗

一般进行2次间苗。第1次间苗在幼苗长出1~2片真叶时，保留苗株距3~5cm；第2次间苗在幼苗长出3~4片真叶时，保留苗株距6cm；幼苗长出6~7片真叶时定苗，中、晚熟品种株距为13~15cm，早熟品种株距为10~13cm。南方畦作，保持行株距（15~20）cm×（10~15）cm。

### 2. 浇水

播种后至出齐苗期间，如果天旱无雨，应连续浇水保持土壤湿润。出齐苗后幼苗需水量小，不宜多浇水；幼苗期正值雨季，要及时排水；定苗后浇 1 次水，并进行中耕蹲苗，肉质根开始膨大时结束蹲苗；从肉质根膨大至收获前 15d，应及时浇水，保持土壤湿润，以促进肉质根膨大。浇水要均匀，以免造成裂根、卡脖等现象。

**3. 追肥**

幼苗期需肥量不大，底肥充足一般不需要追肥，如需追肥可在第 2 次间苗后结合灌水追施腐熟的有机肥，每 667m² 可施用尿素 10kg；肉质根膨大后需肥量增加，结合浇水，每 667m² 施入腐熟的有机肥 1500kg，同时施入硫酸钾 10kg 或复合肥 20kg。15d 后结合浇水，每 667m² 追施粪稀 2000kg，促使茎叶生长健壮和肉质根迅速膨大。以后浇水掌握见干见湿原则，后期要避免肥水过多，否则易裂根且不耐贮藏。

**4. 中耕除草及培土**

胡萝卜出苗慢，苗期长，又正值高温多雨季节，各种杂草生长很快。结合间苗和中耕进行人工除草，中耕还可切断部分侧根，使肉质根外表光滑。中耕时结合培土至根头部，叶丛封垄前进行最后一次中耕，将细土培至根头部，防止肉质根膨大后露出地面变绿，产生青头。

如果杂草较多，可使用除草剂进行除草，每 667m² 用 50% 的可湿性扑草净 200g，效果很好，也可采用 33% 施田补乳油 150mL 兑水 75kg 喷洒。

**（四）收获及贮藏**

胡萝卜从播种到收获的时间，一般早熟品种 80~90d，中晚熟品种 100~140d。当地上部心叶呈黄绿色，外叶稍呈枯黄状，有半数叶片倒伏，根部停止肥大时，即可收获上市。收获过早，肉质根未充分膨大，甜味淡，产量低，品质差。收获过晚，易木栓化，心柱变粗，降低品质。准备贮藏的秋胡萝卜，应在严霜到来之前采收，入窖贮藏。

## 二、胡萝卜肉质根生长异常的原因及预防措施

在胡萝卜生产过程中应注意防止肉质根分叉、弯曲、开裂、侧根发达等畸形现象，如图 4-2 所示。这些异常现象影响肉质根的食用价值和商品价值，应根据产生的原因注意防止。

**（一）分叉**

土壤条件不适，施肥不当和地下害虫为害等可引起侧根膨大，使直根变为两条或更多条的分叉。生产上应采用饱满的新胡萝卜种子播种；选择土层深厚、土质疏松的沙壤土；精细整地，适当施肥，有机肥要充分腐熟后施用，注意防治地下害虫等。

**（二）弯曲**

在肉质根发生分叉的同时，有时也伴随着弯曲的发生，但有时只弯曲而不分叉。弯曲的原因和防治措施与分叉相同。

**（三）裂根**

由于土壤水分供应不足、浇水不均匀或收获过晚

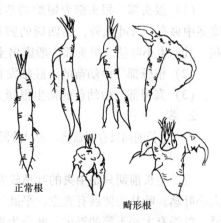

正常根

畸形根

图 4-2　胡萝卜正常根与畸形根

等原因使胡萝卜肉质根发生纵向开裂，深达心柱，不仅影响质量，而且易腐烂，不耐贮藏。防止裂根的措施主要是均匀浇水和适时收获。

**（四）瘤包**

由于栽培土壤黏重、结构紧实，透气性差或施肥过多，特别是施氮肥过多，使胡萝卜生长过旺，肉质根膨大过快，致使表面隆起呈瘤包状，表皮不光滑影响商品外观质量。防止措施主要是选择沙壤土栽培和合理施肥，特别是在肉质根膨大期氮肥不能过多。

---

**生产操作注意事项**

1. 胡萝卜生育期长，需肥量大，要普施数量充足的基肥，并使肥料混匀，避免形成畸形根。

2. 胡萝卜对土壤溶液浓度敏感，每次追肥量不宜过大。

3. 胡萝卜可与白菜混播，白菜先出苗，创造阴凉环境，利于胡萝卜出苗。

---

# 任务三　根用芥菜生产

● **任务实施的专业知识**

根用芥菜，北方俗称芥菜疙瘩、疙瘩头或芥辣等；南方俗称大头菜、土大头、玉根或冲菜等。根用芥菜是十字花科，芸薹属一二年生草本，芥菜类蔬菜，以肥大的肉质根供食用。

## 一、生物学特性

**（一）形态特征**

**1. 根**

根用芥菜的肉质根，分为3个部分。

（1）根头部　根头部为短缩的茎部，由上胚轴发育而成。当肉质根开始膨大后，除短缩茎中央有一大叶丛外，其四周的腋芽，有的品种发育成小叶丛，有的品种发育成奶状突起，其上生小叶丛。根头部一般露出土面，未成熟时为绿色，成熟后为黄色。

（2）根颈部　由幼苗的下胚轴发育而成，既不生根，又不长叶，常埋在土里，色白。

（3）真根部　由幼苗的初生根膨大而成，生长在土中，色白。

**2. 茎**

营养生长前期只有短缩茎，通过阶段发育后，短缩茎的主芽抽生花茎，并在叶腋处抽生侧枝。

**3. 叶**

营养生长前期只是中央的叶丛较发达，到后期各小叶丛迅速发展，使整个根头部簇生着大小叶丛。叶丛的伸展有直立、平展等型。叶色深绿，也有红色或绿色间红色的品种，有光泽，叶缘有大小不等的锯齿。叶分为板叶和花叶2种类型。

**4. 花、果和种子**

花黄色，花期长。果实为长角果，成熟后易开裂。种子千粒重约1g。

（二）对环境条件的要求

1. 温度

根用芥菜耐寒力较强，从播种至肉质根开始膨大为生长前期，大约60d。此期要求20～25℃的较高温度，利于同化器官的形成；从肉质根膨大到收获为生长后期，此期要求10～20℃的温度和较大的昼夜温差，利于光合产物的积累和肉质根的增大。

根用芥菜萌动的种子、生长的植株或贮藏期间的肉质根，都能在1～15℃的温度范围内完成春化。因此，不论春播或秋播的根用芥菜，播种的当年都能完成阶段发育；但由于通过阶段发育后温度过低，影响花器官的进一步发育，抑制当年抽薹开花。

2. 光照

根用芥菜要求充足的光照。如果光照不足，或营养面积过小，植株得不到充足的阳光，影响肉质根的膨大，降低产量与品质。

3. 水分

根用芥菜，前期要求较高的土壤湿度和空气湿度，后期需要较低的空气湿度，但仍需要保持一定的土壤湿度，特别是肉质根膨大到拳头大时，适量灌溉非常重要。

4. 土壤营养

根用芥菜对土壤的要求不严，但以富含有机质土层深厚的粘壤土为最好。土壤的酸碱度以pH值6～7为宜。对肥料的要求以氮肥为最多，钾肥次之，再次是磷肥。在肉质根生长盛期，对磷、钾的吸收量，特别是对钾肥的吸收量较大，要及时施用，以满足其需要。

## 二、品种类型与优良品种

我国栽培根用芥菜很普遍，地方品种多，按肉质根形态分为圆锥形、圆柱形、近圆球形。

（一）圆锥形

肉质根长12～17cm，粗9～10cm，上下大小类似圆锥形。常见的优良品种如昆明市地方品种油菜叶，昆明郊区地方品种萝卜叶，济南辣疙瘩，浙江慈溪的板叶大头菜，湖北襄樊农家品种狮子头，云南、贵州的鸡啄叶，四川内江地方品种缺叶大头菜等。

（二）圆柱形

肉质根长16～18cm，粗7～9cm，上下大小相近。常见的优良品种如湖北来凤的大花叶，昆明郊区地方品种小花叶，四川内江地方品种红缨子、马尾丝，成都大头菜、萝卜叶等。

（三）近圆球形

肉质根长9～11cm，粗8～12cm，纵横径基本接近。优良品种如四川文兴及马鞭大头菜、广东细苗等。

## 三、栽培季节与茬口安排

根用芥菜多秋播，其播种收获期见表4-5。前茬以瓜类、豆类、茄果类、麦茬地为宜，也可与粮地和水稻进行粮菜轮作，避免以十字花科的作物作前茬，否则易发生病害。

表4-5　根用芥菜秋季直播栽培方式的播种收获期

| 地　区 | 播种期（旬/月） | 收获期（旬/月） |
|---|---|---|
| 东北、西北 | 上、中/7 | 上、中/10 |
| 华北、淮河以北 | 下/7～上/8 | 下/10～中/11 |
| 长江以南、四川、云南 | 下/8～上/9 | 翌年1月 |
| 华南 | 9～10月 | 12月至翌年1月 |

## ● 任务实施的生产操作

### 一、整地做畦

一般提前15d将前茬作物收获后，清除田间残株、杂草，更翻晒垡。结合整地施足基肥，一般每667m² 施入农家肥2000～3000kg、撒可富复合肥20kg、氯化钾15kg，深耕20～30cm。

北方一般采用小高垄种植，利于通风透光及排水防涝，防止软腐病发生。整地后立即起小垄，垄距为50～60cm，以利于肉质根膨大和排水。南方可做宽1.5～2m、高15cm的高畦。

根用芥菜整地操作技能训练评价表见表4-6。

表4-6　根用芥菜整地操作技能训练评价表

| 学生姓名： | | 测评日期： | | | 测评地点： | |
|---|---|---|---|---|---|---|
| | 内　　容 | | 分　值 | 自　评 | 互　评 | 师　评 |
| 考评标准 | 菜地茬口适宜，深翻达30cm | | 20 | | | |
| | 耕作层无作物残株，无较大石块、土块，土表平整 | | 20 | | | |
| | 基肥种类合适、数量充足、适量 | | 30 | | | |
| | 起垄、做畦宽度、高度适宜 | | 30 | | | |
| | 合　　计 | | 100 | | | |
| 最终得分（自评30%＋互评30%＋师评40%） | | | | | | |

### 二、直播与育苗移栽

#### （一）直播

直播的肉质根歧根少，形状整齐，产量较高，加工品质好。

1. 适时播种

根用芥菜播种期较为严格，过早播种易造成未熟抽薹，过迟播种因前期营养生长不够，肉质根不能充分膨大而影响产量和品质，因此各地必须根据当地的播种期适时播种。山地及水源条件较差的地方，可适当早播，灌溉方便和土壤湿度较高的地块可适当迟播。

2. 播种方法

北方一般垄作，条播，每 667m² 用种量为 200~250g，不宜过多，否则易形成高脚苗，间苗后易倒伏。沿垄背中央开沟，深 3~4cm，顺沟浇水、播种、用锄板轻推覆土耙平，踩实，覆土厚度不超过 1cm。南方畦作一般开穴点播，穴深 2~3cm，每穴种子 3~4 粒。每 667m² 用种量为 100~150g，播后盖细土或加有草木灰的细渣肥。如播种时土壤潮湿，不用灌溉；如干燥，播后应浇透水后再覆盖。

一般株形较小开展度不大的品种株行距 40cm×50cm，每 667m² 种植 3000~3300 株；株形高大开展度大的品种株行距 50cm×55cm，每 667m² 种植 2500 株左右。还应根据各地的土壤肥力和光照情况适当地稀植或密植。土壤肥力差而光照又少的地区宜稀植，土壤肥力好而光照又好的地区可适当密植。

### （二）育苗移栽

为避免秋季高温危害或因前茬来不及倒茬及充分利用土地等，可进行育苗移栽。播种期要比直播提前 7~10d，西南及南亚热带地区育苗播种时间一般都在立秋后的 8 月下旬开始到 9 月中旬为止，苗期约 40d。定植期在 9 月下旬至 10 月中旬为宜。

育苗时做成宽 1.5m、高 15cm 的高畦，畦沟宽 35~50cm，撒播每 667m² 用种量为 280~400g，覆土不宜过厚，以 1.5~2cm 为宜，播后盖稻草防止落干。一般 3~5d 出齐苗后及时揭去盖草。

## 三、田间管理

### （一）间苗、定苗

1. 间苗

幼苗出土后生长迅速，要及时间苗。一般在第 1 片真叶展开时，进行第 1 次间苗，苗距 3cm。真叶 2~3 片时，进行第 2 次间苗，使每株幼苗间距 5cm 左右。

2. 定苗

当 5~6 片真叶展开时进行定苗，栽植密度根据品种特性挖穴定植。一般行距 37~47cm，株距 20~25cm，每穴定植一株壮苗，每 667m² 栽苗 3000~3500 株。移栽前要浇水，以便带土取苗，定植时，将幼苗直根垂直于定植穴中央，先适当深放，填土到定植穴一半时，把秧苗稍上提，使根不扭曲，不受损伤，少生歧根，埋土不超过短缩茎处。定植后一定要浇透定根水，到缓苗前如无透雨，应浇水 1~2 次，一直到全部成活。

### （二）水肥管理

1. 浇水

（1）幼苗期　常年降雨量可满足水分需求，如果干旱，应在早晚浇水，水量不宜太大。

（2）中期（白露以前）　以蹲苗为主，浇水不宜勤，不旱不浇水，防止幼苗徒长。

（3）后期（白露至霜降期）　此时植株生长出 12~13 片叶，此期肉质根迅速膨大，应结束蹲苗，保持土壤水分，6~7d 浇 1 次水，应小水勤浇，切忌大水漫灌，还应根据天气和土壤湿度进行浇水，以见湿见干为宜。

**2. 施肥**

两次间苗后，各追施 1 次稀粪肥，定苗后进行第 3 次追肥，也是以氮肥为主；15d 后进行第 4 次追肥，以促进肉质根膨大；再过 15d 进行第 5 次追肥，加速肉质根的肥大，这两次追肥以磷钾肥为主，每次可追复合肥 25kg，追肥时间宜在封垄前结合培土进行，分别撒于垄沟中间，然后全沟上土，切不可掩埋芥菜根茎。

**（三）中耕除草**

从幼苗出土至封垄前一般进行 3~4 次中耕除草，第 1 次进行浅中耕，第 2 次可进行深中耕 10~15cm，第 3 次进行浅中耕，第 4 次根据苗情轻度中耕，拔除杂草。每次除草后应培土。

**（四）摘心**

秋播的根用芥菜有时出现未熟抽薹的植株，应及时用锋利的小刀靠花薹基部割掉，使断面呈斜面，防止积水腐烂。

## 四、采收

适宜的采收特征是基部叶枯黄，叶腋间抽生侧芽，根头部由绿色转变为黄色。根用芥菜怕霜，于 10 月中、下旬收获，采收前浇水 1~2 次。采收的方法是先挖起肉质根，若作加工用，则削去须根，摘除老叶，只留 6~7 片嫩叶；如作鲜菜用，可用刀在根茎处将叶片削下，同时削去须根。

---

**生产操作注意事项**

1. 避免以十字花科作物作前茬，否则易发生病害。

2. 根用芥菜播种期较为严格，必须根据当地的播种期适时播种。

3. 根用芥菜育苗移栽定植时，将幼苗直根垂直于定植穴中央，埋土或中耕培土时，不超过短缩茎处，以免根扭曲，少生歧根。

4. 肉质根膨大期，应保持土壤水分，要小水勤浇，切忌大水漫灌。

---

# 任务四 牛蒡生产

## ● 任务实施的专业知识

牛蒡别名牛子、大力子，为菊科二年生或三年生草本植物，如图 4-3 所示，生产中一般采用一年生栽培。

## 一、生物学特性

### （一）形态特征

**1. 根**

株高 1.0~1.5m；根粗壮、呈圆柱形，一般为 60~100cm，有的长达 120cm 以上，根直径 3~4cm，当子叶出土时，主根已长达 10cm 以上，因此不宜移栽。肉质根表皮粗糙，暗褐色，肉质灰白色，暴露在空气中会由灰白色转为褐色，易空心。

2. 茎

营养生长时期为短缩茎，生殖生长期，其顶端抽出花薹，花茎粗壮、直立，高可达 150cm，上部多分支。

3. 叶

基生叶丛生，茎生叶互生，叶柄最长 30cm 左右，上部有纵沟，叶片大，呈心脏形。上部叶逐渐变小，叶柄渐短。叶缘波状或有细齿，叶长 40~50cm、宽 35~40cm，叶面光滑、淡绿色，叶背面密生白色绒毛。

4. 花

第 2~3 年的 5~6 月抽生花穗，花穗上着生头状花序，花冠筒状，淡紫色。7~9 月为开花期，虫媒花，开花后 30~40d 果实成熟。

图 4-3　牛蒡植株的形态
1—叶片　2—肉质根

5. 果实和种子

果期为 8~10 月，种子为瘦果，长卵圆形，长 6~7cm，直径 2mm，顶端有棘刺，灰褐色，千粒重 14~16g。种皮较厚，具有 1~2 年的休眠期，需进行播前处理，发芽年限为 3~5 年。

**（二）对环境条件的要求**

1. 温度

喜温暖湿润气候，种子发芽最低温度为 10℃，最适温度为 20~25℃，低于 15℃或超过 30℃发芽率降低，生长最适温度为 20~25℃，地上部分耐热性强，可忍受炎夏 35℃的高温，耐寒性较差，3℃以下易受寒枯死。地下肉质根耐寒性强，可耐 -25℃的低温。

2. 光照

牛蒡为长日照植物，并要求较强的光照条件，强光及长日照有利于植株的生长和肉质直根的形成，故不宜栽植在背阴处。种子喜光，光照对打破种子休眠有促进作用。

3. 水分

牛蒡为需水较多的作物，但不能积水，水大，易烂根。

4. 土壤与营养

牛蒡适宜土层深厚、肥沃疏松、排水良好的沙壤土或壤土栽培，pH 值 7~7.5。牛蒡需肥较多，以氮肥为主，适当配合磷、钾、钙肥，尤其是肉质根形成期，对钾的需求量更大。

牛蒡为绿体春化型植物，当根的直径在 1.3~2.0cm 时可感受低温，5℃左右的低温经 55~60d，再给予 12h 以上的长日照，可促进花芽分化并抽薹开花。

**二、品种类型与优良品种**

牛蒡分为根用和叶用两大类。叶用牛蒡肉质根小，叶柄发达，食用叶柄和嫩根；根用牛蒡分为野川型（长根种）和大浦型（短根种）两个品种群。

### （一）野川型

肉质根长锥形，长度 70 ~ 100cm。优良品种有柳川理想牛蒡、大长根白内肌牛蒡、野川牛蒡、渡边早生牛蒡、地皇牛蒡等。

### （二）大浦型

肉质根长纺锤形，两头尖，中部粗壮。外皮较粗糙，有网状眼纹，长度为 30 ~ 35cm。肉质软，适宜加工制罐。叶片、叶柄较宽，叶片较多，为早熟品种。

## 三、栽培季节与茬口安排

### （一）春播夏收

选冬性强、抽薹晚的品种，3 月上旬播种，播后覆盖地膜，5 ~ 7 月采收。

### （二）春播秋收

春播秋收是主要的栽培方式，选中、晚熟品种，北方一般 4 ~ 5 月播种，10 ~ 11 月采收，可贮藏 4 个多月。南方可提早到 3 月上旬至 4 月上旬播种，7 月上旬开始采收，一直采收到第 2 年 4 月。单根产量高。

### （三）夏播冬收

叶用种，7 ~ 8 月播种，11 ~ 12 月采收。单根产量低，但根的形状好，收获期集中，适宜冬季贮藏供应。

### （四）秋播越冬

选抽薹晚的品种，8 ~ 10 月播种，北方覆盖越冬，翌年 3 ~ 7 月陆续采收。可以接续冬贮的牛蒡供应市场，是延长供应期的主要措施，但产量低，收获期较严格，收获过迟，可大量抽薹而影响肉质根的产量和品质。

牛蒡忌连作，实行 3 ~ 5 年轮作，应选择前茬为非菊科的地块栽培，以谷类或叶类作物较为适宜，也不应选前茬为豆类、花生、甘薯和玉米的地块。

## ● 任务实施的生产操作

## 一、整地施肥

每 667m² 施腐熟的农家肥 5000kg、氮肥 40 ~ 50kg、过磷酸钙 30kg、硫酸钾 30kg，混合集中施入沟内，然后整地。在播前按照种植条带，深翻 80cm 以上，达到深、细、透、均、平，拣出石头、瓦块等硬物，以减少叉根和歧根。南方一般采用高垄双行，以南北向为宜，垄高 30cm，大行距 80cm，小行距 40cm。北方按行距 65 ~ 70cm 起垄。

## 二、种子处理和播种

### （一）种子处理

播种前对种子进行消毒、催芽。将种子用 55℃温水浸泡 10min，或用种子重量 0.3% 的瑞毒霉杀菌剂拌种，捞出后用清水冲洗后，在 40 ~ 50℃温水中浸泡 8h，用湿布包好，放在 25 ~ 30℃下催芽，约 30h 种子露白后播种。

### （二）播种

牛蒡一般采用直播，不进行育苗移栽；可以条播、撒播或穴播，以条播效果为好。

1. 条播　在垄中间开 3cm 深的沟，浇适量水，待水渗下后，按 8～10cm 株距放入 1 粒种子，覆土 3cm，再盖地膜。每 667m² 播种量为 200g 左右。

2. 撒播　在垄中间开 3cm 深的浅沟，浇小水，水渗下后，按 5cm 株距撒播种子，覆土 2cm，每 667m² 播种量为 250g 左右。

3. 穴播　按株距 7～10cm 挖穴，每穴 3～4 粒种子，每 667m² 用种量 500g 左右，若播种未催芽的种子，按 10cm 穴播，每穴 4～5 粒种子。

### 三、田间管理

#### (一) 破膜、间苗

1. 破膜

催芽的种子，3 月上中旬播种，10～15d 出苗立即破膜开洞引苗；4 月初播种，7d 左右即可出苗。

2. 间苗

幼苗长到 2～3 片叶时间苗，苗距为 5～8cm，或每穴留 2 株；幼苗长到 5 片叶片时，按苗距 7～10cm，或每穴留 1 株定苗。

#### (二) 中耕、除草和培土

牛蒡幼苗生长缓慢，苗期杂草较多，应及时中耕除草。从长出 2～3 片叶片至封垄前，应中耕 2～3 次，前期中耕除了消灭杂草外，还可松土、提高地温，促进根系发育和幼苗生长。封垄前最后 1 次中耕除草，向根部培土，利于直根的生长和膨大，封垄后，如有杂草也应及时拔除。

#### (三) 肥水管理

1. 追肥

生育期内一般要进行 3 次追肥。

第 1 次在定苗后，每 667m² 施入腐熟人粪尿 1000kg，或在垄背中间开沟追施尿素 15kg。

第 2 次在植株旺盛生长期，春播的在 5 月下旬至 6 月上旬，秋播的约在 9 月下旬，施入腐熟人粪尿 1000～1500kg，或结合浇水每 667m² 施入腐熟人粪尿 1000kg，或尿素 10～15kg，撒在垄沟里，促进根系和叶片生长。

第 3 次在肉质根开始膨大期，春播的约在 7 月上、中旬，秋播的在封冻前，每 667m² 追施人粪尿 1500kg，或氮磷钾复合肥 20kg，促进肉质根迅速生长。追肥方法是距离植株 10～15cm 处开沟施入，切忌离植株太近，以免肥料"烧根"而形成歧根，影响品质。

2. 浇水

苗期和叶片生长期，根据土壤墒情和天气情况适当浇水。3～4 片叶后，蹲苗控水。蹲苗后，植株进入旺盛生长期，肉质根迅速膨大，需水量大，天旱应及时浇水，经常保持土壤湿润，但浇水量不宜过大。雨季应及时排水，防止垄背沉落，引起畸形根，甚至烂根。

秋播牛蒡在封冻时要浇 1 次封冻水，随气温下降，用猪厩粪或碎草等覆盖，或培土防寒，以保证安全越冬。

牛蒡播种与田间管理技能训练评价表见表 4-7。

蔬菜生产技术

**表4-7　牛蒡播种与田间管理技能训练评价表**

学生姓名：　　　　　　　测评日期：　　　　　　　测评地点：

| | 内　　　容 | 分　值 | 自　评 | 互　评 | 师　评 |
|---|---|---|---|---|---|
| 考评标准 | 种子消毒、催芽技术熟练 | 20 | | | |
| | 品种合适，播种时期、方法适宜 | 20 | | | |
| | 破膜、间苗时间适宜、技术熟练 | 20 | | | |
| | 中耕、培土时间适宜、技术熟练 | 20 | | | |
| | 肥水管理及时，技术得当 | 20 | | | |
| 合　　　计 | | 100 | | | |
| 最终得分（自评30% + 互评30% + 师评40%） | | | | | |

## 四、畸形根发生的原因及其防止的主要措施

1）黏质土，土块又较大，易发生杈根。故应选用土层深厚沙质土或沙壤土栽培牛蒡。

2）施用未腐熟的堆肥，易引起直根先端受害而发生分杈。故施用有机肥要充分腐熟，并施于植株一侧，用土封埋，切忌与直根直接接触。

3）化肥用量过多，土壤溶液浓度过高，易引起分杈，故施用化肥应适量。

4）幼苗期和直根发育初期，如土壤过干，也易引起分杈。故要适时灌水，使土壤湿润疏松；当植株长出3枚叶片后，抗旱能力较强，除严重干旱外，无须经常浇水；避免田间积水，引起垄背沉落，诱发畸形根。

5）选用新的发芽势高的种子，也可避免歧根的发生。

## 五、采收

根据肉质根的生长情况和加工企业的要求分批采收。一般播种后100～130d为采收适期，春播牛蒡从9月到第2年3月随时可以收获，早春地膜覆盖栽培则可提早到8月采收。秋播牛蒡从翌年4～5月开始收获。当肉质根增粗至3～4cm时采收，采收过早，根细，产量低，采收过晚易空心。

采收时先用利刀在距地表10cm处割去叶片，留15～20cm长的叶柄，用铁锹在植株一侧挖深70～80cm、宽25～35cm的沟，撒开土壤，握住植株基部，斜向75°角，向上轻轻拔出，注意防止断根、伤根。若土质过硬，可在收获前浇1次透水。收获后的肉质根去尽须根和泥沙，留叶柄2cm处切齐，用水洗净，按收购标准分级，要求肉质根长直、完整，无病虫斑、无机械损伤、无霉变、不空心。

南方秋冬采收后，肉质根一部分整理出售，其余大部分埋在排水良好的地方贮藏，即先挖1m深的沟，然后一层牛蒡，一层细土，逐层堆积，最后覆土防止干燥，视市场需要出售。

> **生产操作注意事项**
>
> 1. 牛蒡不宜移栽，移栽苗根系受损伤易形成侧根。
> 2. 为了获得较高效益，最好按株距5~6cm，单粒播种。
> 3. 牛蒡间苗要注意早收获上市的留苗间距稍大一些，晚收获上市的适当密一些，以免间距大，使牛蒡直根过于粗大，影响外观性状，降低质量。

## ● 根菜类蔬菜主要的病虫害

根菜类蔬菜的主要病害有黑腐病、病毒病、软腐病、黑斑病、白粉病、霜霉病、根结线虫病等，害虫主要有菜粉蝶、菜蛾、蚜虫、菜青虫、黄条跳甲和地下害虫等。尤其春萝卜虫害严重，应及时防治。

栽培上要通过轮作、清除田间病株残体、减少伤口的发生、加强田间管理等措施加以预防，发生病害时，可用常规农药防治。

# 练习与思考

1. 实地调查，了解当地根菜类蔬菜主要栽培方式和栽培品种的特性，填入表4-8，并分析生产效果，整理各种根菜类蔬菜栽培的技术关键。

**表4-8　当地根菜类蔬菜主要栽培方式和栽培品种的特性**

| 栽培方式 | 蔬菜种类 | 栽培品种 | 品种特性 |
|---|---|---|---|
|  |  |  |  |
|  |  |  |  |
|  |  |  |  |

2. 参与根菜类蔬菜栽培生产的全过程，记录生产日期，填入表4-9，并根据操作体验，总结出经验和创新的技术。

**表4-9　根菜类蔬菜栽培生产日期记录表**

| 蔬菜种类 | 栽培方式 | 栽培品种 | 播种期 | 定植期 | 始收期 |
|---|---|---|---|---|---|
|  |  |  |  |  |  |
|  |  |  |  |  |  |
|  |  |  |  |  |  |

3. 观察、测量并记录根菜类蔬菜产品器官形态、结构。

（1）肉质根外部形态观察、测量：用肉眼观察萝卜、胡萝卜等根菜类的肉质根，找出根头、根颈、真根的分界线，测出各部分的长度，在交界线处切开称取各部分的重量，计算出比例并填于表4-10中。

**表4-10　根菜类肉质根各部分长度、重量**

| 项　目<br>品　种 | 肉质根各部分长度及比例 | | | | 肉质根各部分重量及比例 | | | |
|---|---|---|---|---|---|---|---|---|
| | 根头 | 根颈 | 直根 | 根头/根颈/直根 | 根头 | 根颈 | 直根 | 根头/根颈/直根 |
| | | | | | | | | |
| | | | | | | | | |

（2）肉质根内部结构观察：用肉眼及放大镜观察肉质根的横断面解剖结构，区分初生木质部、次生木质部、形成层、初生韧皮部、次生韧皮部、周皮及维管束等部分，测量其宽度，并计算出比例填于表4-11中。

**表4-11　根菜类肉质根内部解剖结构比例测量计算**　　　　　　（单位：cm）

| 项　目<br>品　种 | 初生木质部 | 次生木质部 | 形　成　层 | 初生韧皮部 | 次生韧皮部 | 周　　皮 | 维　管　束 | 各部分比例 |
|---|---|---|---|---|---|---|---|---|
| | | | | | | | | |
| | | | | | | | | |

4. 调查分析根菜类蔬菜产生糠心、裂根、歧根、辣味、未熟抽薹等现象的原因及防止措施。

# 项目五

# 茄果类蔬菜生产

## ➤ 知识目标

1. 了解茄果类蔬菜的形态特征和生长发育规律与栽培生产的关系。

2. 理解茄果类蔬菜对环境条件的要求与栽培生产的关系。

3. 掌握番茄、茄子、辣椒等茄果类蔬菜的育苗技术和栽培生产技术。

## ➤ 能力目标

1. 能培育番茄壮苗；根据市场需求安排番茄生产；掌握番茄露地生产、设施生产技术。

2. 能培育茄子壮苗；能根据市场需求安排茄子生产；掌握茄子露地生产和设施生产技术。

3. 能培育辣椒壮苗；能根据市场需求安排辣椒生产；掌握辣椒春露地生产、设施生产和干辣椒生产技术。

## 任务一　番茄生产

### ● 任务实施的专业知识

番茄又称为西红柿、柿子，为茄科、番茄属，多年生草本植物，以成熟多汁的浆果为产品，果菜兼用。番茄适应性强，产量高，效益好。

### 一、生物学特性

#### （一）形态特征

1. 根

番茄为深根性植物，根系分布深而广，主根深达 1m 以上，水平伸展 2m 以上。分根性强，主根截断后能发出许多侧根，茎上易发生不定根，可进行扦插繁殖。

2. 茎

半直立性或半蔓性（个别品种直立），分枝能力极强，每个叶腋都可长出侧枝，在不整枝的情况下能长成灌木状株丛。

根据主茎着生花序情况常把番茄品种分为自封顶类型和非自封顶类型。

（1）自封顶类型（有限生长类型）　当主茎生长到 6~8 片真叶后形成第 1 个花序，以后每隔 1~2 片真叶形成一个花序。主茎着生 2~4 个花序后，顶芽变成花芽，主茎不再延伸，出现封顶现象。每个叶腋处可出现侧枝，紧邻第 1 个花序下的第 1 个侧枝生长势最强，常作结果枝保留。侧枝也只能分化 1~2 个花序而自行封顶。植株矮小，结果集中，具有较强的结实力及速熟性，发育快，生长期短，多为早熟品种。栽培时一般不用整枝打杈，不需搭架，但设施栽培应搭架。

（2）非自封顶类型（无限生长类型）　在主茎生长到 8~12 片叶时，开始出现第 1 个花序，以后每隔 3 片真叶着生一个花序，只要环境条件适宜，主茎可无限向上生长。由叶腋抽生出的侧枝上也能同样发生花序，但以第 1 个花序下的第 1 个侧枝生长势最强、最快，开花结果最早，双干或多干整枝时多留用该侧枝。在不整枝的情况下，则会形成枝叶繁茂的株丛，致使产量和品质下降，故生产上必须及时整枝搭架。生长期长，植株高大，果形也较大，多为中、晚熟品种，产量较高，品质较好。

3. 叶

单叶，羽状深裂或全裂，部分品种为全缘叶。

4. 花

完全花，聚伞花序，小果型品种为总状花序，花黄色，自花授粉。

5. 果实

浆果，果实颜色有黄色、红色、粉红色等。

6. 种子

种子成熟比果实要早，开花后 35d 左右即有发芽能力，表面有茸毛。种子较小，千粒重为 3~3.3g。

**（二）生长发育周期**

从种子萌芽到第 1 穗果的种子完全成熟为番茄的一生，也称为全生育期。由于番茄是多层陆续开花结果，所以其实际生育期要比全生育期长得多。

1. 发芽期

从种子的胚根开始萌发（露白）到第 1 片真叶出现的阶段。适宜环境条件下需 7~9d。番茄种子正常发芽需要充足的水分、氧气和适宜的温度。

2. 幼苗期

从第 1 片真叶出现到第 1 个花序出现较大的花蕾。番茄幼苗期经历两个阶段，2~3 片真叶前，未进行花芽分化，为基本营养生长阶段，约需 20~25d；2~3 片真叶后，进入花芽分化与发育阶段，花芽分化和发育与营养生长同时进行，约需 25~30d。此期应创造良好的条件，防止幼苗徒长和老化，保证幼苗健壮生长和花芽正常分化。

3. 开花坐果期

从第 1 个花序出现较大的花蕾至坐果。正常条件下，从花芽分化到开花约需 30d，这一阶段是番茄生长发育过程中的一个临界点，应促进其早发根，提高营养面积，注意保花保果。

**4. 结果期**

从第 1 花序坐果到结果结束（拉秧）。特点是果秧同长，产量形成主要在这一时期。生产中，应加强水肥管理，及时整枝打杈，调节好营养生长与生殖生长的关系，创造良好的条件促进秧、果生长，促进早熟丰产。

### （三）对环境条件的要求

番茄具有喜温、喜光、耐肥和半耐旱的特性。在春秋气候温暖，光照较强而少雨的气候条件下，肥、水管理适宜，营养生长及生殖生长旺盛，产量较高；而在多雨炎热的气候条件下易引起植株徒长，生长衰弱，病虫害严重，产量较低。

**1. 温度**

番茄喜温，光合作用最适宜温度为 20～25℃。种子发芽适宜温度为 28～30℃，最低发芽温度 12℃左右；幼苗期白天 20～25℃，夜间 10～15℃；开花期白天 20～30℃，夜间 15～20℃；结果期白天 25～28℃，夜间 16～20℃。根系生长适宜温度为 20～22℃。

**2. 光照**

番茄喜光，光照充足，花芽分化提早，第 1 花序着生节位降低，果实提早成熟。我国北方冬季日光温室生产番茄产量较低的主要原因之一就是光照弱。

**3. 水分**

番茄枝繁叶茂，蒸腾作用强烈，但根系发达，吸水力强，有一定的耐旱能力，不耐涝。适宜的土壤相对湿度为幼苗期 60%～70%，结果期 70%～80%；空气湿度以 45%～65% 为宜。

**4. 土壤营养**

对土壤要求不严格，但最适宜土层深厚、排水良好、富含有机质的壤土，pH 值 6～7 为宜，在微碱性土壤中幼苗生长缓慢，但植株长大后生长良好，品质也较好。对土壤通气条件要求较高，土壤空气中氧含量降至 2% 时，植株枯死。

番茄对土壤养分要求较高，每生产 5000kg 番茄，需从土壤中吸收氮 17kg、磷 5kg、钾 26kg。番茄生长发育还需要钙、镁、硫等大量元素和铁、锰、硼、锌、铜等微量元素。

## 二、类型与品种

### （一）类型

普通栽培的番茄包括五个变种，即樱桃番茄、梨形番茄、薯叶番茄、直立番茄和普通番茄。前两个变种果形小，产量低。在生产上应用的主要是后三个变种。樱桃番茄外观玲珑可爱，具有天然风味及高糖度的品质，又含丰富的胡萝卜素和维生素 C，营养价值高，近几年发展较快，栽培面积也较大，主要供鲜食。

### （二）品种

**1. 自封顶类型**

（1）红果品种群 如早雀钻、北京早红、矮红早熟、沈农 2 号等。

（2）粉红果品种群 如北京早粉、早粉 2 号、日本三号、齐研矮粉等。

（3）黄果品种群 如兰黄 1 号。

**2. 非自封顶类型**

（1）红果品种 如卡德大红、天津大红、满丝、上海大红、特洛皮克、荷兰 5 号等。

（2）粉红果品种　如粉红甜肉、苹果青、天津粉红、强力米寿、强丰、农大 24 号、佳粉系列品种、长春粉红、毛粉 802、L402 等。

（3）黄果品种　如橘黄嘉辰、黄珍珠、巩县牛心、大黄一号等。

（4）白果品种　如雪球等。

● 任务实施的生产操作

## 一、番茄春季露地生产

### （一）播种育苗

采用温床育苗，既能满足番茄对温度、光照等环境条件的需求，又能节约育苗成本。

1. 育苗期确定

培育健壮并带有大蕾的秧苗应保证苗期有 1000 ~ 1200℃积温。番茄适宜育苗的温度是 20℃，需 60 ~ 70d。一般情况下，华北地区 4 月中、下旬定植，应在 1 月下旬至 2 月上旬播种；江南地区 3 月下旬定植，需在 1 月中旬播种；东北地区 5 月中、下旬定植，则应在 3 月中旬播种。

2. 苗床准备

番茄春季早熟栽培用温室播种，阳畦移植，或在塑料大棚内加多层覆盖移植。因早春温度低，可在温室内建造温床以提高地温。床土按马粪: 草炭: 炉灰: 田土 =3:3:2:2 比例配制，另加二铵 1 ~ 1.5kg/m³。用五代合剂或多菌灵等进行床土消毒。

3. 种子处理

播种前 3 ~ 5d 浸种催芽。病毒病严重的地区，在浸种催芽前用 10% 磷酸三钠浸种 20min，洗净药液后再用 25 ~ 30℃温水浸种 8 ~ 10h。在 25 ~ 30℃条件下催芽。

4. 播种

每平方米苗床可播种 15g 左右，每 667m² 地需播种床面积 2 ~ 3m²，用种量 30 ~ 50g。

应选晴朗无风天气的上午 10 时至下午 2 时进行播种。播种时将床上用喷壶喷水，湿透营养土层即可。水渗下后，先撒 0.2 ~ 0.3cm 厚细干土，将种子掺上细土撒播。覆细土 1.5cm，立即用塑料薄膜盖严保温保湿。

5. 苗床管理

（1）温度管理　播种后至出苗前一般不通风，保持白天畦温 30℃，夜间不低于 20℃。大部分幼苗出土后及时降温，以白天 20℃，夜间 12 ~ 15℃为宜。晴天中午揭膜间苗，间苗后均匀撒一层细干土，厚 0.2 ~ 0.3cm。第 1 片真叶露心时，白天温度 20 ~ 25℃，夜间 13 ~ 15℃。移苗前适当降低床温进行幼苗锻炼，白天 18 ~ 20℃，夜间 12 ~ 15℃。

（2）湿度管理　在保证秧苗正常生长的前提下尽量控制灌水。移植水要浇足，缓苗水要适当，以后根据幼苗生育情况进行浇水或覆土保墒。

（3）秧苗移植　播种后 7d，第 1 片真叶出现后进行移植，移植营养面积为 6 ~ 8cm 见方，最好用直径 5 ~ 8cm 的营养钵移苗。

（4）移植后管理　移植后覆盖薄膜，提高温度，促使缓苗。苗期温度白天控制在 25℃ 左右，夜间 13 ~ 15℃为宜。每 5 ~ 7d 浇 1 次透水。定植前 8 ~ 10d 开始控水、控温，并进行囤苗和低温炼苗，即白天多通风，温度白天控制在 18 ~ 20℃，夜间 10 ~ 13℃，如果幼苗长势较强，可把夜温短时降至5℃左右，提高幼苗的抗寒性，促进提早开花结果。

**（二）整地定植**

**1. 整地施肥**

早熟栽培生产一般冬前施肥、深耕，耕翻深度25～30cm。北方可进行秋翻，第二年春季进行春耙，平整地面；冬季不休闲的地区，在前作越冬菜、春小白菜收获后要及时整地。把土壤整平、耙细、起垄，垄宽0.5～0.7m、高20cm左右。也可畦作，宽1.2m，平畦，双行栽植；垄栽时，定植前5～7d覆盖地膜。

结合整地施基肥，施腐熟有机堆肥3500～5000kg/667m²，饼肥80kg/667m²，过磷酸钙30kg/667m²及含磷较高的复合肥40kg/667m²。其中饼肥与50%～60%的有机堆肥于最后一次整地前撒入土中，余下的有机肥和过磷酸钙及复合肥充分混合后施入定植穴中。

**2. 定植**

（1）定植期 一般当地终霜过后2～3d定植。以当地10cm土层土温稳定在8℃以上，夜间气温不低于12℃，并维持3d以上时即可定植。北方地区在5月中下旬定植。

（2）定植密度 早熟品种适当密植，一般每667m²不宜少于4000株，即行距60cm，株距25～30cm；中晚熟品种行距60cm，株距35cm。双干整枝者则需稀些。

（3）定植方法 晴天上午进行，挖定植穴或用打眼器打眼，把秧苗放入穴中，定植深度以正常苗下部的叶片和地面相平为宜，若徒长苗可深栽或斜栽，覆土，每株浇水500g，水渗后再覆干土，避免风干土面板结。

**（三）田间管理**

**1. 肥水管理**

（1）追肥 结合灌缓苗水追施提苗肥，每667m²施尿素10kg、硫酸钾10kg、磷酸二铵15kg。缓苗后至开花前轻施一次速效性复合肥10～25kg/667m²。第1穗果挂稳后重追1次保果肥，加速第1穗果实膨大，提高第2、3穗果的坐果率和促进植株营养生长。以后结合果实的采收补充追肥2～3次。结果期追肥以稀大粪或专用复合肥为宜，追专用复合肥10kg/667m²。结果盛期，可叶面喷施1%过磷酸钙或0.1%～0.3%磷酸二氢钾。

（2）灌水 定植时浇足"压根水"，缓苗期浇1～2次"发根水"，缓苗后至开花前浇1～2次"提苗水"。从见花到开花坐果，应适当控水，不干不浇水，待第1穗果长到3cm左右时浇1次"稳果水"，以促进果实膨大，本次灌水如果太早易引起徒长和落果，太晚则影响果实发育。进入盛果期后，每批果实开始膨大时，浇1～2次"壮果水"，水量可适当增大。

**2. 植株调整**

（1）搭架 植株30～40cm高时，第1花序坐果后开始搭架，以防止植株倒伏。搭架方式有人字架、篱形架、三脚架等。

搭架前追肥、浇水。选直径约2cm、高1.7～2m的竹竿，露地栽培通常采用人字架和篱形架，每一株旁插一根架杆，相邻垄每2根绑在一起成人字形，称为人字架。相邻垄每4根绑在一起叫四角形架（圆锥形架）。也可在每行株间隔1～2m插一根立杆，按行向在立杆上绑一横杆，再将植株绑到横杆上。插架竿时下端距离植株根部约5～10cm，插在垄的外侧，深度20cm。搭好架后，将番茄茎沿架面引蔓上架，以后每穗果下方都要绑一次蔓。支架的形式如图5-1所示。

（2）绑蔓　将茎蔓固定在支架上，使植株排列整齐，受光均匀，可调节植株生长，使生长势均衡，结果部位比较一致，管理方便。

绑蔓应分次进行，一般在每穗果下面都绑一次蔓，第1道蔓绑在第1穗果下面的第1片叶下部，以上各层都如此。

绑蔓时不要碰伤茎、叶和花、果，把果穗绑在支架内侧，避免损伤果实和日灼病的发生。下部捆绑应松一些，以给主茎加粗留有余地。当植株摘心封顶后，上部应绑得紧一些，以防因果实增多而使茎蔓下坠。植株生长势强的应弯曲上架，绑得紧一些，抑制生长；生长势弱的应直立上架，绑得松些，促其生长。

绑蔓方法采用"8"字形绕环，既牢固又可给茎蔓生长留有余地，如图5-2所示。

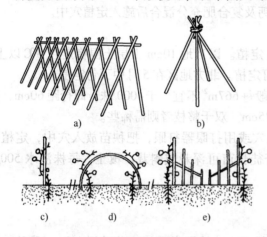

图 5-1　支架的形式（架式）　　　　　　　图 5-2　番茄的"8 字形绑蔓"
a）人字架　b）四角形架　c）单杆架
d）拱架　e）小型联架（篱形架）

（3）整枝　早熟自封顶类型的番茄品种一般2~3穗果封顶，可不用整枝；中晚熟无限生长型品种必须整枝。

单干整枝：只保留主干，主干上留3~4穗果，摘除所有侧枝。

双干整枝：除主干外，还保留第1个花序下的第1个侧枝，该侧枝由于顶端优势的作用，生长势很强，很快与主干并行生长，形成双干。主干和第1侧枝各留3~5穗果，果前各留2片叶摘心，摘除其他所有侧枝。

改良式单干整枝（一干半整枝）：在单干整枝的基础上，保留第1花序下的第1个侧枝，主干留3~4穗果，侧枝留1~2穗果，果前各留2片叶摘心，摘除其他所有侧枝。

连续换头整枝：有三种做法，一是主干保留3穗果摘心，最上部果下留一强壮侧枝代替主干，再留3穗果摘心，共保留6穗；二是进行两次换头，共留9穗果，方法与第一种基本相同；三是连续摘心换头，当主干第2花序开花后留2片叶摘心，保留第1花序下的第1个侧枝，其余侧枝全部摘除，第1侧枝上的第2个花序开花后用同样的方法摘心，留1侧枝，如此摘心5次，共留5个结果枝，可结10穗果。每次摘心后要进行扭枝，使果枝向外开张80°~90°，以后随着果实膨大，重量增加，结果枝逐渐下垂。通过换头和扭枝，人为地降低植株高度，有利于养分运输，但扭枝后植株开张度大，需减小栽培密度，靠单株果穗多、果枝大增加产量。

生产上为提高前期产量和总产量，多采用单干整枝和改良式单干整枝。番茄的整枝方式如图5-3所示。

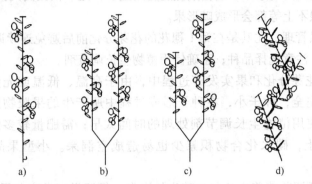

图5-3　番茄的整枝方式

a）单干整枝　b）双干整枝　c）改良式单干整枝　d）三次换头整枝

（4）打杈　除了应该保留的侧枝以外，将其余侧枝摘除叫打杈。

整枝打杈宜在晴天早晨露水干后进行，伤口易愈合，不宜在下雨前后或有露水时进行，不宜用指甲掐或剪刀剪，应使用推杈和抹杈方法，以免传播病毒。

（5）摘心　摘心又叫掐尖，是指无限生长类型的品种，生长到一定果穗数时，用手、镊子或剪刀掐掉或剪掉生长点，以解除顶端优势，控制生长高度，促进果实成熟。

（6）疏花疏果　留果个数一般是大型果每穗留2~3个果；中型果每穗留3~5个果；小型果每穗留5~10个果。

（7）打底叶　生长后期，下部叶片黄化干枯，失去光合功能，影响通风透光，应将黄叶、病叶、密生叶打去，深埋或烧掉；但有正常功能的叶片不能摘。

3. 保花保果

番茄在生长过程中由于环境条件的改变和管理不当，开花后常大量落花落果，对于番茄早熟及丰产影响很大。发生落花落果的原因一是生殖生长发生障碍，如花器构造的缺陷，气温过低或过高，开花期多雨，都能影响花粉的萌发及生长，使受精不良；二是营养不良，土壤养分及水分供应不足，根系发育不良，土温过低，光照不足，整枝打杈不及时，植株徒长等使营养物质在植株体内分配失调导致落花落果。其中温度（尤其是夜间温度）过低或过高，是引起番茄落花最普遍的原因。

防治落花落果的措施：

1）适时定植，避免盲目抢早，防止早春低温影响花器发育。定植后白天温度应保持在25℃，夜间保持在15℃，促进花芽分化，设施栽培温度超过30℃应放风调温。

2）干旱时应及时浇水，积水时应排水，保证植株营养充分，合理整枝打杈。

3）使用植物生长调节剂处理，在第1~2花序小花半开或全开时用20~30mg/L番茄灵喷花或10~20mg/L2，4-D沾花。

4. 番茄果实生理障碍的预防

（1）畸形果　低温、多肥（主要是氮肥过多），水分充足情况下，使养分过分集中运送到正在分化的花芽中，花芽细胞分裂过旺，心皮数目增多，开花后心皮发育不平衡，形成多心室的畸形果；植株衰老，营养物质减少，特别是在低温、光照不足条件下，花器及果实不能充分发育，形成尖顶的畸形果；幼苗期氮肥施用过多，冠、根比例失调；使用植物生长调节剂不当或水、肥跟不上等都会形成畸形果。

预防措施：加强管理，尤其是在第 1 穗花的花芽分化前后避免连续遇到 10℃ 以下低温；苗期防止氮肥过多；注意选择品种；正确使用植物生长调节剂。

（2）空洞果　花芽分化和果实发育过程中，由于高温、低温或光照不足，常使花粉不稔，以致受精不完全，种子小，在种子形成过程中所产生的果胶物质减少，致使果实发生空洞；其次是使用植物生长调节剂处理的时间太早；需肥量较多的大型品种，生长中、后期营养跟不上，碳水化合物积累少也易造成空洞果。小型果品种则较少产生空洞果。

预防措施：注意调节营养生长与生殖生长平衡，保证果实发育获得充足的营养，创造适宜条件，使花粉发育、授粉、受精正常进行；植物生长调节剂使用的时间和浓度应适宜。

（3）裂果　果实发育后期易发生裂果，一般大果品种成熟后发生裂果较多。原因是在果实肥大初期，高温、强光及土壤干燥使果肩部表皮硬化，而后又因降雨或大量灌水使水分急剧增多，果皮增长跟不上果肉组织的膨大生长，使膨压骤然加大，产生裂果。

预防措施：选择果皮较厚、抗裂性较强的品种；果实膨大后，浇水要均匀，防止土壤忽干忽湿，雨后及时排水；采收前 15 ~ 20d，向果实上喷洒 0.1% 氯化钙溶液或 0.1% 硫酸钙溶液。

**（四）采收**

番茄果实成熟过程分以下四个时期。

1. 绿熟期

绿熟期也称白熟期。果实个头已长足，果实由绿变白，坚实，涩味大，不宜食用，放置一段时间或用药剂处理后即可成熟，适于贮藏及远途运输。

2. 转色期

果顶端逐渐着色达全果的 1/4，采收后 2 ~ 3d 可全部着色，适于短途运输。

3. 成熟期

果实呈现品种的特有色泽，营养价值最高，适于生食和就地供应市场，不耐运输。

4. 完熟期

果实变软，只能做果酱或留作采种。

鲜果上市最好在成熟期采收；长途运输最好在转色期采收。适时早采收可提早上市，增加产值，并有利于植株上部果实发育。采收时要去掉果柄，以免刺伤其他果实。采收后，根据大小、果实形状、有无损伤等进行分级，以提高商品性。

番茄植株调整技能训练评价表见表 5-1。

表5-1 番茄植株调整技能训练评价表

| 学生姓名： | | 测评日期： | | 测评地点： | |
|---|---|---|---|---|---|
| 内　　　容 | 分值 | 自评 | 互评 | 师评 |
| 考评标准 | 搭架、绑蔓时期、方法正确，操作熟练 | 20 | | | |
| | 整枝、打杈时期、方法正确，操作熟练 | 30 | | | |
| | 摘心时期、方法正确，留果穗层数正确，操作熟练 | 20 | | | |
| | 疏花疏果及时，留果数适宜，操作熟练 | 20 | | | |
| | 打底叶及时，操作方法正确、熟练 | 10 | | | |
| | 合　　计 | 100 | | | |
| 最终得分（自评30% + 互评30% + 师评40%） | | | | | |

## 二、露地夏、秋茬番茄生产

北方地区4～6月份播种，5～7月份定植，7～9月份收获。其主要生长期正值高温、强光和多雨季节，影响番茄生长，病害重，产量较低。对品种要求较高，应选择长势强、抗病、耐高温，抗裂的品种或特种番茄品种。

## 三、番茄日光温室冬春茬生产

### （一）品种选择

选择早熟或中早熟、耐弱光、耐寒的品种，如西粉1号、西粉3号、毛粉802、佳粉15、中杂9号、L-402、佳粉17、樱桃番茄（圣女）等。

### （二）育苗

1. 壮苗标准

茎粗壮、直立、节间短。具有7～9片叶，叶深绿色，肥厚，表面有微褶皱，叶背微紫色。根系发达、集中、颜色白。株高20～25cm，株形呈伞形。定植前现小花蕾。无病虫害。

在冬春茬生产栽培中，苗期在寒冷的冬季，气温低，光照短，不利于幼苗生长，因此，育苗过程中要注意防寒保温，争取光照，使苗健壮发育。

2. 苗龄和播期确定

适宜的苗龄因品种、育苗方式和环境条件不同而有异。冬春茬栽培，多在温室中育苗，其苗龄为早熟品种60～70d，中晚熟品种80～90d（若应用电热温床育苗，早熟品种可缩短到40～50d，晚熟品种可缩短到50～60d）。

播种期由苗龄、定植期和上市日期决定。北方地区11月上旬至12月上旬定植，供应期从1月上旬至6月，则播种期在9月上旬至10月上旬。

3. 播种前准备

（1）精选种子、种子消毒和浸种催芽　方法同露地栽培。为增强秧苗抗寒性，种子可进行低温处理，方法是将萌动的种子每天在1～4℃下放置12～18h，接着移到18～22℃下放置6～12h，反复处理7～10d，可提高秧苗抗寒能力，并能加快秧苗生长发育。

（2）床土配制及消毒　床土由肥沃田土6份，腐熟有机粪肥3份配制而成。用40%甲醛300～500倍液均匀喷洒在床土上，用塑薄膜覆盖，密封5～7d，揭开晾2～3d，使药味完全挥发即可以使用。此外，还可用五代合剂、五富合剂和敌克松等药剂拌土消毒。

（3）苗床准备　一般667m² 用播种床5m²，分苗床50m²。苗床深翻，铺床土，厚度为播种床8～10cm，分苗床10～12cm。

**4. 播种和播后管理**

每667m² 播种量为50g。晴天播种，苗床浇透底水，水渗后撒一层细土，播种，用干细土覆盖。播种后初期保持较高温度，白天28～30℃，夜间16～18℃，经4～5d出苗。为防止"戴帽"出土，子叶刚露土时，床面撒一层干细土，以增加表土压力，帮助子叶脱壳。

齐苗后到分苗前要通风降温，防止徒长，白天20～25℃，夜间13～15℃；土壤不干不浇水，如底水不足，幼苗缺水时，可浇小水，浇水后培土保墒，并放风排湿。

2～3片真叶时分苗，密度10cm×10cm或8cm×10cm。分苗初期维持较高温度，白天26～32℃，以利提高地温，夜间16～18℃，5～6d缓苗；缓苗后降温，白天20～25℃，超过25℃应通风，夜间12～14℃，防止徒长，影响花芽分化；分苗时浇水充足，到定植时一般不再浇水，如过干，宜浇小水或喷水，浇水后及时通风排湿；缓苗后，适宜时期定植。

定植前7～10d进行秧苗锻炼，加大放风量，降低温度，白天不超过20℃，夜间降到5～8℃，增强秧苗的抗寒能力，锻炼期间一般不浇水，局部缺水可局部浇小水。

为了减少伤根，利于缓苗，减轻病害，可以使用纸筒、育苗钵、塑料钵等容器育苗。

**（三）定植**

**1. 定植前准备**

（1）提早扣棚　定植前15～20d扣棚膜，以利提高地温。

（2）整地、施肥和作畦　施有机肥5000kg/667m²，1/2～2/3撒施，剩余的集中施，深翻25～30cm。每667m² 增施过磷酸钙50kg、磷酸二氢铵30kg，或三元复合肥50kg。冬春茬栽培，定植初期气候寒冷，做小高畦，采用地膜覆盖可显著提高地温，利于缓苗，畦高15～20cm、宽80～90cm、畦距40～50cm，南北向较好。

（3）温室消毒　定植前3～4d，用硫磺粉、敌敌畏、杀菌剂（百菌清等）和锯末，按（0.5～1）∶1∶0.25∶5混合，点燃薰烟，密封24h；或用40%甲醛500倍液喷洒消毒。温室消毒前把用过的架杆和工具等都拿到温室中一并消毒。消毒后放风无味后再进行定植。

（4）设防虫网　定植前在棚室通风口用30目防虫网进行密封。

**2. 定植**

（1）定植期确定　当温室内10cm土层地温稳定在8～10℃以上，气温稳定在0℃以上（最好是5℃以上）时为定植适期。华北地区，一般在2月上中旬定植；北方地区11月上旬至12月上旬定植。故要提前覆膜，以便于适时定植。

（2）定植密度　早熟品种，由于留果少，架式低矮，可适当密植，适宜株行距为25cm×33cm，6000株/667m²；中晚熟品种，若留2穗果，株行距为23cm×50cm，5500株/667m²，若留3穗果，株行距为30cm×50cm，4500株/667m²。目前生产上多采用大小行栽培，一畦双行。

（3）定植方法　定植前一天，苗床浇透水以便于起苗，选壮苗。如定植前扣地膜，按株距用圆筒打孔器取土形成定植穴，穴内浇足底水，以水稳苗法栽苗，栽苗时要注意花序朝外，深度以苗坨与垄面持平，栽好苗后用土把地膜口封严；如定植后盖地膜，挖好栽植穴，浇足底水，水渗后，将苗放入穴内，覆土，在畦两端将地膜拉平覆盖在高畦上，再在植株上部用剪刀将地膜剪成"十"字口，将苗引出膜外，用土固定薄膜口。

**（四）定植后管理**

1. 温度、湿度管理

定植初期，不放风，保持高温、高湿环境，白天 25～30℃，夜间 15～17℃，空气相对湿度 60%～80%；缓苗后放风降温排湿，白天 20～25℃，夜间 12～15℃，空气湿度不超过 60%，以防徒长，放风量由小到大逐渐进行；进入结果期，白天 20～25℃，超过 25℃ 放风，夜间 15～17℃，空气湿度不超过 60%，每次浇水后及时放风排湿，防止湿度高，病害严重；随着外界气温逐渐升高，应逐渐加大通风量。当外界气温稳定在 10℃ 以上时，可昼夜通风；当外界气温稳定在 15℃ 以上时，可逐渐撤去棚膜。

2. 肥水管理

缓苗后及时中耕蹲苗，以促进根系发育，直到第 1 花序坐住果时结束蹲苗，开始追肥浇水，每 667m² 施硫铵 20kg 或硝铵 15～20kg，或追施人粪尿 1000kg，并结合喷药进行根外追肥。要求氮、磷、钾配合施用；进入盛果期，是需肥水高峰期，应集中连续追肥 2～3 次，并及时浇水，浇水要均匀，避免忽大忽小，随外温升高，生长后期要勤浇水。

3. 植株调整

整枝方式主要采取单干整枝和连续摘心换头整枝，方法同露地栽培。

4. 保花保果

此时温室内温度低，光照弱，落花落果严重，生产上除创造适宜的栽培环境外，应用激素处理保花保果，方法同露地栽培。

5. 采收、催熟

采收时期和方法同露地栽培。为使果实尽早转红，提前上市，常在绿熟期使用乙烯利催熟，使用浓度与催熟方法有关。

（1）秧上催熟 用 0.2%～0.4% 乙烯利溶液涂果，可提前 3～5d 成熟，果实品质好，鲜艳，产量高。

（2）秧下催熟 绿熟期把果实采下，用浓度 0.1%～0.4% 乙烯利溶液喷洒或蘸果，然后用薄膜封严，可提早 6～8d 转红，但该方法处理的果实外观显黄，着色不显眼，品质差。

（3）整秧喷施 对将要拉秧的番茄，为使小果提早成熟，可用 800～1000 倍乙烯利溶液整秧喷施。

## 四、樱桃番茄生产

樱桃番茄，别名袖珍番茄、迷你番茄。外观玲珑可爱，具有天然风味及高糖度的品质，又含丰富的胡萝卜素和维生素 C，营养价值高。樱桃番茄原产于南美，果形有球形、洋梨形和醋栗形等；果色有红、粉红、黄、橙红色等；生长习性有自封顶类型和非自封顶类型。

樱桃番茄栽培容易，耐热性较强，病虫也较少，在风味、品质、外观上都超过传统的大型鲜食番茄品种，但产量稍低，采收费工费时。

**（一）生产季节与品种选择**

1. 露地生产栽培

（1）春番茄 12月大棚内用电热温床加小棚育苗，3月下旬定植于露地，地膜覆盖栽培，5月下旬至7月下旬采收。选早熟丰产品种，如圣女果等。

（2）秋番茄　6月下旬用营养钵育苗，7月下旬定植，9月下旬至下霜前采收，选用早熟品种。

2. 设施生产栽培

（1）小拱棚生产　1月份利用阳畦或大棚，内设电热温床加小棚育苗，3月上中旬定植，覆地膜，定植后即扣小拱棚，5~7月供应市场，较露地栽培可提早上市1个月左右。

（2）大棚生产　12月初，冷床或塑料大棚内电热线育苗，2月下旬定植，大棚套小棚，4~8月上旬采收，选择早熟、丰产、优质品种。

（3）防雨棚生产　和大棚栽培类似，唯全生育期大棚天幕不揭，仅揭去围裙幕，使天幕在梅雨季和夏季起防雨作用，在天幕上再覆盖遮阳网，有降温作用，可使供应期延长至8~9月。选用抗青枯病的品种。

（4）大棚秋延后生产　6月下旬至7月上旬播种，8月底定植，9~12月上市。10月份覆盖大棚膜保温，可行多重覆盖，使其延长至元旦、春节前供应鲜食番茄。

（5）日光温室生产　冬季阳光充足地区可利用日光温室栽培春番茄，提早上市。一般10月份育苗，11月份定植，2月份开始上市供应至6月下旬。

**（二）栽培技术**

育苗、整地、做畦、定植技术及定植后管理同设施番茄栽培。

**（三）采收包装**

完全成熟时采收。采收时注意保留萼片，从果柄离层处用手采摘。黄色果在八成熟时采收风味好，因其果肉在充分成熟后容易劣变。包装以硬纸箱为宜，以免压伤，通常500g为一个小包装，5000g为一个大硬纸箱或硬性塑料盒，箱上有通气孔，防止水滴，以免影响运输贮藏时间。

---

**生产操作注意事项**

1. 番茄生育期较长，在无霜期短的地区需育苗栽培。
2. 番茄茎半蔓性或蔓性，分枝力强，生长旺盛，栽培时需及时进行植株调整。

---

# 任务二　茄子生产

● **任务实施的专业知识**

茄子属于茄科、茄属植物，产量高、适应性强、供应期长，为夏、秋季的主要蔬菜。

## 一、生物学特性

**（一）形态特征**

1. 根

根系发达，深达120~150cm，横向扩展幅度120cm，吸收能力强。育苗移栽时根系分布较浅，只分布在30cm土层内。茄子根系木栓化较早，再生力弱，发生不定根能力较弱，栽培中应减少移植次数，注意保护根系，移栽时尽量减少伤根，栽培地要为根系发育创造适宜的条件，以促使根系生长健壮。

2. 茎

成株茎基部木质化程度比较高，茎直立粗壮。茄子分枝结果习性为假二杈分枝，一般早熟品种主茎6~8片真叶后，着生第1朵花；中熟或晚熟品种8~9片真叶以后着生第1朵花。当顶芽变为花芽后，紧挨花芽的2个侧芽抽生成第1对较健壮的侧枝，代替主枝生长，成为"丫"字形。以后每一侧枝长2~3片叶后，又形成一个花芽和一对次生侧枝，依次类推。每一次分枝结一层果实，按果实出现的先后顺序，依次称为门茄、对茄、四门斗（四母斗）、八面风、满天星。实际上只有1~3层可以结果。茄子分枝结果习性如图5-4所示。

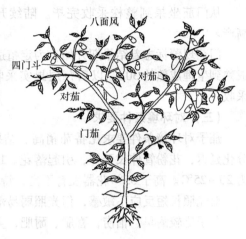

图5-4　茄子分枝结果习性

3. 叶

单叶互生，叶片肥大，卵圆形或长椭圆形，叶缘波状。茄子茎和叶的色泽与果实颜色相关，果实为紫色的品种，其嫩茎及叶柄带紫色；果实为白、青色的茎叶则为绿色。

4. 花

茄子幼苗具有3~4片叶时开始花芽分化。两性花，花色淡紫或白色，自花授粉。花分为长柱花、中柱花、短柱花，如图5-5所示。长柱花为健全花，能正常授粉，但异交率高；短柱花不健全，授粉困难。

长柱花　　　中柱花　　　短柱花

图5-5　茄子的花

5. 果实与种子

肉质浆果，胎座发达，为主要食用部分。果形有圆、扁圆、长棒形及倒卵圆形，果色有深紫、鲜紫、白色与绿色。茄子的种子发育较晚，在果实将近成熟时种子才迅速发育成熟，种子为扁平肾形、黄色，有光泽，千粒重为4~5g，寿命4~5年。

（二）生长发育周期

茄子的生育周期与番茄基本相似，但发芽较番茄缓慢，花芽分化也较迟，一般3~4片真叶期开始花芽分化，花芽分化后约35~40d开花，所以茄子的育苗期较长。

1. 发芽期

从种子吸水萌动到第1片真叶露心。正常温度下（20~30℃）需10~13d。出苗后适当降温，保持适宜的昼夜温差（即白天20~25℃，夜间17℃以上），控制徒长。

2. 幼苗期

从第1片真叶露出到显蕾，在适宜温度下约需60~70d。当幼苗具有4片真叶，茎粗约2.0mm时开始花芽分化。

**3. 开花坐果期**

从第 1 朵花显蕾到果实坐住，即门茄"瞪眼"，门茄从开花至坐果一般需 8 ~ 12d。

**4. 结果期**

从门茄坐果到整株采收完毕。陆续开花、连续结果，加强中、后期肥水管理，可获高产。

门茄现蕾标志着结果期开始，为定植适期。从"瞪眼"到食用成熟需 13 ~ 14d，从食用成熟到生理成熟约 30d。以后每层果实采收相隔 10d 左右。采种应在开花后 50 ~ 60d 开始采收。

### (三) 对环境条件要求

茄子对环境条件要求比番茄稍高。结果期适温为 25 ~ 30℃。17℃ 以下生育缓慢，花芽分化延迟，花粉管伸长受抑，引起落花。10℃ 以下代谢失调，5℃ 以下受冷害。开花期适温为 20 ~ 25℃。高于 35℃ 花器发育不良，特别是夜温过高，果实生长慢，甚至产生僵果。

对光照长短反应不敏感，但光照弱易落花。

茄子比较耐旱、怕涝，喜肥、耐肥，生长期要求多次追肥。

## 二、类型与品种

根据果实形状可分为圆茄类、长茄类、卵茄类三种类型。

### (一) 圆茄类

植株高大，粗壮，直立；叶片大、宽而厚；长势旺，多为晚熟品种；果实较大，质地致密，皮厚硬，耐贮运；耐阴、耐潮湿能力较差。圆茄类主要品种有西安紫圆茄、北京五叶茄、丰研 2 号、圆丰 1 号、紫光大圆茄等。

### (二) 长茄类

植株高度中等，多为 60 ~ 80cm，生长势中等，适合密植。分枝较多，枝干直立伸展；叶小狭长，绿色。花形较小，多为淡紫色，结果数多，单果重小，果实长棒形，果皮薄，肉质嫩，不耐挤压，耐贮运能力差，较耐阴和潮湿。长茄类多为早熟品种，如紫阳长茄、黑油光、龙茄 1 号、科选 1 号、兰竹长茄、南京紫面条茄、徐州长茄、济南长茄、苏长茄、齐茄 1 号等。

### (三) 卵茄类

卵茄类又叫矮茄类，植株较矮，枝叶细小，生长势中等或较弱；花形小，多淡紫色；果实较小，果形卵形、长卵形和灯泡形，果皮黑紫色或赤紫色，种子较多，品质较差，产量较低；早熟性好。卵茄类主要品种有济南早小长茄、辽茄 2 号、辽茄 3 号、内茄 2 号、北京灯泡茄、西安绿茄等。

## 三、生产季节与茬口安排

茄子的栽培茬口与番茄、辣椒基本相同，但由于茄子耐高温，生长期长，春茬茄子可自然越夏，进行连秋生产。因此，不需专设越夏栽培。

生育期长，三北高寒地区为一年一茬制，早春育苗，终霜后定植于露地，夏、秋季收获，降早霜时拉秧；华北地区多作露地春早熟栽培，露地夏茄子多在麦收后定植，早霜来临时拉秧；长江流域多在清明后定植，前茬为春播速生性蔬菜，后茬为秋冬蔬菜；华南无霜地区一年四季均可露地栽培，冬季于8月上旬播种育苗，10~12月采收，为南菜北运的主要种类。

前茬可以是越冬菜或冬闲地，以葱、韭、蒜茬最好，瓜类、豆类次之，白菜和春小白菜茬较差；有的地方采用茄子与大田作物、小麦轮作，效果也很好；也可与早甘蓝、大蒜、速生绿叶菜间作套种，后期可与秋白菜、萝卜或越冬菜套种。

忌连作，茄子土传病害重，应与辣椒、番茄等茄科蔬菜实行5~8年以上的轮作。

● **任务实施的生产操作**

## 一、露地早春茄子生产

### （一）播种育苗

可在温床、温室或大棚中育苗。选择早熟、抗寒、耐热、抗病、高产品种。

**1. 壮苗标准**

具有8~9片真叶，叶大而厚，叶色较浓，叶背带紫，子叶完好；苗高18~20cm，茎粗0.5~0.7cm以上；70%以上显现大蕾；根系发达，根白色，日历苗龄80~90d。

**2. 播种**

（1）播种期　东北地区一般于2月上旬苗床播种，5月上、中旬定植；南方地区4月下旬播种，晚霜结束后定植于大田。

（2）种子处理　茄子种皮较厚，用75℃热水烫种后进行变温催芽，在25~30℃条件下处理12h，再放至20℃条件下处理8h，4~5d后，有60%~70%出芽便可播种。

（3）播种　一般每667m²栽苗3000株左右，需30~40g种子。选无风、晴天中午播种，床面整平后浇透底水，撒播，覆土1cm，覆膜，温度为28~30℃，当有70%出苗后撤膜降温。

**3. 苗期管理**

（1）温度管理　出苗后需控制温度、湿度，以防徒长。茄子幼苗期温度管理见表5-2。

表5-2　茄子幼苗期温度管理

| 项　目 | 白天/℃ | | 夜间/℃ | |
|---|---|---|---|---|
| | 土温（5cm土层） | 气　温 | 土温（5cm土层） | 气　温 |
| 播种至出苗 | 20~25 | 28~30 | 15~20 | 20 |
| 出苗至移植 | 20~23 | 25~28 | 15~18 | 13~15 |
| 成苗期 | 20~23 | 25~30 | 15~20 | 18~20 |
| 定植前7~10d | 15~20 | 20~25 | 13~15 | 10~12 |

（2）水分管理　播种后到移植前不宜浇水，移植前一天适当浇水以便起苗，移植后要浇透水，到定植前保持土壤见干见湿，土壤含水量60%~70%，定植前7~10d控制水分。

（3）秧苗移植　3叶期移植到温床或冷床，采用塑料钵或营养土块等移苗以利于护根。晴天移植，深度以小苗茎轴露出土面约3cm为宜。移植结束后立即增温保湿，白天25～30℃，夜间15～18℃。缓苗后用0.1%～0.2%磷酸二氢钾或0.2%～0.5%过石叶面喷肥。

（4）秧苗锻炼　定植前5～7d开始进行秧苗锻炼。白天床温可降到15～20℃，夜间降到5～10℃，在幼苗不受冻的前提下，尽量降低夜温，加大昼夜温差，加大通风量，逐渐使苗床温度趋近生产场所的温度。同时控制浇水，防止出现再次旺长现象，以提高秧苗对外界环境的适应性和定植后的成活率。

（5）苗期病虫害防治　出苗后易发生猝倒病，需及时防治。

（二）整地定植

1. 整地

春季露地栽培宜选冬闲地，秋季深翻30cm深。春耕宜浅，20cm左右。

2. 施基肥

结合整地施农家肥5000～10000kg/667m²，过磷酸钙50～100kg/667m²，冬前普遍撒施2/3，留1/3于定植前沟施。

3. 起垄

垄宽60～70cm，也可畦作；覆盖地膜。

4. 定植

可根据当地终霜期确定，以当地终霜过后，10cm土层内土壤温度稳定在13～15℃以上时定植。为争取早熟，在不受冻害的情况下应尽量早定植。定植前一天将苗床浇一次透水。在垄上开10cm深定植沟，徒长苗可顺势卧栽、深栽，有利于植株茎部长出不定根。覆土后随即浇水。地膜覆盖栽培的地膜破孔要尽量小，定植后用土封严成馒头形。

圆茄类早熟品种每667m²栽3000～3500株，中、晚熟品种每667m²栽2500～3000株；长茄类早熟品种每667m²栽2000～2500株，中熟品种每667m²栽2000株，晚熟品种每667m²栽1500株，可适当密植。

（三）田间管理

1. 灌水

定植当天浇足定植水，5～7d后已缓苗时应浇1次缓苗水，此时灌水量不可过大，从缓苗到门茄"瞪眼"要进行蹲苗，蹲苗时间不宜过长。蹲苗结束后，要经常浇水，保持土壤见干见湿，一般5～7d浇水1次，或每采收1～2次果后浇1次水。

2. 追肥

（1）提苗肥　如果基肥不足，缓苗后每667m²追施稀薄粪水500kg，也可追施尿素或复合肥10kg，可将肥施于离根部6～7cm处的沟畦内，然后浇水、覆土。

（2）催果肥　当第1果开始膨大时进行，每667m²施稀粪1000kg或尿素、复合肥20～25kg，追肥后随即灌水、覆土。

（3）盛果期追肥　门茄采收后，对茄、四门斗迅速膨大时，一般追2～3次，每次追施尿素和复合肥10～20kg/667m²，并配合追施磷钾肥或其他微量元素；还可用0.2%～0.3%磷酸二氢钾或0.2%～0.3%尿素进行叶面喷肥。

3. 中耕培土

缓苗水后地表稍干，中耕1～2次，并进行培土，促进发根。蹲苗期间一般中耕3～4

次，深 7~10cm 为宜。催果肥、催果水后在植株基部培土，防止倒伏。封垄后不再中耕。

**4. 植株调整**

茄子生长结果习性比较有规律，一般不进行整枝，只将门茄以下的侧枝除去；植株生长中后期，摘除下部的老叶、黄叶、病叶，以改善通风透光，减少病虫害，节约土壤养分。

**5. 保花保果**

早春露地茄子易落花落果，影响早期产量。应加强育苗和田间管理，使植株健壮，花芽分化好，抗逆性强；用 20~30mg/L 2，4-D 在开花当天涂抹；用 35~50mg/L 番茄灵（防落素）在开花当天喷花，既可防止落花，又可加速幼果膨大，提早采收上市。

**（四）采收**

茄子从开花至果实成熟约需 20~25d。采收标准是根据萼片与果实结合处形成的白色或淡绿色带状环的宽窄，果实生长快，带状环就越宽，品质柔嫩，纤维少。反之，果实生长缓慢，接近老熟，纤维变粗糙，应及时采收。门茄应早收，可减轻植株负担，利于增产。采收宜在下午或傍晚，用剪刀或刀子齐果柄根部收下，不带果柄以免在装运过程中相互刺伤果皮。

## 二、露地晚茄子生产

**（一）品种选择**

应选择耐热、抗病、生长势强的中晚熟品种。

**（二）适时育苗**

4 月上旬至 4 月下旬露地平畦育苗，苗龄 60d 左右，6 月中旬至下旬定植，8 月开始上市，一直延续到 10 月下旬或 11 月上旬。

**（三）定植方法**

选择 4~5 年内未种过茄科蔬菜、容易排灌的地块，每 667m² 施优质农家肥 5000kg、磷酸二铵 40kg。垄宽 60cm，株距 40cm，宜深栽高培土，以降低地温，扩大根系吸收范围。

**（四）田间管理**

缓苗后及时中耕、蹲苗。雨后立即排水，防止沤根。门茄坐果后及时追肥、浇水，施尿素 20kg/667m²，以后每层果坐住后追 1 次肥，每次每 667m² 追施氮磷钾复合肥 20~25kg。为防止高温多湿引起病害，在垄沟铺放草把，既可降低地温和土壤湿度，又可防止土壤板结和病害发生。

## 三、茄子日光温室冬春茬生产

**1. 品种选择**

选用耐低温、耐弱光、早熟、高产和抗病能力较强的品种，如圆茄品种有天津快圆茄、北京六叶茄、北京七叶茄、豫茄 2 号等；卵茄品种有鲁茄 1 号、西安早茄、荷兰瑞马、蒙茄 3 号、辽茄 2 号、紫奇等；长茄品种有黑亮早茄 1 号、湘茄 3 号、粤茄 1 号、紫红茄 1 号等。

**2. 育苗**

结合日光温室秋冬茬生产进行，可用育苗盘置于架床或吊床上，以节省温室地面。分苗时转到地面苗床，以利保温、节省育苗设备和扩大单株营养面积。

育苗中后期温度低，光照差，应加强采光和保温，必要时人工补光和增温。育苗技术详见露地早春茄子生产。

茄子需轮作 5~6 年。嫁接育苗的砧木主要有托鲁巴姆、耐病 FV、赤茄等，砧木 8~9 片叶，接穗 6~7 片叶，茎粗 0.5cm 时进行嫁接，采用劈接法。嫁接后利用小拱棚保湿并遮光，3d 后逐渐见光。嫁接 10~12d 后伤口愈合，之后逐渐通风炼苗。

3. 定植

秋冬茬生产结束之后抓紧施肥整地。日光温室冬春茬茄子采收期长，每 667m² 可施入有机肥 15000kg。精细整地，按大行距 60cm、小行距 50cm 起垄，垄高约 20cm。

苗龄 80~100d，苗高 18~20cm，植株长有 7~8 片叶，第 1 花蕾大部分显露时是定植的适期。

选择晴天上午在垄上开深沟，每沟撒施磷酸二铵 100g，硫酸钾 100g，肥土混合均匀后按 30~40cm 株距摆苗，覆少量土，浇水后合垄。栽植深度以土坨上表面低于垄面 2cm 为宜。覆地膜，再扣小拱棚，把相距 50cm 的两行茄子扣到一个小拱棚内，以创造高温、高湿条件。

4. 定植后管理

定植后正值外界气候严寒，管理时以保温、增光为主，配合肥水管理、植株调整等。

（1）温光调节　定植后密闭保温，促进缓苗。定植 1 周后，新叶开始生长，标志已缓苗。缓苗后白天温度超过 30℃时放风，温度降到 25℃时减少通风，20℃时关闭通风口。白天保持 20℃以上，夜温 15℃，凌晨不低于 10℃。寒潮来临时加温。开花结果期采用四段变温管理，即上午 25~28℃，下午 20~24℃，前半夜温度不低于 16℃，后半夜控制在 10~15℃。

（2）水肥管理　定植水浇足后，一般在门茄坐果前可不浇水，门茄膨大后开始浇水，浇水实行膜下暗灌，以降低空气湿度。应在上午 10 时前浇完，并保证浇水后有 2d 以上的晴天；门茄膨大后开始追肥，每 667m² 施三元复合肥 25kg，溶解于水冲施；采收后每 667m² 再追施磷酸二铵 15kg，硫酸钾 10kg。整个生育期间可每周喷施 1 次磷酸二氢钾等叶面肥。施用 $CO_2$ 气体有明显增产。

（3）植株调整　定植初期，保证有 4 片功能叶。门茄开花后，花蕾下面留 1 片叶，下面的叶片全部打掉。门茄采收后，在对茄下留 1 片叶，再打掉下边的叶片。以后根据植株长势和郁闭程度，保证透光。随时除去砧木的萌蘖；采用双干整枝，即在对茄瞪眼后，在着生果实的侧枝上，果上留 2 片叶摘心，反复处理四母斗、八面风的分枝，只留两个枝干生长，每株留 5~8 个果后在幼果上留 2 片叶摘心；生长后期，植株较高大，要利用尼龙绳吊秧，将枝条固定。

（4）保花保果　开花期选用 30~40mg/L 的番茄灵喷花或涂抹花萼和花瓣。生长调节剂处理的花瓣不易脱落，对果实着色有影响，且易从花瓣处感染灰霉病，应在果实膨大后摘除。

（5）采收　采收标准和方法同前。每个茄子用纸包上，装在筐或箱中，四周衬上薄膜，运输时注意保温。避免在中午气温高时采收，否则茄子含水量高，品质差。

茄子田间管理技能训练评价表见表 5-3。

**表 5-3　茄子田间管理技能训练评价表**

学生姓名：　　　　　　测评日期：　　　　　　测评地点：

| | 内　　容 | 分　值 | 自　评 | 互　评 | 师　评 |
|---|---|---|---|---|---|
| 考评标准 | 追肥时期、追肥方法、追肥种类正确 | 30 | | | |
| | 能根据生长发育阶段对水肥的需求规律进行水肥管理 | 30 | | | |
| | 能及时发现病虫害，并采取有效防治措施 | 20 | | | |
| | 采收成熟度判断准确，能进行科学采收 | 20 | | | |
| | 合　　　计 | 100 | | | |
| 最终得分（自评30% + 互评30% + 师评40%） | | | | | |

**生产操作注意事项**

1. 茄子生产上应及时摘除下部衰老的叶片。
2. 茄子授粉应在开花当天进行。

# 任务三　辣椒生产

## ● 任务实施的专业知识

辣椒，别名海椒、番椒等，为茄科辣椒属植物，在温带地区为一年生草本植物，热带地区为多年生灌木。辣椒产量高，供应期长，适应性强，我国各地均可栽培。辣椒分为味辣的辣椒和味甜的甜椒两大种群。

## 一、生物学特性

### （一）植物学特征

1. 根

根系不如番茄和茄子发达，根量少，入土浅，主要根群分布在30cm土层内，横向分布范围45cm；根系再生能力较弱。

2. 茎

茎直立，基部木质化，茎上不易产生不定根，茎顶部有一顶芽（叶芽）。分枝习性为双杈分枝，也有三杈分枝的。一般小果类型植株高大，分枝多，开展度大；大果型植株矮小，分枝少，开展度小，其分枝结果习性与茄子相似。

3. 叶

单叶互生、全缘，卵圆形或长卵圆形，先端渐尖，叶面光滑，略带光泽。

4. 花

完全花，花小，白色或绿白色，顶生、单生或簇生于分叉点上；常异花授粉植物。

5. 果实

浆果，果汁少，果梗粗壮，果面光滑或皱缩，果皮与胎座分离形成空腔，果实下垂或向上着生，果实形状有扁柿形、长灯笼形、扁圆形、圆球形、羊角形、牛角形、长或短圆锥形、长指形、短指形、樱桃形等。

6. 种子

肾形，扁平稍皱，浅黄色，有光泽，种皮较厚，发芽不如番茄、茄子快。种子千粒重6～7g，发芽年限3～4年。种皮有粗糙的网纹，较厚，发芽率较低。

（二）分枝结果习性

根据植株的分枝能力强弱不同，一般将辣椒分为无限分枝型和有限分枝型两类。

1. 无限分枝型

植株高大，生长苗壮。主茎长到7～15片叶，顶芽变为花芽，花芽下位形成分枝，一般2个分枝，长到1～2叶后顶芽又形成花芽，再抽生分枝，依次陆续抽生各级分枝，陆续开花结果，如图5-6所示。生长至上层后，由于果实生长的影响，分枝规律有所改变，或枝条生长势强弱不等。

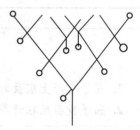

图5-6　辣椒结果习性示意图

2. 有限分枝型

植株矮小，主茎长到5～13片叶，形成顶生花簇而封顶，花簇下的腋芽抽生侧枝，侧枝上的腋芽还可抽生副侧枝，侧枝和副侧枝着生1～2片叶后，顶端又形成花簇而封顶，植株不再分枝生长。簇生的朝天椒和观赏的樱桃椒属于此类型。

辣椒基部主茎各节叶腋均可抽生侧枝，但开花结果较晚，应及时摘除，以减少养分消耗。

（三）对环境条件的要求

1. 温度

喜温，稍耐低温和高温。种子发芽期25～30℃；幼苗生长及花芽分化期，昼温20～25℃，夜温15～20℃；茎叶生长适温白天27℃左右，夜间20℃左右；开花结果期白天20～27℃，夜间16～20℃；果实发育和转色的最佳温度为25～30℃。

2. 光照

辣椒为短日照植物，对光周期要求不严格，但在较短日照、中等光强下开花结实快。种子在黑暗条件下易发芽；秧苗生长发育则要求良好的光照条件；生长发育期间要求充足的光照，以利开花坐果。

3. 水分

辣椒对水分要求很严，即不耐旱也不抗涝，淹水数小时植株就会萎蔫。适宜土壤相对湿度60%～70%，适宜空气相对湿度70%～80%。种子发芽要求较多水分；幼苗期需水量较少，幼苗移栽后需水量增加，但应适当控制水分，促进根系发育；初花期，需水量增大；果实膨大期要求较充足的水分。

4. 土壤营养

辣椒对土壤要求不十分严格，pH值在6.2～7.2的微酸性和中性土壤均可以栽培。以地势高燥，土层深厚，富含有机质，背风向阳，排灌方便的田地为好。不宜栽种在低洼积水或盐碱地上，否则根系发育不良，叶片小，易感染病毒病。

辣椒需肥量大，生长发育需要充足的氮、磷、钾肥料，对氮、磷、钾的吸收比例为1:0.5:1。幼苗期需肥量少；初花期需肥量不大，可适当施些氮、磷肥；盛花期和结果期对氮、磷、钾的需求量较大；在盛果期，一般应采收1次果实追施1次肥。

## 二、类型与品种

### （一）按果实形状分类

#### 1. 灯笼椒

植株粗壮高大，叶片肥厚，花大，果大，果实有扁圆形、圆形、圆筒形或钝圆形，颜色有红、黄、紫色等，味甜微辣或不辣。主要品种有中椒11号、农发甜椒、甜杂7号、京椒1号、紫生2号、白星2号、甜杂新1号等。

#### 2. 牛角椒

植株长势强或中等，果实下垂、粗大、牛角形，果肉厚。微辣或辣。主要品种有中椒6号、农大21号、丰椒1号、华椒17号、洛椒4号、江蔬2号等。

#### 3. 羊角椒

生长势强或中等，分枝性强，叶片较小或中等；果实下垂，羊角形，果肉厚或薄，味辣。主要品种有寿光羊角黄、洛椒2号、洛椒5号、秦椒2号等。

#### 4. 线椒

植株长势强或中等，果实下垂，线形稍弯曲或果面皱褶，细长，果肉厚，味辣，坐果数较多，多作干椒栽培。主要品种有8212线辣椒、咸阳线辣子、湘潭尖椒、伊利辣子、陕椒2001、天椒1号、天椒2号、韩星1号等。

#### 5. 圆锥椒

植株中等或高大，低矮丛生。茎叶细小，果实较小，果实圆锥形或圆筒形，多向上生长或斜生，辣味强，产量低，生产上很少栽培，多作干椒或观赏栽培。主要品种有邵阳朝天椒、日本三鹰椒、成都二斧头、昆明牛心椒、广东饶平的观心椒等。

#### 6. 樱桃椒

植株长势中等或较弱，低矮；叶片较小，果小如樱桃，圆形或扁圆形，朝天着生或斜生，成熟椒具有红、黄、紫等色，味极辣，产量低，主要用作干椒或观赏栽培。主要品种有四川成都的扣子椒、五色椒等。

### （二）按用途分类

#### 1. 菜椒

菜椒又称青椒，果实含辣椒素较少或不含。植株高大，长势旺盛，果实大，肉厚，以采收绿熟果鲜食为主。

#### 2. 干椒

干椒又叫辛辣椒，果实多为长椒形，辣椒素含量较高，以采收红熟果制干椒为主。

#### 3. 水果椒

水果椒又名彩色辣椒，果实灯笼形，颜色多样，在绿熟期或成熟期呈现出红、黄、橙、白、紫等多种颜色。果实色泽鲜艳亮丽，汁多味美，营养价值高，适合生食。主要品种有白公主、紫贵人、佐罗、麦卡比、扎哈维、黄力土、白玉等。

**4. 观赏椒**

植株长势中等或较弱，株冠中等或较小，果实红色、黄色、橘红色等，叶片中等或较小的一些辣椒品种，包括樱桃椒、圆锥椒及一些水果椒，以观赏为主。

### 三、栽培季节与茬口安排

由于我国各地的地理纬度不同，辣椒栽培季节有很大的差异。

**1. 华南地区和云南南部**

一年四季都能栽培生产，但最适生长时期是夏季和秋季。春季栽培于上年 10~11 月育苗，苗期 80~90d，1~2 月定植，4~6 月采收；夏季栽培播种期在 1 月下旬至 4 月上旬，苗龄 60d，3 月中旬至 6 月上旬定植，采收期为 5~9 月；秋季栽培的播种期为 7~9 月，苗龄 30~40d，7~10 月定植，采收期为 10 月至翌年 1 月份。

**2. 东北、蒙新、青藏蔬菜单主作区**

播种期一般在 2 月下旬至 3 月上旬，在设施内育苗，定植期 5 月中下旬，收获期为 7~9 月；以干制为栽培目的，可适当晚植，使其顶部果实能够在相近时期红熟。

**3. 华北蔬菜双主作区**

露地生产分春提前和秋延后两个茬口，春提前栽培多在阳畦、大棚中育苗，终霜后定植，夏季供应市场，播种期在 1 月上中旬，定植期在 4 月下旬至 5 月上旬；秋延后则在 4 月下旬至 5 月下旬露地播种育苗，6 月中旬至 7 月上旬定植，8 月上旬至 10 月下旬供应市场；也有许多地方如河北张家口从春至秋一年进行一大季露地生产。

辣椒的前茬可以是绿叶菜类，后茬可种植秋菜或休闲。设施栽培主要有秋冬茬、冬春茬和早春茬。

### ● 任务实施的生产操作

#### 一、辣椒春露地生产

**（一）选用优良品种**

早春气候时有低温出现，应选耐低温、对温度变化适应性强的品种，同时要求具有早熟、丰产、抗病特点。目前生产上主要品种有湘研一号、五彩甜椒、天鹰椒等。

**（二）培育适龄壮苗**

**1. 苗床准备**

一般在温室内采用营养钵育苗，营养面积 10cm×10cm。营养土可按肥沃田土 6 份、腐熟马粪或圈肥 4 份进行调制。每立方米培养土中另加腐熟过筛的大粪干或鸡粪 25kg、过磷酸钙 1kg、草木灰 10kg，调匀后装入营养钵待用。

**2. 种子处理**

播种前 5~7d 种子用 55~60℃温水烫种。为了钝化病毒，浸种后用 10%磷酸三钠溶液浸种 20min，洗净种子表面药液后进行催芽。催芽温度 25~30℃，4~5d 出芽。

**3. 播种方法**

将营养钵浇透水，水渗下后每钵播种 3~5 粒，覆土 1~1.5cm，覆盖塑料薄膜；也可用育苗盘播种，出苗后二次移植。苗床温度白天 25~28℃，夜间 18~20℃，6~8d 可出齐苗。

**4. 出苗后管理**

苗齐后适当降温，白天 20~25℃，夜间 15~17℃。选晴朗天气揭膜间苗，每钵留苗 3 株，间苗后撒一层细土，以利幼苗扎根；真叶露心后适当提高床温，白天 25℃左右，夜间 15~20℃；定植前 10~15d 浇水、囤苗并进行低温锻炼，夜间温度可降至 10~12℃；定植前还可进行 2~3 次叶面喷肥，用 0.3% 尿素加 0.2% 磷酸二氢钾混合液或液体化肥叶面喷洒。

**5. 防止幼苗徒长、死顶及锈根**

徒长是由于床温过高，尤其夜温高、床土过湿，氮肥偏多、磷、钾不足；死顶是幼苗生长点停止生长，叶片变厚老化，颜色暗绿的现象；锈根即根部不长须根或须根极少、根部变褐老化。

**6. 适龄壮苗标准**

苗龄 90d 左右，株高 20cm 左右，茎秆粗壮，直径 4mm 左右，节间短，展叶 12~15 片，叶片较大而厚，叶色深绿，根系完整。门椒花现蕾。无病、无虫伤。

**（三）定植**

**1. 整地施肥**

定植畦冬前应深耕冬灌，早春化冻后进行耕翻，同时每 667m² 施腐熟圈肥 7500kg、过磷酸钙 50kg，耙细整平。做畦 1.5m 宽，施入腐熟、过筛的大粪干或鸡粪，每 667m² 约施 1000kg，复合肥 30kg。肥料要撒匀，深刨两遍，深度 20cm，充分将肥、土混匀，耙细整平，并提前 4~5d 覆盖地膜烤畦。

**2. 定植期**

辣椒性喜温暖，适宜生长温度比番茄高，要求 10cm 土层内地温稳定在 10~12℃、气温 10℃时才能定植。

**3. 定植方法**

定植时采取水稳苗法栽植，灌足定植水，可先在地膜上挖穴，灌水后即将苗坨坐入水中，让水把苗坨湿透，待阳光晒暖后再覆土。

**4. 定植密度**

甜椒每畦栽 3 行，穴距 33cm，每 667m² 挖 3300 穴，每穴栽 3 株，每 667m² 约 10000 株苗；辣椒每畦栽 4 行，行距 30cm，穴距 30cm，每 667m² 挖 4000 穴，每穴栽 3 株，每 667m² 约栽 12000 株苗。

**（四）定植后管理**

**1. 中耕除草**

定植后 2~3d 及时铲耥一遍，以后逐渐浅铲、深耥、多培土，连续铲耥 3~4 次，封垄后不宜进行中耕。

**2. 肥水管理**

（1）结果前的水肥管理　定植后 8~10d，心叶开始见长时，浇 1 次缓苗水，然后控水蹲苗；当田间大部分植株的门椒长至 2cm 大小时，结束蹲苗开始浇水，并经常保持地面湿润。结合浇水追肥一次，每 667m² 追硫酸铵 10kg；门椒坐果后每 667m² 施氮、磷、钾复合肥 20kg，或施硫酸铵 15kg、过磷酸钙 20kg、硫酸钾 10kg，随即浇水。

（2）结果期的水肥管理　进入结果盛期后可撤掉地膜，以降低地温，结合浇水 667m²

施腐熟饼肥 50kg、复合肥 25kg；以后要小水勤浇，每 6 ~ 7d 浇 1 次水，并视长相酌情施肥；7 月下旬进入雨季，应注意排涝。

### 3. 防止落花落果措施

选用抗病、抗逆性（耐高温、低温、耐寒、耐涝）强的品种，加强肥水管理，增强植株抗性。对早春温度过低或夏季温度过高引起的落花，可以用 25 ~ 30mg/L 的防落素或 30 ~ 35mg/L 的辣椒灵、番茄灵等溶液在花期喷洒；或用毛笔蘸取 10 ~ 15mg/L 的 2，4-D 溶液涂花柄。此期间要注意防治蚜虫，可喷施 800 ~ 1000 倍液乐果等药剂，喷药时可酌情加 0.2% 磷酸二氢钾或 0.3% 尿素进行叶面追肥。

### 4. 植株调整

辣椒株高约 25cm 时，抹掉门椒以下主茎上的腋芽和叶片，抹芽时间以下午和芽不过寸时为宜。及时去掉下部的病叶、老叶、黄叶。立秋后 3 ~ 5d 进行摘心。

### （五）采收

以采收嫩果上市的辣椒对商品成熟度指标要求不严格，只要果实充分长大，果肉亦厚，果色变深，表面具有较好光泽时就可采收。一般开花后 35 ~ 40d 果实即可长足，为采收适期。门椒、对椒应及早采收，以免坠秧。

## 二、设施早春茬栽培

设施早春茬辣椒，定植以后温度和光照条件已经能够满足正常生长发育的需要，只要调节好温度，给予适宜的肥水，控制好空气湿度，就能较快地进入结果期，提高采收频率。

### （一）温度管理

定植后密闭保温，促进缓苗。缓苗后控制最适宜温度，白天 23 ~ 28℃，夜间 15 ~ 18℃。遇到寒流，尽量延长白天的高温时间，午后早盖草苫，加强保温。

根据各地市场需求情况不同，可选择长辣椒类型或灯笼椒类型的品种。前者以供应早春为主，生育期较短，以促进生长发育为主，争取提早上市，提高采收频率；创造最适宜的温度条件，进行偏高温管理；选择灯笼椒类型品种，可延迟采收期到元旦后春节前，倒茬进行早春茬蔬菜生产，应适当加大昼夜温差，防止植株早衰，延长生育期。

随外界温度升高，不断加大放风量，延长放风时间，当外界最低温度达到 12℃ 以上时昼夜放风；进入盛夏，薄膜透光率下降，加上大放风，温室比露地气温、地温都低，光照也较弱，不会受高温强光影响；入秋以后，随气温逐渐下降减少放风量，当外界气温下降到 12℃ 以下时，放下底脚围裙，改为白天放风。当夜间温度不能保持 10℃ 以上时开始覆盖草苫保温。

### （二）水肥管理

单株浇水量小，但辣椒栽培密度大，需要小水勤浇。定植水浇足后，一般不需浇缓苗水，缓苗后根据植株长势和土壤墒情，如果土壤水分不足，可在地膜下暗沟轻浇 1 次水，然后进行蹲苗，促进根系发育，控制地上部生长；果实开始膨大时浇水，每次浇水时以灌多半沟水为度，明沟和暗沟交替进行，保持土壤见干见湿。明沟浇水后，在表土见干时进行浅中耕培土，防止伤根和杂草发生。空气相对湿度 60% ~ 80% 为宜。

第 1 次果实膨大期，施硝酸铵 10 ~ 15kg/667m²；以后浇 2 ~ 3 次水追 1 次肥，每次每 667m² 追施硝酸铵 10 ~ 15kg 或硫酸铵 15 ~ 20kg，硫酸钾 10 ~ 15kg。

### （三）植株调整

整枝方法与辣椒春露地生产相同。

### （四）再生栽培

延长采收期到元旦后的辣椒，一般在 7 月末至 8 月初进行老株更新，选晴天上午，将四面结果部位的上端枝条剪下，以利于伤口当天愈合。剪枝后的伤口应及时喷 1∶1∶240 波尔多液，或 50% 甲基硫菌灵 800 倍液。

剪枝后每 667m² 施农家肥 2000~3000kg，复合肥 10kg，松土培垄，1 周后再喷 0.2%~0.3% 磷酸二氢钾。萌发新枝后，选留 2 个健壮枝条，使其萌发新枝，8 月下旬进入果实采收期。老株更新，不但可提高产量，而且还避开了露地辣椒的产量高峰期，延长采收期。

## 三、干制辣椒生产

干制辣椒均为露地栽培，其生产栽培技术要点如下。

### （一）播种育苗

播种量 150~200g/667m²。床内填入 10cm 厚床土，整平床面。灌水后用齿距 7cm 的耙子将床面纵、横向交叉划成小方格，每方格内点播 3~4 粒种子，覆土 1~1.5cm，再盖一层地膜，最后架成塑料小拱棚苗床。

当出苗率达 50% 左右时撤掉地膜，防止芽苗徒长或"烧芽"。及早间苗，使每方格内有 2~3 株健壮苗。当中午出现 35℃ 以上高温时，加强通风，苗龄 55~60d，12 片真叶时进行适应性锻炼后即可定植。

### （二）整地施肥

每 667m² 需施厩肥 5000kg，磷酸二铵 25~30kg，硫酸钾 5~7.5kg。做成低畦或垄，畦宽 100~120cm，垄距 50~60cm。

### （三）定植

定植前 1~2d，将苗床轻度均匀灌水，结合灌水每个苗床追施尿素 500~750g，待水渗下后再用代森锰锌 500 倍液加 0.1% 磷酸二氢钾配成药肥复合液喷洒一次，然后起坨移栽。畦栽的每畦两行，垄栽的每垄一行，穴距 25~30cm。栽后立即浇足定植水。

### （四）定植后管理

缓苗后，灌水应隔行浇灌。每 667m² 需尿素 20~25kg、硫酸钾 5~7.5kg。尿素于定植时、开花期、盛花期施入，硫酸钾于培土起垄时施入。结果期每隔 10d 喷 1 次叶面肥。

门椒花开放后，在株行两侧重施肥 1 次，施肥后进行深中耕、培土和起垄，垄高 20~24cm。培垄能防止辣椒倒伏，还可在高温季节降低根际土壤温度。当门椒花开放，果长 1~2cm 时，抹掉门果以下主茎上的分枝和叶片。抹芽时间以下午和"芽不过寸"（芽长小于 3.3cm）为宜。立秋后 3~4d 进行摘心。

### （五）收获

干制辣椒果实完全成熟而尚未干缩变软时采收为宜，选晴天分期采收；也可进行一次性采摘，在果实充分红熟、红果达 90% 以上时，即可进行采收。采后应避免挤压椒果，破坏蜡质层，及时摊晒，不能太厚，勤翻，晒干后作堆，盖好棚布，分级装袋。

辣椒生产技能训练评价表见表 5-4。

表 5-4　辣椒生产技能训练评价表

学生姓名：　　　　　　　　　测评日期：　　　　　　　　　　测评地点：

| | 内　容 | 分　值 | 自　评 | 互　评 | 师　评 |
|---|---|---|---|---|---|
| 考评标准 | 能正确进行种子处理、计算播种量，播种程序和方法正确 | 20 | | | |
| | 苗期管理精细，幼苗生长健壮，苗龄适宜 | 20 | | | |
| | 能正确进行整地作畦，畦面平整，无坡度，畦长、宽标准 | 20 | | | |
| | 定植方法正确，定植成活率高 | 20 | | | |
| | 定植后管理及时，施肥灌水时期和方法正确，采收及时，产量高 | 20 | | | |
| 合　　计 | | 100 | | | |
| 最终得分（自评 30% ＋ 互评 30% ＋ 师评 40%） | | | | | |

---

**生产操作注意事项**

1. 及时进行植株调整，使营养生长与生殖生长协调。
2. 辣椒栽培时应培育壮苗，加强管理，防止"三落"。
3. 及时采收，以免坠秧。

## ● 茄果类蔬菜主要的病虫害

茄果类蔬菜主要病虫害有病毒病、早疫病、叶霉病、灰霉病、晚疫病、枯萎病、番茄脐腐病、炭疽病、茄子黄萎病、褐纹病、绵疫病、辣椒疮痂病等；虫害主要有小地老虎、蚜虫、棉铃虫、烟青虫等。应加强综合防治，实行轮作，选用抗病品种，做好种子消毒，合理密植，加强栽培管理，及时清除残株、落叶及杂草，必要时进行药剂防治。

# 练习与思考

1. 进行茄果类蔬菜浸种及催芽处理，记录发芽情况，填入表 5-5，并进行分析总结。

表 5-5　茄果类蔬菜浸种及催芽情况记录表

| 蔬菜种类 | 种子数目 | 浸　种 | | 开始催芽日期 | 发芽日期和每天发芽数 | 发芽势（%） | 发芽率（%） |
|---|---|---|---|---|---|---|---|
| | | 水温/℃ | 时间/h | | | | |
| 茄子 | | | | | | | |
| 辣椒 | | | | | | | |
| 番茄 | | | | | | | |

2. 参与主要茄果类蔬菜露地生产和设施生产的全过程，写出技术报告，并根据操作体验，总结出经验和创新的技术。

3. 观察比较不同类型番茄的分枝结果习性，第 1 花序的着生节位、花序类型、各层花的着生规律、分枝能力及侧枝生长情况的差异，将观察结果填入表5-6。

**表5-6 番茄不同类型生长结果习性观察记录表**

| 生 长 类 型 | 第一花序着生节位 | 花 序 类 型 | 各层花序着生规律 | 花序着生层数 | 分 枝 能 力 | 侧枝生长情况 |
|---|---|---|---|---|---|---|
| 有限生长类型 | | | | | | |
| 无限生长类型 | | | | | | |

4. 进行番茄植株调整操作，记录番茄不同类型和品种搭架、绑蔓、整枝、打杈、摘心、疏花疏果、打底叶的具体时期、方法及要求。

# 瓜类蔬菜生产

~~~~~~~~~~~~~~~~~~~~~~~~~~~~~~~~~~~~~~~~~~~~~~~~~~~~~~~~~~~~~~~~~~

➤ **知识目标**

1. 了解瓜类蔬菜的形态特征和生长发育规律及其与栽培生产的关系。

2. 理解瓜类蔬菜对环境条件的要求及其与栽培生产的关系。

3. 掌握黄瓜、西瓜、西葫芦、甜瓜、南瓜和冬瓜的育苗技术和生产管理技术。

➤ **能力目标**

1. 能够根据当地市场需要，选择瓜类蔬菜优良品种。

2. 会选择栽培季节与安排茬口。

3. 能够根据当地气候条件进行瓜类蔬菜的农事操作，能熟练进行瓜类蔬菜的播种、间苗、定苗、中耕除草、肥水管理等基本操作，具备独立进行瓜类蔬菜栽培生产的能力。

~~~~~~~~~~~~~~~~~~~~~~~~~~~~~~~~~~~~~~~~~~~~~~~~~~~~~~~~~~~~~~~~~~

## 任务一 黄瓜生产

● **任务实施的专业知识**

黄瓜，为葫芦科甜瓜属一年生攀缘性草本植物，适合生、熟食，也可用来加工。黄瓜适应性较强，可进行多种形式和茬次的栽培，是我国北方保护地栽培的主要瓜类作物之一。

### 一、生物学特性

**（一）形态特征**

1. 根

黄瓜根系不发达，大部分集中在 10～30cm 表土层。好气，吸收能力弱，故不抗旱，栽培时，必须经常保持土壤湿润，要求土壤肥力较高。根系木栓化早，断根后再生能力弱，因此要少移苗，移苗要早期进行，并用营养钵保护根系。

2. 茎

黄瓜茎四棱或五棱形，中空，具刚毛，无限生长，易折断。苗期节间短，直立，5~6片真叶后开始伸长，呈蔓性。叶腋着生卷须、侧枝及雌、雄花。

早熟品种茎较短而侧枝少，中、晚熟品种茎较长而侧枝多。

3. 叶

黄瓜子叶长为椭圆形，对生。真叶掌状浅裂、单叶互生，两面均被有刺毛，叶片大而薄。

子叶是种子时期的营养体，育苗时需加强管理，促进子叶肥大，加速根系生长。黄瓜叶面积较大，缺水时立即萎蔫。对土壤水分和空气湿度要求较高，黄瓜叶片展开10d后同化量最大，从生长点向下数15~30片的叶片同化量最大，田间作业时不要碰伤这些叶片。

4. 花

黄瓜大部分是雌雄同株异花，腋生，在早晨5~6时开放。雄花早于雌花出现，常数个簇生。雌花多单生，子房下位，虫媒花，异花授粉。

雄花花粉在花药裂开后4~5h内授粉率最高，高温时花粉寿命最短。花粉萌发的适宜温度为17~25℃，低于10℃或高于40℃授粉不良，所以黄瓜留种应在早晨授粉。阴雨季节或设施栽培时，人工授粉可提高产量。黄瓜花的性别分化，受温周期和光周期的影响，低温短日照有利于雌花分化，高温长日照有利于雄花分化。

5. 果实

黄瓜果实为筒形至长棒状，通常开花后8~18d达到成熟。嫩果绿色或深绿色，少数为淡黄色或白色，果面平滑或具棱、瘤、刺。开花至果实生理成熟需35~45d，果实呈黄白色至棕褐色。

黄瓜具有单性结实的特性，形成种子不发育的果实。一般设施中昆虫较少，授粉困难，所以黄瓜很适合在设施内栽培。

6. 种子

黄瓜种子为披针形，扁平，黄白色，每瓜结种子数150~300粒，着生于侧膜胎座上，千粒重22~42g。种子寿命4~5年，生产上宜采用1~2年的种子。

黄瓜种子发芽时，子叶下胚轴上部的突起叫胚栓，有利于幼苗出土时脱去种皮，所以盖土不能过浅，否则出苗时出现"戴帽"现象，使子叶遭受损伤而影响幼苗质量。

**（二）生长发育周期**

黄瓜生育周期大致分为发芽期、幼苗期、抽蔓期和开花结果期。

1. 发芽期

从种子萌动到第1片真叶出现，约需5~6d。发芽期主要靠种子贮藏的养分，生产上应选用饱满的新种子，并给予较高的湿度、适宜的温度和充足的光照条件。

2. 幼苗期

从第1片真叶出现到4~5片真叶展开，茎蔓开始伸长，约需20~30d。此期幼苗直立生长，分化大量叶芽和花芽。黄瓜幼苗长出1~2片真叶时，即进行花芽分化。分化之初既有雌蕊也有雄蕊，在发育过程中，花的性别受内外因素的影响，植株体内含氮化合物多促进雄花分化，含碳化合物多促进雌花分化；植株较低的代谢水平有利于雌花分化，茎叶生长旺盛，利于雄花分化；赤霉素促进雄花分化，生长素和乙烯促进雌花分化；夜低温、短日照、充足的营养、磷肥、钾肥、适宜的水分、乙烯利、脱落酸以及二氧化碳、一氧化碳等均促进雌花分化，而长日照、氮肥过多、营养不良、赤霉素等均有利于雄花分化。

**3. 抽蔓期**

抽蔓期又称为初花期，从植株长出 4~5 片真叶到根瓜坐住为止，约 15~25d。此期植株的发育特点主要是茎叶形成，其次是花芽继续分化，花数不断增加，根系进一步发展。这一阶段是营养生长向生殖生长的过渡阶段，生产上既要促使根的活力增强，又要扩大叶面积，确保花芽的数量和质量，并使瓜坐稳，避免徒长和化瓜。

**4. 开花结果期**

从第 1 朵雌花开放到拉秧。结果期长短与生产季节、生产环境有密切关系。春黄瓜一般 50~60d，日光温室越冬黄瓜开花结果期可达 6~8 个月。应尽量延长结果期。

**（三）对环境条件要求**

**1. 温度**

（1）气温　黄瓜喜温，致死低温是 -2~0℃，不耐轻霜，6℃ 以下就难以适应，10~12℃ 以下黄瓜生理活动失调，生长缓慢或停止生长，因此，栽培中把 10℃ 称为黄瓜经济最低温度；黄瓜光合作用最适温度为 25~32℃，高于 32℃ 植株生长不良，40℃ 以上黄瓜同化作用急剧下降，生长停止；45℃ 以上经过 3h，叶色变淡，落花落蕾现象严重；50℃ 高温持续 1h，出现日烧，严重时凋萎；当设施内达 60℃ 高温，经 5~6min，组织被破坏而枯死。

（2）地温　黄瓜对地温敏感，地温低，根系不伸展，吸水吸肥能力弱，茎不伸长，叶色变黄。根毛发生最低温度是 12~14℃，地温 12℃ 以下根系生理活动受到障碍，底叶变黄，最低不低于 15℃。最适土温为 20~25℃，高于 25℃ 时，根系早衰。

（3）温周期　黄瓜还要求一定的温周期，理想的昼夜温差是 10℃ 左右，白天设施内应保持在 25~30℃，夜间保持在 15~20℃，进行变温管理，更符合黄瓜的生理特性。

**2. 湿度**

黄瓜喜湿不耐旱、不耐涝，要求土壤湿度保持 80%~90%，空气相对湿度白天 80% 左右，夜间 90% 左右。土壤湿度较大，能适应较低的空气湿度。空气湿度过高，易诱发多种病害。

**3. 光照**

黄瓜喜光、耐弱光，最适宜的光照强度为 40~60klx。当设施内光照强度降到自然光照的 1/4 时，同化量就要降低 13.7%，并且生长发育不良。因此，设施覆盖的玻璃或塑料薄膜必须经常保持清洁，以增加设施内的透光性。

**4. 土壤和营养**

黄瓜要求有机质丰富，疏松透气，保肥，保水，排水良好的中性土壤。氮肥不足，底叶老化早衰，并影响根系对磷肥的吸收。磷肥主要促进黄瓜花芽分化，苗期须有充足的磷肥。钾肥促进果实和根系生长，前期如果缺钾，植株生长慢，严重减产；黄瓜进入摘瓜期后，需钾最多，其次为氮，再次为钙、磷，所以进入摘瓜期，须多次追肥。氮、磷、钾三要素有 50%~60% 在结瓜盛期被吸收，黄瓜产量越高，吸收的营养元素就越多。

## 二、品种类型与优良品种

根据栽培季节可分为春黄瓜、夏黄瓜和秋黄瓜；按成熟期可分为早熟、中熟和晚熟黄瓜。

**（一）春黄瓜**

春黄瓜较耐寒和早熟，如北京大刺瓜、长春密刺、津研6号、吉杂2号等。

**（二）夏黄瓜**

夏黄瓜生长势强，耐热抗病，多为中熟品种，如津研2号、山东宁阳大刺瓜、津研7号、夏丰1号等。

**（三）秋黄瓜**

秋黄瓜多为中晚熟品种，适应性较强，叶色深，叶片厚，如唐山秋瓜、汉中秋瓜等。近年来，新育成的优良品种有津春2、3、4、5号，津杂2、3、4号，津优1、2、3号，津绿2、3、4号，中农2、4、5、7、8号，龙杂黄7号等。

## 三、栽培季节与茬口安排

黄瓜的栽培形式较多，露地栽培有春黄瓜、夏黄瓜和秋黄瓜3个茬次，以春黄瓜为主。保护地黄瓜分为塑料拱棚春提前和秋延后，日光温室秋冬茬、越冬茬和早春茬。其中越冬黄瓜供应期长，可调节冬春淡季蔬菜花色品种。黄瓜栽培季节和茬口安排见表6-1。黄瓜病害较多，不宜连作，也不能与葫芦科蔬菜连作，轮作年限3~5年。

**表6-1　黄瓜栽培季节和茬口安排**

| 栽培形式 | 播种期（旬/月） | 定植期 | 收获期（旬/月） | 育苗条件 |
|---|---|---|---|---|
| 露地春黄瓜 | 中/3 | 下/4 | 下/5~上/7 | 阳畦、大棚 |
| 露地夏黄瓜 | 下/5~下/6 | — | 下/7~上/9 | 直播 |
| 露地秋黄瓜 | 下/6~下/7 | — | 下/8~上/10 | 直播 |
| 大中棚春黄瓜 | 中/1~上/2 | 中下/3 | 下/4~下/6 | 温室 |
| 大中棚秋黄瓜 | 中/7 | | 上/9~上/11 | 直播 |
| 日光温室秋冬茬 | 上/8~中/9 | — | 中/10~下/12 | 直播 |
| 日光温室越冬茬 | 下/9~上/10 | 下/10~上/11 | 下/12~上/次年6 | 温室 |
| 日光温室早春茬 | 中/12~下/次年1 | 中/2 | 下/3~中/5 | 温室 |

## ● 任务实施的生产操作

## 一、日光温室越冬茬黄瓜生产

**（一）整地施基肥**

黄瓜需肥量大，一般结合整地每667m² 施优质腐熟有机肥10000kg，磷酸二铵50kg，钾肥20kg。可2/3普施，深耕耙平后按行距开沟，沟内施剩余的1/3基肥。冬春保护地栽培以垄作双行地膜覆盖最好，畦向南北方向，窄行距50~60cm，宽行距80cm，起垄高10~15cm，垄上覆地膜。浇水于两垄之间膜下进行，可有效降低空气湿度，减轻黄瓜霜霉病等危害。定植前用百菌清烟剂进行室内消毒。

**（二）嫁接育苗**

黄瓜是日光温室种植的主要蔬菜，轮作倒茬困难，连作引起的枯萎病日趋严重，嫁接是防治枯萎病的有效措施；且砧木根系发达，耐旱、耐寒和吸收水肥能力较强。黄瓜的砧木以南瓜为主，如黑子南瓜、南砧1号、新土佐、壮士、共荣等。

**1. 播种床的准备**

在播前7～10d每100m³用硫黄粉250g、锯末500g混合熏烟12h左右。在日光温室中柱前50cm以南，作成宽1～1.5m的畦。黄瓜床土为过筛细沙，厚度为8cm，砧木南瓜床土为5份生茬土、5份腐熟马粪，施复合肥1.5kg/m³，装钵后摆放在苗床上备用。

**2. 浸种催芽**

每667m²温室需黄瓜种子150g，成苗3500～3700株左右。每667m²黑子南瓜用种量为1～1.5kg。云南黑子南瓜后熟期长，当年的种子发芽率低，冬春茬生产要用前1年的种子。

黄瓜和南瓜种子均用温汤浸种，将种子放入55～60℃的热水中不停搅拌，保持水温15min，水温降至30℃时停止搅拌，黄瓜子浸泡4～6h；南瓜子继续浸泡8～12h。将种子表皮上的粘液搓洗掉，用干净的湿布包好，在28～30℃的环境条件下催芽。每天用30℃温水淘洗1～2次，待有80%种子露出芽即可播种。为了提高黄瓜的抗寒能力，增强秧苗对低温的适应能力，可进行胚芽低温锻炼。将刚破嘴的种子连同湿布包置于－2～1℃低温下12h，然后放在18～22℃条件下12h，如此反复处理2～3次。

**3. 播种**

若采用靠接法，黄瓜种子比南瓜种子早播4～5d，黄瓜出齐苗后再播南瓜。顶插接的则南瓜早播5～7d，播前苗床要浇足水，苗床地温预热到25℃。黄瓜种子散播或点播在沙床上，覆1cm厚湿润细沙土；南瓜种子可点播于营养钵内，覆2cm厚湿润细沙土，覆盖地膜，白天保持25～30℃，夜间保持15～20℃。50%以上的子叶露头时撤去地膜。

**4. 嫁接及接后管理**

黄瓜嫁接方法较多，常采用靠接法或顶插接法嫁接。

（1）靠接法　要求砧木和接穗大小相近，子叶平展、真叶露心时为嫁接适宜时期。砧木去掉生长点，在子叶下0.5～1.0cm处用刀片作45°角向下斜削1刀，深度为茎粗的2/5～1/2，切口长约1cm。在接穗相应部位向上呈45°角斜削，深度为茎粗的1/2～2/3，切口长度与砧木切口相同。将接穗切口嵌插入砧木的切口，使二者切口紧密结合在一起，用嫁接夹固定，如图6-1所示。把接穗与砧木栽在一起，相距约1cm。7d后接口愈合，切断接穗根部，10～15d后去除嫁接夹。

（2）顶插接法　当南瓜第1片真叶展开，黄瓜两片子叶展开时为嫁接适宜时期。用竹签除去砧木的真叶及生长点，然后用与接穗下胚轴粗细相同、尖端削成楔形的竹签，从砧木一侧子叶的主脉向另一侧子叶方向朝下斜插深约1cm。以不划破外表皮、隐约可见竹签为宜。取接穗苗，用刀片在子叶节下1～1.5cm处削成斜面长约1cm的楔形面。将插在砧木上的竹签拔出，将削好的接穗插入孔中，接穗子叶与砧木子叶呈十字状，用嫁接夹固定，如图6-2所示。

图6-1　黄瓜靠接示意图

（3）嫁接后管理　嫁接后将嫁接苗移入温室内的小棚中，遮阳，每日向小棚内喷雾2～

3 次，保持棚内相对湿度 95% 以上。3 ~ 4d 后逐渐缩短遮阳时间和喷雾次数，并保持白天温度 25 ~ 30℃，促进接口愈合。7 ~ 10d 嫁接苗成活后撤掉小棚。

**5. 大温差培育适龄壮苗**

为提高黄瓜抗逆性，培育适龄壮苗，关键是大温差管理。嫁接苗成活后，白天保持 25 ~ 30℃，不超过 35℃ 不放风，前半夜 15 ~ 18℃，后半夜 11 ~ 13℃，早晨揭苫前 10℃ 左右，有时可短时间降到 5 ~ 8℃，地温保持在 13℃ 以上。水分不需过分控制，以适宜的水分、充足的光照、加大昼夜温差来防止幼苗徒长。冬春茬黄瓜苗龄为 3 ~ 4 叶 1 心，株高 10 ~ 13cm 时即可定植，日历苗龄 35d，不宜超过 40d。

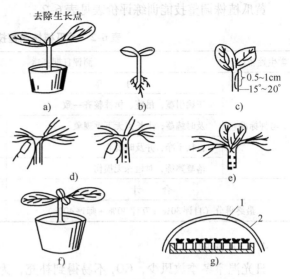

图 6-2　黄瓜顶插接法示意图
a）砧木苗　b）接穗苗　c）削成的接穗苗
d）插入竹签　e）插接穗　f）嫁接苗　g）苗床
1—小棚架　2—棚膜

**（三）定植**

定植时 10cm 地温应在 15℃ 以上。定植的前 1d 苗床浇透水。在高垄上按 20 ~ 25cm 的株距开穴，把苗坨从塑料体脱出放入穴中，苗坨与垄面持平。栽完后 1 次浇足定植水，待水渗下后用细土把定植口封严。每 667m² 保苗 3500 株。

**（四）定植后管理**

**1. 温光控制**

定植后要密闭保温。白天室温为 28 ~ 30℃，夜间为 20 ~ 22℃，特别是地温要在 15℃ 以上。如气温超过 35℃ 要盖苫遮阳。缓苗后，加大昼夜温差进行变温管理。白天室温 24 ~ 28℃，超过 30℃ 由顶部放风，降到 20℃ 左右时闭风，午后室内降至 15℃ 时覆盖草苫。前半夜保持在 15℃ 以上，后半夜降到 11 ~ 13℃，早晨揭苫前不低于 8℃。进入结果盛期，白天室温为 26 ~ 28℃，超过 32℃ 要加大放风量，夜间室温为 17 ~ 20℃。

晴天早揭苫，阴天也要揭苫；经常保持薄膜表面清洁，增加透光；缓苗后在栽培畦北侧或后墙 2m 高处垂直张挂反光幕，增加光照强度，并提高地温，4 月中旬以后撤掉。

**2. 肥水管理**

定植后 3 ~ 5d 浇 1 次缓苗水，至根瓜膨大前，尽量不浇水或少浇水。待根瓜 10cm 左右时开始浇水，为有效地控制空气湿度，浇水时把垄端地膜揭开进行膜下暗灌，结合浇水，每 667m² 随水追硫酸铵 10kg。结果盛期 10 ~ 15d 浇 1 次水，追 1 次肥。

**3. 植株调整**

植株长到 5 片真叶时要立架吊蔓，吊蔓采用尼龙绳吊蔓。此茬黄瓜生长期长，要及时摘除黄瓜的侧枝，不摘心打顶，应任其生长，待生长点接近屋面时进行落蔓。落蔓前打掉下部老叶，以利于通风透光，减少病害发生。缠蔓时摘除雄花和卷须，雌花过多时适当疏掉一部分。

黄瓜植株调整技能训练评价表见表6-2。

### 表6-2 黄瓜植株调整技能训练评价表

学生姓名：　　　　　　　测评日期：　　　　　　　　　　测评地点：

| | 内　　　容 | 分　值 | 自　评 | 互　评 | 师　评 |
|---|---|---|---|---|---|
| 考评标准 | 正确引蔓，吊蔓、植株整齐一致 | 30 | | | |
| | 及时缠蔓，生长点无下垂现象 | 20 | | | |
| | 打杈干净，并及时清除 | 20 | | | |
| | 落蔓熟练，对植株无损伤 | 30 | | | |
| 合　　　计 | | 100 | | | |
| 最终得分（自评30%＋互评30%＋师评40%） | | | | | |

**4. CO$_2$施肥**

日光温室冬季放风少，CO$_2$不易得到补充，为增加室内CO$_2$含量，根瓜坐住后的晴天9时进行CO$_2$施肥。在黄瓜行间内按每667m$^2$放置10个塑料桶，高度为1.2m，每个桶内加入25%的稀硫酸3.5kg（5d用量），每天每个桶内放入348g碳酸氢铵，碳酸氢铵用塑料袋包好，并扎上小孔后放入桶中。

**5. 采收**

根瓜尽量早采收，以免坠秧，一般3d采收1次，结果盛期1~2d采收1次。严格掌握产品标准，提高采收频率。在清晨采收能提高产品品质。此茬采收终期为6月份。

## 二、塑料大棚春黄瓜生产

### （一）整地施基肥

深翻20cm以上，每667m$^2$施农家肥5000~6000kg，2/3撒施后再翻1遍，使粪土均匀，耙平后做成1m宽的畦，畦内开深沟，把1/3基肥施入沟中。

### （二）育苗

大棚春黄瓜需在日光温室中育苗，育苗方法可参照温室越冬茬黄瓜进行；但为了突出其早熟性，苗龄要大些，以5~6片叶，50~60d为宜。连续进行2~3年黄瓜生产的大棚，最好进行嫁接育苗。由于大棚保温性不如温室，定植前要加强幼苗锻炼。定植前5~7d，育苗温室早揭晚盖，增加放风量，夜间降到8~10℃，并使其经受1~2次5℃左右的短时间低温。

### （三）定植

定植前15~20d提前扣棚烤地。确定定植期的主要依据是大棚内的地温和气温，当棚内5cm地温稳定通过10℃、气温达到5℃以上时即可定植，华北地区一般在3月下旬前后。1m宽的畦可隔畦栽双行，空畦套作耐寒的叶菜类，株距为17~20cm，667m$^2$栽苗4000株左右；也可进行主、副行栽培，主行原株数不变，副行减少一半株数，10片叶摘心，采收3条瓜拔秧。育苗方法与日光温室越冬茬黄瓜相同。

### （四）定植后管理

定植1周内密闭保温，中午不超过35℃不放风，保持地温12℃以上。从缓苗到根瓜坐住，主要是促根控秧，促进根系发育。应控制浇水和大温差管理。白天超过30℃放风，午后2时棚温降至20～25℃时闭风，夜间保持10～13℃。

　　缓苗后立即插架或吊蔓，也可挂网架。10片叶以下侧蔓摘除，10片叶以上侧蔓发生雌花后，在雌花前留1～2片叶摘心。根瓜开始伸长时追肥灌水，每667m² 施发酵稀粪500kg或硝酸铵15kg。施肥后立即灌水，灌水后先密闭升温再加大放风量，排湿。表土干后适时松土培垄。进入结果期，外温已升高，光照较强，是促进植株生长发育、夺取高产的关键时期，一般5～7d浇1次水。结合每次灌水，每667m² 追施硫酸铵20kg或硝酸铵15kg，并加强放风、排湿，结果期每隔7～10d喷1次0.2%～0.3%的磷酸二氢钾。

### （五）采收

　　根瓜提早采收。初期2～3d采收1次，盛果期每天早晨采收1次。

---

**生产操作注意事项**

　　1. 黄瓜病害较多，不宜连作，也不能与葫芦科蔬菜连作。
　　2. 根据植株的生长势确定留瓜或摘瓜的时期。

---

# 任务二　西瓜生产

## ● 任务实施的专业知识

　　西瓜为葫芦科西瓜属一年生蔓生草本植物，果实脆嫩多汁，味甜而营养丰富。西瓜具有清热利尿的作用，为夏季消暑的主要水果型蔬菜，除了西藏高原外，全国各地均有栽培。

## 一、生物学特性

### （一）形态特征

1. 根

　　根系发达，主根入土深度可达1m以上，横向分布范围在3m左右。根系易老化，伤根后再生能力差，生产上应采取护根措施。

2. 茎

　　蔓性、中空，分枝能力强。可进行3～4级分枝，任其生长会影响果实发育，须根据不同栽培方式进行合理整枝。茎部易发生不定根，要进行压蔓。

3. 叶

　　子叶2片，为椭圆形。真叶缺刻深。叶片上密生茸毛。营养生长旺盛，光照不足，秧蔓重叠，叶片大而长，叶柄、花梗也伸长，结果困难，保护地栽培必须加以注意。

4. 花

　　单性花，雌雄同株，异花，子房表面密生银白色茸毛，形状圆形或椭圆形，无单性结实能力。雌雄花均清晨开花，午后闭合，属半日性花。保护地栽培，须进行人工授粉。

**5. 果实**

圆形或椭圆形。皮色浅绿、绿色、墨绿或黄色等，果面有条带、网等。果肉颜色有大红、橘红、黄色以及白色等多种，质地硬脆或沙瓤，味甜。

**6. 种子**

扁平、卵圆或长卵圆形。种皮褐色、黑色、棕色等多种。种子大小差异较大，小粒种子千粒重 20～25g，大粒种子 150～200g。种子使用年限为 3 年。

**（二）生长发育周期**

**1. 发芽期**

从种子萌动到子叶展开，第 1 片真叶显露（露真），适宜条件下需 8～12d。此期主要是胚根、胚轴、子叶生长和真叶开始生长。

**2. 发芽期**

从"真叶"到植株具有 5～6 片叶（团棵）为止，适宜条件下需 25～30d。此期植株生长量小，正在分化叶芽、花芽。

**3. 伸蔓期**

从"团棵"至结瓜部位的雌花开放，适宜条件下需 15～18d。此期植株生长迅速，茎由直立转为匍匐生长，雌花、雄花不断分化、现蕾、开放。

**4. 开花结果期**

从留瓜节位雌花开放至果实成熟，适宜条件下需 30～40d。单个果实的发育又可分为以下 3 个时期。

（1）坐果期　从留瓜节位雌花开放至"退毛"（果实鸡蛋大小，果面茸毛渐稀），需 4～5d，此期是进行授粉的关键时期。

（2）膨果期　从"退毛"到"定个"（果实大小不增加）。此期果实迅速生长并已基本长成。瓜的体积和重量已达到收获时的 90% 以上，是生长发育过程中吸肥吸水量最大的时期，也是决定产量的关键时期。

（3）变瓤期　从"定个"到果实成熟，适宜条件下需 7～10d。此期果实内部进行各种物质转化，蔗糖和果糖合成加强，果实甜度不断提高。

**（三）对环境条件的要求**

**1. 温度**

西瓜喜高温干燥的气候，耐热性较强，能忍耐 35℃ 以上高温。生育适温为 24～30℃，低于 16℃ 停止生长，受精不良，子房脱落。西瓜种子在 10℃ 以上开始发芽、适温为 25～30℃，15℃ 以下和 40℃ 以上极少发芽，根毛发生的最低温度为 14℃，因此，露地春播和保护地定植，地温应稳定在 15℃ 以上，气温稳定在 10℃ 以上时进行，开花坐果期适温为 25℃，低于 18℃ 果实发育不良。果实膨大期和变瓤期以 30℃ 为宜，温度低果实成熟推迟，品质下降。

**2. 光照**

西瓜需要充足的光照，在 10～12h 的长日照下才能生长良好，但苗期在 8h 的短日照下有利于雌花形成。在 14h 以上的长日照和高温天气下，可使茎叶生长健壮，果实大而品质好。

**3. 湿度**

西瓜耐干燥和干旱能力强，适宜的空气湿度为 50%～60%，开花坐果期要求在 80% 左右，西瓜抗旱，不耐涝，只要在坐果期和膨果期，适当供给水分，仍能获得较高的产量。

4. 土壤营养

西瓜生长期长、产量高，因而需肥量较多，每生产5000kg西瓜，需要从土壤中吸收氮素9.5kg、五氧化二磷4.6kg、氧化钾6.7kg。在生长过程中，随着植株的不断生长，需肥量也相应增加，到西瓜果实旺盛生长时达到最大值。西瓜适应性较强，对土壤要求不严格，但仍以土质疏松、土层深厚、排水良好的沙质壤土为宜。对土壤酸碱度要求以pH值5~7为宜。

## 二、品种类型与优良品种

西瓜按食用部位可分为果用和籽用两类。籽用西瓜称为打瓜，按种子的大小，可分为大粒种和小粒种；按瓤色可分为红瓤、黄瓤、白瓤等类型；根据果肉质地不同分为沙瓤和脆瓤；根据成熟期的早晚可分为早熟品种、中熟品种和晚熟品种，是生产上主要栽培的类型。

### （一）早熟品种

该类品种株形小，适合密植，瓜小、皮薄，易开裂，易倒瓤，耐贮存和运输的能力较差；但耐低温和弱光能力比较强，也容易坐瓜，主要用于设施栽培及露地春节早熟栽培。

### （二）中熟品种

该类品种栽培期较长，北方地区春季栽培从播种到收瓜一般需要90~100d。瓜成熟稍晚，从雌花开放到成熟一般需要30~40d。株形较大，种植密度小，瓜大、皮厚，不易裂瓜，成熟瓜不易倒瓤，较耐运输和贮存。植株长势旺，适应性较强，茬口安排灵活，露地栽培中多用来代替晚熟品种进行高产栽培。

（1）高产品种　如新红宝、庆红宝、金钟冠龙、鲁瓜1号、中育6号、浙蜜1号、乐蜜1号、新澄等。

（2）含糖量高的品种　如郑州3号、3301、大和冰淇淋、琼酥及无籽西瓜各品种。

（3）抗病性较强的品种　如三倍体、四倍体西瓜，对炭疽病、疫病毒病、枯萎病等抗性较强。

### （三）晚熟品种

该类品种栽培期较长，北方地区春季栽培从播种到收瓜一般需要100~120d。瓜成熟稍晚，从雌花开放到成熟一般需要40d以上。株形较大，种植密度小，瓜大、皮厚，不易裂瓜，成熟瓜也不易倒瓤，较耐运输和贮存。植株耐热、长势强，适应性较强，连续结瓜能力也较强。主要品种有三白、核桃纹、黑油皮、巨宝王等，单果重8~10kg。

另外，还有无籽西瓜，主要用于露地高产栽培以及外销为主的设施栽培，优良品种有黑蜜2号、农友新奇、郑抗无籽3号等。

## 三、栽培季节与茬口安排

我国各地普遍种植西瓜，由于气候差别，各地露地种植时间有很大差异。我国北方西瓜主要产区的露地栽培播种期与始收期见表6-3。西瓜为耐热作物，露地栽培应将生长期安排在炎热季节，同地必须在当地地温稳定在15℃时才能播种或定植。西瓜露地栽培为春播夏收，幼苗出土或定植的最早安全期须在当地晚霜后。

表6-3 我国北方西瓜主要产区的露地栽培播种期与始收期

| 地区 项目 | 华北地区 | | | | | | 东北地区 | | 西北地区 | | |
|---|---|---|---|---|---|---|---|---|---|---|---|
| | 山东昌乐 | 山东德州 | 河南开封 | 北京大兴 | 北京丰台 | 陕西周至 | 黑龙江泰来 | 辽宁盖平 | 甘肃兰州 | 青海民和 | 新疆精河 |
| 栽培方式 | 育苗铺沙 | 露地直播 | 露地直播 | 露地直播 | 育苗移栽 | 露地直播 | 露地直播 | 露地直播 | 沙田直播 | 沙田直播 | 露地直播 |
| 播种期（旬/月） | 上/4 | 中、下/4 | 中/4 | 中、下/4 | 下/3 | 中/4 | 中、下/5 | 下/4 | 中、下/4 | 下/4 | 下/4 |
| 始收期（旬/月） | 上/7 | 下/7 | 中、下/7 | 中/7 | 下/6 | 中/7 | 中、下/8 | 下/7 | 上/8 | 上/8 | 下/8 |

西瓜设施栽培季节和茬口可灵活掌握，只要能满足基本光照和温度要求，一年四季均可生产。华北地区设施西瓜栽培茬口安排见表6-4。西瓜忌重茬，连作病害严重。应实施严格轮作，一般水旱轮作需间隔3~4年，旱地轮作则需要7~8年。前茬以禾本科作物、甘薯、棉花较好，也可以是各种秋菜，如白菜、萝卜、胡萝卜等，是秋菜或小麦等大部分农作物和蔬菜的理想前茬。此外，西瓜生长季节短、苗期长、行距大，适于间套作各越冬作物，如冬小麦、越冬菠菜、葱、早春矮生豌豆、青蒜、水萝卜、茴香、油菜等和大秋作物棉花、玉米、花生和甘薯等。

表6-4 华北地区设施西瓜栽培茬口安排

| 栽培形式 | 播种期（旬/月） | 定植期（旬/月） | 收获期（旬/月） | 备 注 |
|---|---|---|---|---|
| 双膜覆盖 | 下/2 | 下/3~上/4 | 6月 | 温室育苗 |
| 塑料大棚 | 上/2 | 上/3 | 中、下/5 | 早期多层覆盖 |
| 秋延迟栽培 | 上/8 | 上/9 | 下/11~上/12 | 后期多层覆盖 |
| 秋冬茬 | 上/9 | 中/10 | 中、下/1 | 日光温室 |
| 日光温室越冬茬 | 上/10 | 中/11 | 中/3 | 嫁接育苗 |
| 冬春茬 | 上、中/12 | 中、下/1 | 下/3~上/4 | 日光温室 |

● 任务实施的生产操作

一、塑料大棚春茬西瓜生产

（一）品种选择
以当地销售为主，选早熟品种；以外销为主，选择中熟品种；晚熟品种结瓜晚、效益差，不适合大棚春茬栽培。

（二）嫁接育苗
大棚西瓜栽培，轮作倒茬困难，必须采用嫁接换根的方法进行育苗栽培。西瓜嫁接常用砧木主要有黑籽南瓜、瓠瓜和冬瓜。嫁接方法插接和靠接均可，具体做法与黄瓜相同。

（三）施肥整地
定植前20~30d扣棚。为提早上市，应选用耐低温、抗老化、无滴棚膜，秋末扣棚并铺防寒草，开春后将防寒草埋入土中，深翻细耙，每667m² 施优质有机肥5000kg，全层施肥，筑成0.8~1m宽的高畦，畦中间开10~12cm深的定植沟，沟内每667m² 施入过磷酸钙20~

25kg，充分与土拌匀，以备定植。

**（四）定植**

当10cm深土温稳定在14℃以上、棚内气温稳定通过10℃以上时，为安全定植期。根据早春三寒四暖的气候特点，在寒流通过，暖流来临之时，选晴天上午进行定植。适宜的定植密度为：地爬栽培，早熟品种可按1.6～1.8m等行距或2.8～3.2m的大行距，40cm株距定苗，每667m²栽苗1000株左右；中熟品种可按1.8～2.0m等距或3.4～3.8m大行距、株距50cm栽苗，每667m²栽苗800株左右。

支架或吊蔓栽培可按行距1.1～1.2m，早熟品种40cm、中熟品种50cm株距栽苗，每667m²栽苗1350～1500株。嫁接苗栽苗要浅，定植深度要求和土坨齐平，接口处在封埯时一定要留在地面上，以防止发生不定根影响嫁接效果。大、小苗要分区栽植，大苗栽棚的两侧，小苗栽棚的中央，便于秧苗管理，栽苗后要将定植沟灌满水，使水渗透土坨和周围的土壤，要求定植水要足，两水封埯。

**（五）田间管理**

**1. 温度管理**

定植后到瓜苗明显生长前保持高温，白天为30℃，夜间为15℃，温度偏低时，应及时加盖小拱棚、二层幕、草苫等保温。瓜苗明显生长后降低温度进行大温差管理，白天为25～28℃，夜间为12℃左右，开花结瓜期提高温度，夜间温度保持在15℃以上。坐瓜后，外界温度已明显升高，应陆续撤掉草苫和小拱棚等，白天温度保持在28～32℃，夜间温度保持在20℃左右。

**2. 肥水管理**

定植时浇足定植水，缓苗期间不再浇水。缓苗后瓜苗开始甩蔓时浇1次水，促进瓜秧生长。之后到坐瓜前不再浇水，控制土壤湿度，防止瓜秧徒长，推迟结瓜。结瓜后，田间大多数植株上的幼瓜长到拳头大小时开始浇水，要求三水定个。然后，停止浇水，促进瓜瓤转色和果实成熟。头茬瓜收获结束后，要及时浇水，促二茬瓜生长。

施足底肥后，坐瓜前一般不追肥，坐瓜后结合浇坐瓜水，每667m²追复合肥20kg或硝酸钾20～25kg，瓜长到碗口大小结合浇"膨瓜水"，每667m²施尿素20kg左右。二茬瓜生长期间，根据瓜秧长势，追肥1～2次即可。

西瓜栽培期比较短，叶面施肥效果较好，一般在开花坐果后开始，每周1次，连喷3～4次。主要叶面肥有西瓜素、丰产素、0.1%磷酸二氢钾、1%复合肥以及1%红糖或白糖等。

**3. 整枝压蔓**

地爬栽培一般采用双蔓或三蔓整枝法；吊蔓或搭架栽培，多采用单干整枝法，增加密度，便于管理。双蔓整枝法除保留主蔓，还要保留主蔓基部一条粗壮的侧蔓构成双蔓，然后摘除二蔓上发生的一切侧蔓，多用于早熟品种，每个植株上留1个瓜。三蔓整枝法，除保留主蔓外，还要选留主蔓茎部两条粗壮的侧蔓，构成三蔓，多用于中熟品种，每株留2个瓜。瓜秧长30cm以上后抹杈，将多余的侧蔓留1～2cm后剪掉，在晴天上午用瑞毒霉、多菌灵等涂抹伤口防病。

嫁接西瓜明压瓜蔓，严禁暗压，否则茎蔓入土后生根，将使嫁接失去意义。瓜蔓长约50cm进行引蔓。用树杈或铁线制成"U"字形插入地下卡住茎蔓，使瓜秧按要求的方向生长。主蔓和侧蔓可同向引蔓，也可反向引蔓。瓜蔓分布要均匀，当瓜蔓超过另一排定植行时掐尖。

### 4. 人工授粉与留瓜

大棚栽培西瓜可在主蔓第 2 个雌花留果，由于大棚内没有昆虫授粉，经常由于受精不良而化瓜，为了保证按计划坐果，应人工辅助授粉。因为西瓜开花时间与棚温有关，必须选择时机授粉。当白天棚温为 27～30℃、夜间温度为 18℃左右时，西瓜早晨 6 时开花；夜间温度为 15℃时，8 时开花；夜间温度为 15℃以下时，开花时间延迟。因此人工授粉应在上午 10 时以前进行。

当雄花开放后，摘下雄花去掉花瓣，露出雄蕊，把花药对准雌花柱头轻轻摩擦几次，使花粉均匀抹到柱头上即可，每朵雄花可授 1～2 朵雌花。授粉后在该花的着生节挂一标牌，上面注明授粉日期和授粉人，以便及时摘瓜和考核授粉结果，标记时注意不要碰伤子房。

### 5. 留瓜的管理

(1) 垫瓜　当幼瓜退毛后，用干净的麦秸或稻草等做成草圈垫在瓜的下面，使瓜离开地面保持瓜下面良好的透气性，并防止地面病菌和地下害虫为害果实。

(2) 翻瓜　翻瓜使整个瓜面都见光，以均匀着色。一般从定个后开始，于晴天午后，用双手轻轻托起瓜，将瓜向一个方向轻轻转动，每次翻动的角度不要太大，约进行 2～3 次。

(3) 竖瓜　竖瓜主要是为了调整瓜的大小，使瓜的上下两端粗细匀称。具体做法是：在膨瓜期，将两端粗细差异比较大的瓜，细端朝下粗端向上竖起，下部垫在草圈上。

(4) 托瓜和落瓜　支架或吊蔓栽培的西瓜，当瓜长到 500g 左右时，用吊绳固定草圈从下面托住瓜，防止坠秧和果实重量过大而从果柄处断裂。当西瓜蔓爬满架顶时，把瓜蔓从架上解开放下，将瓜落地，瓜后的瓜蔓在地上盘绕，瓜前的瓜蔓继续上架。

(5) 植物生长调节剂应用　塑料大棚早春栽培西瓜，棚内温度低，果实膨大比较缓慢。为提早上市，在留瓜后，可用 20～60mg/L 的赤霉素喷洒果面，7～10d 喷 1 次。在坐瓜前瓜秧生长过旺时，可用 200mg/L 的矮壮素喷洒生长点，5～7d 喷 1 次。定个后用 200～300mg/L 的乙烯利喷洒果面，瓜瓤可提前转色。

(6) 再生技术　塑料大棚春茬西瓜拉秧早，大棚的空闲时间比较长，适合进行再生栽培，生产结束后，从主蔓基部 50～60cm 处剪断，将剪下的瓜秧清理出棚。浇水追肥促进新枝发生。侧枝长到 20～30cm，选留一个粗壮的做为结瓜蔓，其余的剪掉，栽培管理和植株调整按春季栽培方法进行。再生瓜生长快、个大、产量高，在露地西瓜上市高峰后采收上市。

西瓜整枝、留瓜技能训练评价表见表 6-5。

#### 表 6-5　西瓜整枝、留瓜技能训练评价表

| 学生姓名： | 测评日期： | | | | 测评地点： |
|---|---|---|---|---|---|
| | 内　　容 | 分　值 | 自　评 | 互　评 | 师　　评 |
| 考评标准 | 整枝、压蔓方法正确 | 30 | | | |
| | 留瓜节位和留瓜标准适宜，管理及时、方法正确 | 30 | | | |
| | 吊瓜熟练，高度一致 | 30 | | | |
| | 落瓜熟练，盘绕正确、无损伤 | 10 | | | |
| | 合　　计 | 100 | | | |
| 最终得分（自评30% ＋互评30% ＋师评40%） | | | | | |

## 二、西瓜越冬栽培生产

### （一）品种选择

西瓜越冬栽培宜选用耐低温、弱光、易坐果、抗病、优质、丰产的中早熟品种，如小兰、虞美人等。

### （二）整地做畦

定植前先进行土壤和温室空间消毒，每 $667m^2$ 施腐熟优质农家肥 3000kg，普通磷肥 50kg，钾肥 10kg。南北向起垄开沟做畦，畦高 20cm，宽 90cm，畦间沟宽 40cm。

### （三）定植及管理

日光温室越冬茬采用嫁接育苗，于 11 月中旬定植，选晴天上午进行，采用高畦，每 $667m^2$ 株数为 1100～1200 株。

定植后 2～3d 内，选晴天上午浇缓苗水，浇水后加强通风排湿，白天温度保持在 25～30℃，夜间温度为 16～20℃；缓苗后开花前，白天温度保持在 22～28℃，30℃以上时通风，夜间温度为 14～18℃，尽可能加大昼夜温差，促根壮秧；开花结果期，白天温度保持在 25～30℃，夜间温度为 15～18℃，地温应保持在 16℃以上，空气相对湿度为 40%～50%。日光温室西瓜以基肥为主，在施足基肥的前提下，在栽培过程中可不追肥或少追肥，并尽量减少浇水。

冬春季节光照弱，为了保证光照条件，每天清扫膜面，提高透光率。在不影响保温的前提下，早揭晚盖草帘，延长光照时间。有条件的可在温室后墙张挂反光幕或进行人工补光。

日光温室西瓜一般采用吊蔓式栽培，采用双蔓或三蔓整枝法，植株甩蔓后主蔓用绳吊起，侧蔓在畦上爬蔓。全部封垄侧蔓摘心，商品瓜坐稳、开始膨大时对主蔓及时摘心。当幼瓜长到 0.5kg 时用网袋吊瓜。

## 三、收获

### （一）成熟瓜的标准

1. 卷须变化

一般情况下，留瓜节及前后 1～2 节上卷须变黄或枯萎，表明该节的瓜已成熟。

2. 果实变化

成熟瓜的瓜皮变亮、变硬，瓜皮的底色和花纹对比明显，花纹清晰，边缘明显，呈现出老化状；有条棱的瓜，条棱凹凸明显；瓜的花痕处和蒂部向内凹陷明显；瓜梗扭曲老化，基部茸毛脱净；西瓜贴地部分皮色呈橘黄色。

3. 日期判断

该法比较准确、误差少，最适合设施栽培西瓜。大棚早春栽培西瓜，从雌花开放到果实成熟，早中熟品种一般需 28～35d，中晚熟品种需 35～40d。小型果品种，从谢花到成熟需 25～28d，大型品种需 30～35d。当果实长到要求的天数后，从同一批瓜中选出具有代表性的瓜，切开检查，如实际成熟度与判断成熟度一致，即可将日期相同的瓜采收上市。

4. 声音变化

手敲瓜面，发出"砰砰"低沉声音的为成熟瓜，发"咚咚"清脆声音的为不熟瓜。

5. 手感鉴别

一手托瓜、另一手拍其上部，手心感到颤动，表示瓜已成熟。

6. 比重鉴别

成熟西瓜的比重为 0.95 ~ 1.0，重于此为未熟，轻于此为过熟。

**（二）收瓜时间和方法**

上午收瓜，瓜的温度低易保管，含水量也较高，汁多，味好，利于保鲜和提高产量。收瓜时，用剪刀将留瓜节前后 1 ~ 2 节的瓜蔓剪断，使瓜带一段茎蔓和 1 ~ 2 片叶子。

## 四、西瓜生产易发生的生理障碍

西瓜栽培由于管理不善，易发生多种生理障碍，对产量和品质有很大影响，须加以防止。

**（一）化瓜**

温度低于 15℃，花粉生活力下降便不能授精，导致化瓜；雌花柱头沾上雨水或露水，失去授粉机能；氮肥过多，秧蔓生长过量，互相重叠遮阴或光照过弱，花粉生活力弱而不能授精；开花前后干旱，受精不良，空气相对湿度达到 50% 时，花粉萌发力只有 18.3%，从而影响受精；农药喷施过多，影响昆虫活动，不能正常进行授粉、受精。

**（二）偏头瓜**

授粉不充分。种子发育对瓜瓤发育有促进作用，授粉受精不良，使种子发育不均匀，种子多的一侧瓜发育快，种子少的一侧瓜发育慢，从而产生偏畸形瓜。

果实局部温差大。地膜覆盖栽培易发生接触地膜或地的一侧温度低，发育差，朝上一面温度高，发育快。故在果实迅速膨大期，要注意翻瓜或用草圈将瓜垫起。

**（三）扁平瓜**

瓜发育前期温度低、干燥、光照强度过弱，叶片过少或营养生长旺盛而徒长。

**（四）葫芦瓜**

瓜发育前期和中期干旱，或天旱突然降雨，植株凋萎，使果实肩部发育差。

**（五）空心瓜**

西瓜果实发育前期，遇低温或干旱、光照不足，瓜纵向生长过早停止，当后期温度偏高、雨水增多、光照增强时，瓜横向生长迅速，使瓜瓤内部生长不均衡而产生空心；西瓜果实膨大，主要靠瓜皮和瓜瓤细胞充实和膨大，正常情况下，薄壁细胞的膨大程度比其他组织的细胞大，但细胞壁膨大后，由于水分供应不足细胞得不到充实，细胞壁破裂而形成空洞。

**（六）裂瓜**

多发生在瓜瓤变色的"泛瓤"阶段，瓜皮发育慢变硬，而瓜瓤正在旺盛发育，遇到久旱突然降雨，或长期干旱突然灌大水，或前期水肥不足，后期肥水过多，均可产生裂瓜。

**（七）小型瓜**

雌花开放后 22d 以内对瓜的大小影响最大。如低温、干旱、光照弱、叶片少、营养生长过旺或过弱，都会产生小型瓜。一般品种，留瓜节位在 10 节以内，由于叶片少、光合产物低，而形成小瓜。低温、干燥、弱光，留瓜节位应高，但超过 23 节后，植株生长弱，也会结小瓜。

**生产操作注意事项**

1. 根据植株的生长势确定留瓜或摘瓜的时期。
2. 吊瓜应在果实即将膨大前进行。
3. 摘瓜和吊瓜、整枝等操作应在晴天下午进行。

# 任务三 西葫芦生产

## ● 任务实施的专业知识

西葫芦，别名搅瓜，其营养丰富，食用方法多，对调节北方蔬菜淡季供应起着重要作用，也是设施栽培的重要蔬菜之一。

## 一、生物学特性

### （一）形态特征

1. 根

根系发达，入土深，直播时主根入土深度可达 2m 以上，根系横向扩展范围达 2m 以上。吸收能力较强，根系生长快，易老化，断根后再生能力差，在栽培上要采取护根措施。

2. 茎

蔓生，长 0.5～1m，中空，易劈裂和折断。

3. 叶

真叶掌状深裂，互生，叶面粗糙多刺，绿色、个别品种的叶脉交叉处有银白色花斑。叶片大，叶柄长，易折断。

4. 花

西葫芦为单性花，雌雄同株，通常没有单性结实能力。因此早春保护地栽培必须进行人工授粉或应用生长调节剂，才能保证雌花正常结果。

5. 果实

圆筒形，果面光滑。嫩果皮绿色、浅绿色或深绿色，有网纹或无网纹，成熟果黄色果面无白霜。

6. 种子

扁平，灰白色或淡黄色，千粒重 140～200g，有效使用期 3 年。

### （二）对环境条件的要求

1. 温度

西葫芦喜高温，较其他瓜类耐低温能力稍强。生长发育适温为 22～25℃，低于 15℃不能正常授粉，高于 32℃花器发育不正常，容易形成两性花。温度低于 11℃或高于 40℃生长停止。

2. 光照

西葫芦较喜光，适宜的光照强度为 50～60klx，适宜的光照时间为 12h，短于 8h 或长于

14h 均不利于坐瓜和果实生长。

3. 水分

西葫芦根系发达，具有较强的吸水能力和耐旱性；适宜的空气湿度约为 50%，既适应干燥气候，也具有耐湿性，是适应保护地栽培的一个重要因素。一般在露地栽培时，空气干燥情况下易感染病毒病，潮湿时感染白粉病，但在保护地中栽培，这两种病害很少发生。

## 二、品种类型与优良品种

按瓜蔓的生长能力不同，一般将西葫芦分为短蔓型和长蔓型两种类型。

### （一）短蔓型

节间短，瓜蔓生长速度慢，露地栽培一般长度 60~100cm。早熟，主蔓 5~7 节着生第 1 朵雌花，瓜码密，几乎节节有雌花，较耐低温和弱光，比较适合设施栽培与露地早熟栽培。优良品种有早青、阿太、花青、灰采尼、一窝猴、花叶西葫芦等。

### （二）长蔓型

生长势强，节间长，露地栽培瓜蔓长度可达 2m 左右。晚熟，第 1 朵雌花一般出现在 8~10 节处，瓜码稀、空节多。耐热力强，但不耐寒，多用于露地晚熟高产栽培，栽培较少。

## 三、栽培季节与茬口安排

西葫芦连作病虫害较重，应与葫芦科蔬菜实行 3 年以上轮作。栽培形式多样，除露地栽培外，还有大棚、温室，地膜覆盖、中小拱棚等。应考虑不同季节茬口安排和西葫芦对温度的要求，结合当地的气候特点，选择适宜的栽培茬口。

露地西葫芦的主要栽培季节为春夏季，一般用温床或日光温室育苗，育苗期 45d 左右，露地终霜期后定植。设施西葫芦的栽培季节主要为秋、冬、春三季，塑料大棚春茬西葫芦苗龄为 45d，用温室育苗，大棚内的最低温度稳定在 0℃以上，平均温度稳定在 10℃以上时为适宜定植期。温室生产西葫芦茬口安排见表6-6。北方多以冬春茬和早春茬为主。

表6-6 温室生产西葫芦茬口安排

| 栽培茬口 | 播种育苗期（旬/月） | 定植期（旬/月） | 主要收获期（旬/月） | 方法 |
|---|---|---|---|---|
| 秋冬茬 | 下/8 | 下/9 | 11月至翌年上、中/1 | 不嫁接 |
| 冬春茬 | 下/9~上/10 | 下/10~上/11 | 上/1~下/4 | 嫁接 |
| 春 茬 | 上、中/12 | 中、下/1 | 上/3~中、下/5 | 嫁接或不嫁接 |

## ● 任务实施的生产操作

## 一、温室冬春茬西葫芦生产

### （一）品种选择

选用短蔓西葫芦品种，并根据当地市场需求，选择果实浅绿色或深绿色品种，如早青等。

### （二）嫁接育苗

用黑籽南瓜作砧木，西葫芦茎较粗，不适合插接，同时由于嫁接的目的是增强冬季的耐寒能力，故多采用靠接法嫁接育苗。播种前用 10% 的高锰酸钾或磷酸三钠浸种 30min，浸种后用清水反复冲洗。用30℃左右的水浸种8~10h，然后催芽，绝大多数种子出芽后播种。

先播种黑籽南瓜，2~3d后播种西葫芦。密集播种，种子间距2cm左右，播种覆土1.5cm，并覆盖地膜保湿。发芽期保持温度为25~30℃。出苗后揭掉地膜，并降低温度，防止幼苗徒长。两种瓜苗子叶充分展开，第1片真叶展开前，开始嫁接，嫁接过程与嫁接苗管理同黄瓜。

夏秋季的日照时间长，不利于西葫芦形成雌花，应在嫁接苗成活后喷1次100~200mg/L浓度的乙烯利，5d后再喷1次。嫁接苗苗龄不宜过长，以第3片真叶充分展开时定植为宜。

**（三）整地、施肥**

冬春茬西葫芦的栽培期较长，需肥较多，应施足施好底肥。每667m²施入腐熟有机肥约5000kg，2/3撒施，1/3埯施。定植前除埯施有机肥外，每667m²施入过磷酸钙10~20kg，与土拌匀后定植。底肥撒施后深翻土地30cm，打碎，耧平。起高垄，畦宽80cm。

**（四）定植**

按50cm株距，刨大埯栽苗。大、小苗要分区定植，大苗栽南侧，小苗栽北侧，栽苗深度以嫁接部位高于地面50cm为宜，严禁埋没嫁接部位，以免影响嫁接效果。栽苗要选晴天上午进行，底水浇透，水渗后封埯，然后覆盖地膜，进行膜下软管滴灌或膜下沟灌。

**（五）田间管理**

**1. 温度管理**

定植后1周要保持室内温度为25~30℃，促进生根，加速缓苗。晴天中午前后温度超过32℃，要揭去草苫或遮阴网降温。新叶吐出，瓜苗开始明显生长后，加强通风、降低温度，白天为25℃，夜间为15℃左右。结瓜期要保持高温，白天为28~30℃，夜间为15℃以上。冬季温度偏低时，要加强增温和保温措施，白天温度不超过32℃不放风，夜间温度不低于8℃。翌年春季要防高温，白天温度为28℃左右，夜间温度为15~20℃，随着外界温度的不断增高要适当增大通风量。

**2. 水肥管理**

浇足定植水后，一般到坐瓜前不浇水。定植水不足地面偏干时，可在瓜苗明显生长后适量浇水，但要避免浇水过多，引起徒长。田间大部分秧坐住瓜后，开始浇水，保持地面湿润。冬季温度低需水少，一般15d左右顺沟浇1次水。进入盛瓜期以后加大灌水量。

施足底肥后，结瓜前不追肥。开始收瓜后结合浇水进行追肥，冬季每15d追肥1次，春季每10d追肥1次，拉秧前30d不追肥或少量追肥。用冲肥法施肥，结合浇水，交替冲施化肥和有机肥，化肥主要用复合肥、硝酸钾、尿素等，每667m²用量为20~25kg。复合肥应于施肥前几天用水泡透。有机肥要用饼肥和鸡粪的沤制液。

盛瓜期叶面交替喷洒丰产素、爱多收、叶面宝、0.1%磷酸二氢钾，阴天或植株生长势弱时可增加1%红糖或白糖的喷洒次数，都可收到良好的效果。

**3. 植株调整**

**（1）吊蔓**　当西葫芦蔓长到20cm左右，发生倒伏前吊绳引蔓，用一根细尼龙绳或布绳，一端系在瓜苗上方的铁线上，另一端打宽松活结系到瓜苗基部，并将瓜蔓缠到吊绳上。

低温期应于晴天上午10时后、下午3时前吊蔓，利于缠蔓造成的伤口愈合，避免染病。高温期应于下午瓜蔓失水变软时缠蔓，避免损害茎叶。

**（2）整枝打杈**　保留主蔓结瓜，侧枝长出后及时去掉。于晴天上午进行，阴天或傍晚打杈伤口不易愈合，容易染病。

（3）摘叶　西葫芦叶片比较大，遮光严重，应及时摘除病叶、老叶及受伤严重的叶片。

**4. 光照管理**

西葫芦耐阴能力比较差，冬季光照不足，易引起秧苗徒长和化瓜。应在定植后，在中柱处张挂聚酯反光膜，增加光照强度，早揭、晚盖保温被或草苫子，尽量延长光照时间。

**5. 人工授粉**

应在上午 10 时前进行。授粉时，取下刚开放的雄花，摘除花瓣，将花药放在刚开放的雌花柱头上轻轻触抹几下，使柱头表面均匀涂抹上一层花粉，1 朵花可以授 3～4 朵雌花。授粉后做标记，要求同西瓜授粉。

**6. 植物生长调节剂应用**

（1）保花、保果　在雄花数量不足时用浓度为 20mg/L 的 2，4-D 涂抹雌花柱头，提高坐瓜率，人工授粉后再用激素涂抹花柄，坐瓜效果更好。

（2）防止徒长　发棵期，当瓜秧发生徒长，不利于坐瓜时，用矮壮素喷洒心叶和生长点。连喷 2～3 次，直到心叶颜色变深为止。

## 二、露地春茬西葫芦生产

（1）品种选择　应选择抗病能力强、结瓜集中的早熟品种，如早青、花叶西葫芦。

（2）育苗　采用营养钵、营养纸袋育苗，苗龄在 40d 左右，4 叶期定植。

（3）定植　露地终霜期过后定植，$667m^2$ 栽苗 2000 株左右。

（4）追肥浇水　缓苗后，在每株旁挖穴，施少量腐熟粪面或复合肥，浇水，促进发棵。至坐瓜前不再浇水。第 1 个瓜长到 6～7cm 时，开始追肥浇水。结瓜期一般追肥 2～3 次。

（5）人工授粉　西葫芦叶大，雌花位置较靠下，自然授粉效果较差，应人工辅助授粉。

西葫芦人工辅助授粉操作技能训练评价表见表6-7。

表6-7　西葫芦人工辅助授粉操作技能训练评价表

| 学生姓名： | 测评日期： | | 测评地点： | | |
|---|---|---|---|---|---|
| | 内　容 | 分　值 | 自　评 | 互　评 | 师　评 |
| 考评标准 | 在人工授粉的最佳时间选择合适的雌雄花 | 30 | | | |
| | 授粉操作技术准确、熟练 | 30 | | | |
| | 授粉后标记正确 | 10 | | | |
| | 促果成熟技术及时、得当 | 30 | | | |
| 合　　计 | | 100 | | | |
| 最终得分（自评30% + 互评30% + 师评40%） | | | | | |

## 三、收获

（1）早收根瓜　根瓜长到 250～300g 时采收。

（2）勤收腰瓜　腰瓜长到 400～500g 时采收，瓜秧上一般留 2～3 个瓜为宜。

（3）晚采顶瓜　顶瓜数量少，适当晚采，一般 800～1000g 时采收，增加产量。西葫芦瓜把粗短，要用利刀或剪刀收瓜。宜在早上收瓜，此时瓜内含水量大，瓜色鲜艳，瓜也较重。

---

**生产操作注意事项**

1. 西葫芦人工授粉的最佳时期是在盛花期。

2. 授粉后，在该花的着生节上挂一标签，写明授粉的日期，以备确定采收期。

---

# 任务四　甜瓜生产

## ● 任务实施的专业知识

甜瓜，别名香瓜，为葫芦科甜瓜属一年生蔓生草本植物。

## 一、生物学特性

### （一）形态特征

1. 根

根系发达，主要分布在30cm耕层内，根系生长较快，易木栓化，故宜直播或进行保护措施育苗。

2. 茎

蔓生，中空、有刚毛，侧枝萌发力较强，主蔓上生的侧枝为子蔓，子蔓上生长的侧枝称为孙蔓。厚皮甜瓜以子蔓结瓜为主，薄皮甜瓜则以子蔓和孙蔓结瓜。

3. 叶

子叶长椭圆形，真叶近圆形或肾形，全缘或五裂，叶柄上具有短刚毛，单叶互生，叶片有茸毛，故具有一定耐旱能力。

4. 花

花冠黄色，花为雌雄异花同株，雄花丛生，雌花多为单生，子房下位。

5. 果实

瓠果，圆形、椭圆形或长筒形。果皮有薄皮和厚皮。皮色有白色、绿色、黄色或褐色，表面有条纹、花斑或无，表面光滑或有裂纹、棱沟等。果肉有白色、橘红色、绿色、黄色等，质地软或脆，具有香味。

6. 种子

种子披针形或长扁圆形，黄色、灰色或褐色，种子大小差异较大。厚皮甜瓜种子千粒重为30~60g，薄皮甜瓜种子千粒重一般为10~20g。种子使用寿命3年。

### （二）生长发育周期

从播种出苗到第一个雌花开放前的时间，一般都在48~55d左右，以中熟品种为例：

1. 发芽期

播种至第1片真叶出现，约需10d。发芽适温25~35℃，最适温度30℃，温度15℃（有的品种12℃）以下不能发芽；但温度过高易造成下胚轴徒长，形成高脚苗，且易染病害。

**2. 幼苗期**

第 1 片真叶出现到第 5 片真叶出现为幼苗期，约为 25d。此期生长量较小，以叶的生长为主，茎呈短缩状，植株直立。幼苗期生长较缓慢，主要进行芽分化。因此，幼苗期管理对开花结果的早晚、花和果实发育的质量都有很大影响。在日温 30℃、夜温 15～18℃，日照 12h 的条件下，花芽分化早，雌花节位低，质量高。2～4 片真叶期是花叶分化旺盛的时期。

**3. 伸蔓期**

第 5 片真叶出现到第 1 朵雌花开放为伸蔓期，即营养生长期，其间约需 20～25d。此间根系迅速向下和水平方向扩展，吸收量不断增加；侧蔓不断发生并迅速伸长，叶面积迅速扩大。茎叶生长的适温是白天 25～30℃，夜间 15～18℃。长期处于 13℃ 以下或 40℃ 以上，会导致生长发育不良。为了使营养生长适度而又不发生徒长，开花坐果（生殖生长）不受影响，应及时进行整枝、绑蔓，适当控制浇水。

**4. 结果期**

第 1 朵雌花开放到果实成熟，早熟品种需 33～40d，中熟品种 40～50d。结果期是以果实生长发育为主的阶段，根据生长特点可分为结果前期、中期和后期。

（1）结果前期　雌花开放到幼果迅速肥大，约 7d，是植株由以营养生长为主转向以生殖生长为主的过渡时期。此期幼果的体积和重量虽然增加不多，但精心管理不仅关系到能否及时坐住果，而且对果实的发育影响也很大。

（2）结果中期　果实迅速膨大到停止膨大，约 14～18d，植株总生长量达到最大，是果实生长最快的时期，根茎叶的生长量显著减少。本期的管理水平是决定果实产量的关键。

（3）结果后期　果实停止膨大到成熟，本期长短各品种差异很大，从 15 天到 20 几天不等。这时根茎叶的生长趋于停滞，果个增大虽然停止，但果实重量仍有增加。这一时期果实继续积累养分，糖分特别是蔗糖的含量大幅度增加。

**（三）对环境条件的要求**

甜瓜对环境条件的要求大致与西瓜相同，也是喜温、喜光，既耐旱又怕涝，膨瓜期需要肥水较多的作物。

**1. 温度**

种子发芽最低温度为 15℃，适温为 25～35℃。根系生长的最低温度为 8℃，最适宜的温度为 25～35℃，最高温度为 40℃；结果期以日温 25～28℃，夜温 15～18℃，温差 13℃ 以上为宜，有利于果实膨大和糖分积累，提高品质。

**2. 光照**

甜瓜要求充足的光照，光补偿点为 4klx，光饱和点为 70～80klx。生长发育要求 10～12h 以上的光照，光照不足生育迟缓，果实着色不良，甜味和香味都大大降低，且易发生病害。

**3. 水分**

甜瓜耐干燥和干旱能力强，适宜的空气相对湿度为 50%～60%。不耐涝，土壤水分过多时，易造成根系缺氧而烂根。

**4. 土壤和营养**

甜瓜以排水良好，土层深厚的冲积沙土和沙壤土为宜。适宜的土壤 pH 值为 6～8。较喜肥，对钙、镁、硼需求量也较多，每生产 1000kg 果实，约需要氮 2.5～3.5kg、磷 1.3～1.7kg、钾 4.5～6.8kg、钙 3.0kg。

## 二、品种类型与优良品种

我国栽培的甜瓜可分为薄皮甜瓜和厚皮甜瓜两种类型。

### （一）薄皮甜瓜

薄皮甜瓜又称为中国甜瓜、东方甜瓜、普通甜瓜、香瓜。生长势较弱、植株较小，叶面有皱。瓜较小，单果重 0.5kg 左右。果实圆筒、倒卵或椭圆形，果皮较薄，平均厚度在 0.5cm 以内，光滑柔嫩，果肉厚 2cm 以内，可带皮食用。果实有香气。不耐运输和贮藏，如进行运输可在八分熟时采收。甜瓜适应性强，较耐高湿和弱光，抗病性较强，我国南北各地主要进行露地栽培。近年来采用塑料大棚栽培薄皮甜瓜，上市期提早，经济效益可观。薄皮甜瓜主要代表品种有齐甜 1 号、齐甜 2 号、龙甜 1 号，龙甜 2 号、八里香、白沙蜜、白雪公主、甜宝、美国甜瓜王等。

### （二）厚皮甜瓜

植株生长势较强，茎粗、叶大、色浅，叶面较平展。果实大，单果重 1~3kg。果实圆、长圆、椭圆或纺锤形，果皮较厚而硬，0.3~0.5cm，不堪食用。果皮光滑或有网纹。果肉厚 2.5~4.0cm，质地松软或松脆多汁，有浓郁的芳香气味，含糖量 11%~17%，口感甜蜜。种子较大，不耐高湿，需要较大的昼夜温差和充足的光照。新疆、甘肃等地是我国厚皮甜瓜的主要产区。自 20 世纪 90 年代以来，我国其他地区采用温室、大棚栽培也取得了较好的效果，栽培规模扩展较快。代表品种，网纹类甜瓜有：大庆蜜瓜、天蜜、华冠等；光皮类甜瓜有：伊丽莎白、哈密瓜、白兰瓜、郑甜 1 号、状元、蜜世界、玉露、皇冠等。

## 三、栽培季节与茬口安排

薄皮甜瓜以露地栽培为主，一般露地终霜期后播种或定植，夏季收获。近年来也有采用塑料大棚春季早熟栽培。厚皮甜瓜以设施栽培为主，主要栽培茬口有大棚春茬和秋茬以及温室秋冬茬。甜瓜忌连作，应与非葫芦科蔬菜进行 3~5 年的轮作，否则要进行嫁接育苗。

## ● 任务实施的生产操作

## 一、厚皮甜瓜生产

### （一）厚皮甜瓜春茬设施生产

**1. 品种选择**

选择耐低温性好、成熟期较集中、早熟、抗病的优良品种，如伊丽莎白、状元、华冠等。

**2. 育苗**

用温室育苗，适宜苗龄为 30~35d，3~4 片真叶时定植，用营养钵护根育苗。甜瓜种子容易携带病毒，播种前要对种子进行消毒处理，浸种催芽后播种。发芽期保持高温，一般播种后 3d 出苗。育苗期间控制浇水，防止瓜苗徒长。

嫁接育苗栽培常用野生甜瓜和黑籽南瓜做砧木，用插接法嫁接育苗，做法参照黄瓜嫁接育苗。

3. 施肥作畦

进行配方施肥，每 667m² 施入优质有机肥 3000～5000kg、复合肥 50kg、钙镁磷肥 50kg、硫酸钾 20kg、硼肥 1kg 等。小型甜瓜的种植密度大，可均匀施肥，施肥后深翻地。大型甜瓜的种植密度小，应开沟集中施肥。用高畦和垄畦栽培，高畦的畦面宽 90～100cm，高 15～20cm，每畦栽 2 行苗；垄畦面宽 40～50cm，高 15～20cm，每畦栽苗 1 行。

4. 定植与地膜覆盖

棚内的最低温度稳定在 5℃ 以上后开始定植，大型果品种每 667m² 栽苗 1500 株，平均行距 80cm，株距 50cm；中型果品种每 667m² 栽苗 1800 株，平均行距 80cm，株距 45cm；小型果品种每 667m² 栽苗 2100 株，平均行距 80cm，株距 40cm。进行地膜覆盖。

5. 田间管理

（1）温度管理 定植初期外界气温较低，为促进缓苗，可设立小拱棚和二层幕，白天温度保持在 25～30℃，夜间不低于 15℃。网纹甜瓜品种在网纹形成期对低温反应敏感，温度低于 18℃ 时，果皮硬化迟缓，网纹稀少并粗劣。瓜苗成活后，适当降低温度，白天 25℃ 左右，夜间 12～15℃。进入结瓜期，白天应保持 25～30℃，以促进光合作用，夜间逐渐减少覆盖，加大通风量，增大昼夜温差，促进养分积累，提高含糖量，增进品质。

（2）肥水管理 浇足定植水，并覆盖地膜，坐瓜前一般不浇水，特别是开花期和坐瓜期，要严格控制浇水量，防止瓜秧徒长，引起落花。坐瓜后开始浇水，始终保持地面湿润，避免土壤忽干忽湿，引起裂果。结果期加大通风，避免空气湿度过高。网纹甜瓜的网纹形成期，如果空气湿度过高，不仅影响网纹的质量，也容易导致果面裂果处发病。

（3）植株调整

1）整枝。温室、大棚厚皮甜瓜栽培，一般采用混蔓整枝法。选留瓜节前后 2～3 个基部有雌花的子蔓作为预备结果蔓，在第一雌花前留 1～2 片叶摘心，摘除其他侧蔓。

2）吊蔓。瓜蔓伸长后，每株甜瓜用细尼龙绳或长布条扎绳，绳的上端系在横线上，下端系松动活扣，拴到瓜秧基部，随着瓜蔓伸长，定期将瓜蔓缠绕到吊绳上，如图 6-3 所示。

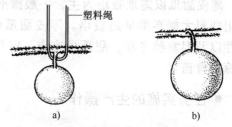

图 6-3 吊瓜方式
a）采收前 b）采收后

（4）人工授粉与留瓜 大棚、温室栽培甜瓜缺乏昆虫传粉，需进行人工授粉，具体做法参照西葫芦。当瓜长到鸡蛋大小时选留瓜，小果型品种每株留 2 个瓜，适宜的留瓜节位为 12～15 节；大型果品种每株留 1 个瓜，适宜的留瓜节位为 15～18 节。

（5）其他管理

1）吊瓜与转瓜。小型品种当瓜长到 250g 时，可用稍粗些的塑料绳吊瓜，将绳子吊在瓜柄基部，并使瓜蔓呈水平位置。大果型品种则要用草圈绑上吊绳从下部托起瓜，防止坠秧和瓜坠地摔伤。瓜定个后，在午后 1～2 时定期转瓜 2～3 次，使瓜均匀见光着色。

2）摘叶与摘心。及早摘除瓜下部的老叶、病叶和黄叶，以减少发病，利于通风透光。小果型品种主蔓展开 20～25 片叶、大果型品种展开 25～30 片叶时摘心，促进提早成熟。

**（二）厚皮甜瓜露地栽培生产**

一般在 5 月上旬覆膜播种，6 月上、中旬定苗，8、9 月份成熟。露地栽培成熟期集中，总产量大，应选用品质好的优良品种，并要耐贮、耐运。大面积栽培品种有黄河蜜瓜、郁金香、银蒂、伊丽莎白等。

## 二、薄皮甜瓜春季地膜覆盖生产

### （一）品种选择

应选择瓜形端正、产量高、含糖量高、品质好，特别是抗逆性强的早熟品种。一般采用的品种有龙甜 1 号、齐甜 1 号、白沙蜜等。

### （二）播种方式

**1. 育苗移栽**

4 月上旬在阳畦中用塑料营养钵育苗。先用 55℃ 水浸种，边浸边搅拌至水温降至 30℃，再浸泡 3～5h，然后洗净种子，把水沥干，用纱布或用粗河沙与种子混匀放在 28～30℃ 条件下催芽，芽长 2mm 时即可播种。育苗营养土按 6 份大田土、4 份腐熟有机肥的比例配制，每立方米土再加 1kg 磷酸二铵和 80g 多菌灵粉剂充分混匀，堆放 3～5d 后装钵，以备播种。每钵播 1 粒种，覆土 2cm 厚。每 667m$^2$ 用种量 150g，播后出苗前，地温保持 25～28℃，夜间 15～18℃。幼苗长出 4～5 片叶时，留 4 片叶摘心，子蔓开始抽条时即可定植。

**2. 直播**

终霜期过后，选晴天播种，催芽坐水种，边播种边覆膜。在高畦或垄上，挖 1 个 6～8cm 的坑，打透底水，将种子直播于坑内，覆土 1cm。出苗后子叶展平时选晴天上午用小木棍在避风一侧插 1 个小眼，进行通风。随着幼苗长大逐渐加大通风量，防止烤苗和徒长。当秧苗长到顶地膜时，及时将苗破膜引出，用细土将小坑填平。此方法比直播提早 7～10d。

### （三）施肥整地

结合秋翻地，每 667m$^2$ 施入农家肥 4000～5000kg，复合肥 50kg，磷酸二铵 15kg，硫酸钾 6kg。做成 60～70cm 大垄。

### （四）定植

终霜期过后，气温稳定在 10℃ 定植，如果采用地膜加扣小拱棚，定植期可提早 10～15d。

按株距 50～60cm 在地膜上划小十字口，用小铲挖 8cm×8cm 小穴，然后放幼苗、埋土、浇透定植水，下午或第 2 天封埯，第 3～4d 查田补苗。如加扣小拱棚，应待水完全下渗后封埯。两垄扣 1 个小拱棚。夜温稳定通过 15℃，晚霜解除后及时撤去小拱棚。

### （五）植株调整

薄皮甜瓜可采用四子蔓整枝法（图 6-4），即当幼苗长到 5 片真叶时，留 4 片叶摘心，促进 4 个子蔓发生，摘除子蔓上发生的孙侧蔓。无瓜子蔓长到 3～4 片叶时及时掐尖，再让孙蔓结瓜。

孙蔓结瓜的品种，可采用四孙蔓整枝法，即幼苗长到 3～4 片叶时摘心，留两条健壮的子蔓。子蔓长到 5～6 片叶掐尖，留 3～4 节的孙蔓结瓜，每个孙蔓留 1 个瓜，瓜前 3 片叶掐尖，其果长出的蔓一律打掉，如图 6-5 所示。由于薄皮甜瓜属于连续分枝的作物，要及时整枝摘心，促进植株早结瓜，早成熟。

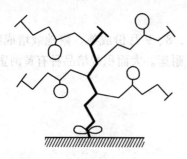

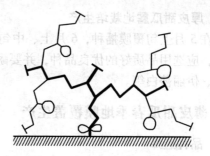

图 6-4 四子蔓整枝法示意图　　　　图 6-5 四孙蔓整枝法示意图

由于春季风大，甜瓜生长也无方向性，故必须及时压蔓，防止翻秧和局部叶面积指数过大，互相遮阴。在甜瓜长到一定大小时，子蔓或孙蔓每 20～30cm 用 U 形 8 号钢丝或小木杈插地压蔓，固定枝蔓方向，使植株受光均匀。

**（六）追肥灌水**

浇足定植水后到缓苗一般不浇水，成活后到开花前根据植株萎蔫情况酌情浇水，开花期控制灌水。坐果后增加灌水量。视天气和土壤情况灌水 2～3 次。收获前一周停止灌水。

在施足底肥的基础上，坐瓜后结合灌水追肥，每 667m² 施尿素 10kg，硫酸钾 10kg。每 5～7d 结合打药喷施 0.3% 磷酸二氢钾 2～3 次，提高果实含糖量。

**（七）采收**

果实达到生理成熟时，应及时采收。采收过早含糖量低、品质差；采收过晚，果实过熟变软，影响商品价值。鉴别甜瓜的成熟度可从以下几个方面加以考虑。

计算坐果天数：雌花开放到果实成熟，一般早熟品种 30d，中熟品种 35d，晚熟品种 40d 以上；果皮显现出该品种固有的颜色，并光滑发亮，并有较浓郁的香味；指弹发浑浊的"扑扑"声；用手轻捏或轻压感到有弹性或较软；果实较轻，放在水中能漂起来；有的品种瓜蒂脱落，或果柄与果实连接处，四周有裂痕。收获时，宜选早晨露水退后进行，长途运输时宜在下午采收，并在 8 分熟时收获，搬运过程要防止损伤。

甜瓜栽培生产技能训练评价表见表 6-8。

**表 6-8　甜瓜栽培生产技能训练评价表**

| 学生姓名： | | 测评日期： | | 测评地点： | |
|---|---|---|---|---|---|
| | 内　　容 | 分　值 | 自　评 | 互　评 | 师　评 |
| 考评标准 | 选择生产地环境条件符合有关要求 | 10 | | | |
| | 品种选择适宜 | 10 | | | |
| | 培育壮苗措施得当 | 20 | | | |
| | 播种时期、方式适宜，播种量准确 | 10 | | | |
| | 苗期管理及时，措施适宜 | 15 | | | |
| | 定植前准备充分，定植时期适宜，定植方法、定植密度适当 | 15 | | | |
| | 定植后管理技术得当，采收及时 | 20 | | | |
| 合　　计 | | 100 | | | |
| 最终得分（自评30% + 互评30% + 师评40%） | | | | | |

### 三、甜瓜设施栽培生理障碍与防止措施

#### （一）定植后死秧

定植后数日，植株不生长，子叶黄化，早晨先新叶向内卷曲，9~10时所有叶向内卷，3~5d内死秧。定植时应浇透定植水，最初3~5d内保湿，最好盖上无纺布，缓苗后取下。

#### （二）叶烧及黄化

叶边缘呈黄色叶烧状或叶片失绿、黄化内卷。高温高湿，形成徒长苗，叶较幼嫩，温度骤然上升及光线极强易形成边缘日烧；通风口处的叶片失绿、黄化；缺镁也有此现象发生。通风要循序渐进，开花前除浇缓苗水外还应适当控水，防止徒长；喷施0.2%~0.3%磷酸二氢钾。

#### （三）裂果

一般甜瓜的裂果多发生在收获前，但网纹甜瓜在网纹形成前果实硬化期也易裂果。

1. 前期裂果

网纹甜瓜在纵网形成前及开裂时，发生纵向深度开裂，不愈合，随着甜瓜的长大形成长裂。光皮甜瓜在果实膨大期，花痕处呈放射状开裂；由于水分管理不当造成，空气湿度过大也易发生，故应保证甜瓜生长温度，一次灌水量不要过大，宜少浇、勤浇，同时降低空气湿度。

2. 收获期裂果

收获期裂果主要是果实已完全长大，没有控制灌水量，养分过剩及植株生长势过强造成。秋延后栽培的甜瓜、夜温急剧下降也容易发生裂果。

#### （四）发酵果

果肉水浸状、糖度很低、食味不良，果面上有浓绿色水浸状斑点，严重时，收获前果实破裂有腐败的气味散出。由于日照不足、瓜节位低，长期低温条件下生育期延迟，果实内糖代谢紊乱，生育后期过度追肥，果皮硬化，果内部与外界通气不良等原因造成。追肥量不要过大，致使收获时有大量肥力残存土壤中；收获前控制灌水，不要选择吸肥力强的砧木。

#### （五）果肉空洞

果内呈海绵状，口感不佳，果肉间有小空洞且果肉发白，果实较轻。果实发育过程中干燥，果实肥大期土壤水分不足，果肉脱水，夏季栽培的场合易发生。

应在开花后果实膨大期注意灌水，防止植株萎蔫并预防枯萎病。

---

**生产操作注意事项**

1. 甜瓜人工授粉在盛花期的上午8~10时进行，授粉操作动作要轻，授粉要均匀。
2. 授粉后要加强肥水管理。

---

## 任务五 南瓜生产

● **任务实施的专业知识**

南瓜，又名麦瓜、番瓜、倭瓜等，为葫芦科南瓜属一年生蔓生草本植物。南瓜嫩果味甘

适口，是夏秋季节的主要瓜菜之一。老瓜可作饲料或杂粮，可制作南瓜饼，南瓜瓜子可以炒食。

## 一、生物学特性

### （一）形态特征

#### 1. 根

根系入土较深，扩展范围大，吸收能力强。根系易老化，伤根后再生能力较差。

#### 2. 茎

茎长达数米，中空，节处生根，粗壮，有棱沟，被短硬毛，卷须分 3～4 叉。

#### 3. 叶

单叶互生，叶片心形或宽卵形，5 浅裂有 5 角，稍柔软，长 15～30cm，两面密被茸毛，沿边缘及叶面上常有白斑，边缘有不规则的锯齿。

#### 4. 花

单生，雌雄同株异花。雄花花托短。花萼裂片线形，顶端扩大成叶状。花冠钟状，黄色，5 中裂，裂片外展，具绉纹。雄蕊 3 枚。雌花花萼裂显著，叶状，子房圆形或椭圆形，1 室，花柱短，柱头 3，各 2 裂。

#### 5. 果实

瓠果，扁球形、壶形、圆柱形等，表面有纵沟和隆起，光滑或有瘤状突起。似桔瓣状，呈橙黄至橙红色。果柄有棱槽，瓜蒂扩大成喇叭状。

#### 6. 种子

卵形或椭圆形，长 1.5～2cm，灰白色或黄白色，边缘薄。千粒重 125～300g。花期为 5～7 月，果期为 7～9 月。

### （二）生长发育周期

南瓜的整个生长期需 100 多天，经历发芽期、幼苗期、抽蔓期、结果期四个时期。

#### 1. 发芽期

种子萌动至第一片真叶出现，需 7～10d。

#### 2. 幼苗期

第 1～5 片真叶出现，需 25～30d，并已出现雄花花蕾。此期以营养生长为主。

#### 3. 抽蔓期

第 5 片真叶充分展开至第 1 雌花开放，一般需 15d 左右，主蔓长约 70cm，展开新叶 12～14 片。此期植株的叶面积迅速增加，生长加快。定植后 15～20d 内，植株总生长量较小，再过 7～10d，生长速度加快，叶片数增长到 18～20 片，叶面积扩展也很大，植株进入结果期。

#### 4. 结果期

第 1 雌花开放到果实成熟，需 50～70d。此期茎叶生长与开花结果同时进行，植株生长量大，为生长高峰期。主蔓着生叶片在 25 片以上。

### （三）对环境条件的要求

#### 1. 温度

南瓜喜温，种子在 13℃ 以上开始发芽，发芽最适温度为 25～30℃。10℃ 以下或 40℃ 以上不能发芽。根系伸长的最低温度为6～8℃。生长的适宜温度为18～32℃，果实发育最适宜温度为25～27℃。开花结瓜的温度不能低于15℃。高于35℃花器官不能正常发育。

2. 光照

南瓜为短日照植物。在低温与短日照条件下可降低第1雌花节位而提早结瓜。在充足光照下生长健壮，弱光下生长瘦弱，易徒长，瓜易化；但高温季节，阳光强烈，易造成萎蔫。高温季节栽培南瓜，应适当套种高秆作物。南瓜叶片肥大，应进行植株调整，以免互相遮盖。

3. 水分

南瓜较耐旱，但根系主要分布在耕作层内，蓄积水分有限。同时南瓜蒸腾作用强，如果土壤和空气湿度低持续时间过长，易形成畸形瓜。所以要及时灌溉，保持土壤相对湿度为60%～70%，但湿度太大，易徒长，也易落花落果。

4. 土壤和营养

南瓜根系吸收能力强，对土壤要求不严格；但土壤肥沃，营养丰富的沙壤土，利于雌花形成。适宜的pH值为5.5～6.8。生长前期氮肥过多，茎叶徒长，头瓜不易坐稳而脱落，过晚施用氮肥则影响果实的膨大。南瓜苗期对营养元素的吸收比较缓慢，甩蔓后吸收量明显增加，头瓜坐稳后，是需肥量最大的时期。在整个生育期内对营养元素的吸收以钾和氮为多，钙居中，镁和磷较少。生产1000kg南瓜需氮4kg、五氧化二磷2kg、氧化钾7kg、钙3kg、镁1kg。

## 二、品种类型与优良品种

### （一）圆南瓜

果实扁圆形或圆形，表皮多具纵沟或瘤状突起，浓绿色，具黄色斑纹。优良品种有大磨盘、咸宁五月早、蜜枣南瓜、湖南一串铃、无蔓南瓜等。

### （二）长南瓜

果实长形，顶部膨大，近果柄处实心无籽，果皮绿色，具黄色花纹。优良品种有黄狼南瓜、牛腿南瓜等。

## 三、栽培季节与茬口安排

南瓜以露地栽培生产为主，主要栽培季节为春、夏季，春季育苗或直播，夏、秋季收获，栽培方式有爬地和支架栽培。前茬以豆、薯类、玉米茬为好，不宜选重茬瓜地种植。

## ● 任务实施的生产操作

## 一、播种与育苗

南瓜以露地栽培为主，直播或育苗均可。早熟栽培宜进行育苗移栽。

### （一）种子处理与播种

播种前用增产灵浸种4h，浸后用清水淘洗，催芽，温度20～25℃，上覆湿纱布。每天淘洗1次，待种子裂嘴后点播。北方在4月中、下旬，南方在4月初进行播种，每穴1～2粒，点播。播时用木棍扎深2～3cm的孔，株距1m，每667m²种植300～500株。播后将孔穴用细湿土封严。北方寒冷地区可搭拱棚，棚高 30 ~ 40cm，宽 50 ~ 60cm，以防霜害，霜期过后揭膜。

中、晚熟品种栽培适于直播，在当地断霜前 5 ~ 6d，10cm 地温稳定在 12℃以上时播种。

### （二）苗期管理

播种后要经常检查，防止日灼烧苗。播种后保持高温促进出苗，大部分幼苗出土后，加强通风，适当降低棚内温度。一般苗龄 35 ~ 40d，具有 4 ~ 5 片真叶，露地断霜后定植。

## 二、整地施肥

结合深翻，每 667m² 施腐熟的厩肥 4000 ~ 5000kg、复合肥 10 ~ 15kg。整平地面后，按 3m 行距开挖瓜沟，沟内按每 667m² 施腐熟的堆厩肥 2000 ~ 3000kg、过磷酸钙 20 ~ 30kg。

施肥后将瓜沟填土，做成宽 50cm 的低畦，用于定植。零星种植，一般在定植前 20 ~ 30d 深翻土壤，挖坑施腐熟的厩肥 5 ~ 10kg、过磷酸钙 0.2kg，与土混合，做高 15cm 的瓜墩。

## 三、定植

南瓜大面积栽培，多进行爬地栽培，每畦种植 1 行，株距 60cm，覆地膜。可在行间种植小白菜、四季萝卜、小油菜等。零星种植一般采用丛植，每墩种 3 株。庭院种植，多采用棚架式栽培，株距 50cm。

## 四、田间管理

### （一）肥水管理

定植后 2 ~ 3 周施 1 次催蔓肥，结合浇水每 667m² 施腐熟的人粪尿 150 ~ 200kg，第 1 瓜坐住后，重施肥 1 次，每 667m² 施腐熟的人粪尿 1000kg，头瓜采收后，在瓜蔓两侧开沟深 15 ~ 20cm，每株追稀粪水 2 ~ 3kg，二铵 100g，促进生长。早熟栽培坐瓜早，结瓜多，要提供充足的肥料，以促进结瓜。高温干旱季节，需及时浇水抗旱。雨季要及时排水，防止田间积水。

### （二）植株调整

南瓜一般自主蔓基部留健壮侧蔓 3 ~ 4 条，每蔓结瓜 2 个后，留 5 ~ 6 片叶摘心。密植栽培，以主蔓结瓜为主，将侧蔓全部去除。在 5 ~ 8 片叶片处留瓜 1 ~ 2 个，如求单瓜个大，最好留 1 个。如求瓜多，可选留 2 ~ 3 个。当所留瓜坐稳后，其余瓜全部摘除。主蔓生长到 18 ~ 20 片叶时摘心。南瓜生长旺盛，蔓长叶大，为防止风卷折秧，促进根系生长和瓜体增大，应进行压蔓，埋土 3 ~ 5cm。在结瓜处可压成弓形，使瓜增重。棚式栽培要做好绑蔓、吊瓜工作。

### （三）保花保果

早熟栽培前期由于温度低，可在雌花初开时用 20mg/L 的 2,4-D 涂抹花柄或用 20mg/L 的甲硫·乙霉威喷花，防止落花落果，提高结果率。结果中期，温度已高，雌雄花能正常开放，将初开的雄花摘下倒扣在雌花上，使其传粉，切勿同株授粉。授粉后做标记，要求同西瓜授粉。无用的雄花在未开花前摘除，减少营养消耗。

### （四）垫瓜

如果生产的是印度南瓜，当生长到 20~30kg 时，要用草绳或柳条编成圆圈垫瓜。每个瓜垫 2~3 个（扁石头也可），使之离地面 3~5cm，以防烂瓜，并使瓜着色一致。

南瓜田间管理技能训练评价表见表 6-9。

**表 6-9　南瓜田间管理技能训练评价表**

| 学生姓名： | | 测评日期： | | 测评地点： | |
|---|---|---|---|---|---|
| 内　容 | | 分　值 | 自　评 | 互　评 | 师　评 |
| 考评标准 | 定植时间适宜，密度合理；覆土深度适当，浇水量合适 | 30 | | | |
| | 架条选择适当，插架牢固；绑蔓方法正确，松紧适度 | 20 | | | |
| | 留瓜节位和留瓜标准正确，吊瓜熟练，高度一致；整枝、摘心操作正确 | 30 | | | |
| | 落瓜熟练，盘绕正确，无损伤 | 20 | | | |
| 合　计 | | 100 | | | |
| 最终得分（自评30%＋互评30%＋师评40%） | | | | | |

## 五、适时采收、出售或贮藏

南瓜多以老熟果实食用，雌花开放后 50~60d，当瓜体变为橘红色，瓜面呈现出棱条，果皮变硬，用手指甲按不动，果粉增多时为采收适期，应及时采收、加工或贮藏。

---

**生产操作注意事项**

1. 南瓜应施足底肥，追肥应开沟施入，以加大根系吸收面积，不宜穴施。
2. 无用的雄花在未开前摘除，减少营养消耗。
3. 人工授粉时，切勿同株授粉。

---

# 任务六　冬瓜生产

### ● 任务实施的专业知识

冬瓜又叫枕瓜，为葫芦科冬瓜属一年生蔓草本植物。全国各地都有栽培，以南方为多。冬瓜含有大量水分和维生素 C，味清淡，是夏季消暑解热的最佳蔬菜。

## 一、生物学特性

### （一）形态特征

1. 根

根系发达，主根入土深 1m，横向 2m 以上。根系易老化，再生能力弱。

**2. 茎**

茎5棱，中空，蔓生，分枝能力强，生长旺盛，第6~7节开始抽生卷须和侧枝，茎节上易生不定根。

**3. 叶**

单叶，互生，掌状浅裂，茎和叶面密布刺毛。

**4. 花**

雌雄异花同株，单生于叶腋。花钟形，黄色，被茸毛，虫媒花。中熟品种和晚熟品种的雌花从主蔓15~19节开始着生，子蔓从8节左右开始着生，以后约每隔7叶1朵。早熟品种雌花从主蔓7~10节，子蔓从3~4节开始着生，以后每4~5节1朵。个别极早熟小果型品种，也可连续出现雌花。

**5. 果实**

长筒形、短圆形或扁圆形。幼果密布茸毛，渐长后毛退而生白粉。果肉厚，白色，含水量大，味淡。小果型品种2~5kg，大果型品种10~30kg。

**6. 种子**

种子近椭圆形，扁平，种脐一端稍尖，灰白色或淡黄色，分有棱和无棱两类。种皮厚而坚硬，发芽慢。千粒重50~100g。种子寿命为4~5年，生产上多采用1~2年的种子。

**（二）生育发育周期**

从种子萌动至果实成熟采收约需100~150d。

**1. 发芽期**

从种子萌动至第1片真叶出现，时间约10~18d。

**2. 幼苗期**

从第1片真叶出现到6~7片真叶展开，开始抽出卷须为止，在适温下需28~40d。

**3. 抽蔓期**

抽蔓期从6~7片真叶展开，抽出卷须至植株现蕾，在适温下需10~17d。

**4. 开花结果期**

从坐瓜节位的雌花开放到果实成熟。大型冬瓜一般在生出17枚展叶后进入开花结果期，约需50~70d；小果型品种采收嫩瓜上市，花后25~28d便可以采收，至生理成熟约需35d。

**（三）对环境条件的要求**

**1. 温度**

冬瓜耐热怕寒。生长发育最适温度为25~32℃，盛暑期生长发育旺盛，根系生长发育的最低温度为15℃。授粉坐果温度为25℃左右，低于15℃时生长慢，授粉不良，坐果困难。

**2. 光照**

冬瓜为短日照植物，但多数品种对光照反应不敏感，适宜光照强度为50~60klx，有一定的耐阴能力。短日照利于雌花形成。冬瓜喜光，每天有10~12h光照才能满足生长需要。

**3. 湿度**

冬瓜喜水，需水量大，不耐涝，适宜空气湿度为80%，空气湿度过高不利于授粉，坐瓜困难。

**4. 土壤和营养**

冬瓜对土壤适应性广，但以排灌方便、肥沃深厚的壤土或沙壤土为宜。对三要素的吸收以钾最多，其次是氮，磷最少。一般每生产 1000kg 冬瓜需吸收氮 1.3kg、磷 0.6kg、钾 1.6kg。

## 二、品种类型与优良品种

冬瓜按成熟迟早分早熟种和晚熟种两类；按果皮蜡粉的有无，分为粉皮种和青皮种；通常多按果实大小分为小型种和大型种。

### （一）小型冬瓜

小型种早熟，从播种到初收为 110～130d。主蔓 10 节左右，个别品种 3～5 节开始着生雌花，并能连续发生雌花。果实小，单瓜重 1.5～2.5kg。单株结瓜数多，一般以嫩果供食。如北京市农家品种的串铃、吉林小冬瓜、成都市地方品种五叶小冬瓜等。

### （二）大型冬瓜

大型种中熟或晚熟，从播种到初收为 140～150d。雌花出现晚，着生稀，每隔 5～7 节发生 1～2 个雌花。果实大，单果重 10～20kg，主要以成熟果供食，如广东青皮冬瓜、长沙地方品种粉皮冬瓜等，适宜湖南、华东、华南等地春夏露地栽培。

## 三、栽培季节与茬口安排

冬瓜栽培要求高温，北方多数地区以春茬露地栽培为主，露地断霜后直播或移栽，夏秋季收获，一年一茬。华南地区可在春、夏、秋季排开播种，分期上市。我国部分地区冬瓜生产茬口安排见表 6-10。

表 6-10　我国部分地区冬瓜生产茬口安排

| 城　　市 | 播种期（旬/月） | 定植期（旬/月） | 收获期（旬/月） | 备　　注 |
|---|---|---|---|---|
| 西安 | 中、下/3 | 上、中/5 | 上/8～上/9 | 阳畦育苗 |
| 北京 | 中/3～中/4 | 5 | 7～8 | 阳畦育苗 |
| | 上/5 | — | 8～9 | 直播 |
| 南京 | 下/2～中/3 | 中/4 | 7～9 | 阳畦育苗 |
| | 上/4 | — | 7～9 | 直播 |
| 成都 | 上/3 | 上/4 | 6～7 | 阳畦育苗 |
| 长沙 | 上/3 | 4 | 中/6～7 | 阳畦育苗 |
| | 上/4 | | 7～8 | 直播 |
| 广州 | 上/2～上/3 | 上/3 | 6～7 | 育苗或直播 |
| | 4～5 | 4～5 | 7～8 | 直播 |
| | 6 | 6～7 | 9 | 直播 |

设施栽培通常是利用日光温室、大棚进行春早熟栽培，冬季或初春育苗，供应早春和初夏市场。冬瓜栽培方式可分爬地栽培和棚架栽培两种。

必须严格实行轮作，凡栽过冬瓜或黄瓜，尤其是发生过枯萎病的土壤，若种冬瓜，应隔 3～5 年后再种。可与水稻及非瓜类蔬菜轮作，可与甘蓝、芹菜、韭菜等矮生蔬菜隔畦间作。

● 任务实施的生产操作

# 一、播种育苗

## （一）种子处理及播种

冬瓜一般育苗，其方法与黄瓜相同。种皮厚，吸水慢，可用开水烫种后再催芽。发芽适温为 30~33℃，48h 开始发芽，应注意通风，严防二氧化碳聚积，引起"闷籽"和沤种。用育苗钵或穴盘育苗。冬瓜种子的发芽还受贮藏方法的影响，干燥贮藏的种子发芽率低。为了促进种子发芽，可在播种时将种子从果实中取出，发芽良好。用湿法贮藏的种子，出芽整齐而迅速。伏天收种瓜，后熟 10~20d 后剖出种子，洗净，沥干水，置于冰箱冷藏室中，使种子湿度保持 18% 左右；翌年春取出，种皮柔嫩，播后苗齐、叶大、苗壮。

## （二）苗期管理

冬瓜苗期需要的温度较高，床温应达 30℃，湿度也要大。超过 35℃ 应及时通风降温。定植前 7d，降温进行炼苗。出现第 1 片真叶时，每 667m² 施薄粪水 300kg。2~3 片真叶时定植，过晚，根已木栓化，缓苗慢。早熟栽培可在 4~5 片真叶时定植，苗龄不超过 40~45d。

# 二、整地做畦

选择土层深厚，保水保肥好的土壤，地势要平，深耕，每 667m² 施农家肥 4000~5000kg，饼肥 100kg，复合肥 50kg，普施与集中施相结合。

冬瓜爬地栽培一般用平畦，栽植畦宽 0.5~0.7m，爬蔓畦（延畦）宽 2.5m 左右，每畦栽一行。近年来，逐渐改为搭架栽培，栽培一般用半高畦，畦宽 1.5m，栽 2 行。

# 三、定植

当最低气温稳定在 12℃ 以上，地温稳定在 15℃ 以上时即可定植。搭架栽培行距 60~80cm，小型冬瓜株距 35~40cm，大型冬瓜株距 50~60cm。爬地栽培行距 1.7~2m，小型冬瓜株距 30~35cm，大型冬瓜株距 50~60cm。

# 四、田间管理

## （一）肥水管理

定植缓苗后浇 1 次缓苗水，加强中耕。抽蔓期适当控制肥水，防止徒长。爬地栽培，当蔓长 0.5~0.8m 时压蔓，若土壤湿度不足，可结合引蔓、压蔓浇 1 次小水。植株长势弱时可在畦的一侧开沟追肥，每 667m² 施人粪尿 500~1000kg 或复合肥 20~25kg，尿素 7~10kg。雌花开放前后控水限肥，促进坐果。结果期需水量最大，应小水勤浇，水不漫根，保持土壤湿润。冬瓜需肥较多，营养充足时，蔓顶端的叶片肥厚而紧密抱合，节间密。结瓜后因养分流向果实，如果顶叶"散泡"，要及时追肥。

坐瓜后及时追"催瓜肥"，每 667m² 施尿素 15~20kg，瓜膨大盛期再追施 1~2 次腐熟的人粪尿或化肥，氮、磷、钾要配合施用，忌偏施氮肥，特别是结果中、后期，如氮肥过多，易发生多种病害，果肉薄，味淡，不耐贮藏。果实成熟前减少浇水，以提高耐贮性。雨季应及时排除积水。结合追肥浇水，及时进行中耕除草。

### （二）植株调整

**1. 整枝、摘心**

地冬瓜坐瓜前留 1 ~ 2 个侧蔓，利用主侧蔓结瓜，坐瓜后侧蔓任其生长，或坐瓜前侧蔓全部摘除，坐瓜后侧蔓任其生长。

架冬瓜一般利用主蔓坐果 1 个，坐果前摘除全部侧蔓，坐果后留 3 ~ 4 个健壮侧蔓，或在坐果前后摘除全部侧蔓。当茎蔓生长超过支架后，进行摘心，使养分主要供给果实的发育。

**2. 盘蔓与压蔓**

地冬瓜甩蔓后将瓜蔓自右向左盘绕半圈至一圈，盘蔓后用土压住 1 ~ 2 个节茎蔓，不要埋住叶片，以后每 4 ~ 5 节压一次。

架冬瓜在瓜苗甩蔓后开始支架，架高 1.8 ~ 2m。瓜蔓上架前盘蔓或压蔓一次。将瓜坐落在地面上，使瓜以上的蔓上架。蔓上架后，每隔 30cm 左右绑蔓 1 次，结合绑蔓，去掉侧枝、卷须和多余的雌花。当茎蔓生长超过支架后，进行摘心，使养分主要供给果实的发育。

刮大风或暴雨骤晴，要及时整理植株，将瓜蔓绑好。高温干旱季节，可在根部覆土或盖草，降温保墒，保护根系。

**3. 留瓜与管理**

小型种早熟，果小，每株留瓜 3 ~ 4 个。第 1 个瓜坐果率低，多发育不良，一般从第 2 个或第 3 个雌花开始留瓜为宜。大型种冬瓜每株留 1 ~ 2 个果实，生产上多选择第 22 ~ 35 节所结果实留下，节位过低或过高所结果实较小，不予选留。通常每株多留 2 ~ 3 个瓜，坐瓜后择优留瓜。为了提早结果，可于 4 叶期用 30mg/L 的乙烯利喷洒。如落花严重可用 2,4-D处理或人工辅助授粉。

留瓜后，适当保留侧蔓，特别是大型冬瓜保留瓜旁 1 个侧蔓，单株产量高；也应留叶，一般 15 ~ 20 叶节即可，以增加叶面积，并有遮光、防止日晒的作用。

定个后，地冬瓜着地后，要用草圈、砖块或石块等垫起，并翻瓜 2 ~ 3 次，使瓜均匀着色并防止烂瓜及地下害虫为害。架冬瓜应用绳或草圈进行吊瓜。夏季如瓜面被曝晒，易发生日烧，要用瓜叶或草圈进行遮阴。

**4. 人工授粉**

阴雨天昆虫活动少，需在早上 7 ~ 8 时进行人工授粉。雨天授粉后应用叶片覆盖花朵，防止雨水冲洗。授粉后做好标记，操作要求同西瓜授粉。

冬瓜整枝、留瓜技能训练评价表见表 6-11。

**表 6-11　冬瓜整枝、留瓜技能训练评价表**

| 学生姓名： | 测评日期： | | 测评地点： | | |
|---|---|---|---|---|---|
| | 内　容 | 分　值 | 自　评 | 互　评 | 师　评 |
| 考评标准 | 整枝方法准确，操作熟练 | 30 | | | |
| | 留瓜节位和留瓜标准正确 | 20 | | | |
| | 吊瓜熟练，高度一致 | 20 | | | |
| | 落瓜熟练，盘绕正确，无损伤 | 30 | | | |
| 合　计 | | 100 | | | |
| 最终得分（自评 30% + 互评 30% + 师评 40%） | | | | | |

### (三) 采收与留种

冬瓜从雌花开花至果实生理成熟，早、中熟品种需要 35～40d，晚熟品种需 40～50d。

大型冬瓜主要是采收老瓜，一般于开花后 40d 左右，当果实停止生长，果毛脱落，果皮坚硬而发亮时采收。青皮类冬瓜的果皮呈暗绿色，粉皮类冬瓜的果皮颜色由青变为黄绿，并出现白粉，即表示成熟。大型种冬瓜的贮藏力很强，秋季带瓜柄剪收后，置于温度为 15℃ 的干燥处，可贮藏到冬天。小型冬瓜采收标准不严格，达到食用标准后即可采收。采收时宜带果柄，采收后贮藏于阴凉处，可随时供应市场。

开花后 35～45d 种子成熟。种子发芽年限 10 年。冬瓜种子晒干后发芽较困难，农家自行留种时，待果实成熟后，用小刀刮去表皮，全果晒干保存。播种前剖开，取出种子播种。

---

**生产操作注意事项**

1. 冬瓜定植宜小苗移栽，一般在 2～3 片真叶时定植。

2. 留瓜后，要注意适当保留侧蔓，特别是大型冬瓜保留瓜旁 1 个侧蔓，单株产量高。

---

### ● 瓜类蔬菜主要的病虫害

瓜类蔬菜主要的病害有霜霉病、枯萎病、白粉病、疫病、炭疽病、黑星病、细菌性角斑病、病毒病等。主要虫害有瓜蚜、白粉虱、黄守瓜、红蜘蛛、美洲斑潜叶蝇、瓜亮蓟马等。生产上以综合防治为主，药剂防治为辅。与其他蔬菜或作物实行轮作，合理施肥，以施用腐熟的有机肥为主，及时做好排灌水工作等。

## 练习与思考

1. 如何培育黄瓜壮苗？

2. 防止西葫芦落花、落果主要有哪些措施？

3. 如何对大棚西瓜进行整枝和留瓜？

4. 进行实地调查，了解当地瓜类蔬菜主要栽培方式和栽培品种及特性，填入表 6-12；并分析生产效果，整理主要的栽培经验和措施。

表 6-12　当地瓜类蔬菜主要栽培方式和栽培品种及特性

| 栽 培 方 式 | 蔬 菜 种 类 | 栽 培 品 种 | 品 种 特 性 |
|---|---|---|---|
|  |  |  |  |
|  |  |  |  |
|  |  |  |  |
|  |  |  |  |

5. 参与瓜类蔬菜栽培生产的全过程，观察记录生产日期，填入表 6-13，并根据操作体验，总结出经验和创新的技术。

表 6-13　瓜类蔬菜栽培生产日期记录表

| 蔬菜种类 | 栽 培 方 式 | 栽 培 品 种 | 播　种　期 | 定　植　期 | 始　收　期 |
|---|---|---|---|---|---|
| 黄瓜 | | | | | |
| | | | | | |
| 西瓜 | | | | | |
| | | | | | |
| 西葫芦 | | | | | |
| | | | | | |
| 甜瓜 | | | | | |
| | | | | | |

6. 进行黄瓜嫁接操作，15d 后检查嫁接成活率，根据个人嫁接体会，列表比较插接法、贴接法和靠接法的优缺点，嫁接后管理要点，见表 6-14，总结嫁接操作程序及技术要领，写出实验报告。

表 6-14　黄瓜插接法、贴接法、靠接法操作要点比较

| 嫁接方法 | 优　　点 | 缺　　点 | 操作要点 | 嫁接后管理要点 | 成　活　率 |
|---|---|---|---|---|---|
| 插接法 | | | | | |
| 贴接法 | | | | | |
| 靠接法 | | | | | |

7. 观察并记载黄瓜、西瓜、甜瓜植株分枝级次、分枝数，第 1 朵雌花着生蔓的级次，第 1 朵雌花着生节位，每蔓雌花数，填入表 6-15。

表 6-15　瓜类蔬菜分枝结果习性观察

| 项目/品种 | 分枝级次 | 分枝数 | 第 1 朵雌花着生蔓的级次 | 第 1 朵雌花着生节位 | 每蔓雌花数 | | |
|---|---|---|---|---|---|---|---|
| | | | | | 主蔓 | 子蔓 | 孙蔓 |
| 早熟黄瓜 | | | | | | | |
| 晚熟黄瓜 | | | | | | | |
| 早熟西瓜 | | | | | | | |
| 晚熟西瓜 | | | | | | | |
| 早熟甜瓜 | | | | | | | |
| 晚熟甜瓜 | | | | | | | |

# 豆类蔬菜生产

➤ **知识目标**

1. 了解豆类蔬菜生物学特性及其与栽培生产的关系。

2. 理解豆类蔬菜栽培生产中易出现落花、落荚等现象的原因，掌握防治措施。

3. 掌握菜豆、豇豆、豌豆等豆类蔬菜的生产管理技术。

➤ **能力目标**

1. 能够根据当地市场需要选择豆类蔬菜优良品种。

2. 会选择栽培季节与安排茬口。

3. 能够根据当地气候条件进行豆类蔬菜的农事操作，能熟练进行播种、间苗、定苗、中耕除草、肥水管理等基本操作，具备独立进行蔬菜生产的能力。

## 任务一 菜豆生产

● **任务实施的专业知识**

菜豆，又名四季豆、芸豆、玉豆、小刀豆等，为豆科菜豆属，一年生攀缘草本植物。

### 一、生物学特性

**（一）形态特征**

1. 根

根系发达，成株主根入土深达 90cm，横向伸展 60cm。肥水吸收能力很强，较耐旱。根系木栓化早，再生力差，不耐移栽，生产上常直播栽培，如育苗须采取护根措施。抽蔓后根部形成大量根瘤菌，因此应在幼苗期适当施氮肥促苗生长，结荚后以磷、钾肥为主。

**2. 茎**

茎蔓性，具有左旋性，引蔓后可自行缠绕附着物生长，分枝力强。

**3. 叶**

基生叶2片，单叶对生，心脏形，其后均为三出复叶，表面微有茸毛。

**4. 花**

总状花序，发生于叶腋或茎的顶端，每花序5~6朵花，多者可达7~8朵。蝶形花冠，为常自花授粉植物。花有白、黄白、淡红、紫等多种颜色。矮生菜豆上部花先开，花期约20~25d；蔓生菜豆下部花序先开，花期约30~40d。

**5. 果实**

荚果，圆柱形或扁圆柱形。嫩荚多为绿色，少数有紫色斑纹。成熟果荚为黄白色，完全成熟时为黄褐色。

**6. 种子**

肾形，有黑、白、紫红、浅黄色及花斑纹等。种子较大，大粒种子千粒重为500~700g，中粒种子千粒重为300~500g，小粒种子千粒重在300g以下。种子使用寿命为2~3年，生产上常用新种子。种皮薄，吸水快，浸种时易破裂而受损伤，生产上常采用干籽直播。

**（二）生长发育周期**

**1. 发芽期**

从种子萌动到基生叶展开，温度适宜时需10~15d。

**2. 幼苗期**

从基生叶展开到3~4片复叶，矮生种需30d左右，蔓生种需25d左右。此期以营养生长为主，同时开始花芽分化。

**3. 抽蔓期**

从3~4片复叶展开到现蕾开花为抽蔓期（蔓生种）或发棵期（矮生种），约需13d左右。

**4. 开花结荚期**

从始花开放到结荚终止，从开花到果荚成熟需10~15d，连续采收期为30~70d。此期营养生长和生殖生长并进，应注意肥水供应，多施磷、钾肥，以增加产量。

**（三）对环境条件的要求**

**1. 温度**

菜豆为喜温性蔬菜，既不耐热又不耐霜冻，矮生菜豆耐低温能力强于蔓生菜豆。一般栽培适宜的月均温为10~25℃，种子发芽适宜温度为20~25℃，低于8℃或高于32℃不易发芽，发芽最低温度为10~12℃。幼苗期适宜温度为18~20℃，开花结荚期适温为18~25℃，低于10℃生长不良，高于32℃花粉萌芽力下降，易落花落荚。

**2. 光照**

菜豆喜强光且通风良好的环境。光照过弱，引起徒长，造成落花落果。南北各地可相互引种。

**3. 水分**

菜豆喜湿润土壤环境，有较强的耐旱能力。开花结荚期遇高温、干旱、阴雨或徒长均会引起大量落花落荚，或嫩荚生长缓慢，荚小，品质变劣，产量低。

4. 土壤和营养

菜豆对土壤要求不严格，但以有机质含量高，pH 值为 5.5～7.0 的壤土或沙壤土为好。对氮、钾需求最多，对磷的吸收量虽不大，但缺磷时植株生长不良，开花结荚减少，产量低。

## 二、品种类型与优良品种

根据植株生长习性及蔓的长度可分为蔓生型、半蔓生型和矮生型。

### （一）蔓生型

蔓生型菜豆又叫架芸豆，蔓长达 2～3m。叶腋间抽生花序或侧枝，花序多，开花期长，多数品种果荚成熟晚，采收期长，产量高，品质好，栽培面积大。优良品种有碧丰、丰收 1 号、超长四季豆、双丰 1 号、秋紫豆、秋抗 19 号、芸丰 623、九粒白、青岛架豆、早白羊角、双季豆等。

### （二）半蔓生型

前期生长较矮，似矮生菜豆，以后也抽蔓，但节间短，蔓性不强，蔓长在 1m 左右。

### （三）矮生型

矮生型菜豆又叫地芸豆。植株矮生，茎直立，株高 50cm 左右，不用设立支架。主茎长至 4～8 节开花封顶，不再继续生长，从各叶腋间发生若干侧枝，侧枝顶芽形成花芽。此种菜豆生育期短，早熟性好，采收集中，适于早熟栽培。优良品种有优胜者、供给者、嫩荚菜豆等。

## 三、栽培季节与茬口安排

我国除无霜期很短的地区以夏播秋收外，其余各地均以春、秋两季种植，以春季栽培为主。春季露地播种于终霜后，10cm 处地温稳定在 10℃ 以上后进行。一般长江流域以南 3 月中、下旬直播，长江流域可在 3 月下旬至 4 月上旬播种，黄淮地区在 4 月上、中旬直播，华中地区在 4 月上、中旬直播，华北地区在 4 月中、下旬直播，东北地区在 5 月上、中旬直播。若用保护地育苗，则可提前 20～25d 播种。

春菜豆的前茬一般为冬闲地，多茬栽培时也可用越冬菜地。入冬晚的地区后茬可接白菜、萝卜、秋黄瓜或秋架豆。华北北部、东北和西北地区多在后茬播越冬菜；还可和多种蔬菜或大田作物进行间作套种。

秋菜豆是越夏栽培，一般在夏末或秋初播种，秋收。常在初霜前 90～100d 播种，中原地区 7 月下旬至 8 月上旬播种，长江流域 7 月下旬至 8 月上旬播种，华南地区 8 月上旬至 9 月上旬播种，华北地区 6 月至 8 月上旬播种。

设施菜豆生产效益较好，主要在温室、塑料大棚中生产。塑料大棚生产以春茬为主，一般棚内 10cm 处地温稳定在 10℃ 以上后直播或育小苗移栽，栽培比较简单。温室菜豆生产主要分秋冬、冬春茬两个茬口，见表 7-1。温室菜豆忌连作，宜实行 2～3 年轮作。

**表 7-1　温室菜豆茬口安排**

| 栽培茬口 | 播种期（旬/月） | 定植期（旬/月） | 始收期（旬/月） | 备　注 |
|---|---|---|---|---|
| 秋冬茬 | 上、中/9 | — | 中、下/11 | 一般直播 |
| 冬春茬 | 中/10~上/11 | 中/11~上/12 | 中/1~上/2 | 育苗（苗龄20~25d） |
| 春　茬 | 下/12~上、中/2 | 上/1~下/2 | 上/3~下/4 | 育苗（苗龄20~25d） |

## ● 任务实施的生产操作

## 一、塑料大棚春提前生产

此茬菜豆生产可供应春季 4、5 月份淡季。由于环境较适宜，采收期相对较长，产量高。

### （一）品种选择

塑料大棚春提前生产主要栽培蔓生菜豆，可选芸丰 623、碧丰、丰收 1 号、春丰 4 号等蔓生菜豆，也可选择嫩荚菜豆、供给者、推广者等矮生菜豆种植在大棚边缘地带。

### （二）播种育苗

#### 1. 种子处理及播种

菜豆播种育苗可采用营养钵或营养土块等方式在温室、阳畦或温床内进行。播种前用40% 甲醛 100 倍液浸种 25min，用清水清洗后播种。播种期床温应稳定在 10℃ 以上，先浇足底水，每穴播 3~4 粒，覆土 1.5~2cm，覆盖地膜保温、保湿。

#### 2. 播种后管理

播种后白天适温为 20~25℃，夜间 20℃ 左右；当有 60%~70% 出苗后，去掉地膜并降低温度，白天 18~20℃，夜间 10~15℃。定植前 7~10d 开始降温炼苗，以适应大棚内的环境。

在底水充足的前提下，从播种到定植一般不再浇水；苗齐后，每个育苗钵选留 2~3 株壮苗，其余苗去除。为防染病，出苗后喷 2 次 500 倍百菌清药液，定植前苗床浇透水。

蔓生菜豆适宜定植的苗龄为 25~30d，矮生菜豆 20~25d，当幼苗长至 4~5 片真叶，苗高 6~8cm 时定植。

设施菜豆育苗技能训练评价表见表 7-2。

**表 7-2　设施菜豆育苗技能训练评价表**

| 学生姓名： | | 测评日期： | 测评地点： | | |
|---|---|---|---|---|---|
| | 内　容 | 分　值 | 自　评 | 互　评 | 师　评 |
| 考评标准 | 播种时期适宜，种子播前处理方法正确 | 20 | | | |
| | 营养土配制、苗床制作或装钵操作符合要求 | 30 | | | |
| | 浇底水适度，撒床土或药土均匀 | 20 | | | |
| | 播种方法正确，覆膜、撒膜及时 | 10 | | | |
| | 播种后管理方法适当 | 20 | | | |
| 合　　计 | | 100 | | | |
| 最终得分（自评30%+互评30%+师评40%） | | | | | |

### （三）整地、做畦及定植

1. 整地、做畦

定植前 15~20d 扣棚膜。整地前每 667m² 施充分腐熟有机肥 3000~5000kg，过磷酸钙 20~30kg，硫酸钾 30kg。翻耕耙细，使肥土充分混匀，做低畦，畦宽 1.3~1.6m，高 10~15cm；或起宽 60~70cm，高 15~20cm 的龟背垄。

2. 定植

大棚内 10cm 地温达 10℃ 以上，在晴天上午定植。蔓生菜豆每畦栽 2 行，行距 50~60cm，穴距 20~30cm，开膜挖穴，每穴 2~3 株；或每垄种 1 行，穴距 25~30cm，在垄背上开膜挖穴，每穴栽 3~4 株。矮生种一般栽在棚内边缘畦地块或与黄瓜、番茄隔畦间作，行、穴距 30~35cm，每穴 3~4 株。浇透定植水，栽植深度以苗坨低于地面为宜，待水渗下去后覆土。

### （四）田间管理

1. 温度

定植后 3~5d 闭棚升温，白天温度 25~28℃，夜间 15~20℃。缓苗后 5~7d 控水蹲苗，降低棚内温度，白天保持 15~20℃，夜间 12~15℃，防止植株徒长。开花结荚后，白天保持 22~25℃，夜间 15~20℃。白天棚温超过 32℃ 时应通风降温，防止高温高湿造成落花落果。

2. 水肥

缓苗后浇 1 次缓苗水，至结荚前一般不再浇水，以防植株旺长；初花结荚后开始浇水追肥，用粪稀和化肥交替进行追施，每 667m² 每次施粪稀 500~600kg，或复合肥 15~25kg，整个结荚期追施 2 次粪稀和 2~3 次化肥。植株生长期，叶面喷洒 1% 葡萄糖或 1mg/L 维生素 B1，可促进生长发育。开花结荚期，叶面喷洒 0.01%~0.03% 钼酸铵和 0.1% 尿素，可减少秕粒。

3. 中耕培土

缓苗后至开花结荚前中耕 2~3 次，结合中耕向茎基部适当培土。

4. 搭架或吊蔓

蔓生型菜豆当株高达 30cm 左右，开始抽蔓时，用尼龙绳吊蔓，并引蔓。上端绳留有余地，以方便及时落蔓，引导植株生长。

## 二、塑料大棚秋延后生产

菜豆进行秋延后生产，采用二膜覆盖，采收期可比露地延长一个月以上。

### （一）品种选择

所选品种以蔓生型为主。若前茬作物腾茬过晚或霜期来临较早，可选用生育期较短的早中熟品种，如双季豆、丰收 1 号等，也可选用矮生种。若时间较充裕也可选用中晚熟品种，中晚熟品种产量高，品质好。

### （二）播种

前茬作物腾茬后即可播种，播种量及密度参考塑料大棚春提前生产。

### （三）田间管理

1. 温度

播种后，由于气温高，应将大棚四周棚膜卷起，只留棚顶棚膜，以利通风降温，防止高温高湿引起植株徒长。同时可起到降温和防雨的作用，遇雨关闭风口。随着外界气温的下降，逐步缩小通风量，当外界温度降到 15℃ 以下时关闭风口，降到 10℃ 以下时，大棚四周要加盖草苫等防寒物，使夜间棚温维持在 15℃ 以上，争取菜豆生育期延长到 11 月中下旬。

**2. 间苗、补苗**

在第 1 片真叶出现到三出复叶长出前进行间苗、补苗，每穴保留 2~3 株健壮苗，其余苗全部拔除。

**3. 水肥**

幼苗出土后，根据苗情可浇 1 次齐苗水，直到抽蔓前应控制土壤水分，抽蔓后结合浇水施 1 次提苗肥，每 667m² 施尿素 15~20kg，促进植株生长，然后进行适当蹲苗，以促进植株由营养生长向生殖生长转变；菜豆开花结荚后应加强肥水管理，每 7~10d 浇 1 次水，每浇 2 次水施 1 次肥，每 667m² 施硫酸铵 15~20kg，共施 2~3 次，促进嫩荚生长；随着外界气温下降，适当减少浇水次数，防止温度过低、湿度过大，造成落花落荚，同时停止施肥。

**4. 中耕培土和吊蔓**

菜豆幼苗出土后，应立即中耕除草，并及时培土，促进根系生长；伸蔓后，停止中耕，做好插架（吊蔓）工作。矮生菜豆现蕾后停止中耕，以防伤根。

## 三、露地菜豆生产

### （一）整地起垄

每 667m² 施充分腐熟有机肥 5000~6000kg，过磷酸钙 30~40kg，三元素复合肥 30kg，深翻后做成宽 60~70cm、高 15~20cm 的垄。南方地区春夏雨水多，采用高畦深沟，深 15~20cm，畦宽 1~2m。覆盖地膜升温。

### （二）播种或育苗

春菜豆一般露地生产以终霜期前 7d 左右，10cm 处地温稳定在 10℃ 以上播种为宜。春菜豆播种后，如遇长期低温多雨，易烂籽或死苗，故常用地膜覆盖直播或在小拱棚内用营养钵或营养土块育苗移栽；秋菜豆常在初霜前 90~100d 播种，秋季育苗，如高温、干旱应及时浇水、盖草可保湿降温，有利于出苗、齐苗及幼苗健壮生长。

播种前将种子在阳光下晒种 1~2d，用 1% 甲醛溶液浸种 20min，可提高种子发芽率和预防炭疽病发生。大面积栽培一般都进行露地直播。干籽直播或短时间浸种 3~4h，播前浇足穴水，穴距 20~25cm，每穴 3~4 粒种子。每 667m² 播种量：蔓生种 3~4kg，矮生种 5~6kg。

育苗同塑料大棚春茬菜豆育苗技术。

### （三）定植

育苗移栽时，需护根育苗。播种后 20d 左右，株高 15cm，第 1 片复叶展开时，选晴天带土移栽，浇足定植水。秋菜豆生长后期，温度逐渐降低，特别是夜温，日照短，侧枝发育不好，应适当加大种植密度。

矮生菜豆，畦宽连沟 1.7m，行距 20~30cm，穴距 15~23cm，每穴 2~3 株；蔓生菜豆，畦宽连沟 1.2~1.3m，每畦栽植 2 行，穴距 20~25cm，每穴 2~3 株。

**（四）田间管理**

**1. 肥水管理**

结荚前少浇水少追肥，蔓生种在土壤肥沃或基肥充足时，第 1 次追肥可延至抽蔓期（株高 35cm 左右），反之，宜在第 1 片复叶生出至抽蔓前追施提苗肥，追施 10% 人粪尿素；开花结荚后重施追肥，每 667m² 施复合肥 20kg，以后每隔 7~8d 追施 1 次 50% 人粪尿 2500~5000kg，并增施过磷酸钙 15kg 加水稀释浇施，如地湿将过磷酸钙拌细土后开穴点施，施用次数 1~3 次。

矮生种和蔓生种的早熟品种，生育期短，花序抽生早，植株易早衰，宜早追肥。除土壤施肥外，结荚期应用 0.3% 磷酸二氢钾、0.01% 硼酸和 0.2% 尿素等微量元素进行叶面喷施 2~3 次，有显著的增产效果。在菜豆生育后期，植株生长渐慢、结荚率降低，可在菜豆采收盛期后连续追肥 2~3 次，促进侧芽早发，使侧蔓和主蔓发生大量花序，延长生育期，提高产量；开花结荚期，应保持土面湿润，不使土壤过干或过湿，雨水过多时要及时排水。

**2. 搭架引蔓**

抽蔓后及时用竹竿搭成人字形架或锥形架，并引蔓。

## 四、菜豆落花落荚现象及防止措施

菜豆的花芽分化数量很多，但落花落荚严重，成荚率极低，只有 20%~30%。

**（一）引起落花落荚的主要原因**

1）花芽分化及开花期温度过低，花芽发育不良。

2）开花期土壤干旱、空气过于干燥致使花粉畸形或失去生活能力，或开花期空气湿度过大，花药不能开裂散发出花粉，影响正常授粉受精。

3）植株营养不良，不能满足茎叶及荚果生长发育需要；或生长过旺，营养生长与生殖生长失衡，使果荚得不到充足养分。

4）病虫为害和采收不及时，使植株营养不良，花芽发育质量低而落花、幼荚无力伸长而脱落等。

**（二）防止落花落荚的主要措施**

1）选用适应性广、抗性强、结荚率高的品种。

2）调整播种期，使盛花期避开高温或低温季节。

3）适当密植，高矮间作，及时摘除老、病叶。

4）氮、磷、钾肥合理使用，控制好浇水次数及浇水量。

5）及时采收，以利后期花序和豆荚的发育。

6）适当喷施植物生长调节剂，防止落花落荚。

## 五、采收

菜豆采收一般在开花后 10~15d，当豆荚饱满，呈淡绿色，种子未显现时及时采收。采收过迟，纤维增多，品质变差，且不利于植株生长和结荚，造成落花落荚，降低产量。采收嫩荚的一般在开花后 8~12d 采摘，必须坚持每天采收，防止出现超长豆和超龄豆。

---

**生产操作注意事项**

1. 菜豆栽培季节应避开霜期，并保证不在最炎热时期开花结荚。
2. 菜豆育苗移栽时，需用营养钵或营养土块，以免伤根，保证幼苗成活。
3. 引蔓上架宜在晴天下午逆时针方向进行，以免茎蔓含水量过高，易折断。
4. 生长中后期及时摘心，减少无效分蘖消耗植株营养。

---

# 任务二　豇豆生产

## ● 任务实施的专业知识

豇豆，又名豆角、长豆角等，为豆科豇豆属一年生草本植物，以嫩豆荚和种子为食用器官。

## 一、生物学特性

### （一）形态特征

**1. 根**

深根性植物，主根入土可达 80~100cm，主要分布在 15~18cm 耕作层内。根瘤少，固氮能力弱，要多施基肥。根木栓化早，再生力弱，在育苗移栽时要注意护根育苗。

**2. 茎**

茎细弱、蔓性。

**3. 叶**

发芽时子叶出土，基生叶 2 枚，心脏形，单叶对生，以后均为三出复叶，中间的小叶片较大，叶柄长 15~20cm，绿色，近节部常带紫红色斑。

**4. 花**

白、黄或淡紫色，蝶形花冠，自花授粉。总状花序，腋生。

**5. 果实及种子**

长荚果，近圆筒形，长荚品种果长 30~90cm，短荚品种果长 10~30cm，果荚呈绿色、紫红等色。种子肾形，有紫红色、白色、褐色、黑色等颜色，千粒重 120~150g。

### （二）生长发育周期

豇豆的生长发育过程与菜豆基本相似。

（1）发芽期　从播种到第 1 对真叶展开，约需 10~15d。

（2）幼苗期　从第 1 对真叶展开到开始抽蔓，约需 15~20d。

（3）抽蔓期　从开始抽蔓到开始现蕾，约需 10~15d。此期主蔓迅速生长，基部节位抽出侧蔓。

（4）开花结荚期　从开始现蕾到采收结束，约需 45~70d。

### （三）对环境条件的要求

**1. 温度**

豇豆喜温较耐热，不耐低温和霜冻。种子发芽适宜温度为 25~28℃，幼苗生长适温为

25~30℃，抽蔓期适温为20~25℃，开花结荚适温为25~28℃，35℃时仍正常开花结荚，但品质下降，高于35℃时，易引起落花落荚，温度低于10℃时生长缓慢，5℃以下低温植株受冷害。

2. 光照

豇豆喜强光，也有一定耐弱光性，但在开花结荚期需要日照充足，否则易落花落荚。豇豆为短日照蔬菜，但绝大多数品种对日照长短要求不严。

3. 水分

豇豆耐旱不耐涝，种子发芽期和苗期土壤不宜过湿，以免烂种、烂根或徒长；开花结荚期要求水分充足，多雨季节、田间积水或高温干旱能引起落花落荚，干旱植株早衰、品质下降。

4. 土壤及营养

豇豆对土壤要求不严格，且具有一定的耐碱性，但最适宜土质疏松、排水良好、pH值为6.2~7的壤土和沙质壤土。根瘤菌不如其他豆类发达，幼苗期和结荚期均需一定的氮肥。

## 二、品种类型与优良品种

豇豆根据生长习性分为蔓生、半蔓生和矮生3种类型。

### （一）蔓生种

茎蔓长，植株高达2~3m。花序腋生，需设支架，生育期长，产量高。优良品种有之豇28-2、之豇14、之豇特早30、红嘴燕、白豇2号、白豇3号、湘豇1号、夏宝、张塘豇、宁豇3号、郑豇2号、秋豇512等。

### （二）半蔓生种

生长习性与蔓生种相似，但茎蔓短，可不设支架。主要品种有黄花青、新乡地豆角等。

### （三）矮生种

植株矮小，约50cm，茎直立，花序顶生，分枝多，呈丛生状，不需支架。生长期短，成熟早，产量低。植株优良品种有五月鲜、早矮青、美国无架豇豆、皖青512等。

## 三、栽培季节与茬口安排

豇豆主要作露地栽培，其生长季节长，若选用适当品种，春至秋均可播种，常以春播夏收为主；设施生产主要为春早熟栽培，早春地膜覆盖、塑料大棚、日光温室均可生产；华北和东北多数地区为一季作，4月中、下旬至6月中、下旬播种，7~10月采收；华南地区在生长期内排开播种，分批收获，供应期长达半年以上。如广州等地从2~8月均可播种，5~11月陆续采收；西南地区，可在3~6月分批播种，6~10月陆续采收。北方地区设施豇豆茬口安排见表7-3。

豇豆忌与豆类蔬菜连作，为减轻病害发生，应实行2年以上轮作。

**表7-3 北方地区设施豇豆茬口安排**

| 栽培茬口 | 播种期（旬/月） | 定植期（旬/月） | 始收期（旬/月） | 备 注 |
|---|---|---|---|---|
| 小拱棚早春 | 中/2~上/3 | 上/3~下/3 | 中/4 | 温室育苗 |
| 大棚春早熟 | 下/1~中/2 | 中/2~上/3 | 下/3 | 温室育苗 |
| 大棚秋延后 | 下/7~初/8 | 中、下/8 | 上/10 | 遮阴育苗 |
| 日光温室秋冬 | 中/8~上/9 | 中、下/9 | 下/10 | |
| 日光温室冬春 | 中/12~中/1 | 上/1~上/2 | 上/3 | 双膜覆盖育苗 |

● **任务实施的生产操作**

## 一、豇豆春露地生产

### （一）整地施肥

每 667m² 施入充分腐熟的有机肥 3000 ~ 4000kg，过磷酸钙 50kg，硫酸钾 20kg。耕翻耙平，南方一般做 1.3 ~ 1.7m 的高畦，双行种植，沟深 20cm 以上。北方做成宽 65 ~ 75cm，高 15 ~ 20cm 的垄。

### （二）播种

露地栽培以直播为主，当早春 10cm 处地温稳定在 12℃ 以上时播种。播前进行选种、晒种。畦作的条播，垄作的点播，蔓生品种行距 60 ~ 80cm，株（穴）距 20 ~ 30cm，矮生品种行距 40 ~ 50cm，株（穴）距 20 ~ 30cm，每穴播种 3 ~ 4 粒种子。播种深度 3cm 左右，播后浇穴水，盖地膜保湿增温。每 667m² 用种 3kg 左右。

### （三）育苗与定植

育苗移栽可提早成熟，用营养钵育苗，每钵播 3 ~ 4 粒种子，播后盖塑料小拱棚，出苗前白天保持温度 25 ~ 30℃，夜间不低于 15℃；出苗后通风降温，白天保持温度 20 ~ 25℃，夜间 12 ~ 15℃。土壤水分以保持湿润即可。苗龄 25d 左右，2 ~ 3 片复叶时即可定植。蔓生品种行距 60 ~ 80cm，株距 25 ~ 30cm，每穴留苗 2 ~ 3 株，矮生种应加大密度。浇透定植水。

### （四）田间管理

1. 中耕除草

豇豆幼苗出齐或定植缓苗后至开花前，一般每隔 7 ~ 10d 进行 1 次中耕除草、松土。

2. 水肥管理

豇豆开花结荚前，控制肥水供应，进行蹲苗，以防徒长。当第 1 个花序开花结荚后，追肥并浇水。每 667m² 追施粪水 1000kg 或复合肥 20kg；以后每隔 7d 左右浇水 1 次，保持畦面湿润，每浇 2 ~ 3 次水追肥 1 次，每次每 667m² 追施硫酸铵或尿素 20kg，促进茎蔓生长和陆续开花结荚。7 月中下旬出现伏歇现象时，及时摘除基部老叶，干旱时浇水追肥，涝时及时排水，促使植株恢复生长，促生侧枝和侧花芽，延长采收期，提高产量。

矮生菜豆结荚期短，不易徒长，现蕾后开始浇水追肥，每 7d 浇 1 水，隔水追肥。

3. 搭架摘心

当植株抽蔓时，搭"人"字形架，并引蔓上架。抽生花序后，及时去除第 1 花序以下的所有侧枝。中上部侧枝留 2 ~ 3 片叶摘心，避免架面郁闭。当主蔓爬到架顶时及时摘心，以促进下部侧花芽形成并结荚。

豇豆春露地生产技能训练评价表见表 7-4。

表7-4 豇豆春露地生产技能训练评价表

| 学生姓名: | | 测评日期: | | 测评地点: | | |
|---|---|---|---|---|---|---|
| | 内 容 | | 分 值 | 自 评 | 互 评 | 师 评 |
| 考评标准 | 整地、施肥符合要求，做畦或起垄技术规范、熟练 | | 25 | | | |
| | 品种合适，播种时期、方法适宜 | | 25 | | | |
| | 育苗和定植方法正确 | | 20 | | | |
| | 田间管理及时，技术得当 | | 20 | | | |
| | 采收及时，方法适宜 | | 10 | | | |
| | 合 计 | | 100 | | | |
| 最终得分（自评30% + 互评30% + 师评40%） | | | | | | |

## 二、豇豆大棚春早熟生产

### （一）品种选择

塑料大棚豇豆生产常选早熟品种，如之豇28-2、郑豇2号、之豇特早30等。

### （二）培育壮苗

大棚春豇豆需在温室育苗，于2月中下旬播种，采用营养钵育苗。把浸过种的种子播于装有营养土的钵内，浇水播种，每钵种3~4粒种子，播后覆土，厚度2cm。出苗前白天温度控制在25~30℃，出苗后20~25℃，夜间15~20℃，营养土保持湿润，温室内常通风换气。为使幼苗生长健壮，苗出齐后每钵留2~3株健壮苗。

### （三）定植

定植前10~15d扣棚。施足基肥并中耕，每667m²施入充分腐熟的有机肥5000kg左右，过磷酸钙50kg，硫酸钾20kg。然后按1.3m画线，做成宽65~75cm、高15~20cm高的垄畦，覆盖地膜，以提高地温。

3月中、下旬选晴天上午定植，定植密度为（50~60）cm×25cm，浇足穴水，5d后浇1次大水。

### （四）田间管理

#### 1. 温度管理

定植后一周内尽量减少通风，以提高地温，促进缓苗。缓苗后白天棚内温度22~28℃，夜间温度15~20℃；开花结荚后白天温度28~32℃，夜间温度20~25℃，促进果实发育。

#### 2. 肥水管理

豇豆开花结荚前，加强中耕松土，并控制肥水供应，以防徒长。当第1个花序开花结荚后，追肥并浇水。以后每隔10d左右追肥浇水1次，以三元素复合肥为主，中期每667m²施三元素复合肥20~25kg。

#### 3. 植株调整

及时吊蔓引蔓，尽早去除第1个花序下的侧枝，对中上部侧枝留2~3片叶摘心，避免架面郁闭。当主蔓爬到架顶时及时摘心，以促进下部侧花芽形成并结果。

### 三、豇豆大棚秋延后生产

#### (一) 品种选择

常选用耐高温、抗病、丰产、耐运输的品种，如扬豇40、之豇28-2、秋豇512等。

#### (二) 整地施肥

施足基肥并中耕，每 667m² 施入充分腐熟的有机肥 5000kg，过磷酸钙 50kg，硫酸钾 20kg。

#### (三) 播种

于7月下旬至8月上旬播种，做畦方式和密度同塑料大棚早春豇豆生产。播种过早，开花期正遇高温或多雨季节，温度高、湿度大，易造成大量落花落荚或使植株早衰；播种过晚，生长后期温度低，生育期短，产量下降。

#### (四) 田间管理

1. 温度管理

播种出苗后温度较高，要适当浇水降温保湿，温度超过35℃，中午应遮阴降温；外界气温降到15℃时，密闭棚室。白天中午温度较高时进行短时间通风降温；15℃以下时不通风，夜温降到10℃时大棚四周围草苫进行保温，提高温度，促嫩荚生长，延长生育期，提高产量。

2. 肥水管理

苗齐后，为防幼苗徒长，应注意中耕松土，蹲苗促根；第1片真叶平展后浇水并施肥，量要少，促进植株生长发育；始花期适当控水，防止高温高湿引起落花；进入结荚期后，应注意施肥浇水，充分满足开花结荚对水肥的需求。

### 四、采收

开花 12~15d，豆荚充分伸长，种子刚显露时及时采收。第1个荚果适当早采，以免坠秧。采收时，左手捏住豆荚基部，右手轻轻转动摘下，避免碰伤其他花蕾，以利再开花结荚。

---

**生产操作注意事项**

1. 豇豆根瘤菌不如其他豆类发达，幼苗期和结荚期均需一定的氮肥。
2. 豇豆耐旱怕涝，积水易烂根及落花落荚，雨水过多要及时排除田间积水。
3. 引蔓时不要折断茎部，以免下部侧蔓丛生，通风不良，落花落荚。

---

## 任务三 豌豆生产

### ● 任务实施的专业知识

豌豆是豆科豌豆属一、二年生攀缘性草本植物，别名荷兰豆、回回豆、青斑豆等。豌豆的嫩荚、嫩豆粒和嫩尖可炒食，嫩豆又是制罐头和速冻蔬菜的主要原料，全国各地普遍栽培。

## 一、生物学特性

### （一）形态特征

**1. 根**

直根系，有根瘤菌。主根比较发达，可入土 1~1.5m，侧根少，适应性较强。

**2. 茎**

茎近四棱形，中空而脆嫩。按其生长习性分矮生、半蔓生和蔓生。矮生种节间短，直立，株高仅有 25cm 左右，发侧枝能力弱，仅从茎基部分生 2~3 个侧枝。半蔓生的蔓长 0.6~1.1m。蔓生种节间长，半直立或缠绕性，栽培时需设立支架，高 1~2m，发侧枝能力强，茎基部和中部都能生侧枝，侧枝上又能再生侧枝，均能开花结荚。

**3. 叶**

出苗时子叶留土。主茎基部 1~3 节着生的真叶为单生叶，4 节以上为羽状复叶，有 1~3 对小叶，顶生小叶变为卷须，互相缠绕。叶绿色，有的有紫色斑纹，表面被有蜡质。

**4. 花**

蝶形花，花有白、紫或多种过渡型花色，总状花序，自花结实；但在干燥和炎热条件下，雌雄蕊可露出花瓣而导致杂交，杂交率为 10% 左右。

**5. 果实**

荚果，绿色，长 5~10cm，宽 2~3cm。荚果有软、硬之分，软荚种内果皮柔软可食，成熟后干缩不开裂；硬荚种的内果皮革质化，须撕除后食用，一般只食青豆粒，老熟后荚开裂。

**6. 种子**

球形，依品种有皱缩和光滑 2 种。光粒种有较大淀粉粒，皱粒种淀粉粒小，含水分多，糖化作用快，干燥后种皮易皱缩。种子有白、黄、绿、紫、黑色数种。每荚的粒数依品种不同而不同，少则 4~5 粒，多则 7~10 粒。种子寿命为 2~3 年。

### （二）生育周期

豌豆的生长发育过程和其他豆类相似，分为发芽期、幼苗期、抽蔓期和开花结荚期。

**1. 发芽期**

从种子萌动到第一片真叶出现为发芽期。可适当深播，温度适宜时此期约为 10d 左右。

**2. 幼苗期**

从真叶出现到抽蔓为幼苗期。此期约形成 5~6 片真叶，日历苗龄春播 20~25d，但秋播因越冬苗龄更长，直到翌年早春幼苗期才结束。

**3. 抽蔓期**

上茎出现复叶、叶先端出现须，茎基部发出侧枝直至植株现蕾。矮生种和半蔓生种无抽蔓期，此期春播需 15~20d，秋播可持续 40~50d 左右。

**4. 开花结荚期**

从始花到嫩荚采收结束为开花结荚期，一般 40~60d，矮生种采收期短，蔓生种采收期长。早、中、晚熟种分别从 5~8 节、9~11 节、12~16 节着生花序。开花后 12~15d 嫩荚长成，到子粒将要膨大时立即采收。

### （三）对环境条件的要求

#### 1. 温度

豌豆为半耐寒性蔬菜，圆粒品种比皱粒品种耐寒能力稍强。种子发芽始温为 3～5℃，发芽适温为 18～20℃。30℃时，发芽率降至 80% 以下。幼苗能忍受 -6℃的低温。苗期温度稍低，花芽分化早，温度高，特别是高夜温，花芽分化节位高，质量差。茎叶生长适温15～20℃。开花结荚期适温 18～20℃。开花期如遇低温，开花数减少。在 25℃以上的温度下，生长不良，结荚减少。采收期间温度高，成熟快，但产量和品质降低。荚果成熟阶段要求 18～20℃。

#### 2. 光照

豌豆多数品种为长日照植物，北方品种对日照长短的反应比南方品种敏感，红花品种比白花品种敏感，晚熟品种比早中熟品种敏感。南方品种北引多提早开花结实。

开花结荚期要求较强的光照和较长的日照，但不需较高的温度，设施生产上可采取通风换气、喷水等方法进行调节。

#### 3. 水分

豌豆喜湿，耐旱能力没有菜豆、豇豆强。空气干燥，开花减少，高温和干旱不利于花芽分化和发育。土壤干旱且空气干燥，花朵迅速凋萎，大量花蕾脱落。结荚期如遇高温干旱会导致荚果过早纤维化，使荚变小，降低产量和品质；出苗前不耐湿，若土壤水分过多，易烂种。苗期控水蹲苗有利于发根壮苗。开花结荚期，需水量较多，土壤含水量达到田间最大持水量的 70% 左右，空气相对湿度为 60% 左右为宜，此期应保证充足的水分。

#### 4. 土壤和营养

豌豆对土壤要求不严，但以土层深厚、土质疏松、富含有机质的壤土为宜。根系和根瘤菌生长的适宜 pH 值为 6.7～7.3。

豌豆吸收氮最多，钾次之，磷最少。幼苗期应追施氮肥，以促使幼苗健壮生长和根瘤菌形成。磷肥能促进根瘤生长、侧枝形成和籽粒发育。若缺磷，植物叶片呈浅蓝色，无光泽、植株矮小。开花后对磷的吸收迅速增加。钾有壮秆、抗倒伏的作用，还可促进光合产物的运输。缺钾时，植株矮小，节间短，叶缘褪绿，叶卷曲，老叶变褐枯死。

## 二、品种类型与优良品种

按茎生长习性分为蔓生、半蔓生和矮生 3 种类型；按豆荚结构分为硬荚和软荚 2 种类型。

### （一）硬荚类型

内果皮的厚膜组织发达，荚不可食用，以青豆粒供食，品种有以制罐头为主的阿拉斯加豌豆和以鲜食为主的解放豌豆等。

### （二）软荚类型

内果皮的厚膜组织发生晚，纤维也少，以嫩荚供食。品种有台中 11 号、食荚大菜豌 1号、赤花绢荚、大荚豌豆、福州软荚、小菜豌、白花小荚等。

#### 1. 台中 11 号

蔓生品种，株高 150cm 以上，嫩荚青绿色，扁形稍弯，荚长 6～7cm，宽 1.5cm，属于小荚类型，从播种至始收为 70 ~ 80d。

2. 食荚大菜豌 1 号

矮生品种，株高约 70cm。荚绿色，双荚率高，每株可结嫩荚约 10 ~ 12 个。荚长 12cm，宽 2.5 ~ 3cm，每荚 5 ~ 6 粒种子。从播种至始收约 75d。

3. 赤花绢荚

株高 60 ~ 70cm，基部分枝 9 ~ 11 个，主、侧枝同时结荚。荚长 7.5cm，宽 1.6cm，属于中荚类型。南京地区 10 月下旬播种，4 月中、下旬至 5 月中旬采收。

此外，还有专供采摘嫩苗的豌豆品种，如麻豌豆、白豌豆和无须豆尖 1 号等。

## 三、栽培季节与茬口安排

露地栽培时将开花结荚期安排在温度为 18 ~ 20℃ 的适宜季节内。食荚豌豆在我国南方大都秋播春收，一年栽培一季，少数地方夏秋播种，冬季收获。长江流域地区多为秋播，一般在 10 月中下旬直播。春播在 1 月下旬至 2 月上旬播种。西南地区 9 月中下旬至 10 月中下旬均可播种，生产上多于 7 ~ 8 月播种在番茄、辣椒或玉米行间，进行套作，11 月上旬至翌年 5 月陆续采收，特别是在黄瓜后期套作，待黄瓜拉秧后上架生产，以 9 ~ 10 月播种栽培的产量较高；北方地区也可利用日光温室或塑料拱棚进行豌豆春提前、秋延后生产和冬茬生产，华北地区豌豆生产季节与采收期见表 7-5。豌豆忌连作，应实行 4 ~ 5 年的轮作。

表 7-5　华北地区豌豆生产季节与采收期

| 栽培方式 | 茬　口 | 播种期（旬/月） | 采收嫩荚期（旬/月） |
|---|---|---|---|
| 日光温室栽培 | 秋冬茬 | 中、下/8 | 下/10 ~ 中/12 |
| | 冬茬 | 上、中/10 | 下/12 ~ 上、中/2 |
| | 冬春茬 | 中/10 ~ 下/12 | 翌年上/2 ~ 4 月 |
| 大棚栽培 | 春提前 | 1 月 | 下/4 ~ 上、中/6 |
| | 秋延后 | 中、下/7 | 中/9 ~ 11 月 |
| | 冬茬 | 中、下/10 | 翌年上、中/4 |

● **任务实施的生产操作**

## 一、食荚豌豆露地生产

### （一）整地施肥

深耕深翻，精耕细作，起畦开沟。结合整地，每 667m² 施入堆杂肥 2500 ~ 3000kg，过磷酸钙 20 ~ 25kg，硫酸钾 15 ~ 20kg，或草木灰 100 ~ 150kg，穴施或条施。

### （二）播种

选取粒大饱满、均匀、无病斑、无虫蛀、无霉变的优质种子。播前晒 1 ~ 2d，并对种子进行处理，处理的方法有 2 种：

1. 低温处理

经浸种催芽，种子开始萌动，胚芽外露后，放在 0 ~ 2℃ 低温处理 10d，取出后便可播种。低温处理过的种子结荚节位可降低 2 ~ 4 节，采收期提前 6 ~ 8d，产量略有增加。

2. 根瘤菌拌种

每 667m$^2$ 用根瘤菌 15 ~ 20g，加少量水与种子充分拌匀后播种。蔓生型品种一般行距 20 ~ 30cm，穴距 10 ~ 15cm，每穴 2 ~ 3 粒，每 667m$^2$ 用种量 10 ~ 15kg，也可条播。株形较大的品种一般行距 50 ~ 60cm，穴距 20 ~ 25cm，每穴 2 ~ 3 粒，每 667m$^2$ 用种量 4 ~ 5kg。半矮生品种和矮生种可适当密植，采收嫩荚适当稀播，采收豌豆苗可适当密植。播种后覆土 4 ~ 5cm。

（三）田间管理

1. 肥水管理

除施足基肥外，还应适量追施提苗肥、保花肥和促荚肥。出苗后，结合浇水追施提苗肥，每 667m$^2$ 追施人粪水 1000kg 促进茎叶生长，以免后期结荚脱肥。尤其是前期要采摘部分嫩梢上市，更应增加氮肥用量。现蕾开花前浇小水，并追施速效性氮肥，每 667m$^2$ 追施尿素 10kg，促进茎叶生长和促分枝，并可防止花期干旱。当基部豆荚已坐稳，开始追保花肥和促荚肥并浇水，每 667m$^2$ 追施过磷酸钙、硫酸钾各 10 ~ 15kg，以增加花数和荚数。蔓生品种，生长期较长，一般应在采收期间再追施 1 次复合肥，以防止早衰。豌豆对微量元素钼需求较多，开花结荚期可用 0.2% 钼酸铵进行根外喷施 2 ~ 3 次，可提高产量和品质。

生长发育期应保持土壤湿润，开花结荚时不可缺水，否则易落花落荚。结荚后，更要及时浇水，以促多结荚。植株生长减缓时，减少浇水量，防止倒伏；及时排除积水，以免烂根。

2. 中耕除草

豌豆出苗后，应及时中耕除草，并进行培土。第 1 次除草在播种后 25 ~ 30d 进行，第 2 次除草在播种后 50d 左右进行，雨后及时松土，防止土壤板结，提高地温，促进根瘤菌生长和根系发育。前期中耕可适当深些，后期以浅中耕为主，注意不要损伤根系。

3. 搭架绑蔓

蔓生种在株高 30cm 以上时，生出卷须，要及时搭架，架高 150cm 左右，并绑蔓。同时整枝，基部留 3 ~ 4 个分枝，上部留 1 ~ 2 个分枝。矮生种和半蔓性种，始花期也要搭简易支架。

4. 防寒

长江以南地区秋播露地越冬，可中耕培土，把锄松的土壤培壅在根旁或用稻草覆盖防寒。

5. 采收

软荚豌豆在花后 7 ~ 10d，嫩荚充分肥大，豆粒未充分发育时采收，采收期可达 25 ~ 45d。硬荚豌豆以采收嫩豆粒的在开花后 15d 左右采收，须在豆粒肥大饱满，荚色由深绿变淡绿，荚面露出网状纤维时采收。如采收过迟，豆粒中的糖分和维生素 D 减少，淀粉增多，可溶性氮减少，不溶性蛋白质增加，品质变劣。开花后 40d 左右收干豆粒。

采收于上午露水干后进行，装筐出售或运往加工场所。剔除斑点、畸形、过熟等豆荚。

以豌豆嫩苗或嫩梢为产品的，北方于 11 月中旬至 4 月初在阳畦或温室播种，南方秋播，行距 3cm，播幅 16 ~ 18cm，幼芽 1 ~ 2cm 时浅松土，防止胚茎弯曲。以嫩梢为产品的于播种后 30d 左右，苗高 16 ~ 18cm，有 8 ~ 10 片叶时收割，以后每隔 10 ~ 20d 收割 1 次，可收 4 ~ 8 次。

## 二、食荚豌豆塑料大棚秋延后生产

继大棚春提早茬拉秧后，利用豌豆幼苗适应性强的特点，选择南方品种在炎夏育苗，立秋后定植，在越冬前采收。

### （一）品种选择

此茬可选用食荚大菜豌 1 号、食荚甜脆豌 1 号等半蔓性品种。

### （二）播种育苗

华北地区在 7 月上中旬采用营养钵育苗，每钵种 2 ~ 3 粒种子，苗龄 25 ~ 30d，每 $667m^2$ 用种量 5.5 ~ 6kg。播后出苗前，用遮阳网遮阴并用薄膜防雨，出苗后去掉遮阴物。

### （三）整地、施肥

每 $667m^2$ 施厩肥 2500 ~ 3000kg，过磷酸钙 20 ~ 30kg。翻耕后做成宽 60cm，高 15 ~ 20cm 的高垄，垄间距 120cm。

### （四）扣棚定植

定植前扣棚，定植密度窄行距 45cm，宽行距 75cm，每垄栽两行，穴距 20cm，定植时浇穴水，定植后浇缓苗水。

### （五）田间管理

**1. 温度管理**

定植后大通风，将棚膜四周和顶风口打开，遇雨闭合顶风口。当夜温降至 15℃ 以下时，应将通风口缩小，9 月中、下旬以后为结果盛期，只开顶风口，白天和夜间温度适宜。10 月以后，只能在中午进行适当通风，10 月下旬以后一般不通风，更要注意保温防寒，北方地区大棚内豌豆生长可持续到 11 月中、下旬。

**2. 水肥管理**

定植后浇缓苗水，此后到显蕾以前，要严格控制水肥，防止幼苗徒长，若干旱可浇小水，结荚后施肥浇水，每 $667m^2$ 施复合肥 20kg，此后 15d 左右再施肥 1 次即可。以后每隔 10 ~ 15d 灌水 1 次，至 10 月以后，气温逐渐降低，可停止施肥。

**3. 中耕、培土**

浇水后应注意中耕松土并及时培土，一般每 8 ~ 10d 中耕除草 1 次。抽蔓时及时搭架。

设施豌豆育苗技能训练评价表见表 7-6。

**表 7-6  设施豌豆育苗技能训练评价表**

| 学生姓名： | 测评日期： | | 测评地点： | | |
|---|---|---|---|---|---|
| | 内　容 | 分　值 | 自　评 | 互　评 | 师　评 |
| 考评标准 | 配制营养土、做苗床或装钵符合要求，技术熟练 | 30 | | | |
| | 浇底水方法正确，浇水量合适 | 20 | | | |
| | 播种方式、方法正确 | 30 | | | |
| | 覆膜、撤膜时间和方法适宜 | 20 | | | |
| | 合　计 | 100 | | | |
| 最终得分（自评30% + 互评30% + 师评40%） | | | | | |

### 三、豌豆栽培生产中易出现的问题与防止措施

豌豆易落花落荚，其原因与植株密度过大、肥水过多、营养生长过旺、开花期空气干热或遇热风或大风天气、开花期土壤干旱或渍水等因素有关。应选用优良品种、适时早播，并加强肥水管理工作，保证营养生长和生殖生长的平衡，以减轻落花落荚。

---

**生产操作注意事项**

1. 秋播豌豆冬前生长较慢，应及时除草，避免形成"草盖苗"现象。
2. 要及时排除积水，以免烂根和发生白粉病。
3. 开花结荚时不能缺水，干旱易引起落花落荚。

---

### ● 豆类蔬菜主要的病虫害

豆类蔬菜主要病害有炭疽病、根腐病、细菌性疫病、枯萎病、锈病、花叶病毒病等，栽培生产上应选用抗病品种，进行种子消毒，通过轮作、高垄（畦）栽培、加强田间管理等措施加以预防，配合农药防治；主要虫害有豆野螟、豆荚螟、美洲斑潜蝇、蚜虫和红蜘蛛，要注意防治。

# 练习与思考

1. 进行豆类蔬菜的育苗定植和水肥管理，操作结束后，写出技术报告，并根据操作体验，总结出应注意的事项。

2. 参与豆类蔬菜栽培生产的全过程，写出技术报告，并根据操作体验，总结出经验和创新的技术。

3. 进行豆类蔬菜播种前种子处理和播种生产，记录发芽、生长情况，填入表7-7中，并进行分析总结。

表7-7 豆类蔬菜播种、发芽、生长情况记载

| 蔬菜名称 | 播种时间<br>（年、月、日） | 嫩芽出土时间<br>（年、月、日） | 子叶出土类型 | 真叶展现时间<br>（年、月、日） | 出芽率<br>（%） |
|---|---|---|---|---|---|
|  |  |  |  |  |  |
|  |  |  |  |  |  |
|  |  |  |  |  |  |
|  |  |  |  |  |  |

4. 进行实地调查，了解当地豆类蔬菜主要栽培方式和栽培品种及特性，填入表7-8中，并分析生产效果，整理主要的栽培经验和措施。

**表7-8　当地豆类蔬菜主要栽培方式和栽培品种及特性**

| 栽培方式 | 栽培品种 | 品种特性 |
|---|---|---|
|  |  |  |
|  |  |  |
|  |  |  |

5. 将观测到的菜豆、豇豆、豌豆的分枝、开花结果数据填入表7-9。

**表7-9　豆类蔬菜开花结果习性调查表**

| 种　类 | 品　种 | 株　数 | 开花顺序 | 调查项目 | 调查结果 | 备　注 |
|---|---|---|---|---|---|---|
|  |  |  | 第一花序 | 花朵数目 |  |  |
|  |  |  |  | 开花结位 |  |  |
|  |  |  |  | 结果数目 |  |  |
|  |  |  | 第二花序 | 花朵数目 |  |  |
|  |  |  |  | 开花结位 |  |  |
|  |  |  |  | 结果数目 |  |  |

6. 矮生型和蔓生型菜豆在开花结荚习性上有哪些不同？
7. 简述菜豆落花落荚的原因及防止措施。

# 葱蒜类蔬菜生产

~~~~~~~~~~~~~~~~~~~~~~~~~~~~~~~~~~~~~~~~~~~~~~~~~~~~~~~~~~~~~~~~~~~~~~~~~~~~~~~~~~~~~~~~~~~~~~~

➤ **知识目标**

1. 了解葱蒜类蔬菜生物学特性及其与栽培生产的关系。

2. 了解大蒜退化的原因，掌握大蒜二次生长及复壮的方法。

3. 理解葱蒜类蔬菜的类型和品种及其与栽培方式的关系。

4. 掌握大葱、大蒜、韭菜、洋葱等葱蒜类蔬菜的栽培生产技术。

➤ **能力目标**

1. 能够根据当地市场需要选择葱蒜类蔬菜优良品种。

2. 会选择栽培季节与安排茬口。

3. 能够根据当地气候条件进行葱蒜类蔬菜的农事操作，能熟练进行葱蒜类蔬菜的播种、间苗、定苗、中耕除草、肥水管理等基本操作，具备独立进行蔬菜栽培生产的能力。

~~~~~~~~~~~~~~~~~~~~~~~~~~~~~~~~~~~~~~~~~~~~~~~~~~~~~~~~~~~~~~~~~~~~~~~~~~~~~~~~~~~~~~~~~~~~~~~

## 任务一 大葱生产

● **任务实施的专业知识**

大葱为百合科葱属二年生草本植物，以肥大的假茎和嫩叶为产品，具有辛辣芳香气味，生熟食均可。大葱抗寒耐热，适应性强，全国各地栽培普遍。

### 一、生物学特性

**（一）形态特征**

充分生长的大葱全株长 100~150cm，葱白的长度占全株长的 40% 左右。

1. 根

白色弦线状须根，着生在短缩的茎盘上，新根发生能力强，故较耐移植，随着茎盘的增大陆续发生新根，主要根系密集在 25~30cm 的土层中，根毛少，吸收水肥能力较弱。

## 2. 茎

营养生长时期的茎短缩成圆锥形，上着生管状叶鞘，下部密生须根。花芽分化后，茎盘顶芽伸长为花茎，中空，内层叶鞘基部可萌发 1~2 个侧芽，发育成新的植株。

## 3. 叶

由管状叶片和筒状叶鞘组成。幼叶刚伸出叶鞘时黄绿色，实心；成龄叶深绿色，管状，中空，表面披有白色蜡粉，具有耐旱特征。每株有叶 5~8 枚，叶鞘环生在茎盘上形成假茎，即葱白，为贮藏营养的主要器官。假茎的长度除与品种有关外，还与培土有关，经过分次培土，创造黑暗、湿润的环境，可使叶鞘不断伸长、加粗，使质量和产量提高。

## 4. 花

营养生长后，茎盘顶芽伸长成花薹。花薹圆柱形，中空，顶端着生头状伞形花序，花序幼时外面包裹着膜状总苞，内有小花 500 朵左右，花白色或紫红色，开花时总苞破裂，花序开放，异花授粉。

## 5. 果实和种子

蒴果，种子盾形，内侧有棱，种皮黑色、坚硬、不易透水，种子千粒重为 3.5g。成熟时种子易脱落，寿命较短，在一般贮藏条件下仅为 1~2 年。

大葱形态观察描述技能训练评价表见表 8-1。

**表 8-1　大葱形态观察描述技能训练评价表**

| 学生姓名： | | 测评日期： | 测评地点： | | |
|---|---|---|---|---|---|
| | 内　容 | 分　值 | 自　评 | 互　评 | 师　评 |
| 考评标准 | 根系、茎的形态特征 | 20 | | | |
| | 叶的组成及叶鞘的抱合方式 | 20 | | | |
| | 假茎的构成及长度 | 30 | | | |
| | 花及花序的形态特征 | 30 | | | |
| | 合　　计 | 100 | | | |
| 最终得分（自评30% + 互评30% + 师评40%） | | | | | |

### （二）生长发育周期

大葱的整个生育周期可分为营养生长和生殖生长两个时期。

#### 1. 营养生长时期

（1）发芽期　从播种到子叶出土并直钩，适温下约需 14d 左右。

（2）幼苗期　从第 1 片真叶长出到定植。春播葱为 80~90d，秋播葱约 250d。秋播大葱的幼苗期又可分为幼苗生长前期、休眠期和幼苗生长盛期。

1）幼苗生长前期。从第 1 片真叶出现到越冬前，大约需 40~50d。

2）休眠期。从幼苗开始越冬到返青。

3）幼苗生长盛期。从返青到定植，日均气温需达 13℃ 以上，大约需 80~90d。

（3）葱白伸长期　从定植到采收为葱白伸长期，根据其生产特点可分为 4 个时期。

1）缓苗越夏。大葱定植后发生新根，恢复生长称缓苗，缓苗期约需 10d。进入炎夏高温季节后，植株生长缓慢，叶片寿命较短。缓苗越夏期约需 60d。

2）葱白形成盛期。越夏后气温降低，适合葱株生长，葱白迅速伸长和加粗。

3）葱白充实期。霜冻后，大葱停止旺盛生长，生长点开始分化花芽，叶片和外层叶鞘的养分向内层叶鞘转移，充实葱白，使大葱的品质提高。

4）贮藏越冬休眠期。北方地区，大葱在低温下强迫休眠，并在此期间通过春化阶段。

2. 生殖生长时期

生殖生长时期包括抽薹期、开花期和种子成熟期。与栽培关系不大。

**（三）对环境条件的要求**

1. 温度

大葱耐寒性较强，耐热性较差，营养生长期喜凉爽的气候条件。种子发芽适温为 13 ~ 20℃，7 ~ 10d 发芽出土，高于 20℃时不能发芽；植株生长适温为 13 ~ 25℃，葱白生长适温为 13 ~ 20℃，温度低于 10℃、超过 25℃，植株生长则缓慢、细弱，叶部发黄，容易发生病害，当温度超过 35 ~ 40℃时植株呈半休眠状态，休眠状态的植株可耐 −40 ~ −30℃的低温。大葱为绿体春化型植物，3 ~ 4 片叶，茎粗在 0.4cm 以上、株高 10cm 以上时感受 2 ~ 5℃的低温，经过 60 ~ 70d 通过春化阶段。如果生产上播种过早，越冬苗过大，春季易发生未熟先抽薹现象。

2. 水分

大葱耐旱能力较强，不耐涝，湿度过大易发生病害。

3. 光照

要求中等光照，适于密植栽培。对日照长短的要求为中性，植株只要在低温下通过春化，不论日照长短，都能正常抽薹开花。强光伴随高温干旱，叶片纤维增多，降低食用价值。

4. 土壤营养

大葱适于土层深厚、排水良好、富含有机质的疏松土壤，以中性土壤为宜。生长前期需氮肥较多，葱白形成期宜增施磷、钾肥，缺磷时植株长势弱，质劣低产。每生产 1000kg 鲜葱需从土壤中吸收氮 2.7kg，磷 0.5kg，钾 3.3kg。

## 二、品种类型与优良品种

根据葱白（假茎）高度和形态分为 3 种类型。

**（一）长葱白类型**

植株高大，株高 80 ~ 150cm，直立性强，葱白长达 30 ~ 60cm，粗 3 ~ 5cm，葱白粗细均匀，分蘖力弱，辣味较淡，质嫩味甜，生熟食俱佳，产量高。优良品种有山东章丘梧桐葱、北京高脚白、盖县大葱、龙江大葱等。

**（二）短葱白类型**

植株较矮，株高 30 ~ 60cm，葱白、葱叶短而粗，葱白一般在 30cm 以下，辣味浓，适于密植栽培，产量较高。品种有寿光八叶齐、西安竹节葱、河北对叶葱等。

**（三）鸡腿葱类型**

葱白短，基部显著膨大，形似鸡腿，叶略弯曲，叶尖较细，香气浓厚，辣味较强，较耐贮存，最适熟食或作调味品。优良品种有山东章丘鸡腿葱、大名鸡腿葱等。

### 三、栽培季节与茬口安排

大葱产量高，生育期长，并且有较强的适应性，耐寒、耐热，适于分期播种和栽培，周年供应。可与其他作物轮作，实行一年多次栽培，前茬可选择小麦、大麦、豌豆等粮食作物，或早甘蓝、越冬菠菜等蔬菜。收后可休闲，也可种植越冬蔬菜。由于大葱的耐阴性，也可与其他蔬菜进行间作或套种。忌连作，生产上应实行 3～4 年的轮作，是非葱蒜类蔬菜的良好前作。根据播种时间的不同可分为秋播、春播和夏播 3 种方式。

#### （一）秋播

北方一般秋播，当地土壤冻结前 40～50d 播种，第 2 年春季栽植，冬前收获，即干葱。秋播秧苗也可于第 2 年春季以小葱的形式上市，也可定植后当年秋季收获作为秋葱用于秋季供应。

#### （二）春播

早春土壤解冻后播种，夏季来临前以小葱供应，或定植后当年以干葱供应；也可越冬作为下一年春季的羊角葱或作为采种葱。南方地区可春播，也可秋播，春播生长时间短，产量较低。

#### （三）夏播

多在 7～8 月播种，故又称伏葱。一般在羊角葱之后上市，上市过晚易抽薹。我国部分地区冬贮大葱生产茬口安排见表 8-2，华北地区大葱周年生产主要茬口见表 8-3。

**表 8-2 我国部分地区冬贮大葱生产茬口安排**

| 地　　区 | 播种期（旬/月） | 定植期（旬/月） | 收获期（旬/月） |
|---|---|---|---|
| 北京 | 中/9 | 上、中/5 | 下/10～上/11 |
| 长春 | 上/9 | 中/6 | 中/10 |
| 呼和浩特 | 上/9 | 中/6 | 上/10 |
| 沈阳 | 上/9 | 中/6 | 中、下/10 |
| 乌鲁木齐 | 下/8～上/9 | 中/6 | 中、下/10 |
| 太原 | 中/9 | 中、下/6 | 中、下/10 |
| 西安 | 下/9 或中/3 | 上/6～上/7 | 上/10～上/11 |
| 济南 | 下/9 或中/3 | 上/6～上/7 | 上、中/11 |
| 郑州 | 下/9 或中/3 | 中/6～中/7 | 中/11 |
| 杭州 | 下/8～中/9 或上、中/3 | 10～12 月或中/6～中/7 | 下/10 至翌年春、夏 |

**表 8-3 华北地区大葱周年生产主要茬口**

| 茬　　口 | 播种期（旬/月） | 定植期（旬/月） | 收获期（旬/月） |
|---|---|---|---|
| 露地春葱 | 下/8～上/9 | — | 下/4～上/5 |
| 风障大葱 | 上/9～下/9 | — | 3～4 |
| 伏葱 | 中、下/7 | 下/10 | 下/5～上/6 |
| 秋大葱 | 下/8～下/9 | 上/5～下/6 | 下/10～上/11 |
| 春大葱 | 上/3～下/3 | 下/5～下/6 | 下/10～上/11 |

● 任务实施的生产操作

## 一、大葱露地生产

### （一）播种育苗

1. 播种期

一般无霜期180d以下地区需秋播。无霜期180～200d的地区可秋播，也可春播。生长期长的地区宜春播。

春播多在3月下旬至4月初。秋播时间以幼苗越冬前应有40～50d的苗龄，能长出2～3片真叶，株高10cm左右，茎粗在0.4cm以下为宜，既可安全越冬，又可避免或减少翌年的先期抽薹。茎粗0.5cm以上，第2年易抽薹开花。

2. 苗床准备

选择地势平坦、疏松肥沃的沙壤土作育苗田，每平方米施入粪肥4.5～6kg，过磷酸钙3～4kg，浅耕，耙平后做成宽1.2～1.5m、长8～10m的低畦。

3. 种子处理

选用当年新籽，每平方米播种量为4.5～6g，可定植8～10m² 大田。播种前进行种子浸种和消毒。方法一：将种子用0.2%高锰酸钾溶液浸种20～30min，再用清水洗净，稍晾晒后播种；方法二：将种子在清水中浸泡，捞出秕子杂质，再将种子放入55℃左右温水中浸泡20～30min。

4. 播种

（1）撒播　先浇足底水，均匀播种后，覆土0.5～1.0cm。

（2）条播　在播种畦内按15cm行距开1.5～2cm深浅沟，将种子均匀播在沟内，覆盖1cm厚的细土，搂平畦面，踩实，浇水；每栽植667m² 大葱用种量为3～4kg，出苗前要保持土壤湿润松软，如地表开裂或板结，播后3～4d浇小水。

春播时，覆盖地膜，齐苗后，及时撤除地膜。

5. 幼苗期管理

春播育苗，苗期较短，应加强肥水管理。出苗后要保持土壤湿润，尤其在出土时及时浇水；苗高6～10cm及15～20cm时各追肥1次；及时间苗，株距为2～3cm。中耕除草。

秋播育苗，应做好冬前管理和春苗管理工作。

（1）冬前管理　冬前应控制水肥，防止幼苗生长过快。冬前生长期间浇水1～2次，并中耕除草。土壤封冻前，结合追粪稀，灌足封冻水，灌后覆盖一层腐熟的马粪、圈肥或灰土肥，厚约1～2cm，保护葱苗安全越冬。

（2）春苗管理　翌春日平均气温13℃时灌返青水，并追肥1次。然后进行中耕、除草、间苗。第1次间苗在蹲苗前，保留株距为2～3cm。第2次间苗在苗高20cm时进行，株距为6～7cm；蹲苗10～15d后，增加浇水次数，并结合浇水追肥2～3次，每667m² 每次施粪稀1000kg，硫酸铵10kg。幼苗高50cm，已长出8～9片叶时，停止浇水，炼苗，准备移栽。

### （二）整地定植

1. 定植期

大葱应保证定植后有130d以上的生长期，一般于5月中旬至6月末，葱苗长到30～

40cm 高，具有 6~8 片真叶，茎粗 1~1.5cm 时定植。

**2. 整地做畦**

结合整地，每 667m² 施腐熟农家肥 5000~10000kg，深翻 30cm 以上，整平。按 80cm 行距南北向开深、宽各为 20~30cm 的沟，沟内施入饼肥 150~200kg、过磷酸钙 30kg，趟平沟底。

**3. 起苗和选苗分级**

起苗前 1~2d 苗床浇水，起苗时抖净泥土，选苗分级，剔出病、弱、伤残苗，按大（太大的苗应及时销售，不再定植）、中、小三级分别栽植。

**4. 定植密度和方法**

（1）定植密度　大葱定植密度，因品种、产品标准不同而异。短葱白的品种宜用窄行浅沟；长葱白的品种宜采用宽行深沟。大葱不同品种类型的栽植要求见表 8-4。

表 8-4　大葱不同品种类型的栽植要求

| 品种类型 | 要求葱白长度/cm | 行距/cm | 沟深/cm | 株距/cm | 密度/（万株/667m²） |
|---|---|---|---|---|---|
| 鸡腿葱 | 25~30 | 50~55 | 8~10 | 5~6 | 2~3 |
| 短白或长白类型 | 30~40 | 65~70 | 15~20 | 5~6 | 1.9~2.1 |
| 长白类型 | 45 以上 | 70~80 | 40~50 | 6~7 | 1.2~1.5 |

（2）定植方法　随起苗随栽苗，不用隔夜苗。按照适宜行株距摆入沟内一侧，覆盖土 4~5cm，以心叶处高出沟面 7cm 左右为宜。

1）排插法。沿着葱沟壁陡的一侧，按株距摆苗，用小锄头从沟的另一侧取土，埋在葱苗根部厚约 4cm，踩实，灌水；也可先顺沟灌水，水下渗后摆葱苗盖土。

2）插葱法。适宜栽植葱白类型的大葱，用小木棍将葱苗垂直插入沟底松土内，深约 20cm，深达外叶分杈处为度，先插葱后灌水称为干插葱，先灌水后插葱称为水插葱。插葱时，叶片的分杈方向要与沟向平行，便于田间管理时少伤叶片。

大葱定植技能训练评价表见表 8-5。

表 8-5　大葱定植技能训练评价表

| 学生姓名： | | 测评日期： | | 测评地点： | |
|---|---|---|---|---|---|
| | 内　容 | 分　值 | 自　评 | 互　评 | 师　评 |
| 考评标准 | 施足有机肥、翻地、整平、开沟 | 20 | | | |
| | 定植时间、行、株距适宜 | 20 | | | |
| | 起苗熟练、选苗分级符合要求 | 30 | | | |
| | 定植方法适当、密度合适 | 30 | | | |
| | 合　计 | 100 | | | |
| 最终得分（自评 30%＋互评 30%＋师评 40%） | | | | | |

**（三）田间管理**

**1. 浇水追肥**

定植后连浇 2~3 次水，促进缓苗。缓苗后结合浇水每 667m² 施优质腐熟厩肥 1000~1500kg，并中耕培土，蹲苗 15d。

进入炎夏后，大葱进入越夏半休眠状态，控制肥水。以中耕锄草保墒为主，在定植沟内铺厚约5cm半腐熟的麦糠。雨后排涝。

8月中旬后，昼夜温差大，是大葱生长的有利时期，浇2～3次水，追1次攻叶肥，每667m²施优质腐熟厩肥250～300kg，尿素15kg，过磷酸钙25kg于沟脊上，中耕混匀，锄于沟内，浇1次水；9月中、下旬，大葱进入生长盛期，需水量增加，每4～5d浇1次透水，追2次攻棵肥，第1次是在8月下旬，每667m²追施复合肥20kg，可施于葱行两侧，中耕以后培土成垄，浇水，第2次于9月中旬，在行间撒施尿素15kg，硫酸钾25kg，浅中耕后浇水；9月初，叶面喷施0.2%磷酸二氢钾和0.1%硫酸亚铁，每7d喷施1次，连喷2～3次；10月初气温下降，需水量减少，保持土壤湿润，使葱白鲜嫩肥实；收获前7～10d停水，便于收获贮运，提高耐贮性。

**2. 培土软化**

在葱白形成期进行培土，可软化叶鞘、增加葱白长度和防风抗倒伏，高温高湿季节不宜培土，以免引起叶鞘和根茎腐烂。

结合追肥，分别在8月初、8月下旬、9月初、9月下旬进行培土，在露水干后，土壤凉爽时进行。每次培土以不埋没叶片与叶鞘的交界处为度。培土后拍实，防止浇水后塌陷。大葱培土过程如图8-1所示。

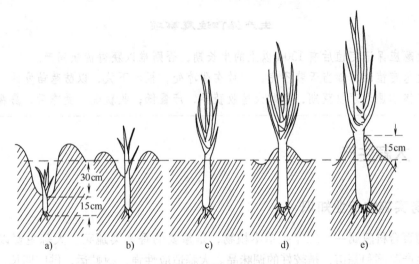

图8-1 大葱培土过程

a）培土前情况 b）第一次培土 c）第二次培土 d）第三次培土 e）第四次培土

**3. 去薹**

春季和越冬栽培的大葱应及早去薹，促进营养生长。去薹要分多次进行，彻底去除。

**（四）收获与贮藏**

大葱植株长到一定标准时，可根据市场需要，及时收获供应市场；冬贮栽培时，需在土壤结冻前收获贮藏，当气温降至8～12℃，外叶基本停止生长，叶色变黄绿，产量已达峰值时正是冬贮干葱的收获适期；9～10月份以鲜葱上市，但上市的大葱不能久贮。

收获时用长条镐从葱垄的一侧深刨至须根处，把土劈向外侧，露出大葱基部再拔出大葱。抖净泥土，每两沟葱并成一排，摊放在地面晾晒2～3d，待叶片柔软，须根和葱白表层半干时除去枯叶，分级打捆，每捆 10kg 左右，根端取齐，用稻草捆两道腰，出售或堆放于阴凉处贮藏。

## 二、大葱设施生产

利用拱棚、温室、阳畦等进行设施栽培，可随时排开播种，周年生产，但为防止先期抽薹，可于春、秋两季育苗。

### （一）春季育苗

春季一般在 2~3 月份用大棚育苗，苗龄 50~60d，于 3 月下旬至 4 月下旬定植拱棚内，定植方法与露地相同；棚内温度白天维持在 15~25℃，夜间不低于 8℃，以防止先期抽薹。其他田间管理措施与露地相同。必须注意，若春季育苗过早，幼苗生长期或定植后温度过低，均易造成先期抽薹。

### （二）秋季育苗

秋季一般在 9~10 月份播种育苗，苗龄 50~60d 左右时定植，定植方法及管理与露地相同；但随着气温的降低，生长速度减缓，可在 10 月下旬覆盖棚膜，棚内温度管理与春季相同。

---

### 生产操作注意事项

1. 大葱应保证定植后有 130d 以上的生长期，否则难以获得优质高产。
2. 大葱定植时，如当天栽不完，应放在阴凉处，根朝下放，以防葱苗发热、捂黄。
3. 严格掌握大葱收获期，冬贮大葱收获早，产量低；收获晚，受冻后，易腐烂。

---

# 任务二　大蒜生产

## ● 任务实施的专业知识

大蒜为百合科葱属一、二年生草本植物，是重要的香辛类蔬菜。大蒜主要以鳞茎为产品，还可生产蒜薹和蒜苗，是较好的调味品。大蒜适应性强，耐贮运，供应期长，全国各地均可栽培。大蒜植株与产品器官形态如图 8-2 所示。

## 一、生物学特性

### （一）形态特征

1. 根

弦线状须根系，着生在短缩茎基部。根系分布浅，主要根群密集于 25cm 以内的土层范围，横展直径约 25cm，吸收能力较弱。

2. 茎

营养生长时期为盘状短缩茎，称为茎盘。其上着生叶鞘和鳞芽，叶鞘抱合形成地上假茎，是养分的临时贮藏器官。生长后期，鳞芽肥大发育为蒜瓣，是大蒜的营养贮藏器官，外层由干膜质的叶鞘包被，共同形成鳞茎（蒜头）。

3. 叶

由叶片和叶鞘两部分构成，叶片扁平而狭长，披针形，较肥厚，表面有蜡被，耐旱。

4. 花

生殖生长期，着生于茎盘上端中部的顶芽分化为花芽，茎盘顶端抽生花茎（蒜薹），花茎长 60~70cm，实心，顶端有总苞。总苞内混生着发育不完全的紫色小花和气生鳞茎。总苞内的花常不能结种子。气生鳞茎可作为播种材料，重量超过 0.1g 的可留作种用，当年可形成较小的独头蒜，第二年播种独头蒜可形成正常分瓣的蒜头。

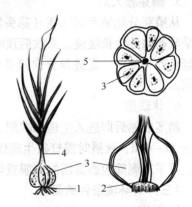

图 8-2　大蒜植株与产品器官形态
1—须根　2—茎盘　3—鳞茎
4—假茎　5—花薹

大蒜产品器官形态结构观察描述技能训练评价表见表 8-6。

**表 8-6　大蒜产品器官形态结构观察描述技能训练评价表**

| 学生姓名： | | 测评日期： | | 测评地点： | |
|---|---|---|---|---|---|
| | 内　容 | 分　值 | 自　评 | 互　评 | 师　评 |
| 考评标准 | 根系的着生位置、根长、根量 | 30 | | | |
| | 叶身和叶鞘的形态 | 20 | | | |
| | 叶鞘的抱合方式 | 20 | | | |
| | 茎盘、蒜薹的形状 | 30 | | | |
| 合　计 | | 100 | | | |
| 最终得分（自评30% + 互评30% + 师评40%） | | | | | |

### （二）生长发育周期

春播大蒜的生育期短，为 90~110d，秋播大蒜生育期长达 220~280d。生产上将大蒜的生长过程划分为萌芽期、幼苗期、花芽与鳞芽分化期、蒜薹伸长期、鳞芽膨大期、休眠期。

1. 萌芽期

从播种到基生叶展开，春播大蒜需 10~15d，秋播大蒜因休眠和高温的影响需 15~20d。

2. 幼苗期

从初生叶展开到花芽和鳞芽开始分化，春播大蒜约需 25d 左右，秋播则需 5~6 个月。此期根系生长速度达到高峰，新叶不断生出，母瓣内养分消耗殆尽，逐渐干瘪，生产上称为"退母期"。此期出现短期的养分供需不平衡，较老叶片先端发生"黄尖"现象。

3. 花芽与鳞芽分化期

从花芽和鳞芽开始分化到结束，一般需 10~15d。此期仍以叶为生长中心，生长点形成花原基，内层叶腋处分化出鳞芽。

4. 蒜薹伸长期

从花芽分化结束到采收蒜薹，约需 30d。此期蒜薹和叶旺盛生长，同时鳞芽缓慢膨大，是水肥供应的关键时期。

**5. 鳞芽膨大期**

从鳞芽分化结束到鳞茎（蒜头）采收，需 50~60d，其中前 30d 与蒜薹生长期重叠，蒜薹采收前鳞芽生长缓慢，采收后顶端优势被解除，鳞芽迅速膨大。此期应保持土壤湿润，尽量延长叶片寿命，促进养分向鳞芽转移。生长后期，地上部逐渐枯黄，外层的鳞片干缩呈膜状。

**6. 休眠期**

鳞茎成熟后即进入生理休眠期，一般早熟品种的休眠期需 65~75d，晚熟品种的休眠期仅为 35~45d，秋播时需打破生理休眠。生理休眠结束后，人为控制发芽条件可转为被迫休眠。可采用剥除包裹蒜瓣的薄膜或切除蒜瓣尖端一部分的方法。

**（三）对环境条件的要求**

**1. 温度**

大蒜喜冷凉气候，耐寒性较强。萌发的适宜温度为 18~20℃；幼苗生长的适宜温为 13~16℃；鳞茎形成的适宜温度为 15~20℃，10℃以下生长缓慢，25℃以上鳞茎进入休眠期。蒜薹伸长期地上部生长的适宜温度为 12~18℃。大蒜为绿体春化类型，幼苗在 0~4℃ 的低温下经过 30~40d 可通过春化阶段。春播过晚，不能满足春化所需的低温和持续时间，不能形成花芽，而形成无薹多瓣蒜头；如果植株偏小，营养又供应不足，则只能形成不分瓣的独头蒜。

**2. 水分**

大蒜喜湿润，在营养生长前期，应保持土壤湿润。在鳞茎膨大期，需较多水分，以确保鳞茎膨大。

**3. 光照**

大蒜为长日照植物，即使通过低温春化阶段后，还需要 15~20℃ 和 13~14h 以上的长日照条件，才能抽薹开花，形成鳞茎。大蒜的鳞茎膨大也需要长日照诱导，光照时数不足，则只长叶片，不能形成鳞茎。不耐强光，要求光照中等。

**4. 土壤和营养**

大蒜对土壤的适应性广，以土层深厚、富含有机质的沙壤土最适宜。适宜的 pH 值为 5.5~6.0，大蒜对土壤肥力要求较高。在幼苗期因由母瓣供养无须施速效性肥，"退母"后应供足水肥。大蒜对氮的吸收量最多，钾次之，磷最少。

## 二、品种类型和优良品种

根据大蒜鳞茎外皮的色泽分为白皮蒜和紫皮蒜两类。

**（一）白皮蒜**

外皮白色，叶数较多，假茎较高，蒜头大，辣味淡，成熟晚，耐寒、耐贮运，但抽薹能力差，蒜薹产量较低，多作秋季播种，适于蒜苗栽培。白皮蒜分大、小瓣两种：大瓣种每个鳞茎中蒜瓣个体较大，瓣数较少，一般为 5~8 瓣，外皮易剥落，香辛味浓，品质优良，产量较高，适于露地栽培生产蒜头和蒜薹，较优良的品种有苍山大蒜、永年大蒜、舒城大蒜、嘉定大蒜等；小瓣种每个鳞茎中瓣数较多，有 10 瓣以上，多者达 20 多瓣，蒜瓣个体小，蒜皮较薄，不易剥落，香辛味淡，适于腌渍或作蒜黄、青蒜栽培，较优良的品种有白皮马牙蒜、拉萨白皮蒜等。

**（二）紫皮蒜**

外皮浅红或深紫色，蒜瓣数较少，单瓣大，每头有 4~8 瓣。辛辣味浓，蒜薹肥大，产量高，品质好，耐寒性较差，多分布于东北、西北、华北等地，适于春播。较优良的品种有阿城大蒜、海城大蒜、安丘大蒜、北京紫皮蒜等。

## 三、栽培季节与茬口安排

大蒜可春播或秋播，夏至前后收获。北纬38°以南地区冬季不十分寒冷，幼苗能在露地安全越冬，可采用秋播。京、津、鲁等地若采取简易保护设施，幼苗能安全越冬，也可秋播。北纬38°以北地区冬季寒冷，幼苗露地越冬困难，应采用春播。

大蒜忌连作，应与非葱蒜类蔬菜轮作3~4年，前茬以豆类、瓜类、茄果类为好。

● **任务实施的生产操作**

## 一、大蒜露地生产技术

### （一）整地做畦

选择2~3年内未种植葱蒜类、土层深厚、肥沃、疏松、排水良好的沙质土壤为宜。种植大蒜一般在前茬作物收获后于冬前进行深耕，一般耕深20~25cm，结合深耕每667m² 施厩肥1000~1500kg作基肥，并翻入土中。翌春土壤解冻后及时将地面整平耙细。

大蒜有畦栽和垄栽两种形式。如采用畦作，可做成宽2m左右的平畦，挖好排水沟，畦面保持平整、松软。畦栽密度大，总产高，但蒜头比较小。垄栽做成60~70cm宽的垄，以便早春提高地温，出苗快，鳞茎膨大受到的阻力小，蒜头较大。

### （二）播种

1. 蒜种选择

选择适于当地气候条件下栽培生产的品种，宜选择蒜瓣肥大、色泽洁白、顶芽粗壮肥大、无病斑、无伤口、基部可见根突起的蒜瓣，利于高产。剔除发黄、发软、断芽和腐烂的蒜瓣，并按大、中、小分级，分畦播种，过小的不用。

2. 蒜种处理

剥去蒜瓣皮和干缩茎盘，使种瓣发根早，出苗快；结合剥皮对蒜瓣作进一步的挑选，剔除有病斑的种瓣；在盐碱地栽培大蒜，为防止返碱腐蚀蒜种，不宜剥皮；播种前将种瓣在阳光下晒2~3d，提高出苗率。

3. 播种时期和播种方法

秋播大蒜生长期长，蒜头和蒜薹产量均高，播种期以日均温度20~22℃、幼苗在越冬前长出4~5片真叶为宜，播种过晚，植物弱小，不能安全越冬或产量降低。

春播大蒜生长期较短，应尽量早播，于当地土壤化冻后，日均温度达3~6℃时即可播种，以满足春化过程对低温的要求，促使大蒜抽薹、分瓣。

一般高垄栽培每垄栽两行，株距8~10cm。畦栽行距20~23cm、株距10~12cm。开3cm深左右的浅沟，插栽或沟栽，顶芽埋入土中2~3cm，踩实后浇明水；也可采用湿播法，先在沟中浇水，然后播种、覆土。一般每667m² 用种量100~150kg，保苗株数为2.5~3.5万株。秋播多用干播法，春播多用湿播法，春季土温低，栽得过深不利于生根。

如果播后覆膜，当50%以上出苗时破膜；如果出苗后覆膜，随即破膜。

### （三）田间管理

**1. 萌芽期**

播种后保持土壤湿润，促进幼苗出土。若土壤湿润便不再浇水，以防土壤板结。幼苗出土时如因覆土太浅发生跳瓣现象，应及时培土。齐苗后浇1次透水，表土见干后，中耕松土提温，当苗高6cm左右，2叶时进行第1次中耕，长至4叶时进行第2次中耕。

**2. 幼苗期**

秋播大蒜越冬前适当控水，加强中耕松土，促进根系下扎。2～3片真叶时追1次稀粪水或尿素。土壤封冻前浇足稀粪水，在畦面覆盖碎稻草或马粪，保护幼苗安全越冬。

翌春返青生长后，每667m²施入腐熟粪肥1000～2000kg或尿素10～15kg。"退母"前每667m²施入尿素10～15kg，使植株持续生长，促进蒜薹和鳞芽的分化。

春播大蒜一般在播后35～40d开始"退母"，在"退母"前5～7d结合第2次中耕进行浇水、追肥。

**3. 鳞芽、花芽生长和蒜薹伸长期**

此期植株生长旺盛，当蒜薹露出叶鞘时，浇1次水，每667m²追施腐熟的优质大粪干100kg或复合肥10～15kg，以后每5～6d浇1次水，隔2次水施1次肥，每667m²每次施硫酸钾或复合肥10～15kg。采薹前3～4d停止浇水，使植株稍现萎蔫，以免蒜薹脆嫩易断。

**4. 鳞茎膨大期**

采薹后及时补充土壤水分，追施1次催头肥，防止植株早衰，促进鳞茎充分膨大。每667m²追施尿素10～20kg或施腐熟的豆饼50kg，或复合肥15～20kg，并立即浇水，以后4～5d浇水1次，直至收蒜头前1周停止浇水，使蒜头组织老熟。

### （四）采收

**1. 收蒜薹**

蒜薹顶部打弯，但花苞未开裂，略呈扁锤形时为采收适期，一般从甩尾到采薹约需15d，最迟在总苞变白时采收。采薹宜在晴天中午或下午进行，抽薹时勿用力过猛，以免损伤蒜头、根系和降低蒜薹质量。摘除蒜薹后，用上部第1片叶盖住露口，以防雨水渗入导致伤口腐烂。

**2. 收蒜头**

采薹后20～30d，大蒜基部叶片大多枯黄、上部叶片变为灰绿色，由叶尖向叶耳逐渐呈现干枯，假茎松软时，为蒜头采收适期。收获过早，叶中的养分尚未充分转移到鳞茎，蒜头嫩，水分多，不耐贮藏，产量低；采收过晚，叶柄干枯不易编辫，遇雨时蒜皮发黑也易散瓣。

收蒜时，用蒜叉挖松蒜头周围的土壤，将蒜头提起抖净泥土后，就地晾晒，用后一排的蒜叶遮盖前一排的蒜头，只晒蒜叶不晒蒜头。晾晒时要进行翻动，2～3d后，当假茎变软后编成蒜辫或捆把在通风、遮雨的凉棚中挂藏。

## 二、大蒜种性退化及复壮

### （一）退化的原因

由于多年以无性繁殖进行大蒜栽培生产，使其生活力减退或播种时选种不严格、播种密度过大、土壤瘠薄、肥水不足等栽培管理不当，尤其是有机肥不足和病毒侵染，都影响植株和鳞茎的生长发育，导致种性变劣，使植株长势逐年削弱，植株矮小，假茎变细，鳞茎变小，小瓣蒜和独蒜头增多，使产量逐年降低。

### （二）复壮措施

**1. 加强栽培管理**

在大蒜栽培中要择地种植，合理密植，加强肥水管理等，对控制品种退化有良好的作用。

**2. 严格选种**

播种时先选头，再选瓣，用大瓣蒜播种，可获得蒜瓣较大的蒜头。

**3. 气生鳞茎作繁殖材料**

用气生鳞茎播种，第1年一般形成独头蒜，第2年用独头蒜繁殖可获得壮实饱满的分瓣蒜，再用此分瓣蒜作种，可获得蒜瓣较大的蒜头，产量较高。

**4. 大蒜脱毒**

运用脱毒技术生产脱毒种蒜，用0.2mm茎尖离体培养脱毒，脱毒率可达80%～100%，然后繁殖。种植脱毒蒜可提高蒜头产量23%～98%，脱毒1～4代的蒜薹产量可增产1倍以上。

---

**生产操作注意事项**

1. 大蒜忌连作，应与非葱蒜类蔬菜轮作3～4年。

2. 春播在当地适宜的温度下尽量早播，播种过晚易产生"跳蒜"和形成独头蒜，降低产量；秋播不能过早，以免形成复蒜瓣。

3. 蒜头形成初期肥水不能过多，也不能采收过晚，否则易形成散蒜瓣。

4. 播种前应去掉鳞茎盘，以免发根后将蒜瓣顶出土外，茎盘腐烂后易招引地下害虫。

---

# 任务三　韭菜生产

## ● 任务实施的专业知识

韭菜，别名起阳草，为百合科多年生宿根蔬菜，我国南北方各地普遍栽培。韭菜的食用部分主要是柔嫩多汁的叶片和叶鞘（假茎），韭薹、韭花、韭根经加工腌渍也可供食用，营养丰富，气味芳香，深受人们喜爱。

## 一、生物学特性

### （一）形态特征

**1. 根**

弦线状须根，根毛极少，着生在短缩茎盘周围，主要集中于10～20cm的土层内。随着植株的生长，不断产生分蘖，如图8-3所示。随着分蘖次数的增加，新植株生长的位置不断上移，生根的位置和根系也在根茎上逐年上移，使新老根系不断更替，该现象俗称"跳根"。每年跳根的高度取决于分蘖的次数和采收的次数，一般为 1.5 ~ 2.0cm，生产上可以此作为每年培土的依据。由于吸收器官不断更新，使韭菜植株寿命不断延长，一般韭菜播种和定植一次，能连续收割 4 ~ 6 年。

2. 茎

韭菜茎分为营养茎和花茎。一二年生韭菜的营养茎为短缩盘状茎，称为"茎盘"。茎盘下部生根，上部由功能叶和叶鞘包裹着，呈半圆球形白色部分称为鳞茎，是韭菜贮藏养分的重要器官。随着株龄增长，营养茎不断向上生长，逐次发生分蘖而形成杈状分枝，称为根状茎。植株通过春化阶段后，鳞茎的顶芽分化为花芽，抽生花薹，也叫韭薹，嫩茎采收可食用。

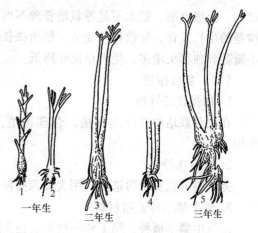

图 8-3　韭菜的分蘖与跳根

1—分蘖已形成，但包被在封闭的叶鞘中，未形成独立的植株　2—分蘖的生长状况　3—鳞茎下部包被着纤维状的鳞片　4—剥去鳞片，鳞茎盘上有明显的着生痕迹和刚生长出的幼根　5—分枝的根茎

3. 叶

叶由叶片和叶鞘组成，单株 5 ~ 9 片叶簇生。叶片扁平狭长，叶表面覆有蜡粉，是主要的同化器官和产品器官。叶片基部呈筒状，称为叶鞘。多层叶鞘层层抱合成圆柱形，称为"假茎"。叶鞘基部也具有分生组织，在不断生长的同时还不断地分化出新叶，故收割后可继续生长，不久又可长出新叶。

4. 花

韭花既是韭菜的繁殖器官，又是产品器官。当年播种的韭菜未经秋冬低温春化极少抽薹、开花。二年以上的植株，每年均可抽生花茎，顶端着生伞形花序，未开放以前，由总苞包裹着，每 1 个总苞有小花 20 ~ 50 朵。两性花，白色，异花传粉。

5. 果实、种子

果实为蒴果，成熟后自然开裂。种子盾形，黑色，表皮布满细密皱纹，背面凸起，腹面凹陷，千粒重 5g 左右。种子寿命短，播种时要用当年的新种子。

韭菜植株形态观察描述技能训练评价表见表 8-7。

**表 8-7　韭菜植株形态观察描述技能训练评价表**

学生姓名：　　　　测评日期：　　　　　　　测评地点：

| | 内　容 | 分　值 | 自　评 | 互　评 | 师　评 |
|---|---|---|---|---|---|
| 考评标准 | 根系形状、分布、着生位置、根量 | 30 | | | |
| | 叶片形状、叶片数量、叶鞘高度 | 30 | | | |
| | 分蘖特性及分蘖数 | 10 | | | |
| | 根茎、花茎高度，短缩茎形状 | 30 | | | |
| 合　　计 | | 100 | | | |
| 最终得分（自评30% + 互评30% + 师评40%） | | | | | |

**（二）生长发育周期**

当年播种的韭菜，一般只有营养生长阶段，而无生殖生长阶段。两年以上的韭菜，两个阶段交替进行。

**1. 营养生长时期**

（1）发芽期　从播后种子萌动到第 1 片真叶展开，需 10 ~ 20d。

（2）幼苗期　从第 1 片真叶展开到幼苗具有 5 片真叶，株高 18 ~ 20cm，需 80 ~ 100d。

（3）营养生长盛期　此期从定植到花芽分化，植株大量分蘖，营养充足时一年可分蘖 3 ~ 4 次，由 1 株可分生为 10 余个单株；若营养不足，则很少或不能发生分蘖。

（4）越冬休眠期　初冬季节，气温下降至 2℃ 以下，生长停滞或茎叶枯萎进入休眠期，至翌春植株返青生长。

**2. 生殖生长时期**

从花芽分化到抽薹、开花、种子成熟为生殖生长时期。从开花到种子成熟约需 30d。种子收获后，植株转入分蘖生长，第 2 年夏季又转入生殖生长。

韭菜属于绿体春化型作物，北方地区 4 月份播种的韭菜，当年很少抽薹开花，只有在营养生长盛期完成花芽分化的准备工作，遇到低温长日照条件，到翌年 5 月份分化花芽，7 月份至 8 月份抽薹开花，9 月份种子成熟。第二年后，只要满足低温和长日照条件，营养生长与生殖生长交替进行，每年均能抽薹开花。韭菜花期较短，单株花期为 7 ~ 10d，全田花期不齐，所以种子要分批采收。

**（三）对环境条件的要求**

**1. 温度**

韭菜喜冷凉气候，耐寒性强。叶片可耐 –5 ~ –4℃ 的低温，宿根在 –40℃ 的高寒地区可安全越冬。翌春地温回升到 2 ~ 3℃ 时即可萌发。生长适宜温度为 15 ~ 22℃，在露地条件下，25℃ 以上生长缓慢，叶片纤维增多，品质下降；但在温室高湿、弱光和较大昼夜温差条件下，28 ~ 30℃ 的高温也不影响其品质。种子发芽最适温为 15 ~ 18℃，幼苗期生长温度要求在 12℃ 以上，茎叶生长的适温范围为 12 ~ 23℃，抽薹开花期适温为 20 ~ 26℃。

**2. 光照**

韭菜要求中等光照强度，具有耐阴性。韭菜在发棵养根和花芽分化时需要有良好的光照条件，否则不能抽薹开花；但在产品形成期则喜弱光。光照过强时，植株生长受到抑制，叶片纤维增多，品质下降，甚至叶片凋萎；光照过弱，植株养分不足，叶片小，分蘖少，产量低。

**3. 湿度**

韭菜属于半喜湿蔬菜，叶部耐旱，根系喜湿，适宜的空气湿度为 60% ~ 70%，土壤湿度为 80% ~ 90%。多雨季节排水不良，易发生涝害。

**4. 土壤营养**

韭菜对土壤的适应性较强，以土质疏松、土层深厚、富含有机质、保水保肥能力强的壤土和沙壤土为宜。韭菜成株对轻度盐碱有一定的适应能力，土壤酸碱度以 pH 值 5.6 ~ 6.5 为宜。耐肥能力强，较喜氮肥，适量配合磷、钾肥。为获得优质高产，施肥应以有机肥为主。

韭菜对硫、铁、锰、锌等微量元素有特殊的要求，硫可使韭菜有浓郁的辛辣味，铁和锌可促进韭菜叶片嫩绿，锰、锌对提高韭菜的抗病性有重要作用。

## 二、品种类型与优良品种

我国韭菜的品种很多，按食用器官不同可分为根韭、花韭、叶韭和叶花兼用韭 4 个类型。普遍栽培的为叶韭和叶花兼用韭，两类韭菜按叶片宽窄又分为宽叶韭和窄叶韭。

### (一) 宽叶韭

叶片宽厚，叶鞘粗壮，品质柔嫩，香味稍淡，产量高，易倒伏，适于露地栽培或软化栽培。较优良的品种有汉中冬韭、沈阳蒲韭、天津大黄苗、北京大白根、寿光马蔺韭、嘉兴白根韭等。

### (二) 窄叶韭

叶片狭长，叶鞘细高，纤维稍多，香味较浓，直立性强，不易倒伏，适于露地栽培。较优良的品种有北京铁丝苗、保定红根、三棱韭、天津青韭等。

## 三、生产季节与茬口安排

韭菜抗寒耐热性强，适应性广，全国各地均可栽培，播种一次可连续生产 4 ~ 6 年。长江以南地区可周年露地栽培，广东、广西适合冬季软化栽培，四川和浙江等地也广泛采用；长江以北的地区露地春秋两季生产，夏季"歇伏"，冬季休眠，如果利用保护地设施，早春、晚秋和冬季也可进行栽培，周年生产。除露地生产青韭外，还可生产韭薹、韭花和软化栽培的韭黄。

韭菜的栽培方式多样，如露地栽培、风障栽培、阳畦栽培、塑料薄膜覆盖栽培、温室栽培、软化栽培等，加之南韭北种的品种搭配，基本实现了周年生产和周年供应。韭菜周年生产茬口安排见表8-8。

**表8-8　韭菜周年生产茬口安排**

| 生产方式 ＼ 月份 | | 1 | 2 | 3 | 4 | 5 | 6 | 7 | 8 | 9 | 10 | 11 | 12 |
|---|---|---|---|---|---|---|---|---|---|---|---|---|---|
| 露地 | 常规 | | | … | … | … | ~ | ~ | ~ | | | | |
| | | | × | × | × | × | × | | | | | | |
| | 秋延后 | | | | … | … | | | | ~ | ~ | ~ | |
| 中小棚 | 常规 | | | … | … | … | | | | ~ | ~ | | |
| | | | ( ) | × | × | × | | | | | | | |
| | 秋延后 | | | | … | … | | | | | (×) | × | |
| 温室 | 常规 | | | … | … | … | ~ | ~ | ~ | ~ | | | ( ) |
| | 秋冬 | | | | … | … | | | | | (×) | × | … |
| | 连续 | × | × | × | × | | | | | | | | |

注：…播种期，~养根期，×收割期，( )扣棚。

● **任务实施的生产操作**

## 一、韭菜露地生产

### （一）直播或育苗

**1. 播种期**

北方以春播为宜，南方春播、秋播均可。各地适宜播期应将发芽期和幼苗期安排在月均温在15~18℃的月份，并有60~80d的适宜生长期。春播的栽培效果好，韭菜养根时间长。秋播应保证幼苗长出3~4片真叶，能安全越冬。

**2. 播前准备**

苗床选在排灌方便的高燥地块。整地前每667m² 施入腐熟粪肥3000~4000kg，过磷酸钙50kg，腐熟的饼肥50~100kg，硫酸铵20~30kg，深翻细耙，北方多做成1.2~1.5m宽的低畦，南方多雨地区多做成高10~15cm的高畦。

**3. 播种方法**

春季干旱，气温偏低，采用干籽播种，其他季节催芽后播种。浸种催芽的方法是用30~40℃的温水浸泡20~24h，除去秕粒和杂质，用湿布包好，在16~20℃的条件下催芽，每天用清水冲洗1~2次，待有60%种子露白时播种。

（1）播种育苗　华北地区以育苗为主，按行距10~12cm、开深2cm的浅沟，种子条播于沟内，耙平畦面，密踩1遍，浇明水。一般每平方米播种量为60~75g，所育幼苗可栽植4~5m²。

（2）直播　长江以南地区以秋季直播为主，东北地区以春季直播为主。按30cm间距开宽15cm、深5~7cm的沟，趟平沟底后浇水，水渗后条播，再覆土。每平方米播种量为3~4.5g。

春季多采用湿播，秋季则宜干播。

韭菜干播育苗技能训练评价表见表8-9。

**表8-9　韭菜干播育苗技能训练评价表**

| 学生姓名： | 测评日期： | | 测评地点： | | |
|---|---|---|---|---|---|
| | 内　　容 | 分　值 | 自　评 | 互　评 | 师　评 |
| 考评标准 | 播种床面整平、开沟深度适宜 | 30 | | | |
| | 干种子撒播均匀 | 20 | | | |
| | 覆盖过筛细土厚度适宜、轻镇压 | 20 | | | |
| | 是否浇透水，熟练盖膜 | 30 | | | |
| 合　　计 | | 100 | | | |
| 最终得分（自评30% + 互评30% + 师评40%） | | | | | |

**4. 苗期管理**

出苗前应保持土壤湿润，每667m² 喷施33%除草通100~150g，兑水50kg，有效期40~50d。株高6cm时结合浇水追1次肥，以后保持土壤湿润；株高10cm时结合浇水进行第2次追肥，株高15cm时结合浇水追第3次肥，每667m² 追施腐熟农家肥800kg或硫酸铵10~

15kg；以后进行多次中耕，适当控水蹲苗，防止倒伏烂秧。

### （二）定植

春播苗于 8 月上旬定植，秋播苗于翌年 4 月中下旬定植。定植前结合翻耕，每 667m² 施入充分腐熟粪肥 5000 ~ 8000kg，复合肥 50kg，做成 1.2 ~ 1.5m 宽的畦。定植前 1 ~ 2d 苗床浇起苗水，起苗时多带根抖净泥土，将幼苗按大小分级、分区栽植。

定植方法有宽垄丛植和窄行密植两种，前者适于沟栽，后者适于畦栽。沟栽时，按 30 ~ 40cm 的行距、15 ~ 20cm 的穴距，开深 12 ~ 15cm 的定植穴，每穴栽苗 20 ~ 30 株。该栽苗法行距宽，便于软化培土及其他作业，适于栽培宽叶韭。畦栽时，按行距 15 ~ 20cm、穴距 10 ~ 15cm 开穴，每穴定植 8 ~ 10 株。由于栽植较密，不便进行培土软化，适于生产青韭。

定植深度以覆土至叶片与叶鞘交界处为宜。过深则减少分蘖，过浅易散撮。栽后立即浇水。

### （三）定植当年的管理

定植后及时浇水，缓苗后中耕松土，保持地面湿润。入秋后气候凉爽，韭菜生长旺盛，要充分供应肥水，促进叶的旺盛生长，为鳞茎的膨大和根系生长奠定基础，5 ~ 7d 浇 1 次水，并施速效氮肥 2 ~ 3 次，每 667m² 每次追施尿素 10 ~ 15kg 或硫酸铵 15 ~ 20kg，以后随着气温的逐渐降低，植株生长缓慢，根的吸收能力减弱，叶部的养分不断转运储藏到鳞茎中，故要适当减少浇水量，保持地面见干见湿。浇水过多会使植株贪青，叶中养分不能及时回根而降低抗寒力。入冬后被迫进入休眠，上冻前应浇足稀粪水。

### （四）定植第 2 年及以后的管理技术

#### 1. 春季管理

早春应适当控水，加强中耕松土，增温保墒。返青前清除地面枯叶杂草，土壤化冻 10cm 以上时锄松表土，培土 2 ~ 3cm 促返青。当韭菜发出新芽时追 1 次稀粪水，并中耕松土，株高 15cm 时再浇 1 次水提高品质。沟栽的韭菜宜将垄间的细土培于株间，使叶鞘部分处于黑暗和湿润的环境中，加速叶鞘的伸长和软化。春季韭菜宜抢早上市，当韭菜长有 4 叶 1 心时即可割头刀，收割前 1d 浇水。割头刀 3 ~ 4d 后长出新叶时浇水追肥。每次收割后，结合浇水进行追肥，以氮肥为主，适当配合磷钾肥和硫、铁、锰、锌等微量元素肥料。在韭菜生长季节，每 667m² 每次喷施硫酸亚铁 5kg，喷施 2 ~ 3 次，还应进行叶面喷施 2 次 0.1% 的硫酸锰和硫酸锌。

韭菜春季管理技能训练评价表见表 8-10。

表 8-10　韭菜春季管理技能训练评价表

| 学生姓名： | | 测评日期： | | 测评地点： | | |
|---|---|---|---|---|---|---|
| | 内　　容 | | 分　值 | 自　评 | 互　评 | 师　评 |
| 考评标准 | 清田松土、培土时间、方法适宜 | | 30 | | | |
| | 浇水施肥时间、数量符合要求 | | 20 | | | |
| | 除草、覆土护根及时 | | 20 | | | |
| | 剔根、紧撮的时间、方法符合要求 | | 30 | | | |
| | 合　　　计 | | 100 | | | |
| 最终得分（自评 30% ＋互评 30% ＋师评 40%） | | | | | | |

**2. 夏季管理**

控水养根，及时清除田间杂草，雨后排涝。除采种田外，抽出的花薹均应在幼嫩时采摘掉。

**3. 秋季管理**

秋季韭菜生长旺盛，每7~10d浇1次水，每浇1~2次水追1次肥，可收割1~2次，立秋后停止追肥。秋季蛆害较重，应及时防治。减少浇水，保持地面见干见湿，上冻前浇足稀粪水。

**4. 越冬期管理**

植株地上部分干枯进入休眠期，在畦面铺施一层土杂肥或干土，为新根发生创造适宜条件。

**（五）剔根、紧撮和客土**

多年生韭菜在土壤解冻后，先将韭丛周围的土掘深、宽各6cm，再用竹扦将每株间的土剔掉露出韭根，剔除枯株、杂草和韭蛆，淘汰细弱分蘖，晾晒1d后将植株拢在一起培土厚约5cm。韭菜因跳根使根茎逐渐向地表延伸，每年需要客土以加厚土层，保持生长健旺。客土宜在晴天中午进行，从大田取土过筛，覆土厚度依每年上跳高度而定，一般为2cm左右。

**（六）收割**

为了持续高产，要严格控制韭菜的收割次数。定植当年以养根为主不收割，从第2年开始每年春季韭菜收3刀。返青后约40d割第1刀，第1刀后25~30d割第2刀，第2刀后约20d割第3刀。夏季品质差，不收割，只收韭菜花。秋季可收割1~2刀，北方进入秋分后不再收割，养根。南方冬季韭菜不休眠地区可再收割1~2次。收割时注意留茬高度，最适宜的下刀部位应在鳞茎上3~4cm的叶鞘处，以后每割1刀，都应比前茬高出1cm，以利于下茬生长。

## 二、大棚韭菜生产

拱棚覆盖生产韭菜各地普遍采用，东北地区以塑料大棚为主。

**（一）培育健壮根株**

（1）品种选择 选用抗寒高产的宽叶韭菜品种，如汉中冬韭、大金钩韭、马蔺韭等。

（2）定植 定植畦以东西向为宜，畦与畦之间留出一定距离，利于扣棚，适当放宽行距。

（3）露地培育壮苗养好根 露地养根1~2年，育苗期间减少收割次数，或不收割，若长势旺盛，每年可收获1~2刀。

**（二）扣棚和管理**

（1）扣棚 当外界气温稳定通过8~10℃时即可扣棚，清除积雪、杂草及残株。

（2）温度管理 扣棚后封闭大棚，增温保温。返青后，保持日温17~21℃，夜温8~10℃，收获前4~5d通风降温。收获后闭棚，促进第2刀韭菜生长，当叶高为6~8cm时开始通风。

（3）肥水管理 返青时灌第1次水，以后每刀韭菜收割前2~3d灌1次水。每割2刀追1次肥，每667m²追施人粪尿1000kg或沟施磷酸二铵20kg，然后通风。入秋后再追1次肥养根。当气温降到-7~-6℃时灌1次封冻水。

### （三）收割

韭菜生长 30~40d，株高 20~25cm 时，收割第 1 刀，留茬 3~4cm。15~20d 后，株高 25~30cm 时收割第 2 刀。20~30d 后收割第 3 刀。西北地区一般收割第 2 刀后可撤去棚膜，进行 1 次灌水追肥，如果温度低，可延至第 3 刀收割后再撤棚膜。春季不再收割，加强肥水管理，养根壮苗，为下年生产做好准备。

**生产操作注意事项**

1. 在越冬前或翌年春季土壤解冻后，在畦面铺施一层土杂肥或干土，防止韭菜发生"跳根"现象。

2. 立秋后停止追肥，以免韭菜植株贪青，影响营养"回根"。

3. 及时防治蛆害。

# 任务四　洋葱生产

## ● 任务实施的专业知识

洋葱又名圆葱、葱头，属百合科二年生蔬菜，具有耐寒耐热、产量高、易栽培、耐贮藏等特性，全国各地都可栽培。

## 一、生物学特性

### （一）形态特征

#### 1. 根

根为弦线状须根系，着生于短缩茎盘的基部，主要根群分布在 20cm 左右的耕层内，根毛极少，吸收肥水能力弱，耐旱力不强。

#### 2. 茎

营养生长时期茎短缩成扁圆锥体的茎盘，茎盘下部为盘踵，鳞茎成熟后茎踵硬化。茎盘上部环生圆筒形的叶鞘和芽，下面着生须根。生殖生长时期抽生出花茎即花薹。

#### 3. 叶和鳞茎

叶着生于短缩茎上，由叶片和叶鞘两部分组成。叶片筒状中空，表面有蜡粉，腹面有明显的凹沟，为耐旱叶型。叶鞘圆筒状，相互抱合成假茎。生育初期叶鞘基部不膨大，上下粗度基本一致，生长发育后期叶鞘基部膨大成鳞茎，为养分贮藏器官和食用部分。鳞茎圆球形、扁球形或长椭圆形，皮紫色、黄色或绿白色。

鳞茎由多层鳞片、鳞芽和短缩的茎盘组成，如图 8-4 所示。鳞茎成熟前最外面 1~3 层叶鞘基

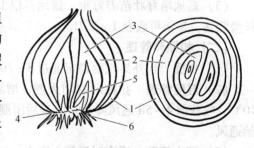

图 8-4　洋葱鳞茎的构造

1—膜质鳞片　2、3—肉质鳞片　4—茎盘

5—叶原基　6—不定根

部贮藏的养分内移干缩成膜状鳞片，使肉质鳞片减少蒸腾，鳞茎能长期贮存。鳞茎内含2~5个鳞芽，每个幼芽包括闭合鳞片和生长锥。幼芽数量越多，鳞茎越肥大。

**4. 花**

洋葱植株在翌年春季经低温和长日照条件，生长锥开始花芽分化，抽生花薹。花薹管状中空，中部膨大，被有蜡粉，顶生伞形花序，外有膜状总苞。每花序有花200多朵，花两性异花授粉，虫媒花，品种间应注意隔离。

**5. 果实和种子**

果实为两裂蒴果，种子细小，盾形，外皮坚硬多皱纹，黑色，千粒重3~4g，使用寿命1~2年，生产上宜使用当年新籽。

**（二）生长发育周期**

**1. 营养生长时期**

（1）发芽期 从种子萌动到第1片真叶出现，需15d左右。

（2）幼苗期 从第1片真叶出现到长出3~4片真叶（定植），为幼苗的生长期。幼苗期的长短随各地的播种期和定植期不同而异。秋播秋栽约需40~60d；秋播春栽约需180~230d；春播春栽约需60d左右。此期生长缓慢，秧苗细弱，需肥水较少。

（3）叶片生长期 从定植到叶鞘基部开始增厚为止，春栽约需40~60d，秋栽约需120~150d。此期叶生长占优势，叶片生长旺盛，叶数增多，叶面积迅速扩大，为鳞茎的形成奠定物质基础。同时，新根也迅速增加，而老根则逐渐减少。后期鳞茎开始纵向生长。

（4）鳞茎膨大期 从鳞茎开始膨大到鳞茎成熟，此期需30~40d。随着气温的升高和日照的延长，叶生长逐渐减慢以至植株不再增高。叶内养分向叶鞘基部和幼芽转移，鳞茎开始横向膨大。鳞茎膨大末期假茎松软，叶片枯黄，植株倒伏，鳞茎外层鳞片的养分内移，逐渐干缩成膜质状鳞片时，为适宜的收获时期。

**2. 鳞茎休眠期**

收获后的鳞茎即进入生理休眠期，约需70~90d。生理休眠期结束后，由于高温和干燥或贮藏温度低而转入强迫休眠。

**3. 生殖生长期**

洋葱幼苗达3~4片真叶，假茎粗0.7cm以上，感受温度2~5℃，约需60~130d完成春化作用；或已收获的鳞茎通过自然休眠后在低温下越冬完成春化，在翌年春季长日照下抽薹开花结实，夏季种子成熟，约需240~300d。

**（三）对环境条件的要求**

**1. 温度**

洋葱种子和鳞茎在3~5℃开始缓慢发芽，12℃以上发芽迅速，幼苗生长适温为12~20℃。

鳞茎在15~20℃开始膨大，鳞茎膨大的最适温度为20~26℃，温度高于28℃或低于3℃鳞茎停止生长，进入生理休眠。鳞茎成熟后对温度有较强的适应性，既能耐寒，又能耐热，故能在炎夏贮藏。在0℃条件下鳞茎可安全越冬，并能耐短期的-7~-6℃的低温。

洋葱为绿体春化型植物，多数品种在幼苗具有3~4片真叶、假茎粗0.7cm以上时，于2~5℃条件下经过60~70d便可通过春化，但品种间有差异，北方品种有的需100~130d。花芽分化后，抽薹开花则需要较高的温度。

### 2. 水分

洋葱根系浅，根毛少，吸收能力较弱，需要较高的土壤湿度，一般为 80%～90%。叶耐旱，需较低的空气湿度，一般为 60%～70%。发芽期、幼苗生长盛期和鳞茎膨大期，需要充足的水分条件，尤其在幼苗生长盛期和鳞茎膨大期。在幼苗越冬前和鳞茎收获前的 1～2 周内应适当浇水，使鳞茎组织充实，加速成熟，以防秧苗徒长及影响产品的耐贮性。

### 3. 光照

洋葱为长日照植物，长日照条件下叶片生长受抑制，诱导花芽分化和鳞茎形成，并能促进鳞茎迅速膨大。但不同品种对日照的长度要求不同，我国南方栽培的多为短日照型早熟品种，北方多为长日照型晚熟品种，因此引种时必须注意选择适宜当地日照条件栽培的洋葱品种。洋葱要求中等强度的光照条件，适宜的光照强度为 20～40klx，洋葱对日照强度要求低于果菜类。

### 4. 土壤和营养

洋葱对土壤的适应性较强，但要求肥沃、疏松、保水保肥力强的土壤。过粘不利于根系生长和鳞茎膨大，沙土保水保肥力差，也不适合栽培洋葱。土壤 pH 为 6.0～6.5，盐碱地栽培易引起黄叶或死苗。

洋葱是喜肥植物，对土壤要求较高，每 667m² 氮、磷、钾的标准施用量为氮 12.5～14.5kg，磷 10～11.3kg，钾 14～16kg。幼苗期以氮肥为主，辅施磷肥，利于氮肥的吸收。鳞茎膨大期需增施磷钾肥，促进鳞茎膨大和提高品质。

## 二、品种类型和优良品种

根据生长特点，洋葱分为普通洋葱、分蘖洋葱、顶生洋葱 3 种类型。

### （一）普通洋葱

植株健壮，每株通常只形成 1 个肥大鳞茎，个体较大，品质好，在伞形花序上开花结果，以种子繁殖，耐寒力强。

### （二）分蘖洋葱

辛辣味浓，个体小，植株茎部分蘖成多个小鳞茎，通常不结种子，以小鳞茎作为繁殖材料。生长势和耐寒性都很强，适于严寒地区栽培。

### （三）顶生洋葱

在花茎上形成数个气生小鳞茎，既是产品器官，又是繁殖材料，个体较小，顶生洋葱抗寒性和耐贮性强，适于严寒地区栽培。

我国栽培的多属普通洋葱，根据葱头颜色分为红皮洋葱、黄皮洋葱和白皮洋葱 3 种类型，其不同类型的主要特点及代表品种见表 8-11。

**表 8-11　普通洋葱不同类型的主要特点及代表品种**

| 类　　型 | 代表品种 | 主要特点 |
|---|---|---|
| 红皮洋葱 | 北京紫皮<br>西安红皮<br>上海红皮 | 鳞茎外皮紫红或粉红，圆球形或扁球形，直径 8～10cm；肉质鳞片微红色；含水量较大，肉质粗，辛辣味较强；生长期稍长，多为中、晚熟品种；产量高，休眠期较短，耐贮性稍差 |

（续）

| 类　　型 | 代表品种 | 主要特点 |
|---|---|---|
| 黄皮洋葱 | 天津荸荠扁<br>东北黄玉<br>南京黄皮<br>熊岳圆葱 | 鳞茎外皮黄铜色或淡黄色，扁圆形、圆球形或椭圆形，直径 6~8cm；含水量少，肉质鳞片微黄，致密而柔软，味甜而辛辣，品质较好；生长期长，多为早熟至中熟品种；产量稍低，耐贮藏 |
| 白皮洋葱 | 哈密白皮 | 鳞茎外皮为白绿色至浅绿色，肉质鳞片为白色，扁圆球形，直径 5~6cm；肉质柔嫩细致，品质优良，宜作脱水蔬菜；抗病能力较弱，秋播过早，容易先期抽薹，多为早熟品种，产量低，不耐贮藏；长江流域有栽培 |

### 三、栽培季节与茬口安排

洋葱在我国不同地区栽培季节不同，东北地区多采用秋播，幼苗贮藏越冬，早春定植，夏收或早春季保护地育苗，春栽，夏秋收获。春季播种，秋季收获的洋葱应选短日型或中间型品种。华北地区多秋播，幼苗冬前定植，露地越冬，夏收；或幼苗囤苗越冬，早春定植，夏收。黄河流域以南多为秋播秋栽，翌年晚春或初夏收获。我国部分地区洋葱生产茬口安排见表 8-12。

洋葱忌连作，最好以施肥较多的茄果类、瓜类、豆类蔬菜作为前茬。

**表 8-12　我国部分地区洋葱生产茬口安排**

| 地区 | 播种期（旬/月） | 定植期（旬/月） | 收获期（旬/月） |
|---|---|---|---|
| 沈阳 | 下/1~上/2 | 中/4 | 中/7 |
| 长春 | 上/2 | 上、中/4 | 中/7 |
| 北京 | 上/9 | 中/10或中、下/3 | 下/6 |
| 石家庄 | 上/9 | 下/10~上/11或中/3 | 下/6~上/7 |
| 济南 | 上/9 | 上/11 | 翌年中、下/6 |
| 南京 | 中/9 | 下/11 | 翌年上、中/5 |
| 西安 | 中/9 | 下/10~上/11 | 翌年中、下/6 |
| 郑州 | 中/9 | 上/11 | 翌年下/6 |
| 重庆 | 中/9 | 中、下/11 | 翌年中、下/5 |
| 昆明 | 下/9 | 上/11 | 翌年上/5 |

### ● 任务实施的生产操作

### 一、播种育苗

洋葱幼苗生长缓慢，占地时间长，所以一般都进行育苗。播种育苗常采用撒播或条播的方式。

撒播：先用2/3种量撒播，后用1/3种量找匀，每667m² 用种量为7~8kg；条播：按行距3~4cm开深2cm的浅沟，种子条播于沟内，每667m² 用种量4~5kg。播后覆土，厚度为1cm，盖膜。洋葱种皮坚硬，发芽缓慢，覆土过厚拱土难，过浅易干苗；苗田与生产田面积比为1:15。

**（一）春播育苗**

早春利用温室、大棚、温床等保护地设施育苗。床土细碎平整，肥料腐熟、充足并撒施均匀。做成 1.0 ~ 1.2m 宽的低畦，耙平畦面，播种前将苗床浇一次透水，然后用干籽撒种。春播育苗的播种期，一般在当地适期定植前 60d 进行；也可将种子用温汤浸种法浸种 3 ~ 5h，淘洗去瘪籽秕粒，在 18 ~ 20℃下催芽，待有 50% 左右种子露出胚根时播种。

**（二）秋播育苗**

结合浅耕细耙，每 667m² 施腐熟优质的厩肥 2000kg、复合肥 25kg。做成宽 1.2 ~ 1.5m 的低畦，播前浇足底水，撒播或点播。

一般秋播用干播法，即在整好的畦里先播种，后盖土、镇压、浇水。如果土壤干旱，也可采用湿播法，即先洇地，再播种、盖土。播种后用芦苇或秫秸等搭成荫棚或盖地膜保墒，以利幼苗出土。8 ~ 10d 后待大部分幼苗出土后，应分次撤去荫棚或地膜。

**1. 秋播囤苗越冬**

秋季育苗时对播种期要求严格，播种过晚，幼苗细小，易受冻，产量也低；播种过早，幼苗粗大，易发生未熟抽薹现象。洋葱适宜的越冬苗龄是植株具有 3 ~ 4 片真叶，株高 20 ~ 25cm，茎粗 0.6 ~ 0.9cm，一般约 80 ~ 90d 左右，可根据当地冬季地冻的日期往前推算。

**2. 秋播秋栽**

定植适宜时间为苗龄 40d 左右，并考虑到在寒冻来临前幼苗已经缓苗生长。若冬前未缓苗，根系未充分恢复，易发生死苗。播种期根据定植苗龄和缓苗所需时间两者相加的日数往前推算。

**（三）苗期管理**

**1. 温度**

出苗前白天 25 ~ 30℃，夜间 15℃以上；出苗后以控温为主，白天 20 ~ 25℃，夜间 8 ~ 10℃；定植前 7 ~ 10d，逐渐加大放风量，降温炼苗。

**2. 水分**

播前浇透水，至出苗前不再浇水；出苗 80% 时揭膜适当浇水，保持白天地表见干，早晨地表见湿即可；定植前 7 ~ 10d 控水炼苗。

**3. 追肥**

第 1 次追肥在幼苗出现 2 片真叶时，施尿素 20g/m²；第 2 次在幼苗出现 3 片真叶时，施尿素 30g/m²，追肥后及时浇水。

**4. 间苗**

苗高 5 ~ 6cm 时间苗、除草，苗距 3cm 见方。苗高 15 ~ 25cm，假茎粗 0.5 ~ 0.8cm 时移栽。

**（四）越冬管理**

秋播洋葱，幼苗在露地苗床中越冬，或冬前定植露地越冬。在土壤封冻前浇好防冻水，以水全部渗入土中，地面无积水结冰为标准，然后用稻草或地膜等覆盖地面。

冬前定植的幼苗应在寒冬来临以前定植，使幼苗充分缓苗后越冬，越冬前应浇好封冻水。

## 二、定植

### （一）准备定植地块

选择地块平整、肥沃、疏松，连续 2～3 年未种过葱蒜类蔬菜的中性土壤，深翻 20～30cm，结合整地每 667m$^2$ 施优质腐熟的有机肥 5000kg，过磷酸钙 30kg，施入 15～20cm 耕层中，整平耙细做畦。南方采用高畦，以利排水；北方做成 90～100cm 宽的低畦或起 60～70cm 宽的垄。

### （二）定植时期

洋葱定植时期，华北平原以南大部分地区，冬前定植，缓苗后入冬；北方高寒地区以春栽为主，春季土壤解冻后即可定植，抢早定植可以争取较长的生育期，有利于提高产量。

### （三）定植方法

起苗前 1d 浇透水，选用苗龄 50～55d，茎粗 0.6～0.8cm，株高 25cm 左右，具有 3～4 片真叶的苗定植，淘汰弱苗、徒长苗、分蘖苗、受病虫危害苗以及茎粗大于 1.0cm 或小于 0.5cm 的幼苗。起苗后进行分级，将大、中、小苗分别捆成捆，剪断须根至 0.5～1.0cm 后，进行分畦栽植，使田间植株生长整齐，便于管理。

黄皮种的行株距为 15cm×10cm～18cm×15cm，每 667m$^2$ 栽植 30000～35000 株；红皮种的行株距为 20cm×12cm～25cm×18cm，每 667m$^2$ 栽植 25000～30000 株。按行株距刨穴，栽植深度为 2～3cm，以埋没小鳞茎为度，沙质土可适当深栽。

定植前可先覆盖地膜，然后扎孔栽苗。早春可提前 5d 进行栽植，晚秋可延后几天栽植。

## 三、田间管理

### （一）浇水

#### 1. 缓苗期

定植后 20d 左右为缓苗期，定植时浇足水，之后要控水，可提高地温，有利于根系发育。

秋栽洋葱从定植到越冬，定植时浇 1～2 次缓苗水，缓苗后应控水蹲苗，促进幼苗健壮生长，增强抗寒性，以利越冬；土壤开始封冻时浇封冻水；翌年返青后，当地表 10cm 处土温稳定在 10℃ 左右时，及时浇返青水，促进返青生长，此次浇水量不宜过大过早，以免影响地温上升速度，加强中耕保墒。

#### 2. 叶片生长盛期

缓苗后，植株进入叶片旺盛生长期，需水量加大，增加浇水量和浇水次数，5～7d 浇 1 次水。

#### 3. 鳞茎膨大期

当植株生长出 8～10 片真叶时，洋葱进入鳞茎膨大期，营养物质向叶鞘部输送，此时气温高，蒸腾作用大，对水的需求日益增多，应 3～5d 浇 1 次水，以保持土壤湿润。此期是洋葱产品器官形成的重要时期，如果水分不足，将严重影响产量。

#### 4. 收获期

收获前 7～10d 停止浇水，促使膜质鳞片形成，有利于贮藏。

## （二）追肥

定植后 15~20d，每 667m² 追硫酸铵 15kg，促进秧苗快速生长；定植后 50~60d，叶片追 1 次发棵肥，以氮肥为主，每 667m² 追施腐熟的有机肥 1000kg，或尿素 15~20kg，促进叶片旺盛生长；鳞茎开始膨大时，是追肥的关键时期，此期氮肥不宜过多，以免叶片生长过旺，延迟鳞茎膨大，应重施 2~3 次催头肥，每 667m² 追施硫酸铵 20~30kg、硫酸钾 5~10kg，也可增施叶面肥，以促进鳞茎膨大；鳞茎膨大盛期，根据植株长势适量追施磷、钾肥，促进鳞茎持续膨大，提高产量和耐贮性。

两次施肥间隔 10~15d，最后 1 次追施化肥的时间，应距收获期 30d 以上。

## （三）中耕除草

洋葱在田间生长期，应进行 2~3 次中耕，根据杂草生长情况随时除草。

## （四）摘薹

若发现先期抽薹植株，及时将花薹连根摘除，促进侧芽萌动，形成鳞茎。

洋葱田间管理技能训练评价表见表 8-13。

**表 8-13　洋葱田间管理技能训练评价表**

| 学生姓名： | | 测评日期： | | 测评地点： | | |
|---|---|---|---|---|---|---|
| | 内　　　容 | 分　值 | 自　评 | 互　评 | 师　评 | |
| 考评标准 | 准确根据不同生长发育期确定浇水次数、数量 | 30 | | | | |
| | 准确根据不同生长发育期确定追肥种类、数量 | 30 | | | | |
| | 摘薹时间和方法得当 | 20 | | | | |
| | 中耕除草的时间和方法适宜 | 20 | | | | |
| 合　　　计 | | 100 | | | | |
| 最终得分（自评30%＋互评30%＋师评40%） | | | | | | |

## 四、收获

当洋葱基部第 1、2 片叶变黄，假茎变软并已有 50%左右倒伏时，选晴天及时收获，带秧连根拔起，在田间晒 2~3d，就地码放，避免曝晒葱头，促进鳞茎后熟，外皮干燥。晾干后葱头留 1cm 假茎，剪掉葱叶，除去泥土，分级装袋。装袋后放在通风干燥处自然干燥贮藏。

---

**生产操作注意事项**

1. 春播育苗播种期，一般在当地适期定植前 60d 进行；当洋葱植株生长出 8~10 片真叶时，进入鳞茎膨大期，不能过多施用氮肥，以免植株贪青徒长。

2. 洋葱在收获前 10d 停止浇水，并在雨前采收，避免鳞茎腐烂。

---

● 葱蒜类蔬菜主要的病虫害

葱蒜类蔬菜主要的病害有紫斑病、锈病、疫病、大蒜叶枯病。虫害主要有葱蝇、葱蓟马、韭菜迟眼蕈蚊等，应以预防为主，及时采取有效措施进行防治。

# 练习与思考

1. 实地调查，了解当地葱蒜类蔬菜主要栽培方式和栽培品种的特性，填入表8-14；并分析生产效果，整理主要的栽培经验和措施。

表8-14　当地葱蒜类蔬菜主要栽培方式和栽培品种的特性

| 栽培方式 | 蔬菜种类 | 栽培品种 | 品种特性 |
|---|---|---|---|
|  |  |  |  |
|  |  |  |  |
|  |  |  |  |

2. 葱蒜类蔬菜营养器官形态上有何共同点？为什么说这类蔬菜的根系喜湿，叶片耐旱？

3. 观察韭菜的分蘖和跳根特性，分析其与栽培管理有什么关系？

4. 韭菜产品器官形态结构观察描述。取1～3年生韭菜植株，观察描述根系的形状、着生位置、根量、根系分布；短缩茎的形状；叶片形状、叶色、蜡粉的薄厚和横断面的结构；叶鞘的形状，在茎盘上着生的位置；花茎着生的位置、高度和直径，将观察结果记录在表8-15中。

表8-15　韭菜植株形态结构调查表

| 项　　目 |  | 根系分布/cm | | 叶片数 | 叶鞘高度 | 分蘖数 | 根茎高度 |
|---|---|---|---|---|---|---|---|
|  |  | 垂直 | 水平 |  |  |  |  |
| 一年生韭菜 | 宽叶韭 |  |  |  |  |  |  |
|  | 窄叶韭 |  |  |  |  |  |  |
| 二年生韭菜 | 宽叶韭 |  |  |  |  |  |  |
|  | 窄叶韭 |  |  |  |  |  |  |
| 三年生韭菜 | 宽叶韭 |  |  |  |  |  |  |
|  | 窄叶韭 |  |  |  |  |  |  |

5. 大葱产品器官形态结构观察。观察大葱根系、叶部形态特点，将假茎纵剖、横剖，观察假茎的构成，叶鞘的抱合方式，花茎的形态特点，解剖新叶与成熟叶进行比较。绘出大葱全株形态，假茎的纵剖、横剖图。

6. 大蒜产品器官形态结构观察。取大蒜的成株，观察根系的着生位置、根长、根量，叶身和叶鞘的形态，叶鞘的抱合方式，茎盘的形状；纵剖和横剖大蒜鳞茎，观察鳞茎的构成和蒜瓣的着生情况。绘出大蒜鳞茎的纵剖和横剖图，将观察结果记录在表8-16中。

**表 8-16 大蒜植株形态特征观察描述记录表**

| 品 种 | 根着生位置 | 根长/cm | 根量 | 叶身形态 | 叶鞘形态 | 叶鞘的抱合方式 | 茎盘的形状 |
|------|----------|---------|------|---------|---------|---------------|-----------|
|      |          |         |      |         |         |               |           |

7. 洋葱产品器官形态结构观察。取洋葱植株，观察根系的着生部位、根长、根量，叶身和叶鞘的形态，叶鞘的抱合方式，茎盘的形状，将观察结果记录在表 8-17 中。对洋葱鳞茎进行纵剖和横剖，观察鳞茎的构成，绘出洋葱鳞茎的纵剖和横剖图，并注明膜质鳞片、开放性肉质鳞片、闭合性肉质鳞片、幼芽、茎盘和须根的位置。

**表 8-17 洋葱植株形态特征观察描述记录表**

| 品 种 | 根着生位置 | 根长/cm | 根量 | 叶身形态 | 叶鞘形态 | 叶鞘的抱合方式 | 茎盘的形状 |
|------|----------|---------|------|---------|---------|---------------|-----------|
|      |          |         |      |         |         |               |           |

8. 观察区分大葱、洋葱和韭菜的种子，并测定其千粒重，将观察结果填入表 8-18 中。

**表 8-18 大葱、洋葱、韭菜种子形态对比记录表**

| 种子名称 | 形 状 | 千粒重/g | 颜 色 | 表面特征 | 脐部特征 |
|---------|-------|---------|-------|---------|---------|
| 大葱 |  |  |  |  |  |
| 洋葱 |  |  |  |  |  |
| 韭菜 |  |  |  |  |  |

# 薯芋类蔬菜生产

～～～～～～～～～～～～～～～～～～～～～～～～～～～～～～～～～～～～～～～

> ## 知识目标

  1. 了解薯芋类蔬菜的形态特征和生长发育规律及其与栽培生产的关系。
  2. 理解薯芋类蔬菜对环境条件的要求及其与栽培生产的关系。
  3. 掌握薯芋类蔬菜的播种育苗技术和生产管理技术。

> ## 能力目标

  1. 能够根据当地市场需要选择薯芋类蔬菜优良品种。
  2. 会选择栽培季节与安排茬口。
  3. 能够根据当地气候条件进行薯芋类蔬菜的农事操作，能熟练进行薯芋类蔬菜的种薯处理、间苗、定苗、中耕除草、肥水管理、收获等基本操作，具备独立进行栽培生产的能力。

～～～～～～～～～～～～～～～～～～～～～～～～～～～～～～～～～～～～～～～

# 任务一　马铃薯生产

● **任务实施的专业知识**

## 一、生物学特性

马铃薯，又称为土豆、山药蛋、洋芋等，为茄科茄属中能形成地下块茎的一年生草本植物，是重要的粮菜兼用作物，还可以酿酒和制淀粉，用途广泛。马铃薯生长期短，可与玉米、棉花等作物间套作，产品耐贮藏，在蔬菜周年供应上有堵淡补缺的作用，世界各地普遍栽培。

### （一）形态特征

1. 根

根系有初生根和匍匐根两种类型。块茎发芽后，在主茎的基部紧靠芽眼的部分产生的初生根，称为芽眼根，形成主要吸收根系。随着芽的生长，在地下茎的各节处，长出次生根，称为匍匐根。初生根和次生根组成须根系,起吸收作用。

马铃薯用块茎繁殖的植株无主根,只有须根,主要分布在30cm左右的土层中。用种子直播的实生苗根系入土较深,为直根系。

2. 茎

按发生的部位、形态和功能的不同分为地上茎、地下茎、匍匐茎和块茎4种类型。马铃薯的植株形态如图9-1所示。

(1) 地上茎  地面以上的主茎和分枝,茎高30~100cm,横切面为三角形或多角形,有茎翼,是识别不同品种的依据。

(2) 地下茎  主茎埋入地下的部分,一般6~8节,长10cm左右,其上着生根系和匍匐茎。

(3) 匍匐茎  由地下茎的腋芽发育而成,一个主茎上能长出4~8条匍匐茎,长度为3~10cm。

(4) 块茎  匍匐茎尖端膨大形成的块茎,即产品器

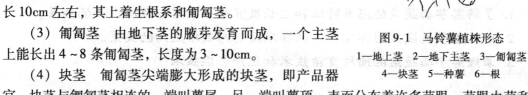

图9-1  马铃薯植株形态
1—地上茎  2—地下主茎  3—匍匐茎
4—块茎  5—种薯  6—根

官。块茎与匍匐茎相连的一端叫薯尾,另一端叫薯顶,表面分布着许多芽眼。芽眼由芽和芽眉组成,芽眉是变态叶鳞片脱落后的叶痕。每个芽眼有1个主芽、2个副芽,副芽一般保持休眠状态,只有当主芽受到伤害后才萌发。薯顶芽眼较密,发芽势强,具有顶端优势。

3. 叶

叶片深绿色,密生茸毛。马铃薯最先出土的叶为单叶,心形或倒心形,全缘,称为初生叶;以后发生的叶为奇数羽状复叶,由顶生小叶、侧生小叶及数枚小裂片构成。

4. 花

伞形或聚伞形花序着生枝顶,花冠漏斗状,白色、紫色或紫红色。自花授粉。

5. 果实和种子

浆果,球形。种子小,肾形。马铃薯多数品种花而不实,应早期摘除,以促进块茎生长。

### (二) 生长发育周期

1. 发芽期

从种薯上的幼芽萌动至出苗,需20~35d。

2. 幼苗期

从出苗到团棵(6~8片叶展平),完成1个叶序的生长,需15~20d,此期匍匐茎全部形成,先端开始膨大。

3. 发棵期

从团棵至现蕾,需25~30d,侧枝陆续形成,根系继续伸展,块茎膨大到鸽卵大小。

4. 结薯期

从现蕾开花到茎叶变黄败秧,需30~35d,此期主要是块茎膨大和增重。

5. 休眠期

收获后的马铃薯块茎呈休眠状态,为生理休眠。只有通过休眠后栽植,才能发芽。生产上常用赤霉素打破休眠,提高贮藏温度、切块后用清水反复漂洗也可解除休眠。

**（三）对环境条件的要求**

**1. 温度**

马铃薯喜凉爽气候，块茎在4℃以上萌发，12～18℃为发芽适温，茎叶生长适温为20℃左右，块茎膨大适温为16～18℃，25℃以上不利于块茎发育，利于芽的发育。块茎休眠期适温为0～4℃。

**2. 光照**

马铃薯喜光，短日照有利于块茎形成，一般应每天11～13h的日照条件，马铃薯生长良好。

**3. 水分**

马铃薯播种后发芽慢，发芽期长，为确保苗全苗齐，要求保证土壤湿润。在旺盛生长期应供给充足水分，后期适当控水，以利转入结薯期。结薯期要求土壤始终保持湿润状态，适宜的土壤湿度为80%～85%。

**4. 土壤及营养**

马铃薯喜疏松、肥沃的壤土或沙壤土，pH值5.6～6.0，黏重土壤不利于根系发育和块茎膨大。钾肥的吸收量最多，其次是氮、磷。

**（四）马铃薯种性退化的原因及其防止措施**

马铃薯使用块茎繁殖，植株长势逐年衰弱、矮化，叶片卷起皱缩，分枝变少，所结块茎变小，产量逐年下降，此现象称为种性退化现象。

马铃薯种性退化主要是由传染性病毒引起，品种抗病毒、抗逆性差，高温加重病毒病的发生，并使块茎芽的生长锥细胞衰老，植株低营养等使种性退化。

**1. 选育推广抗退化品种**

根据当地的自然条件和用途选用脱毒的专用品种，如油炸食品加工用的可选用春薯5号、大西洋、克新1号、冀张薯4号等品种；鲜薯食用和鲜薯出口用的可选用中薯2号、中薯3号、中薯4号、东农303、豫马铃薯1号、鄂马铃薯1号、川芋56、冀张薯3号、宁薯7号等品种。

**2. 利用冷凉季节栽培复壮种薯**

选好播种期，利用早春或晚秋季节栽培，使结薯期避免高温季节，或高温季节小水勤浇，以降低田间温度控制病毒的发生。同时避免与有翅蚜虫迁飞高峰期相遇，在出苗后即喷洒杀蚜药剂，消灭传毒媒介，防止病毒侵染；增施肥料以缓解由病毒影响引起的植株营养下降。在栽培过程中，若发现病株应及早拔除。

**3. 采用整薯播种法减轻病毒引起的退化**

马铃薯病毒可借切刀传染，在退化严重地块结合防治传毒昆虫，采用整薯播种，可使苗齐苗壮，早发棵、抗病性强，以减轻病毒危害，提高单产。选用整薯播种时不宜选太小块茎，因为早期感病枯死的植株多结小薯或畸形薯；应选用直径3cm以上，重45g左右的种薯为宜。

**4. 利用种子繁殖生产无病毒种薯**

除马铃薯纺锤形块茎病毒外，病毒不能借感病株的实生种子传毒。因此可利用种子繁殖不带病毒的健株，但后代性状分离大。马铃薯种子细小，幼苗期时间长，达70～80d，需先育苗后移植，定植密度6000～8000株/667m$^2$。种子繁殖应选健株采种。

### 5. 利用茎尖培养脱毒健苗

在一些退化比较严重的地区，可采用茎尖培养排除病毒。由于病毒在植物体内分布不匀，在种子的胚、茎尖、根的生长点上不带病毒，由这些组织产生的植株，为不带病毒的健苗。

## 二、品种类型与优良品种

按皮色可分为白皮、黄皮、红皮和紫皮等品种；按块茎形状分为圆形、椭圆形、长筒形和卵形等；按薯块颜色分为黄肉种、白肉种。栽培生产上常依照成熟期不同分为早熟品种、中熟品种和晚熟品种。

### （一）早熟品种

从出苗到块茎成熟需 50 ~ 70d，植株低矮，产量低，薯块中淀粉含量中等，不耐贮藏，芽眼多而浅。优良品种有东农 303、泰山 1 号、克新 4 号、郑薯 2 号等。

### （二）中熟品种

从出苗到块茎成熟需 80 ~ 90d，植株较高，产量中等，薯块中淀粉含量中等偏高。优良品种有晋薯 5 号、晋薯 2 号、克新 1 号、克新 3 号、协作 33 等。

### （三）晚熟品种

从出苗到块茎成熟需 100d 以上，植株高大，产量高，薯块中淀粉含量高，较耐贮藏，芽眼较深。优良品种有高原 3 号、高原 7 号、高原 4 号、晋薯 7 号等。

## 三、栽培季节与茬口安排

全国各地均有栽培，在无霜期 110 ~ 170d 的地区，一般春种夏收或春种秋收；无霜期200d 以上，且夏季高温多雨地区，一般分别于春、秋栽培，所以构成了不同的栽培区。

### 1. 北方一作区

黑龙江、辽宁、吉林、呼和浩特、兰州、西宁、乌鲁木齐等地，昼夜温差大，日照充足，气候凉爽，适于马铃薯的生长发育，但因无霜期短，仅 110 ~ 170d，所以只能进行一熟栽培。一般于 4 月下旬至 5 月上旬播种，8 ~ 10 月份收获，应选择休眠期长、贮性强的中晚熟品种。

### 2. 中原二作区

北京、西安、上海、南昌等地，无霜期较长，为 180 ~ 300d，但夏季持续时间长，温度高，不利于马铃薯生长，应进行春、秋两季栽培。春季 2 月下旬到 3 月上旬播种，5 月下旬到 6 月中旬收获；秋季 8 月份播种，11 月份收获。宜选用早熟、抗病、休眠期短的优良品种。

### 3. 南方冬作区

贵州、云南、四川等地，冬季月平均气温为 14 ~ 19℃，主要是利用水稻田的冬闲期种植。

### 4. 西南单、双季混作区

广东、福建、广西等地，在高寒山区多为一年一作，春种秋收；低山河谷区或盆地适于春秋两季栽培。

马铃薯忌连作，不能与茄科和块根类作物连作，应进行 3 ~ 4 年轮作。前茬以豆类、禾谷类或油菜茬为宜。马铃薯植株矮小，生长周期短，可以和各种高秆、生长期长的喜温作物，如棉花、玉米、中幼年果树等进行套作。

## ● 任务实施的生产操作

# 一、春马铃薯生产

## （一）整地做畦

秋作物收获后，深翻 20～25cm，春季土壤解冻后，结合浅耕耙地施基肥，每 667m² 施用优质农家肥 5000kg，过磷酸钙 25kg，硫酸钾 15kg 作基肥。播种时，每 667m² 沟施复合肥 5～10kg。一般华南、西南地区畦作。东北、华北地区垄作，垄面宽 50～60cm，垄高 15～20cm，拍实垄面，做到垄面平滑、呈鱼背形，无坷垃，无残茬。

## （二）种薯处理

### 1. 选种及处理

选择符合本品种特征，大小适中，薯皮光滑，颜色鲜正的薯块作种薯。一般每 667m² 用种量为 100～125kg。

对窖藏期间已发芽的种薯，应将幼芽全部掰掉，以利健壮幼芽快速生长。从外地引种时，为防止种薯带病传染，栽植前应对种薯进行消毒，可用 0.5% 的甲醛溶液浸种 20～30min，浸后捞出闷 6～8h。

### 2. 催芽

（1）暖种、晒种 播前 30～40d，将种薯放在 20℃左右黑暗条件下暖种催芽，10～15d 后，当芽长到 1.0～1.5cm 时，再将种薯放在阳光下晒种壮芽，15℃左右大约需 20d。暖种、晒种可在室内、阳畦、日光温室内进行，及时剔除个别烂薯。

（2）赤霉素浸种 未经催芽的种薯，在切块后用 0.4～0.5mg/L 的赤霉素溶液浸种 10～15min；也可将整薯用 3～5mg/L 的赤霉素溶液浸种，时间同上。经催芽处理的种薯，物候期可提早 7～10d。

### 3. 切块

每块必须有 1～2 个芽眼，切成立体三角形，应大小均匀，尽量多带薯肉，一般重 20～25g。较大块茎按芽眼切，种薯切块方法如图 9-2 所示。切刀要用 75% 的酒精或 3% 的高锰酸钾溶液消毒，切到病薯要随即剔除，并将切刀再次消毒。切好的薯块要放置室内一段时间，使伤口愈合后再进行栽植；或将切块用草木灰拌匀后进行栽植。

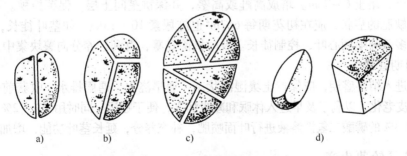

图 9-2 种薯切块方法示意图

a）小薯 b）中薯 c）大薯 d）切块

### （三）栽植

于当地晚霜前 20~30d，气温稳定在 5~7℃时栽植。北方地区用地膜覆盖，可提前 10~15d 栽植。每垄栽两行马铃薯，行距 40~45cm，行间播种呈三角形错开，栽深 10cm 左右。栽后立即覆盖地膜。待 80% 的芽苗露出地面时及时破膜放苗。一般晚熟品种宜稀，早熟品种宜密；春薯宜稀，秋薯、夏薯或冬薯宜密。覆盖地膜可以提早 10~15d 收获，而且可以增产 15% 以上。南方地区栽植马铃薯可以不覆盖地膜。

马铃薯播前种薯处理技能训练评价表见表 9-1。

**表 9-1　马铃薯播前种薯处理技能训练评价表**

| 学生姓名： | 测评日期： | | 测评地点： | | |
|---|---|---|---|---|---|
| 考评标准 | 内　容 | 分　值 | 自　评 | 互　评 | 师　评 |
| | 种薯选择符合标准 | 20 | | | |
| | 暖种温度、光照适宜，晒种及时，种芽绿色健壮 | 30 | | | |
| | 药剂浸种浓度、时间适宜 | 20 | | | |
| | 切刀消毒符合要求，切块动作规范，薯块大小及芽眼数量符合标准 | 30 | | | |
| 合　计 | | 100 | | | |
| 最终得分（自评 30%＋互评 30%＋师评 40%） | | | | | |

### （四）田间管理

**1. 出苗前管理**

马铃薯块茎栽植后，地温比较低，需 20~30d 才能出苗，应及时松土，消灭杂草，如遇严重干旱，应浇小水促进出苗，并中耕防止土壤板结。

**2. 幼苗期管理**

齐苗后，间去细弱的苗，每穴留 2~3 株，种植较稀的每穴可留 3~5 株苗。同时每 667m² 追施尿素 10kg，追肥后浇水。出苗后 10d，浅锄 1 次，松土，消灭杂草，促进幼苗生长。同时进行 1 次浅培土，以培上第 1 片单叶为度。

**3. 发棵期管理**

当植株长到 30cm 高时进行第 2 次中耕，同时培土 3~6cm。到植株即将封行时，进行最后 1 次大培土，培土 6~9cm。培成高畦或高垄，并深耕垄间土层，促薯控秧。一般不需追肥，如表现缺肥的症状，应在初花期每 667m² 追施尿素 10~15kg。如茎叶徒长，可用 50~100mg/L 的多效唑喷洒心叶，控制徒长。及时摘除花蕾，有利于养分向薯块集中。

**4. 结薯期管理**

开花后进入结薯盛期，应保持土壤湿润状态，遇旱浇水，遇雨排水，收获前一周停止浇水，促进薯皮老化，以利于及早进入休眠和减少病害，便于贮运。同时用 1%~2% 的尿素溶液或 0.2%~0.3% 的磷酸二氢钾溶液进行叶面喷肥，补充养分，延长茎叶功能，增加产量。

## 二、秋马铃薯生产

### （一）种薯处理

种薯应选择品种特征明显，形状、大小一致，无病虫害、无严重机械损伤，丰产稳产的块茎作种薯。未解除休眠的种薯，切块后用浓度为 0.5 ~ 1mg/L 的赤霉素液浸泡 15min，以打破休眠。切块方法同春马铃薯，已解除休眠的种薯可切块催芽播种。

催芽宜采用温床，选择向阳背风的地方作床，床内保持干燥和空气流通，温度控制在 25℃左右，切块晾干后，置温床上分层催芽，每铺满一层块茎，覆盖湿润的土壤 1cm 厚，共 3 ~ 5 层，顶层盖土 5 ~ 6cm，芽长 3cm 时炼芽栽植。

### （二）栽植

一般在 9 月上旬（白露）播种，高海拔山区应提早到 8 月下旬（处暑）播种。秋季温度高，植株长得较小，应适当密植，一般行距 45cm，株距 25 ~ 30cm 左右为宜，每 667m² 栽植 5000 ~ 6000 株。栽植时应深栽浅盖，栽深 10cm 左右，盖土 4cm 左右。培土过浅，地下匍匐茎伸出地面，发育成地上茎的枝条，不结薯。

### （三）田间管理

追肥应早，幼苗出土便重施 1 次提苗肥，每 667m² 追施尿素 15kg。及时浇水中耕，保持土壤疏松湿润。在 10 月中下旬达到茎粗叶大，现蕾时追第 2 次肥，每 667m² 追施复合肥 20kg。利用秋凉气候促进块茎生长。

## 三、采收与贮藏

### （一）采收

从块茎形成到植株变黄这段时间可随时收获。但收获越早，产量越低，越晚产量越高。一般情况下植株达到生理成熟期即大部分茎叶由绿变黄，地上部分倒伏，块茎停止膨大，易从植株上脱落便可及时采收。但作种薯用的应适当早收，避免后期高温加剧种性的退化。作储藏、加工、饲料用时应适当晚收。作商品薯还可视市场价格适时收获。采收时要避免损伤。

北方一作区于早霜来临前后，双作区在雨季或高温临近时及早收获，选择晴天和土壤干爽时进行。冬暖大棚、冬春大棚多层覆盖、中小拱棚收获期一般分别从 1 月上、中旬开始到 3 月下旬，4 月上、中旬，5 月上旬。

### （二）贮藏

块茎采收后防止雨淋和阳光曝晒，应贮藏在阴凉、通风的场所。马铃薯适宜的贮藏温度为 3 ~ 5℃，4℃ 是大部分品种的最适贮藏温度，相对湿度为 90% ~ 95%，在这样的环境条件下，块茎不易发芽或发芽很少，也不易皱缩。另外，马铃薯收获后有明显的生理休眠期，为 2 ~ 3 个月。贮藏前要严格挑选，去除病、烂、受伤及有麻斑和受潮的不良薯块。贮藏期间应翻倒几次，及时剔除病、烂薯。

---

**生产操作注意事项**

1. 马铃薯块茎栽植前种薯处理要得当，防止感染病害。

2. 培土过浅，地下匍匐茎伸出地面，发育成地上茎的枝条，不结薯。

3. 春马铃薯发芽期间温度低，蒸发量小，一般不需浇水，但如果严重干旱应及时浇水并中耕，以促进出苗。

4. 开花前后是马铃薯块茎形成的关键时期，应注意浇水，避免土壤干旱。

# 任务二　甘薯生产

## ● 任务实施的专业知识

甘薯，又名番薯、红薯、白薯、地瓜等，为旋花科甘薯属，多年生或一年生蔓生草本。在热带地区，四季常绿，开花结果，周而复始。在温带地区，茎叶遭遇霜冻会枯死，被认为是一年生植物。根、茎、叶均可食用，块根也可作粮食、饲料和工业原料。

## 一、生物学特性

### （一）形态特征

#### 1. 根

根分为须根、柴根和块根 3 种形态。须根呈纤维状，有根毛，一般分布在 30cm 土层内，具有吸收水分和养分的功能。柴根粗约 1cm 左右，是须根在生长过程中遇到不良环境，形成的畸形的肉质根，没有利用价值。块根是贮藏养分的器官，也是供食用的部分，分布在 5～25cm 深的土层中，其形状、大小、皮肉颜色等因品种、土壤和栽培条件不同而有差异。其具有根出芽特性，是育苗繁殖的重要器官。

#### 2. 茎

茎匍匐蔓生或半直立，长 1～7m，平卧地面斜上生长。茎节能生芽，长出分枝和发根，利用这种再生力强的特点，可剪蔓栽插繁殖。

#### 3. 叶

叶互生，叶片有心脏形、肾形、三角形和掌状，全缘或具有深浅不同的缺刻，同一植株上的叶片形状也常不相同。绿色至紫绿色，叶脉绿色或带紫色等。

#### 4. 花

聚伞花序，腋生，萼片长圆形，不等长，花冠钟状，漏斗形，白色、淡红或紫红色。雄蕊 5 个，雌蕊 1 个。

#### 5. 果实和种子

蒴果，卵形或扁圆形，着生 1～4 粒褐色的种子。

### （二）生长发育周期

#### 1. 发根缓苗期

薯苗栽插后，入土各节发根成活。地上苗开始长出新叶，幼苗能够独立生长，大部分秧苗长出腋芽。

#### 2. 分枝结薯期

甘薯根系继续发展，腋芽和主蔓延长，叶数明显增多，主蔓生长最快，茎叶开始覆盖地面并封垄。此时，地下部的不定根分化形成小薯块，后期则成薯数基本稳定，不再增多。结薯早的品种在发根后 10d 左右开始形成块根，到 20～30d 时已形成少数略具雏形的块根。

#### 3. 薯蔓同长期

从甘薯茎叶覆盖地面开始到叶面积生长最高峰。茎叶迅速生长，茎叶生长量约占整个生长期重量的 60%～70%。地下薯块随茎叶的增长，光合产物不断地输送到块根而明显膨大增重。

**4. 薯块盛长期**

茎叶生长由盛转衰直至收获，本期以薯块膨大为中心。茎叶生长停止，叶色由浓转淡，下部叶片枯黄脱落。地上部同化物质加快向薯块输送，薯块膨大增重速度加快，增重量相当于总薯重的40%～50%，高的可达70%，薯块里干物质的积蓄量明显增多，品质显著提高。

**（三）对环境条件的要求**

**1. 温度**

甘薯性喜温，不耐寒，适宜栽培于夏季平均气温22℃以上，年平均气温10℃以上，全生育期有效积温3000℃以上，无霜期不短于120d的地区。加温育苗时温度应保持在16～32℃之间。齐苗后，苗生长阶段气温宜在27～30℃，培育壮苗以22～25℃为宜。薯苗栽插后需有18℃以上的气温才能发根；茎叶生长期一般气温低于15℃时，生长停滞；低于6～8℃则呈现萎蔫状，经霜即枯死。块根形成的适温一般在25℃左右，而块根膨大适温则在22～24℃之间。

**2. 光照**

甘薯属喜光的短日照作物，经一定时期的短日照作用后，如每天光照8～10h，可促进开花。日照时间延长至12～13h，促进块根形成和加速光合产物的运转。甘薯不耐荫蔽。

**3. 水分**

甘薯根系发达，较耐旱。土壤水分含水量60%～80%为宜。随着分枝结薯和茎叶的盛长，土壤含水量应增加到70%～80%；后期含水量保持在60%～70%时有利于块根快速膨大。生长期降水量以400～450mm为宜。收获前2个月内若遭受涝害，块根因缺氧而腐烂，使产量、品质下降。

**4. 土壤及养分**

要求土壤结构良好，耕作层厚20～30cm，透气、排水好的壤土和沙壤土。甘薯耐酸碱性好，能够适应土壤pH值4.2～8.3，以pH值5～7为最适宜。肥料三要素中需钾最多，其次为氮，再次为磷。氮肥施用过多，会促使根部中柱细胞木质化，不结或少结块根。宜施用堆肥、绿肥。

## 二、品种类型与优良品种

甘薯按用途进行分类主要有加工型、鲜用型、兼用型、菜用型、色素加工型。

（1）加工型 主要是高淀粉含量的品种，如脱毒的徐薯18、86-8、徐22、徐薯54-1、豫薯7号、苏渝303、梅营一号等。

（2）鲜用型 主要有苏薯8号、豫薯5号、红宝宝、浙薯2号、赤蓬-1、脱毒的北京553、烟27、烟251等。

（3）兼用型 既可加工又可食用，如豫薯12号等。

（4）菜用型 可食用红薯的茎叶，适合南方栽培的菜用甘薯有台农71、福薯7-6等。

（5）色素加工型 主要是紫薯，如济薯18、徐紫2号、浙紫1号、宁紫薯1号、渝紫263、烟紫薯1号、烟紫薯2号、京薯6号、徐紫20-1等。

## 三、栽培季节与茬口安排

甘薯在我国种植的范围很广泛，以淮海平原、长江流域和东南沿海各省种植最多。

### （一）北方春薯区

黑龙江南部、吉林、辽宁、河北、陕西北部等地，无霜期短，低温来临早，多栽种春薯。

### （二）黄淮流域春夏薯区

本区属于季风暖温带气候，栽种春夏薯均较适宜，种植面积约占全国总面积的40%。

### （三）长江流域夏薯区

除青海和川西北高原以外的整个长江流域。

### （四）南方夏秋薯区

包括长江流域以南的福建、江西、湖南三省的南部，广东和广西的北部，除种植夏薯外，部分地区还种植秋薯。夏薯一般在5月间栽插，秋薯一般在7月上旬至8月上旬栽插。

### （五）南方秋冬薯区

包括海南省，广东、广西、云南和台湾南部，属热带湿润气候，夏季高温，日夜温差小，主要种植秋、冬薯。秋薯一般在7月上旬至8月中旬栽插，冬薯一般在11月栽插。

北方春薯区一年一熟，常与玉米、大豆、马铃薯等轮作。春夏薯区的春薯在冬闲地春栽，夏薯在麦类、豌豆、油菜等冬季作物收获后栽插，以二年三熟为主。长江流域夏薯区大多分布在丘陵山地，夏薯在麦类、豆类收获后栽插，以一年二熟最为普遍。其他夏秋薯及秋冬薯区，甘薯与水稻的轮作制中，早稻、秋薯一年二熟占一定比重。旱地的二年四熟制中，夏、秋薯各占一熟。北回归线以南地区，四季皆可种甘薯，秋、冬薯比重大。

旱地以大豆、花生与秋薯轮作。提倡水旱轮作，水田可将旱田病、虫、草的危害降至最低程度，同时可对土壤养分进行重新分配。水田以冬薯、早稻、晚稻或冬薯、晚秧田、晚稻两种复种方式较为普遍。

## ● 任务实施的生产操作

### 一、根用甘薯生产

甘薯的块根及茎叶均可作为繁殖器官，在大田生产中主要采用薯块育苗的繁殖方法。1个薯块一般有5~6列纵向排列的侧根，侧根枯死后，留下略微凹陷的根痕，位于根痕附近的不定芽原基萌动并穿透薯皮，即为发芽。不定芽在薯块上分布，一般头部多于中部和尾部，朝向土表的阳面（背面）多于朝向垄心的阴面（腹面），块根的发芽存在顶端优势。

### （一）播种育苗

**1. 品种选择**

选择适合当地的品种，薯块宜选用皮色鲜亮，薯块均匀，无病无伤，没有冻害，并且根痕多、芽原基多的品种，以重100~250g的夏、秋薯块作种薯进行育苗。

**2. 育苗时间**

因育苗的方式而异，育苗时间应与大田栽插相衔接。加温苗床一般在栽插前1个半月左右进行育苗，冷床和露地育苗则在栽前2个月左右进行。

**3. 育苗方式、方法**

（1）育苗方式　可采取人工加温的温床、火炕，或使用微生物分解酿热物放出热能的酿热温床和电热温床等。利用太阳辐射增温的有冷床、露地塑料薄膜覆盖温床等。苗床加盖塑料薄膜，可提高空气温度和湿度，有利于幼苗生长，使采苗量增加。

采用组织培养育苗技术进行甘薯茎尖脱毒后繁育薯苗，可提高产量和品质。

（2）育苗方法 采用薯块育苗，选择大小适中（单薯重以200~300g为宜）、整齐均匀、无病虫、无伤口的薯块作种。先在1m宽的苗床排种育苗，排种密度以23~32kg/m² 为宜。排种时要求种薯头部朝上，尾部朝下，"阳面"朝上，"阴面"朝下。大薯发芽较慢，宜排在温度较高的苗床中部，深排，小薯排在苗床四周，浅排，做到"上齐下不齐"，以保证覆土厚度一致，出苗整齐。用细土填满种薯间的孔隙，随即泼浇温水或淋施清水粪，再以营养土或细土覆盖，厚度以盖没种薯为度，覆盖地膜和拱棚膜。当薯块长出的薯苗长度达20~25cm时，即进行假植繁苗，并在假植苗节数达到6~10个节位时进行摘心打顶促分枝。在计划栽植前5~8d薄施速效氮肥培育嫩苗壮苗，当薯苗长度达25~30cm时，应及时剪苗种植。剪苗要离床土3cm以上，剪取第1段嫩壮苗作种苗，剪苗时应留头部5cm内的数个分枝，但不可留得过长，然后重新发苗，如此循环剪苗。

4. 苗期管理

（1）温度 出苗前以提温保温为主，床温宜保持32~35℃，促使薯块萌芽，还可抑制黑斑病发生。如果温度超过35℃，则要揭开苗床一角降温。出苗后床温保持24~28℃，苗高15~20cm，具有6~7个节时，降温炼苗，将床温维持在20℃左右，经3~5d锻炼后即可剪苗栽插。剪苗后又以催为主，床温应很快上升至32~35℃。

（2）水肥 出苗前床土湿度保持80%左右，如果过干，可于晴天中午适当浇水或稀人粪尿。出苗后床土湿度为70%~80%。炼苗时停止浇水，相对湿度为60%。剪苗当天不浇水，以利创口愈合和防止病菌侵染，次日浇1次大水。

萌芽过程中，薯苗所需养分主要由薯块供应。但根系形成后或采苗2~3次后，每平方米应追施1次稀薄人粪尿或尿素25g，施肥后用清水淋洗一遍。

（3）氧气 床土疏松，氧气充足，加强呼吸作用，促进新陈代谢。严重缺氧能使种薯细胞窒息死亡，引起种薯腐烂。覆盖塑料薄膜时，须注意通风换气，利于形成壮苗。

壮苗的标准：薯苗粗壮，乳汁多，有顶尖，无病虫害症状，节间短，薯苗长度一般为20~25cm，具有6枚展开的叶片。

**（二）整地施肥**

冬闲地可于上一年冬季深耕晒垡，促使土壤风化；翌年春季再进行一次浅耕，以消灭越冬病虫和杂草；栽插前再翻耕35cm，结合深翻，每667m² 施入有机肥1000~3000kg，施尿素15~20kg，施磷肥20~30kg、钾肥10~15kg。起垄宽1m，垄高30~35cm为宜。秋季易涝和适宜密植的地区，采用大垄双行方式栽培。

**（三）定植**

1. 定植时期及定植密度

适时定植，主产区春薯当5cm土温稳定在18℃左右时，夏薯多在麦收后抢时早播。选择阴天进行，晴天气温高时，宜于午后栽插。不宜在大雨后栽插甘薯，否则易形成柴根。一般春、夏薯每667m² 插3000~5000株，秋、冬薯每667m² 插4000~6000株，应在茎叶生长盛期叶面积系数达到3~4.5。栽植深度在土壤湿润条件下以5~7cm为宜，在旱地深栽为8~10cm。入土节位要埋在利于块根形成的土层，使用20~25cm的短苗栽插为好，入土节数一般为4~6个。栽后保持薯苗直立。

2. 栽插方法

（1）水平插法　苗长20~30cm，栽苗入土各节分布在土面下5cm左右深的浅土层。此法结薯条件基本一致，各节位大多能生根结薯，很少空节，结薯较多且均匀，适合水肥条件较好的地块，各地大面积高产田多采用此法；但其抗旱性较差，如遇高温干旱、土壤瘠薄等不良环境条件，则容易出现缺株或弱苗。

（2）斜插法　此法适于短苗栽插，苗长15~20cm，栽苗入土10cm左右，地上留苗5~10cm，薯苗斜度为45°左右。栽插简单，薯苗入土的上层节位结薯较多且大，下层节位结薯较少且小，结薯大小不太均匀。抗旱性较好，成活率高，单株结薯少而集中，适宜山地和缺水源的旱地。

（3）直插法　此法多用短苗直插于土中，入土2~4个节位。此法栽植结大薯率高，抗旱，缓苗快，适于山坡地和干旱瘠薄的地块；但结薯数量少，应以密植保证产量。

（4）船底形插法　苗的基部在浅土层内的2~3cm，中部各节略深，在4~6cm土层内。此法适于土质肥沃、土层深厚、水肥条件好的地块。由于入土节位多，具备水平插法和斜插法的优点；但入土较深的节位，如管理不当或因土质黏重等，易成空节不结薯，所以中部节位不可插得过深，沙地可深些，黏土地应浅些。

（5）埋叶法栽插　干旱季节可用此方法栽插，成活率高，返苗早，埋土时将叶片埋入土中。

（6）压藤插法　将去顶的薯苗压在土中，只是薯叶露出地表，用土压实后浇水。插条腋芽早发，薯多薯大，但抗旱性能差，费工，只宜小面积种植。

（四）田间管理

1. 查苗补苗

苗期常因地老虎危害造成缺苗，要及时用敌百虫毒饵诱杀或人工捕捉。栽后5~7d，逐行查苗补缺，对弱苗、小苗重点施肥浇水。补苗时带水补栽，以保证全苗。

2. 施肥

（1）苗肥　缓苗后，可适当淋施人粪尿，或施尿素和复合肥，一般每667m² 施尿素10kg，复合肥20kg（15:15:15）。

（2）重施壮薯肥　种植后1个月，一般在裂缝处每667m²用腐熟人粪尿250~500kg顺缝浇灌或施尿素15~20kg、氯化钾20~30kg，可两边开沟施肥。有条件时可在垄面适当撒施草木灰或火烧土。

（3）施壮尾肥　种植后3个月，晚熟品种或后期长势差的甘薯可施壮尾肥。

3. 浇水

栽插前后，适当浇水促缓苗。天气干旱时根据垄面干燥情况，每半个月灌1次透水。当水浸过垄的一半以上时，观察水是否能逐渐湿润到垄顶。后期应防止田间积水。

4. 除草、松土、培土

缓苗后，及时中耕保墒，促早发，注意不要松动根部土壤。封垄前，结合施肥，再进行1~2次除草、松土和培土，用松土盖好垄面裂缝，防止象鼻虫等地下害虫钻入垄中蛀食块根和藤头，影响产量和品质。甘薯茎叶基本覆盖垄面后，不要扯动薯藤，防止打乱茎叶的正常分布和损伤根系。

5. 提蔓、摘心和叶喷

拉蔓期如遇连续阴雨天，应进行提蔓，拉断茎节上发生的不定根，控制地上部生长促块根肥大，提蔓后将蔓放回原处。秧蔓长到30~50cm时，将顶端1~3cm部分摘除；也可在拉蔓期间每667m² 用50g多效唑兑水50kg进行叶面喷施，如果喷后24h内遇降雨，需重喷。

（五）采收与贮藏

甘薯块根是无性营养体，没有明显的成熟期，一般在当地霜前，平均气温降到12~15℃时，晴天土壤湿度较低时进行收获。先收种用薯，后收食用薯。采收时先割蔓然后轻挖，避免薯块损伤，否则易在贮存期间感染病害，而导致腐烂。

贮存一般用地下窖，随收随藏。入窖前要彻底清扫、消毒、灭鼠。严格选薯，剔除破皮、断伤、带病、经霜和水渍的薯块，贮藏量只可占贮藏窖容量的80%。入贮初期须进行短时间的通风散湿，窖温保持在10~12℃，相对湿度为70%~80%。中、后期加强保温防寒，严防薯堆受到低于9℃以下的冷害。出窖前，注意短期通风，防止缺氧。

甘薯栽培技能训练评价表见表9-2。

表9-2　甘薯栽培技能训练评价表

| 学生姓名： | | 测评日期： | | 测评地点： | |
|---|---|---|---|---|---|
| | 内　容 | 分　值 | 自　评 | 互　评 | 师　评 |
| 考评标准 | 育苗时间合适，方法得当，管理方法适宜 | 30 | | | |
| | 整地施肥符合要求，定植时期、方法合适 | 30 | | | |
| | 田间管理及时，方法正确 | 30 | | | |
| | 采收时期合适，采收及贮藏方法适当 | 10 | | | |
| 合　　计 | | 100 | | | |
| 最终得分（自评30%＋互评30%＋师评40%） | | | | | |

## 二、菜用甘薯生产

菜用甘薯以收获茎尖以下10cm茎叶供食用部分，其营养价值高，市场潜力大。南方于6月初至10月下旬栽插于塑料大棚内，整个生长季节全部覆盖塑料薄膜。

（一）育苗移栽

秋季选取健壮的甘薯植株定植或假植在大棚内越冬留种，培育薯苗。翌年春季勤施氮肥。施足基肥，以有机肥为主，配合适量化肥，每667m² 施猪粪约3000kg，磷酸二铵100kg。整地做畦，畦宽视大棚宽度而定，一般宽1.5m，以便于管理和采摘。老苗新生分枝有7~8片叶时剪苗移栽在大棚内，栽插时留3叶埋大叶。适当加大栽插密度，行距15~20cm、株距5~10cm，每667m² 栽35000~45000株。

（二）田间管理

栽后一周及时查苗补缺。大棚内保持高温多湿环境，以利于茎叶生长。追肥以人粪尿为主，适当偏施氮肥。结合中耕除草，在稀薄人粪尿中加入尿素浇施。采摘后酌情施速效氮肥，浇足水，促进发芽。避免使用过多的氮素化肥，以降低硝酸盐积累。高温季节注意通风。11月气温降低时停止采摘，修整植株越冬。气温下降时，需在大棚内架设小棚，加盖草帘保温。

### （三）防治病虫

大棚四周下部1m高度内可用防虫纱网围起，以防止害虫进入。菜用甘薯茎叶脆嫩，易遭斜纹夜蛾、玉米蛾等食叶害虫危害，可用天霸、菜喜等高效、低毒、低残留生物杀虫剂防治。注意防治甘薯蔓割病、薯瘟病和病毒病。

### （四）及时采摘

栽插后20d，植株封行时分批采摘，每蔓留1~2节，以促进发生新分枝。

---

**生产操作注意事项**

1. 甘薯生产应采用同一品种和质量一致的种苗，当不同品种或优劣种苗混栽时，易导致减产。

2. 不要在大雨后栽插甘薯，易形成柴根。要注意栽插的株距一致，否则容易造成靠在一起的两株成为弱势植株。

3. 应使用第一段苗栽植，可避免薯苗携带病菌。切忌使用中段苗，以免造成甘薯品种种性退化和产量下降。

---

# 任务三　生姜生产

## ● 任务实施的专业知识

生姜，简称姜，俗名黄姜，为姜科姜属多年生宿根草本植物，在我国作为一年生作物栽培。食用部位为地下块茎，其辣味温和，芳香浓郁，清心开胃，辣味不因加工而改变。生姜主要用做调味品，除生食外，还可腌制、榨汁、切片，加工后出口创汇。

## 一、生物学特性

### （一）形态特征

#### 1. 根

生姜的根有纤维根和肉质根两种。纤维根从幼芽基部发生，线状，根毛多，是主要的吸收根系；肉质根着生在姜母及子姜茎节上，兼有支持固定、贮藏和吸收作用。所以，姜没有主根，属于浅根系，生长缓慢，分枝少，主要分布在30cm土层内。

#### 2. 茎

生姜的茎有地上茎和地下茎两部分。种姜发芽后长出地上直立的主茎，茎端由叶片和叶鞘包被，一般高65~100cm。地下茎则发育成肉质根状茎，肥厚、扁平，有芳香和辛辣味，外皮有淡黄色、灰黄色和肉黄色等。鳞芽及节处呈紫红色或粉红色。地下茎既是产品器官，又是繁殖器官，主茎基部的根状茎，称为"姜母"，一级、二级侧枝基部的根状茎，分别称为"子姜"、"孙姜"，如图9-3所示。根状茎的顶端有潜伏芽眼，可萌发

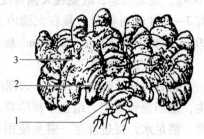

图9-3　生姜根茎形态与组成
1—姜母　2—子姜　3—孙姜

成新的植株。

3. 叶

互生，平行叶脉，包括叶片和叶鞘两部分。叶片长披针形，长 15～30cm，宽约 2cm，先端渐尖，基部渐狭，平滑无毛。叶片下具有革质不闭合的叶鞘抱茎，有保护和支持作用。叶片具有叶舌，与叶鞘相连处有一孔，称为叶孔，新生叶从叶孔处抽出。

4. 花和果实

夏秋之间由地下茎抽生花茎，茎直立，高约 30cm，被以覆瓦状疏离的鳞片。穗状花序卵形，长约 5cm，宽约 2.5cm；花冠 3 裂，裂片披针形，黄色，唇瓣较短，长圆状倒卵形，呈淡紫色，有黄白色斑点，下部两侧各有小裂片；雄蕊 1 枚，子房下位；花柱丝状，淡紫色，柱头放射状。蒴果长圆形，长约 2.5cm。在北纬 25°以北地区不开花。

生姜形态观察识别技能训练评价表见表 9-3。

**表 9-3　生姜形态观察识别技能训练评价表**

| 学生姓名： | | 测评日期： | | 测评地点： | |
|---|---|---|---|---|---|
| | 内　　容 | 分　值 | 自　评 | 互　评 | 师　评 |
| 考评标准 | 纤维根和肉质根的形态特征识别 | 20 | | | |
| | 主茎、一级侧枝和二级侧枝的识别，姜母、子姜、孙姜的形态特征识别 | 40 | | | |
| | 叶片、叶鞘、叶舌、叶孔的形态特征识别 | 30 | | | |
| | 花、花序及果实形态特征的识别 | 10 | | | |
| 合　　计 | | 100 | | | |
| 最终得分（自评 30% ＋互评 30% ＋师评 40%） | | | | | |

### （二）生长发育周期

生姜虽为多年生宿根草本植物，但在我国作一年生栽培，用根状茎繁殖，其生长发育过程主要是营养生长过程，如图 9-4 所示。

1. 发芽期

从种姜幼芽萌动到第一片姜叶展开，一般需 40～50d。此期生长量很小，主要依靠种姜的养分发芽、生根。

2. 幼苗期

从第 1 片叶展开到地上茎长到 3～4 片叶，基部形成姜母，并形成笔架状的子姜，姜母上部形成 2 个较大的侧枝，即"三股杈"时期，需 65～75d。幼苗期以主茎和根系生长为主，生长较慢，是为旺盛生长打基础的时期。

3. 旺盛生长期

从"三股杈"到收获，需 70～75d，是产品器官形成的主要时期。旺盛生长期前期以茎叶生长为主，后期以根茎生长和充实为主，形成各级子姜。

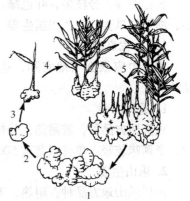

图 9-4　生姜的发育过程
1—种姜　2—休眠期　3—发芽期
4—幼苗期　5—旺盛生长期

4. 根茎休眠期

生姜不耐寒、不耐霜，茎叶遇霜便枯死，根茎被迫进入休眠期。

**237**

### （三）对环境条件的要求

**1. 温度**

生姜喜温暖，不耐寒，幼芽在 16～17℃开始萌发，最适温度为 22～25℃，高于 30℃幼苗徒长而瘦弱。茎叶生长期为 25～28℃，高于 35℃生长受抑制，姜苗及根群生长减慢或停止，植株渐渐死亡。根茎生长期要求昼温 22～25℃，夜温 17～18℃，温度在 15℃以下则停止生长。

**2. 光照**

生姜喜阴凉，对光照长短不敏感，发芽和根茎膨大需在黑暗环境中。幼苗期需中等光照强度，不耐强光，光照过强，植株矮小，叶片发黄，生产上应采取遮阴措施。

**3. 水分**

姜不耐干旱，对水分要求较严，出苗期生长缓慢，需水较多，但土壤湿度过大，种姜易腐烂。生长盛期需水量增大，应保持土壤湿润，要求土壤相对湿度为 70%～80%。

**4. 土壤和养分**

生姜适于土层深厚、土质疏松肥沃、有机质丰富、通气良好、排灌方便的土壤。土壤 pH 值以 5～7 为宜。较喜肥，需充足的有机肥，同时需要氮、磷、钾全元素肥料，以吸收钾最多，磷最少，每生产 1000kg 鲜姜需吸收钾 9.27kg、氮 6.34kg、磷 0.57kg。

## 二、品种类型与优良品种

### （一）品种类型

根据植株形态和生长习性一般分为疏苗型和密苗型两种类型。

**1. 疏苗型**

植株高大，茎秆粗壮，分枝少，叶深绿色，根茎节少而稀，姜块肥大，多单层排列，是目前出口的主要品种，如山东莱芜大姜、莱州大姜、广东疏轮大肉姜等。

**2. 密苗型**

长势中等，分枝多，叶色绿，根茎节多而密，姜块多数双层或多层排列，如山东莱芜片姜、浙江红爪姜、江西兴国生姜、陕西城固黄姜等。

### （二）优良品种

生产中应根据当地实际，选用抗病、优质丰产、抗逆性强、商品性好、适销对路的品种。

**1. 重庆白姜**

重庆地方品种，较耐热，分枝能力较强。根茎掌状，皮黄白色，嫩姜品质脆嫩，纤维少，辛辣味较轻。单株根茎重 500g 左右。从定植到收获约 120d。

**2. 乐山生姜**

四川乐山地方品种，耐热，不耐旱、不耐涝和强光，抗病力强。叶鞘基部紫红色，根茎扁平、呈掌状，皮浅黄色，肉黄色。单株产量 450g，从定植到收获需 150d。

**3. 泸州白姜**

四川泸州地方品种，株高 80cm，开展度 25～30cm。抗病力较弱。根茎肥大饱满，肉质脆嫩，皮黄白色，嫩芽粉红色，辛辣味较淡。

**4. 红爪姜**

浙江地方品种，生长势强。芽带淡红色，故名"红爪"。根茎纤维少，品质好，皮淡黄色，肉鲜黄色，辛辣味浓。单株产量500g，丰产性好。

### 5. 黄爪姜

浙江地方品种，植株较矮。芽不带红色。根茎节密，肉质细密，皮淡黄色，辛辣味浓，单株重250g。

此外，还有安徽铜陵白姜、湖北来凤姜、湖北枣阳生姜、福建竹姜、河南鲁山张良姜、贵州遵义白姜、云南玉溪黄姜、四川健为姜和东北丹东姜等。

## 三、栽培季节与茬口安排

我国广东、广西等无霜区在1～4月可随时播种，7～12月均可收获。长江流域于4月下旬至5月上旬播种，华北地区生姜生产一般于5月上旬至5月中旬播种，霜前收获。

可采用地膜覆盖或小拱棚、大棚等进行设施栽培。地膜覆盖一般提前15～30d播种，产量可提高20%以上。用小拱棚加地膜覆盖栽培，可提前20～30d播种，产量可提高30%以上。用大棚加地膜覆盖，可提前20～30d播种，延迟收获15～20d，产量可提高45%以上。

南方地区一般采用地膜覆盖栽培，3月上中旬开始催芽，4月上中旬定植。北方地区生姜生产可进行大棚早熟栽培，于2月下旬至3月上旬浸种催芽，3月下旬至4月上旬定植，7月份采收上市，以早期嫩姜上市，产量稍低，但产值较高；可适当密植，一般每667m²定植12000～14000株。应选择3～4年的轮作，可减少发生姜腐烂病。适合与小麦、玉米、向日葵、苦瓜、丝瓜等高秆或蔓生作物间套种。

### ● 任务实施的生产操作

## 一、露地生产

### （一）整地施肥

前作收获后，深翻土壤。每667m²施腐熟的人畜粪5000kg、过磷酸钙50kg或腐熟豆饼250～350kg。翌春整平耙细，做畦或起垄。北方地区雨水少，适宜低畦开沟种植；南方宜采用高畦，一般畦宽1.2～2.2m、畦沟深30～40cm。

### （二）培育壮芽

#### 1. 选择种姜

选择姜块肥大、颜色鲜黄、有光泽、不干缩、未受冻、无病虫害的姜块作种姜。

#### 2. 晒姜、困姜

播种前20～30d，将种姜洗去泥土，用40%福尔马林100倍液或高锰酸钾200倍液浸泡10min，用清水冲洗后放在细沙子上晾晒2～3d。随时翻动，光照过强时适当遮阴，注意保温防冻。剔除松软、发黑、紫色、瘪皱无光、凹槽的病姜。晒姜后堆放于屋内或温室内，放置3～5d，上盖草苫，保持11～16℃，称为困姜，促进提早发芽。晒姜和困姜交替2～3次后催芽。

#### 3. 催芽

南方地区，种姜出窖后多已萌芽，可直接播种，但北方地区需催芽后播种。催芽前期温度保持在20～25℃，3～5d后保持在25～28℃，相对湿度为75%～80%，每隔几天倒一次姜，进行选姜和调换种姜位置，使其受热均匀。姜芽萌发后降至 20～22℃。约经 10～12d，待芽长到 1.0～1.5cm，基部见到根突起时开始播种，出芽时注意防鼠。

（三）播种

从土深 10cm 处地温稳定在 16℃ 以上时播种，需有 135～150d 适于姜生长的时间。用手将姜块掰成 35～40g 重的小块，每块保留 1 个壮芽，其余芽用刀削去，平摆在草苫上使芽绿化变软，以防将芽碰掉。

栽植前 3～5d 在畦面按 50cm 的沟距开宽 25cm、深 10～12cm 的播种沟，沟内施入基肥，混匀粪土后浇足底水，并撒施适量草木灰，底水渗下后，按一定的株距将种姜排放入沟内。栽植时将种姜顺沟平放在沟内，芽尖稍向下倾斜，以利发新根。使幼芽方向保持一致。若东西向沟，芽向南或东南；南北向沟，则使芽朝西。播后立即覆土 4～5cm，以防烈日晒伤幼芽。

地膜覆盖栽培，一般沟距 50cm、沟深 25cm，浇底水后按 20cm 株距播种。用 120cm 宽的地膜绷紧盖于沟两侧的垄土，膜下留有 15cm 的空间，一幅地膜可盖 2 行。待幼苗出土在膜下长至 1～2cm 时，及时在其上方划一小口放苗出膜，并随即用细土将苗孔封严，以利保墒保温。

一般土质疏松、土壤肥沃、水肥供应良好的高肥力姜田，适宜行距为 50cm，株距为 20cm，每 667m² 适宜栽植 6500～7000 株；中等肥力姜田，适宜行距为 50cm，株距为 17cm，栽植密度宜在 8000 株左右；低肥力姜田，适宜行距为 50cm，株距为 15cm，栽植密度为 9000 株左右。

（四）田间管理

1. 遮阳

播种后一周内开始遮阴 60%～70%，在姜沟南侧或西侧 7～10cm 处用谷草或作物秸秆插成 70～80cm 高的稀疏花篱，或用遮阳网、芦苇帘等材料搭成 1.3～1.5m 高的荫棚。入秋后，气温降到 25℃ 以下时拆除遮阴物。

2. 浇水

发芽期地温较低，在播种前浇足底水的前提下，一般不需浇水，70% 左右的幼苗出土时再浇水。幼苗期适当增加浇水次数，保持土壤相对湿度为 65%～70%。旺盛生长期，需水量多，应加大浇水量，一般每 4～6d 浇 1 次水，保持土壤相对湿度为 75%～80%。收获前 3～4d 停止浇水，以保证收获后根茎不带泥土，并便于贮藏。雨后及时理沟排水，防止积水烂种。

3. 追肥

当苗高 13～16cm 时追施 1 次提苗肥，在距离姜苗 15cm 处挖浅沟，每 667m² 追施尿素或磷酸二铵 15～20kg，促进幼苗生长。8 月上、中旬进行第 2 次追肥，每 667m² 追施饼肥 75kg 或复合肥 30～50kg。此次追肥应将肥料施入沟内，然后覆土封沟培垄，使原来的播种沟变为垄，垄变为沟，随即浇透水。9 月上、中旬视植株长势状况进行第 3 次追肥，每 667m² 追施复合肥 15～30kg。

4. 中耕除草和培土

出苗后结合浇水中耕 2～3 次，前期每隔 10～15d 进行 1 次浅锄，多在雨后或浇水后进行松土保墒，提高地温和清除杂草。

生姜根茎生长要求黑暗湿润的环境，当株高 40～50cm 时，开始培土，将行间的土培向种植沟。拆除遮阴物后进行第 2 次培土，以后结合浇水进行中耕培土 1～2 次，逐渐把垄面加宽增厚，可防止新形成的姜块外露，促进块大、皮薄、肉嫩，提高产量。

## 二、生姜设施生产

### （一）拱棚生产

**1. 塑料大棚**

顺垄建拱棚，棚宽 6 ~ 8m，种 10 ~ 14 垄姜。柱高 0.7 ~ 1.4m，长度适宜。播种前起骨架，夏天搭遮阳网，入秋后撤掉，霜降前 5 ~ 7d 覆上塑料薄膜，采收前将薄膜撤掉。

**2. 塑料小拱棚**

顺垄建拱棚，宽 3m 左右，种 5 ~ 6 垄姜，高 1.4m，长度适宜。霜降前 5 ~ 7d 搭上拱棚，盖上塑料薄膜，采收前拆除。

**3. 温度管理**

栽培期间保持棚内温度 15℃ 以上，温度升到 30℃ 以上时，应做好通风、降温、换气工作。

**4. 肥水管理**

拱棚盖膜前开沟追肥，每 667m² 追施磷、钾肥 15 ~ 20kg。延迟生长期，用磷酸二氢钾或硫酸钾进行叶面喷肥 1 ~ 2 次。小水浇灌，一般间隔 4 ~ 5d 浇 1 次。

### （二）采收与贮藏

生姜的采收可分为收种姜、收嫩姜和收鲜姜三种。

**1. 收种姜**

姜与其他蔬菜不同，种姜在发芽长成植株形成新姜后，既不腐烂也不干缩，仍可作为产品收获。可与鲜姜同时收获或提前收获。提前收获时，于幼苗后期选择晴天收获，前一天浇小水使土壤湿润。采收时顺着生姜摆种方向，用窄形铲刀将土层扒开，露出种姜后，左手压住姜苗不动，右手用窄形刀片将种姜与新姜块相连处切断，然后及时覆土封沟并浇水。

**2. 收嫩姜**

在根茎旺盛生长期进行采收，此时姜块组织鲜嫩，含水量较高，辣味淡，纤维少，适宜于加工腌渍、酱渍和糖渍等食品，但收获嫩姜产量低。

**3. 收鲜姜**

生姜栽培的主要目的是收获鲜姜，一般在当地初霜来临之前，植株大部分茎叶开始干枯，地下根状茎已充分膨大时，选晴天上午收获，一般在收获前 1 ~ 2d 浇 1 次小水，趁土壤湿润时用手将生姜整株拔起，留 2cm 左右的地上残茎，除去须根及泥沙，晾晒半天后运回室内或地窖内贮藏或上市。

贮藏时先进行贮藏地消毒，然后铺沙，一层生姜一层沙，最后上盖地膜保湿。选无病虫害、无机械损伤、块大、色正的作种姜，单独存放。姜贮藏期间，应保持 10 ~ 15℃ 和相对湿度 90% ~ 95% 的条件，使其生理活动减弱，减少养分消耗，防止受冻和姜块失水干缩。

---

**生产操作注意事项**

1. 种姜催芽的关键是控制好温湿度。

2. 为便于浇水，垄或畦不宜过长，过长地块可打截划区种植。

3. 生姜苗期长，植株生长缓慢，应及时除草，以免形成草荒。

---

# 任务四 山药生产

## ● 任务实施的专业知识

山药，别名薯芋、长芋、山薯等，薯蓣科薯蓣属多年生藤本草本植物，食用部分为地下块茎。山药富含碳水化合物、蛋白质、维生素和胆碱等，既可菜用，又是上等的滋补食品。

## 一、生物学特性

### （一）形态特征

1. 根

山药的根分为主根和不定根，须根系。块茎发芽后，茎基部发生的根系为主根，水平方向伸展达 1m 左右，主要分布在 20~30cm 土层中，地下块茎上发生的根为不定根。

2. 茎

山药的茎有地上茎和地下茎。地上茎草质蔓生，绿色或紫绿色，平滑有光泽，长达 3m 以上，栽培时须搭设支架。地下块茎长圆柱形或棒状，周皮褐色，表面密生须根，肉质白色，具有黏液。山药植株形态如图 9-5 所示。

3. 叶

下部叶为单叶，互生，中部以上为对生，极少轮生。叶三角状、卵形至广卵形，叶基戟状心形，先端锐长尖。中腋间可着生气生块茎，俗称零余子，也称为山药蛋，可用来繁殖和食用。如不采收，至秋季发育成熟即自然脱落。

4. 花

单性花，雌雄异株，穗状花序，生于叶腋。雄花序直立，数枚簇生，雄花乳白色，具有香气，雄蕊 6 枚。雌花序下垂，长 8~12cm，子房下位。

5. 果实

蒴果，具有三翅，山药具有不稔性，栽培种极少结种子。

山药形态观察描述技能训练评价表见表 9-4。

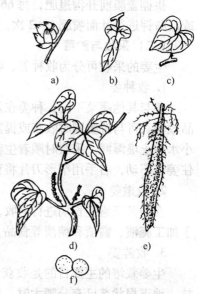

图 9-5 山药植株形态

a) 雄花 b) 茎基部叶 c) 茎下部叶
d) 雄花枝 e) 块茎 f) 零余子

**表 9-4 山药形态观察描述技能训练评价表**

| 学生姓名： | | 测评日期： | | 测评地点： | | |
|---|---|---|---|---|---|---|
| | 内　容 | 分　值 | 自　评 | 互　评 | 师　评 |
| 考评标准 | 主根和须根的形态识别 | 30 | | | |
| | 地上茎和地下茎的形态识别 | 20 | | | |
| | 叶序、叶形及零余子的识别 | 20 | | | |
| | 雌、雄株及雌、雄花序的识别 | 30 | | | |
| | 合　计 | 100 | | | |
| 最终得分（自评30% + 互评30% + 师评40%） | | | | | |

### （二）生长发育周期

**1. 发芽期**

从休眠芽萌发到出苗为发芽期，约 35～40d，如用地下块茎繁殖，则需 50d。发芽过程中，顶芽向上生长抽生幼芽，芽基部则向下发育为块茎和形成吸收根。

**2. 甩条发棵期**

从出苗展叶到现蕾，并开始发生气生块茎为止，需 60d。茎蔓生长迅速，10d 后达 1.0m 左右。吸收根向土层深处伸展，块茎周围不断发生侧根，而块茎生长极微。

**3. 块茎膨大期**

从现蕾到块茎收获为止，需 60d。此期间茎叶及块茎的生长最为旺盛，但生长中心是块茎，块茎干重的 85% 在此期间形成。

**4. 休眠期**

初霜后，茎叶渐枯，块茎进入休眠状态。

### （三）对环境条件的要求

**1. 温度**

山药茎叶喜高温，畏霜冻，生长适温为 25～28℃。块茎耐寒，可长期忍受 −1～0℃的地温，在 10℃左右可萌动，块茎生长适温为 20～24℃，20℃以下生长缓慢。发芽适宜土温为 25℃。

**2. 光照**

山药为短日照蔬菜，长日照利于茎叶的生长，短日照利于地下块茎和零余子的形成。生长前期较耐阴，但块茎积累养分仍需强光。

**3. 水分**

山药的主要吸收根系分布在土壤浅层。叶片有很厚的角质层，十分耐旱，但在发芽期应保持土壤湿润疏松，以利发芽和扎根；出苗后块茎生长前期需要水分不多，以促根系深入土层和块茎形成；块茎生长盛期不能缺水。

**4. 土壤与营养**

以排水良好的深厚肥沃沙壤土最适宜，块茎皮光形正。粘土易使块茎须根多，根痕大，形不正，易生扁头和分杈。对土壤的酸碱度要求不严格，最适 pH 值为 5.5～7.0。

山药喜有机肥，粪肥要充分腐熟并与土壤掺和均匀，否则块茎先端触及生粪或粪团，易分杈，甚至因脱水发生坏死。生长前期宜供给速效氮肥，以利茎叶生长；生长中后期宜供给氮肥以保持茎叶不衰外，还需磷、钾肥以促进块茎膨大。茎叶发黄衰老时，适当追施稀薄氮肥。

## 二、品种类型与优良品种

### （一）普通山药

普通山药又名家山药，在我国中部和北部栽培较多，南部栽培较少。叶对生、茎圆、无棱翼，叶脉 7～9 条，较突出。

### （二）田薯

田薯又名大薯，茎具棱翼，叶柄短、叶脉多为 7 条，块茎甚大，有的重达 40kg 以上。主要分布在南方各省，北方较少。

### 三、栽培季节与茬口安排

山药栽培以露地栽培为主。生长期长达180d以上，各地均为一年一茬，春种秋收，终霜后出苗，初霜期拉秧。山药忌连作，一般以2~3年轮作1次为宜。

在当地土深5cm处土温稳定在15℃时种植，适当早栽有利于提早发育，增加产量。一般华南地区3月栽培，长江流域4月上旬栽植，华北地区大部分是在4月中旬栽植，东北多在5月上旬种植。山药前期生长缓慢，适于与矮生作物间套作。春季可与速生蔬菜间作，夏季可与茄果类蔬菜间作，秋季可与秋菜间套作。

● **任务实施的生产操作**

### 一、生产栽培

#### （一）整地施肥

冬前深翻土地，扁块种或圆筒种翻深30cm左右。对于块茎着生的土层要进行局部深翻，采用挖沟翻土法。单作按1m开沟，沟宽25cm，深0.5~1m；间作按2~3m开沟，做1m宽高畦。

挖土时表土与心土分两边堆放，翌春土壤解冻后，分次把土填回沟内。土壤中不能混杂有直径1cm以上的硬物，以免引起山药块茎分权。填土时先填心土，后填表土，每次填土不超过30cm，分层踩实。当回填土距地面30cm时，结合施肥进行填土，每667m² 施入腐熟的有机肥5000kg、草木灰50kg。回填完毕后，做成宽50cm的高畦。栽培长柱种或土壤黏重，可采用打洞方式栽培技术，按行距70cm放线，在线上用铁锹挖5~8cm的浅沟，然后用打洞工具在线内按株距25~30cm打洞，洞径8cm左右，深120~150cm，要求洞壁光滑结实。

#### （二）繁殖方法

**1. 零余子繁殖法**

用零余子繁殖，用工少、占地面积小、繁殖系数大，不易退化，可用于山药复壮，是生产上常用的繁殖方法。零余子繁殖法是用去年收下的零余子，沙藏过冬，第二年春季于晚霜前半个月按株行距7~10cm×16~26cm条播栽植，露地或在苗床沙培催芽后栽植，秋零余子只能收到长13~16cm，200~250g重的小山药，须在翌年春季再种，前后需三年方能收到产品。

**2. 顶芽繁殖法**

长柱种山药块茎顶端芽下20~30cm的茎段，肉质粗硬、不能食用，俗称山药尾子，可以直播繁殖。一般每块切取80~90g，具有顶端生长优势，产量较高，但繁殖系数不高。连续繁殖3~4年，顶芽衰老，生活力下降后，用零余子苗更新。

**3. 山药段繁殖**

为提高繁殖系数，将紧接山药尾子的食用部分横切成7~10cm的小段，催芽，待长出不定芽后栽植或在正常播期前15~20d，直播于大田。扁块种只有顶端能发芽，切块时要采用纵切法。大面积栽培时，多用此方法繁殖。

**（三）播种**

用山药段播种，先催芽，当种段上出现白色芽点（1cm以内）时，采用单行条播，先于垄（或畦）中央开深8～10cm的小沟，按株距15～20cm将山药段摆平，顺垄向放在沟内，芽朝上且方向一致，然后盖土，厚8～10cm。如果打洞栽培，则先填部分细土，然后把种茎放入洞内，使其顶端距地表8～10cm，再用细土填实，最后做成高垄。

**（四）田间管理**

**1. 浇水及排水**

播种前浇足底水，生育前期即使稍有干旱，一般也不浇水，以促进块茎向下生长。如果过于干旱，也只能浇小水1～2次，至土壤表层润湿即可。块茎膨大期，2～3d浇1次水，保持土壤湿润。夏秋之交，如遇干旱炎热天气持续1周以上，也应浇水。采挖前一周停止浇水。山药为耐旱作物，怕涝，多雨季节要及时清沟排水，达到田间无积水。

**2. 施肥**

出苗后进行第1次追肥，穴施提苗肥，每667m² 追施尿素10～15kg，过磷酸钙20kg。茎蔓上半架时进行第2次追肥，根据植株长势，每667m² 追施尿素10～15kg。块茎膨大期，进行第3次追肥，每667m² 追施尿素20kg、草木灰30kg、过磷酸钙25kg。

**3. 中耕填土**

生长前期应勤中耕除草，一般每隔半月进行1次，直到茎蔓上半架为止，以后拔除杂草。同时应将架外的行间土壤挖起一部分填到架内行间，使架内形成高畦，架外行间形成深20cm、宽30cm的畦沟，以便雨季排水。

**4. 植株调整**

一个山药块茎一般只出一个苗，如果有多个苗，应在苗高7～8cm时选留1个健壮的蔓，将其余的去掉。蔓高20cm时，及时搭支架引蔓向上生长，一般用细竹竿或树枝插搭人字架，架高以1.5～1.8m左右为宜。支架要安插牢固，防止被风吹倒。生长前期及时摘除主茎基部妨碍通风透光的侧枝，如不利用零余子，也应尽早摘除，使养分集中供应块茎。

## 二、采收与贮藏

茎叶经初霜枯黄时便可收获，南方露地栽培的山药收获期很长，从8月20日到第二年的4、5月份，山药在地下不腐烂、不变质。北方应在土壤结冻前采挖完毕，一般霜降前后为集中收获期，以供春节市场。山药水分含量高，不耐长时间贮存，大棚山药应在收获后及时销售。

扁块种和圆筒种块茎较短，容易挖掘。采挖长柱种时应注意避免弄断块茎，一般从畦的一端开始采挖，先挖出60cm×60cm的坑，采挖者坐在坑沿上，用山药铲沿着山药在地面下10cm处两边的侧根，铲除根侧泥土，铲到山药沟底见到块茎尖端。用铲轻试尖端已有松动时，一手提住山药段的上端，一手沿块茎向上铲断其后的侧根，直到铲断山药贴地面的根系。

采挖山药时要防止机械损伤，带泥包皮堆放，以待销售。

---

**生产操作注意事项**

1. 山药发芽期如土壤板结，应立即松土。
2. 山药怕涝，多雨季节要及时清沟排水。

---

● 薯芋类蔬菜主要的病虫害

薯芋类蔬菜主要病害有马铃薯环腐病、马铃薯晚疫病、马铃薯青枯病、姜瘟病、山药炭疽病、山药根结线虫病等。主要虫害有马铃薯块茎蛾、二十八星瓢虫、茶黄螨等。栽培上应实行轮作换茬，选用抗病品种，选用无病种薯，严禁病区调种，消除病残体等，配合药剂进行防治。

# 练习与思考

1. 进行薯芋类蔬菜播种和水肥管理，操作结束后，写出技术报告，并根据操作体验总结出应注意的事项。

2. 进行薯芋类蔬菜播前种薯处理和播种生产，记录播种、发芽、生长情况（表9-5），并进行分析总结。

**表9-5　薯芋类蔬菜播种、发芽、生长情况记录表**

| 蔬菜名称 | 播前种薯处理方法 | 播种时间（年、月、日） | 嫩芽出土时间（年、月、日） | 出芽率（%） |
|---|---|---|---|---|
|  |  |  |  |  |

3. 栽培山药时，选择繁殖方法的依据是什么？

4. 根据马铃薯的生物学特性，结合当地的自然及栽培条件，制定马铃薯高产栽培技术。

5. 实地调查，了解当地薯芋类蔬菜主要栽培方式和栽培品种及其特性，填入表9-6中，并分析生产效果，整理主要的栽培经验和措施。

**表9-6　当地薯芋类蔬菜主要栽培方式和栽培品种及其特性调查表**

| 栽培方式 | 栽培品种 | 品种特性 |
|---|---|---|
|  |  |  |
|  |  |  |
|  |  |  |

6. 观察马铃薯植株的形态特征，并记录于表9-7中。

**表9-7　马铃薯植株形态特征观察描述记录表**

| 品　种 | 初生根和芽眼根的形态特征、数量 | 茎的形态特征 | | | | 叶的类型和形状 | 花、果实及种子的形态特征 |
|---|---|---|---|---|---|---|---|
|  |  | 地上茎 | 地下茎 | 匍匐茎 | 块茎 |  |  |
|  |  |  |  |  |  |  |  |

# 绿叶菜类蔬菜生产

~~~~~~~~~~~~~~~~~~~~~~~~~~~~~~~~~~~~~~~~~~~~~~~~~~~~~~~~~~~~~~~~~~~~

➤ **知识目标**

    1. 了解绿叶菜类蔬菜的形态特征和生长发育规律。

    2. 理解绿叶菜类蔬菜对环境条件的要求。

    3. 掌握菠菜、芹菜、莴苣等绿叶菜类蔬菜的育苗技术和生产管理技术。

➤ **能力目标**

    1. 能够根据当地市场需要选择绿叶菜类蔬菜优良品种。

    2. 会选择栽培季节与安排茬口。

    3. 能够根据当地气候条件进行绿叶菜类蔬菜的农事操作，能熟练进行播种、间苗、中耕除草、肥水管理等基本操作，具备独立进行蔬菜生产的能力。

~~~~~~~~~~~~~~~~~~~~~~~~~~~~~~~~~~~~~~~~~~~~~~~~~~~~~~~~~~~~~~~~~~~~

## 任务一　菠菜生产

● **任务实施的专业知识**

    菠菜为藜科菠菜属植物，耐寒力较强，春季返青后抽薹晚，供应期长，是我国北方地区重要的越冬蔬菜之一，在我国广泛栽培。

### 一、生物学特性

#### （一）形态特征

1. 根

根呈红色，入土由浅至深，红色逐渐变淡，主要密集于 25 ~ 30cm 土层中，侧根不发达。

2. 茎、叶

营养生长时期为短缩茎，叶片簇生于短缩茎上，较肥大。经越冬春化的菠菜植株遇长日照，茎伸长为花茎，嫩的花茎也可食用。花茎上着生的叶片较小，菠菜的叶型如图 10-1 所示。

**247**

### 3. 花

单性花，黄绿色，无花瓣。一般雌雄异株，少数为雌雄同株。

### 4. 果实和种子

果实分有刺和无刺两种类型，外果皮革质化，水分和空气不易透入，发芽较慢。每个果实内含有 1 粒种子，果皮与种皮不分离，千粒重为 8~10g。

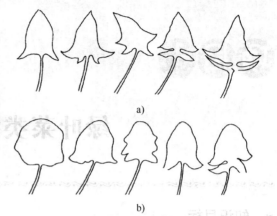

图 10-1　菠菜的叶型
a) 尖叶型　b) 圆叶型

### （二）生长发育周期

#### 1. 营养生长时期

菠菜从子叶展开到 2 片真叶出现，此时生长较缓慢。2 片真叶后，叶数和叶面积迅速增加，叶重增加较快。当苗端分化花原基后，叶数不再增加，但叶面积和叶重继续增加，此时花芽开始分化。植株的叶片数因播期不同而异，少者 6~7 片，多者 20 余片。

#### 2. 生殖生长时期

此期从花芽分化到种子成熟。花芽分化到抽薹的天数短者 8~9d，长者 140d 左右。

### （三）对环境条件的要求

#### 1. 温度

菠菜属于耐寒性蔬菜，耐寒力与植株大小关系密切，植株越大耐寒能力越强。在冬季 -10℃的温度下，露地可以安全越冬；当植株长至 4~6 片叶时，可短期忍耐 -30℃的低温，根系和幼芽耐低温能力更强。不耐高温，营养生长适宜温度为 20℃左右，高于 25℃生长不良。

#### 2. 光照

菠菜属于长日照植物，对光照强度要求不太严格。

#### 3. 水分

菠菜属于湿润性蔬菜，在空气相对湿度为 80%~90%、土壤湿度为 70%~80%的环境下生长旺盛。在空气干燥、土壤水分不足时生长缓慢，品质差。

#### 4. 土壤和营养

菠菜对土壤要求不严，耐酸性较弱。在生育期内需氮、磷、钾完全肥料，在此基础上追施氮肥不仅能提高产量还能增进品质。对缺硼较为敏感，缺硼时心叶卷曲，生长停滞。

## 二、品种类型和优良品种

### （一）尖叶菠菜

尖叶菠菜又称为中国菠菜，在我国栽培历史悠久。叶片窄且薄，尖端呈箭形，叶柄细长，叶面光滑。果实带刺。耐寒力较强，不耐热。对日照反应敏感，适宜秋季栽培和秋播越冬栽培，产量低。春播抽薹早，多在北方栽培。优良品种有双城尖叶、青岛菠菜、菠杂 10、菠杂 15、绿光等。

### （二）圆叶菠菜

圆叶菠菜叶片肥大，椭圆形或卵圆形，有皱褶，叶柄短，果实圆球形，无刺。耐热力较强而耐寒力较弱，对日照反应不敏感，抽薹晚，多在华中以南地区栽培。优良品种有春秋大圆叶、日本圆叶、法国菠菜、成都大圆叶、广东圆叶菠菜等。

### 三、栽培季节与茬口安排

除炎夏外，菠菜在一年之中均可露地栽培。选用耐热、耐抽薹品种于 2~4 月播种，播种后 30~50d 采收。早秋菠菜可在 7 月中、下旬播种，播种后 30~40d 分批采收。越冬菠菜一般在 9~10 月播种，从 11 月至翌年 4 月分批采收。菠菜也可与大蒜等蔬菜间作。此外，采用遮阳网降温也可进行越夏栽培。

● **任务实施的生产操作**

### 一、春菠菜露地栽培生产

#### （一）品种选择与播种期确定

选择抽薹晚的圆叶菠菜品种，采用"顶凌播种"，当土壤表层 4~6cm 解冻后，日平均气温达到 4~5℃时开始播种。为错开采收期，可分批播种，分批采收。

#### （二）整地施肥

选通风向阳、土层深厚肥沃的中性偏微酸性土壤。每 667m² 施充分腐熟有机肥 3000~4000kg，复合肥 30~40kg。施肥后整地作畦，将畦土整平整细，然后用塑料薄膜将畦面盖好，增温保墒，以便播种。

菠菜整地技能训练评价表见表 10-1。

表 10-1 菠菜整地技能训练评价表

| 学生姓名： | 测评日期： | | | 测评地点： | |
|---|---|---|---|---|---|
| | 内　　容 | 分　值 | 自　评 | 互　评 | 师　评 |
| 考评标准 | 菜地深翻达 25cm 以上，土表平整 | 30 | | | |
| | 土壤耕作层无明显作物残株 | 20 | | | |
| | 无较大石块、土块 | 20 | | | |
| | 无较大坡度 | 30 | | | |
| 合　　计 | | 100 | | | |
| 最终得分（自评 30% + 互评 30% + 师评 40%） | | | | | |

#### （三）催芽播种

选用抽薹较迟、叶片肥大、产量高的圆叶菠菜品种。春菠菜播种时温度较低，播种前需将种子进行浸种催芽处理。将种子用温水浸泡 5~6h，捞出后放在 15~20℃的温度下催芽，每天用温水清洗 1 次，3~4d 便可发芽。采用湿播法播种，播种前先浇足底水，水渗完后将种子均匀撒于畦面，然后覆土，覆土厚度约 1cm。畦面上有疏松的土壤覆盖，可以减少土壤水分的蒸发，也具有保温作用，可以提早出苗。

#### （四）田间管理

播种后当苗长出 2~3 片真叶时浇第 1 水，第 2 次浇水时，每 667m² 随水冲施尿素 15kg

左右。氮肥充足，叶片生长旺盛，可延迟抽薹，利于提高产量和品质。以后浇水应根据气候及土壤湿度情况进行，应经常保持土壤湿润。

### （五）采收

一般在播种后 40 ~ 50d 即可采收，每 $667m^2$ 产量可达 1500 ~ 2000kg。

## 二、秋菠菜栽培生产

### （一）品种选择

可选择秋绿菠菜、新西兰菠菜、二元叶菠菜、菠杂 15、法国菠菜等。

### （二）整地

选择疏松肥沃、排灌条件好的地块。每 $667m^2$ 施入充分腐熟有机肥 3000 ~ 4000kg、三元复合肥 30kg，做成平畦或高畦，畦宽 1.5 ~ 2.0m。早秋播种，一般在 8 月下旬至 9 月上旬，播后 30 ~ 40d 可分批采收，也可延迟至 9 月中、下旬播种。

### （三）播种

一般采用直播法，以撒播为主，也可条播。早秋气候炎热、干旱，生长条件不良，播种量要加大，每 $667m^2$ 用种 5 ~ 6kg。播前先浇底水，播后用遮阳网覆盖，保持土壤润湿，以利出苗。为防高温为害，可利用遮阳网搭建荫棚。

### （四）田间管理

在多施基肥的基础上，在生长期间结合浇水追肥 1 ~ 2 次肥，以氮肥为主，每次施尿素 15kg 左右。小水要勤浇，保持地面湿润。

## 三、越冬菠菜栽培生产

菠菜生产中以越冬菠菜栽培面积最大，是菠菜的主要栽培茬口，对满足早春市场叶菜类蔬菜供应有重要意义。菠菜属于长日照作物，当完成春化后，随温度升高和日照加长，抽薹提前；气候凉爽，日照短的秋季，最适于菠菜的营养生长。菠菜耐寒性强，种子在 4℃ 时开始发芽，植株能长时间忍受 0℃ 以下的低温，在 -8 ~ -6℃ 低温下受冻也能复原，耐低温能力更强。

### （一）选择适宜品种

越冬栽培应选用越冬性强，耐寒性强，品质好，生长快，增产潜力大的品种，如青岛菠菜。

### （二）整地施肥做畦

选择地势平坦、土层深厚肥沃的地块。每 $667m^2$ 施入腐熟有机肥 3000 ~ 4000kg、复合肥 30 ~ 40kg，做成宽 1.5 ~ 2.0m 的平畦。

### （三）催芽播种

9 月下旬至 10 月上旬播种为宜。播种早晚与幼苗越冬能力、收获时间和产量密切相关。菠菜越冬以长有 4 ~ 6 片叶较为安全。菠菜种子发芽慢，为缩短出苗期，可采取催芽播种，催芽后播种的种子必须湿播，撒种要均匀，然后覆土 2cm 左右。若不催芽，也可干籽直播，撒种后用钉齿耙浅耙 1 遍，用脚轻踩使种子与土粒密接，然后浇水。若条播，按 15 ~ 20cm 开浅沟，沟深 2 ~ 3cm，播种后盖土并浇水。一般 $667m^2$ 用种量 4 ~ 5kg，晚播的适当增加。

### （四）越冬前的管理

越冬前以提高出苗率作为管理重点。出苗后 1 ~ 2 片真叶时，浇 1 次水，保持土壤湿润；3 ~ 4 片真叶期控水、中耕松土，促幼苗根系发育，使叶片增厚，以利于安全越冬。若植株过密，2 ~ 3 片真叶期间苗 1 次，苗间距 5cm 左右。此期可根据苗情追肥，若苗过弱，叶片发黄时，每 667m² 施尿素 10kg，并浇水，促幼苗生长。

### （五）越冬期的管理

从幼苗停止生长到翌年返青需要 100 ~ 120d，这个时期的管理重点是预防冻害和旱害。在土壤封冻前浇 1 次封冻水，既能稳定地温，又可保持土壤墒情，可保证幼苗安全越冬。封冻水可以在 11 月中、下旬浇。施肥不足的，可结合浇水冲施化肥或沼液。

### （六）返青旺长期管理

土壤解冻后，菠菜开始返青生长，应及时浇返青水。水量宜小不宜大，避免土壤温度过低，但盐碱地浇水量可适当大些，防止返盐。沙壤土温度回升快，返青水可适当早浇。返青后菠菜开始进入旺盛生长期，应供给充足的肥水。抓紧追肥浇水，促叶丛生长，延迟抽薹，一般营养生长好的，抽薹较晚。每 667m² 施尿素 10 ~ 15kg，并随之浇水。

### （七）收获

应根据生长状况和市场行情及时采收上市。一般在株高达 15cm 左右，带根 1cm 左右整株收获，通常在第 1 次采收后追施 1 次速效肥。剔除老叶、黄叶和泥土，捆成小把上市。

---

**生产操作注意事项**

1. 春菠菜生产要选择耐热、耐抽薹品种。
2. 夏菠菜播种前要浸种催芽，播后要注意遮阴，否则不易出苗。
3. 越冬菠菜播种后，越冬前注意肥水管理。

---

## 任务二　芹菜生产

### ● 任务实施的专业知识

芹菜为伞形科芹属中可形成肥嫩叶柄的二年生植物，适应性强，结合设施生产可周年供应。

### 一、生物学特性

#### （一）形态特征

1. 根

芹菜为直根系，幼苗期主根入土深度在 20cm 以上，移栽后的植株根系分布较浅，根群密集在地面以下 5 ~ 10cm 处，横向伸展 30cm 左右，耐旱及耐涝力均弱。

2. 茎

营养生长期为短缩茎，生殖生长时期抽生花茎。

**3. 叶**

营养生长期着生在短缩茎基部。叶柄长、细或肥，绿、浅绿或白色，为主要食用部分，叶柄上有维管束，为纤维素的主要来源。叶柄空心或实心，如图 10-2 所示。

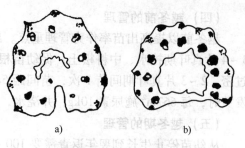

图 10-2 芹菜叶柄断面
a) 实心芹菜 b) 空心芹菜

**4. 花**

复伞形花序，花小，白色，异花授粉，虫媒花，自花授粉结实率也较高。

**5. 果实和种子**

果实为双悬果，棕褐色，内含 1 粒种子，果皮种皮不分离，果实内含有挥发油，有芳香味，外果皮革质化，透水性差，吸水、发芽均较慢。以果实为播种材料，千粒重约 0.4g。

**（二）生长发育周期**

**1. 发芽期**

从种子萌动到出现第 1 片真叶，这一时期为发芽期，当环境条件适宜时约需 10~15d。

**2. 幼苗期**

从第 1 片真叶展开到长出 4~5 片真叶为幼苗期，约需 45~60d。

**3. 叶丛缓慢生长期**

从 4~5 片真叶到 8~9 片真叶为叶丛缓慢生长期，此期植株分化大量的新叶和根，茎增粗，但植株生长缓慢，单株重量和体积增加较少，此期结束时株高大约在 35cm 左右，环境条件适宜时约需 30~40d。

**4. 叶丛旺盛生长期**

从 8~9 片真叶到 11~12 片真叶为叶丛生长盛期，此期叶柄生长迅速，不断加长和增粗，叶面积增加很快，是芹菜产量形成的主要时期，生长量约占植株总生长量的 70%~80%，在环境条件适宜的情况下约需 40~60d。

花芽分化最早发生于 3~4 片真叶期，从花芽分化到抽薹、开花、结籽，共需 60~90d。

**（三）对环境条件的要求**

**1. 温度**

芹菜属于耐寒性蔬菜，但耐寒能力不如菠菜。种子发芽始温为 4℃，发芽适温为 15~20℃，超过 25℃发芽率降低，高于 30℃不发芽。幼苗能耐 -5~-4℃低温，也可耐 30℃高温，成株能耐 -10~-7℃低温，但成株在 26℃以上时品质变劣，叶柄含纤维素增加。叶生长适温白天 20~25℃，夜间 10~18℃。芹菜属于绿体春化型植物，幼苗在 3~4 片真叶以后，遇 2~5℃的低温，历经 10~15d 即可通过春化。

**2. 光照**

芹菜属于长日照植物。种子发芽需一定的光照条件，在黑暗条件下发芽不良。幼苗期需充足光照，叶丛生长期需中等强度的光照，以提高品质。

**3. 水分**

芹菜属于湿润性蔬菜，对土壤含水量和空气相对湿度要求较高。若土壤干旱，空气相对湿度小，则纤维增多，品质下降。

**4. 土壤及营养**

芹菜适宜在富含有机质、土质疏松、土壤肥沃、保水保肥能力强的中性或微酸性的壤土或黏壤土中生长；整个生育期需氮素较多，缺氮则叶数少且小；缺磷妨碍叶柄伸长，磷过多时叶柄中纤维素增多；缺钾时养分运输不畅；缺硼叶柄易纵向开裂，初期叶缘出现褐色斑点，后期叶柄维管束有褐色条纹而开裂，易造成病害流行；缺钙易发生"干烧心"。

## 二、品种类型与优良品种

按来源将芹菜分为本芹和西芹两类，如图 10-3 所示。

### （一）本芹（中国芹菜）

植株高 80cm 左右，叶柄细长，依据叶柄色泽可分为绿芹、白芹和黄芹。绿芹叶片大，叶柄较粗，不易软化；白芹及黄芹叶片较小，叶柄白色或黄白色，植株较矮易软化，品质好。依据叶柄的髓部大小可分为实心芹和空心芹，目前栽培品种多为实心芹。本芹芳香味浓、耐热力强。优良品种主要有津南实芹、正大脆芹、白秀实心芹等。

### （二）西芹（洋芹）

植株高度在 60cm 左右，叶柄肥厚而宽扁，宽达 2.4 ~ 3.3cm，依据叶柄色泽可分为青柄和黄柄，栽培品种均为实心芹。优良品种主要有美国西芹、荷兰西芹、圣洁白芹、美国白芹等。

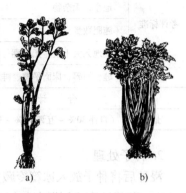

图 10-3　本芹与西芹形态
a）本芹　b）西芹

## 三、栽培季节与茬口安排

芹菜播种期要求不严，育苗避开高温或催芽播种，早春避开先期抽薹，将生长盛期安排在冷凉季节就能获得优质丰产。江南在 2 月下旬至 10 月上旬均可播种，周年供应；北方采用不同设施与露地多茬口配合，也能周年供应。北方芹菜主要栽培季节见表 10-2。

表 10-2　北方芹菜主要栽培季节

| 栽 培 方 式 | 播期（旬/月） | 定植（旬/月） | 收获期（旬/月） |
| --- | --- | --- | --- |
| 露地春茬（温室育苗） | 中/1 ~ 上/2 | 下/3 ~ 上/4 | 下/5 ~ 上/6 |
| 露地秋茬（露地育苗） | 上、中/6 | 上/8 ~ 中/8 | 中/10 ~ 上/11 |
| 塑料大棚秋茬（露地育苗） | 下/6 ~ 上/7 | 上/9 | 中/11 ~ 春节 |
| 塑料大棚春茬（温室育苗） | 上/12 | 中/2 | 下/4 ~ 中/5 |
| 日光温室秋冬茬（露地育苗） | 中/7 ~ 上/8 | 中/9 ~ 上/10 | 翌年 1 ~ 3 月 |

## ● 任务实施的生产操作

## 一、日光温室秋冬茬芹菜生产

### （一）育苗

1. 苗床准备

选择排灌方便、土质疏松肥沃的田块作苗床，每种 667m² 需育苗床面积 60 ~ 70m²。整地前每平方米施入腐熟有机肥约 5kg、复合肥 60g，翻耙耧平后用脚踩实，做成宽 1.2m 的苗床。

芹菜整地做畦技能训练评价表见表10-3。

表10-3 芹菜整地做畦技能训练评价表

学生姓名： 测评日期： 测评地点：

| | 内　　容 | 分　值 | 自　评 | 互　评 | 师　评 |
|---|---|---|---|---|---|
| 考评标准 | 地净，无杂物 | 10 | | | |
| | 施肥数量充足、均匀 | 20 | | | |
| | 翻地无大土块、无漏翻 | 30 | | | |
| | 畦土细碎、床面平整、畦埂平行且直 | 40 | | | |
| | 合　　计 | 100 | | | |
| 最终得分（自评30% + 互评30% + 师评40%） | | | | | |

**2. 种子处理**

浸种后将种子放入冰箱冷藏室内2d做低温处理，打破休眠；也可在催芽前先用温水浸种12h，种子洗净后用湿布包好吊在水井内离水面100cm处，每天翻动种子1~2次，交换氧气并注意保湿，5~7d可达出芽高峰；也可将浸过种的种子放在窖内催芽，方法同水井催芽。

**3. 精细播种**

8月上中旬播种，选下午或阴天进行。采用湿播法，畦面浇透水，待水渗下后在床面上撒一薄层过筛细土。把刚出芽的种子掺入3~5倍湿润的细沙，混匀撒播，播后覆盖过筛细土约0.5cm。也可在播种前一个半月在畦埂上种1行玉米，株距15cm，芹菜播种时玉米株高1m左右，对芹菜出苗可起到一定的遮阴作用。

**4. 苗期管理**

播种后在苗床上搭棚覆盖遮阳网以降低地温且保墒，以利出苗。出苗前保持畦面湿润，若干旱可用喷雾器喷水保湿。出苗后选阴天或傍晚去掉遮阳网，增加光照。遇雨及时用塑料薄膜防雨。2~3片叶时进行间苗，苗距2cm，3~4片叶时再间1次，苗间距4~5cm，间苗后要浇水。3~4片叶时结合浇水追肥1次，每平方米苗床用尿素15g左右。苗期要做好除草及防病工作。当幼苗长到5~6片叶，株高在15cm左右时即可定植。若畦埂上种玉米，不必再用遮阳网遮阴，雨后及时排水。

**（二）定植**

定植前扣棚，深翻土地并施肥，每667m²施有机肥5000kg、三元复合肥50kg、硼砂1kg，翻耕后耧平，做成南北向平畦，畦宽1.5m。于10月中下旬定植，随起苗随栽随浇水，深度以"浅不露根，深不埋心"为度。本芹以10~13cm见方，西芹以15~20cm见方为宜。西芹定植过稀，单株过大，不易销售。

**（三）田间管理**

**1. 遮阴管理**

定植后浇1次水，在温室上覆盖遮阳网，以利缓苗。缓苗后及时去除遮阳网。

**2. 温度管理**

定植后气温尚高，要加强通风透气，将温度控制在 18～25℃。当外界气温降到 10℃时，夜间及时关闭风口，白天温度控制在 25℃以内，夜间 12～15℃。11 月份以后，外界气温变冷，应盖草苫，白天当温度升至 25℃时开始放风，午后降至 15～18℃时关闭风口。

**3. 肥水管理**

芹菜为喜湿作物，应经常保持地面湿润。定植缓苗后中耕蹲苗，促发新根，10d 后结合浇水施肥 1 次，每 667m² 施尿素 10kg。20d 后，每 667m² 施尿素 20kg，一般每浇 3 次水施 1 次肥。采收前 15d 停止施肥浇水。芹菜对光照要求不严，适当的弱光利于芹菜生长，而且可提高品质。

## 二、塑料大棚秋芹菜生产

### （一）育苗

育苗时间为 6 月下旬至 7 月上旬，苗龄为 70～80d。育苗方法同日光温室秋冬茬芹菜。

### （二）定植

定植前深翻土地，每 667m² 施有机肥 8000kg、复合肥 50kg，硼砂 1kg。肥、土混匀后，做畦，畦宽 1m。在畦内开沟定植，沟距 10～15cm，株距 10cm，主根太长时，可在 4cm 处剪去，促发侧根。栽的深度以土刚埋住根茎为准，边栽边封沟平畦，随后浇水，保持畦面湿润。

### （三）田间管理

**1. 遮阴管理**

定植后浇水并在大棚上覆盖遮阳网，以利缓苗。缓苗后及时去除遮阳网。

**2. 温度管理**

温度降到 10℃时夜间放下四周棚膜，晚上闭合顶风口，白天温度控制在 25℃以内，夜间 12～15℃。11 月份以后，大棚四周应围草苫防寒，白天当温度升至 25℃时应放风，午后降至 15～18℃时关闭风口。棚内夜间温度降到 5℃时，加盖小拱棚或用薄膜覆盖。

**3. 肥水管理**

定植后畦面保持湿润。缓苗后中耕蹲苗，促发新根，10d 后结合浇水施肥 1 次，每 667m² 施尿素 10kg，20d 后每 667m² 施尿素 20kg。采收前 15～20d 停止施肥浇水。

## 三、塑料大棚芹菜春早茬生产

### （一）品种选择

春季早熟芹菜育苗期间和栽培前期均处于冬春寒冷季节，达到一定苗龄的芹菜易受低温影响而较早通过春化阶段，春季气温日趋升高，光照日渐加长，易导致芹菜植株的抽薹、开花。春早熟芹菜栽培宜选择冬性强、抽薹迟、品质好的实秆品种，如天津黄苗、玻璃脆，以及冬性强的西芹品种。

### （二）培育壮苗

采用阳畦育苗，定植期为 2 月上旬或中旬。阳畦育苗一般品种苗龄为 60～70d，西芹品种苗龄为 70～80d。春早熟栽培芹菜的播种期为 11 月下旬至 12 月上旬。于播种前 4～5d，将种子用清水浸种 12h，在 15～20℃的条件下催芽。催芽期间，每天将种子翻动一下，5～6d 后，多数种子露白，即可播种。苗床浇透水，将种子均匀撒播，覆土，盖严薄膜，保持畦温 20~25℃，夜间不低于 15℃。出苗后，白天畦温控制在 20℃ 左右，夜间 10℃ 左右为宜。幼苗 1~2 片真叶期进行间苗，苗距 2~3cm。待幼苗具有 4~5 片真叶时即可定植。

**（三）定植**

每 667m² 施优质圈肥 5000kg，深耕、细耙、做畦，畦宽一般 1.2~1.5m。定植前，育苗畦要浇水，使土壤湿润，便于起苗。起苗时尽量多带土、少伤根。定植行、株距为 12~13cm；西芹品种行距 25cm，株距 20cm。

**（四）定植后管理**

为促使芹菜生长快，达到早收获上市的目的，要尽量控制在适宜的温度条件下，并加强肥水管理。定植后缓苗前一般不通风，保持较高的棚温。缓苗后，及时浇 1 次水，促进芹菜根系发育。定植 20d 左右，芹菜开始迅速生长时，追 1 次肥，可每 667m² 施磷酸铵 30~40kg，或尿素 15~20kg，施肥后随即浇水。此后，棚内温度白天保持 18~20℃，夜间 8~10℃ 为宜。定植后大棚四周围草苫，草苫要尽量早揭晚盖，令植株多见光。进入 3 月上、中旬，夜间可不围草苫。当白天气温已稳定在 15~20℃，夜间最低气温不低于 10℃ 时，大棚可昼夜通风。

**（五）采收**

芹菜收获期不甚严格，株高达 50~60cm 时，可根据市场需求适时收获。如果下茬安排喜温性果菜类蔬菜的早熟栽培，一般可于 3 月中、下旬收获。

---

**生产操作注意事项**

1. 芹菜果实吸水较慢，浸种时间需 12h。
2. 芹菜种子发芽时间较长且需要一定光照，播种后盖土不能超过 0.5cm 厚。
3. 夏季播种需遮阴、防雨处理，否则难以发芽。

---

# 任务三　莴苣生产

## ● 任务实施的专业知识

莴苣为菊科，属于一、二年生植物，耐低温，口感好，食法多样，营养价值高，销售好。

## 一、生物学特性

### （一）形态特征

**1. 根**

根为直根系，经移植的莴苣根浅而密集，多分布在地表以下 20~30cm 的土层中。

**2. 茎**

营养生长时期茎短缩，基生叶互生于短缩茎上。茎随着植株的生长增粗、加长；花芽分化后，花茎伸长并加粗形成棒状的肉质嫩茎，为茎用莴苣的主要食用部分。

**3. 叶**

披针形或长卵圆形，叶片颜色因品种而异，有深绿、绿、浅绿或紫红色。

**4. 花序**

头状花序，每一花序有花 20 朵左右，花浅黄色，自花授粉。

**5. 果实和种子**

瘦果，黑褐色或银白色，附有冠毛，种子千粒重 0.8 ~ 1.2g。

**（二）生长发育周期**

**1. 营养生长时期**

（1）发芽期　从种子萌动到子叶平展、真叶显露为发芽期，环境条件适宜时约需 8 ~ 10d。

（2）幼苗期　从露心到团棵为幼苗期。育苗时冬春播种约需 50d 左右，秋播需 30d 左右。

（3）发棵期（莲座期）　结球莴苣从团棵到开始包心，茎用莴苣则到肉质茎开始肥大，一般需 15 ~ 30d。此期的主要特点是叶面积增加，根系生长较快，吸收较多的水分和养分，为产品器官形成奠定物质基础。

（4）产品器官形成期　结球莴苣心叶抱合，开始结球，并不断充实叶球。散叶莴苣莲座期后即可采收上市。此期约需 20 ~ 30d。茎用莴苣的肉质茎在进入莲座期后开始肥大，此时茎、叶生长并进，生长较快，10d 左右达到采收期，以后生长缓慢。此期约需 15 ~ 20d。

**2. 生殖生长时期**

从开花至种子形成为生殖生长时期。

**（三）对环境条件的要求**

**1. 温度**

茎用莴苣耐寒力比叶用莴苣强，种子 4℃ 以上就可以缓慢发芽，发芽适温为 15 ~ 20℃，4 ~ 5d 出芽，30℃ 以上发芽困难。茎叶生长最适温度为 15 ~ 20℃。经锻炼的茎用莴苣幼苗可忍耐 -5 ~ -6℃ 低温，散叶莴苣在 0℃ 以下叶片可受冻害。开花结果期适温为 22 ~ 28℃。

**2. 光照**

莴苣为喜阳性植物，光照充足时，叶片生长肥厚，茎粗壮。种子发芽需散射光，长日照能促进抽薹、开花、结籽。

**3. 水分**

莴苣为湿润性蔬菜，各阶段需适宜水分才能正常生长。发芽期、幼苗期要求土壤湿润；莲座期要控水蹲苗，促进根系生长；结球期或嫩茎肥大期对土壤水分要求较高。

**4. 土壤和营养**

莴苣以在壤土或沙壤土中生长为好。整个生育期对三要素要求较高，苗期缺氮将抑制叶片分化和生长，发棵期需要充足的氮和钾，否则结球不紧实或嫩茎不肥大。结球莴苣缺钙易引起"干烧心"。

## 二、品种类型与优良品种

依食用器官不同可分为茎用莴苣（莴笋）和叶用莴苣（生菜）两种类型。

### （一）茎用莴苣（莴笋）

**1. 圆叶莴笋**

叶面微皱，叶顶部稍圆，淡绿色，肉质茎中部较粗，上下两端渐细，耐热性不及尖叶莴笋，但耐寒性强，较早熟，圆叶莴笋如图 10-4a 所示。优良品种有青香秀莴笋、南京圆叶白皮、济南白莴笋、二青皮莴苣等。

**2. 尖叶莴笋**

叶披针形，先端尖，叶面光滑或微皱，节间较稀，肉质茎下粗上细，幼苗耐热性好，成熟晚，尖叶莴笋如图 10-4b 所示。优良品种有上海大尖叶、南京青皮笋、柳叶笋、陕西尖叶青笋、夏翠莴笋、二白皮等。

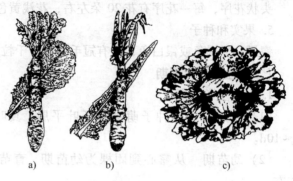

图 10-4　莴笋的类型
a) 圆叶莴笋　b) 尖叶莴笋　c) 结球莴苣

### （二）叶用莴苣（生菜）

**1. 皱叶莴苣**

叶面皱缩，深裂，叶片簇生于短缩茎上，优良品种有花叶生菜、鸡冠生菜、生菜王、紫叶生菜、软尾生菜等。

**2. 展叶莴苣**

叶面平展，全缘、狭长，多直立生长，优良品种有油麦菜、纯香油麦菜、登峰生菜、"红帆"紫叶生菜等。

**3. 结球莴苣**

叶全缘或有缺刻，莲座叶展平，顶生叶形成叶球，叶球圆或扁圆形，结球莴苣如图 10-4c 所示。优良品种有广州结球生菜、凯撒生菜、大湖 659 生菜等。

## 三、栽培季节与茬口安排

茎用莴苣露地栽培以春、秋两季为宜，但以春莴苣为主，产量高，品质好。设施栽培可春提早或秋延后。叶用莴苣生育期短，采用不同栽培方式和选择适宜品种可周年生产供应。春设施育苗，露地定植，于初夏收获上市，效益比较好。

### ● 任务实施的生产操作

## 一、春莴笋栽培生产

### （一）育苗

早熟和中熟品种露地育苗。长江流域一般在 9~10 月播种，40d 后定植，4 月收获；黄、淮流域在 9 月上中旬播种，10 月下旬至 11 月上旬定植，4~5 月收获；华北地区幼苗不能露地越冬，一般利用温室或阳畦育苗，日历苗龄 50~60d，断霜后定植。育苗选地要精细，播种后稍镇压，适当浇水，在正常天气下，7d 左右即出苗。齐苗后进行间苗，苗距 3cm 见方，防止徒长。以后根据天气和幼苗生长情况浇水和施肥 1~2 次。

### （二）整地施肥及定植

每 667m² 施有机肥 4000kg 和氮、磷、钾三元素复合肥 30kg 作基肥。翻耕后做成宽 1.7m 的平畦。定植行距为 25cm、株距为 20cm，定植深度以不埋没菜心为宜，定植时浇穴水。黄淮地区立冬后在莴苣上盖地膜，立春后将幼苗从地膜下掏出，可提早采收。

莴苣育苗技能训练评价表见表 10-4。

**表 10-4　莴苣育苗技能训练评价表**

| 学生姓名： | | 测评日期： | | 测评地点： | |
|---|---|---|---|---|---|
| | 内　　容 | 分　值 | 自　评 | 互　评 | 师　评 |
| 考评标准 | 菜地深翻达 30cm 以上，土表平整 | 30 | | | |
| | 畦面平整 | 20 | | | |
| | 播种均匀 | 20 | | | |
| | 盖土厚薄一致，厚度适中 | 30 | | | |
| | 合　　计 | 100 | | | |
| 最终得分（自评 30% + 互评 30% + 师评 40%） | | | | | |

### （三）田间管理

田间管理以施肥最为重要，一般在定植缓苗后施 1 次肥，接着进行松土。如土壤较肥或已施基肥，可不再施肥。开春后，气温逐渐上升，植株开始迅速生长，要及时追肥 1~2 次。

### （四）采收

莴苣要及时采收，采收过迟易空心，早熟种 4 月上、中旬采收；中熟种 4 月下旬至 5 月上旬采收。

## 二、秋莴笋栽培生产

### （一）播种育苗

适宜的播种期为早霜前 75~90d。此时温度较高，不易发芽，需对种子进行处理。将种子浸入 500mg/L 乙烯利或 300mg/L 赤霉素溶液中 6~8h 后，取出并冲洗干净后于室内见光催芽，期间保持种子水分；或用清水浸种 6~10h，然后在冰箱冷藏室放置一昼夜，再进行室内见光催芽。出芽后播种，采用湿播法，盖土厚度 0.5~1cm，播后应遮花阴降温。幼苗有 2 片真叶后间苗，苗距为 3cm。当苗长至 4~5 片真叶时定植。

### （二）定植

苗龄为 30~35d，4~5 片真叶时选阴天或晴天下午定植，行距 25cm，株距 20cm。

### （三）田间管理

加强肥水管理，预防抽薹，土壤要经常保持湿润。温度过高时应及时浇水降温。缓苗后松土并施肥，每 667m² 施尿素 7.5kg。封垄后注意施肥浇水，收获前 15d 左右停止追肥。笋茎膨大期可喷洒 500~800mg/L 的青鲜素或 350mg/L 的矮壮素，防止未熟抽薹，提高产量和品质。

### （四）采收

采收标准与春莴苣相同。10 月下旬开始采收，11 月底结束。每 667m² 产量 1500kg

左右。

### 三、叶用莴苣生产

叶用莴苣又称为生菜，含有丰富的维生素和矿物质。利用日光温室、改良阳畦、塑料拱棚、遮阳网等可周年生产供应，其周年栽培茬口安排见表10-5。夏季炎热地区，秋季栽培时要注意苗期采取降温措施，并注意先期抽薹，应选用耐热、耐抽薹品种。

**表10-5 叶用莴苣周年栽培茬口安排**

| 栽培方式 | 茬口安排 | 播种期（旬/月） | 定植期（旬/月） | 采收期（旬/月） | 栽培设施 |
|---|---|---|---|---|---|
| 露地 | 早春茬 | 中/2~上/3 | 下/3~中/4 | 上/5~上/6 | 温室 |
| | 春茬 | 上、中/3 | 上、中/4 | 下/5~下/6 | 阳畦 |
| | 夏茬 | 中/4~下/6 | 中/5~下/7 | 7~9月 | 露地 |
| | 秋茬 | 上/7~上/8 | 上/8~上/9 | 中/9~上/11 | 露地 |
| 改良阳畦 | 秋冬茬 | 上、中、下/8 | 上、中、下/9 | 上/10~下/11 | 露地 |
| | 冬春茬 | 上/1 | 中、下/2 | 3~4月 | 温室 |
| 日光温室 | 秋冬茬 | 中/9~中/10 | 中/10~中/11 | 12月~翌年1月 | 温室 |
| | 冬春茬 | 中/11~下/12 | 中/12~下/翌年1月 | 2~3月 | 温室 |

#### （一）培育壮苗

生菜种子小，发芽出苗要求良好的环境条件，因此多采用育苗移栽的种植方法。日平均气温高于10℃时，可露地育苗，低于10℃时，需要采取适当的保护措施。夏季育苗要采取遮阴、降温、防雨等措施。苗床平整，播种前浇足底水，待水下渗后，在畦面上撒一薄层过筛细土，随即播种。将种子用水浸泡后，放置在4~6℃的冰箱中冷藏24h，再行播种。播种时将处理过的种子掺入少量细潮土，混匀，均匀撒播，覆土0.5cm。冬季播种后盖膜增温保湿，夏季播种后覆盖遮阳网或稻草保湿、降温促出苗。

苗期温度白天控制在16~20℃，夜间10℃左右，在2~3片真叶时进行分苗，定植前苗床先浇1次水，以利起苗。

#### （二）定植

定植畦要精细整地，施肥，整平，定植密度17~20cm见方，结球莴苣按25~30cm见方栽植。定植深度以不埋没菜心为度，否则易感病。定植后随即浇水，并在畦上覆盖遮阴物，以利缓苗。缓苗后，控水蹲苗，促发新根。不同季节温度差异较大，一般4~9月育苗，苗龄25~30d左右；10月至翌年3月育苗，苗龄30~40d。当苗具有5~6片真叶时开始定植，定植时要保护幼苗根系，可缩短缓苗期，提高成活率。

#### （三）田间管理

缓苗水后5~7d再浇1次水，根据土壤墒情和生长情况掌握浇水的次数。春季气温较低时，水量宜小；生长盛期需水量多，要保持土壤湿润；叶球形成后，要控制浇水，防止因水分不均造成裂球和烂心。施肥以底肥为主，底肥足时生长前期不追肥，至开始结球初期，随水追1次氮肥促使叶片生长；15~20d追第2次肥，以氮磷钾复合肥较好，每667m² 约用15~20kg。

### （四）采收

散叶生菜的采收期比较灵活，采收规格无严格要求，可根据市场需要而定。结球生菜采收要及时，根据不同品种及不同栽培季节，一般定植后 40~70d 叶球形成，用手轻压有实感即可采收，过晚易引起裂球。

## 四、莴苣夏季生产

### （一）土壤选择

莴苣适应性较强，对土壤要求不严格，但要获得高产，需选土壤肥沃、排灌方便的壤土或沙壤土。

### （二）播种育苗

夏季生产可选用结球莴苣或散叶莴苣。采用低温催芽法，将种子浸泡 4~6h 后捞出，装入小布袋内甩干表皮水，放在冰箱的冷藏室中催芽。播种前浇足水，水渗后将发芽的种子撒播于宽 1.2m 的畦内，盖 0.5cm 厚细土，做好遮阴、降温及防雨工作。

### （三）整地施肥

每 667m² 施有机肥 3000kg，三元复合肥 30kg，均匀撒施，翻耕整地，做宽 1.5m 的平畦。

### （四）定植

选晴天下午或阴天定植。定植前 1d 把苗床浇透水，以利起苗带土。定植时用铁铲连土一起铲起进行移栽。移栽时，每株幼苗带 50g 以上的土块。不能栽得过深，移栽后浇足定植水。

### （五）田间管理

夏季莴苣由于长势较快，移栽 20d 后收获，其间中耕 1 次。如幼苗长势较差，可在前期用尿素追肥 1~2 次，其余时间可浇 1~2 次水。灌水最好选在傍晚或清早，不要有积水。

## 五、塑料大棚秋冬莴笋栽培

塑料大棚生产冬莴笋比正常秋莴笋播期稍晚，上市期处于秋莴笋和早春莴笋之间，即于 9 月上中旬育苗，10 月上中旬定植，12 月至翌年元月上市，经济效益较高。

### （一）品种选择

选择品质好，耐低温的圆叶莴笋品种，如二白皮莴笋、济南白莴笋等。

### （二）培育壮苗

1. 整地施肥

每种植 667m² 需育苗床面积 60m²，做宽 1.2m 的平畦。施优质农家肥 300kg、磷酸二铵 3kg，深翻 20~25cm，整平。

2. 种子处理及播种

用 0.1%~0.5% 的高锰酸钾溶液浸种消毒 2h 后，用清水冲洗干净，然后用 20~25℃温水浸泡 3~8h，置于 15~20℃的环境下催芽。经 2~3d，种子露白后播种。覆盖 0.3~0.5cm 的过筛细土。在育苗畦上方搭棚，盖遮阳网防止高温，阴雨天盖塑料薄膜防雨。

3. 播后管理

白天温度保持在 18~20℃，夜间保持在 12~14℃为宜。温度过高时放下遮阳网降温。

当幼苗出现 2 片真叶时，进行第 1 次间苗，使苗距为 1 ~ 2cm。2 ~ 3 片真叶时，进行第 2 次间苗，苗距保持 4 ~ 5cm。

**（三）定植**

定植前要施足底肥，深翻 25 ~ 30cm，耙碎整平，做畦。大棚莴笋可小平畦栽培，也可小高畦栽培。平畦畦宽 1.7m，畦面宽 1.4m，埂宽 0.3m，埂高 20cm，每畦 4 行。行距 0.4m，株距 0.3m，每 667m² 栽 5500 株。高畦畦宽 0.9m，起高垄，垄高 30 ~ 40cm，苗栽在半坡上。行距 0.45m，株距 0.25 ~ 0.30m，每 667m² 栽 5000 株。起苗前 1d 浇透水，起苗时尽量多带土，主根留 6 ~ 7cm。定植时浇穴水，此后浇大水。

**（四）田间管理**

**1. 肥水管理**

定植后 3 ~ 5d 查苗补苗。缓苗后浇缓苗水，然后中耕蹲苗，10d 后浇 1 次透水，每 667m² 随水施入尿素 15 ~ 20kg，使幼苗生长健壮。莲座期后期嫩茎迅速膨大，此期浇肥水要掌握好时机，浇早了植株徒长，茎部细长，影响加粗生长，商品性差，遇低温易发生灰霉病；浇晚了影响茎横向生长，表皮发硬变老，以后再增加肥水时茎易发生纵裂。

**2. 温度管理**

初霜前 2 ~ 3d 及时扣上棚膜，莲座期要注意防冻及通风换气，使棚内温度保持在白天 15 ~ 20℃，最高不超过 24℃；夜间 10 ~ 15℃，最高不能超过 19℃，最低不低于 5℃。当棚内温度过低时大棚四周要用草苫围起，同时棚内加盖小拱棚保温。

**（五）采收**

当莴笋主茎顶端与最高叶片的叶尖相平时，即通常所说的"平口"时为收获适期。

# 六、日光温室莴笋高效生产

**（一）品种选择**

莴笋日光温室栽培品种有河北圆叶白笋、陕西圆叶白笋、济南白笋等。

**（二）育苗**

一般在 9 月中下旬播种育苗。播种过早幼苗容易徒长，播种过晚幼苗较小，影响上市时间。播种前将种子放在 20℃温水中浸泡 3 ~ 4h 后轻搓洗 1 ~ 2 遍。每 667m² 用种量为 80 ~ 100g。

栽培 667m² 莴笋需育苗床 15 ~ 20m²，施腐熟有机肥 100 ~ 150kg，氮磷钾复合肥 3 ~ 4kg。播前 5 ~ 7d 整地。下种前将育苗床浇 1 遍透水，水渗下后播种。播种后 4 ~ 5d 即可齐苗。幼苗 2 ~ 3 片叶时应及时间苗，苗距 5 ~ 7cm。苗期适当控制浇水，及时清除杂草。

**（三）整地施肥**

每 667m² 施腐熟有机肥 4000 ~ 5000kg，磷酸二铵或氮磷钾复合肥 50kg。施肥后整地、起垄，要求垄宽 55 ~ 60cm，高 15cm 左右，沟宽 20cm 左右。

**（四）定植**

当幼苗长至 4 ~ 5 片真叶时定植，选晴天下午或阴天进行。定植时每垄 2 行，行距 40cm，株距 25 ~ 30cm，带土移栽，栽后及时浇水。

**（五）田间管理**

莴笋生长的最适温度为白天 12 ~ 18℃，夜间 8 ~ 12℃。缓苗后控水蹲苗，促进根系发育；蹲苗后结合施肥浇 1 次小水，然后中耕；封垄前进行第 2 次追肥，每次追施速效氮肥和钾肥 15～20kg；做到水分供应均匀，追肥量不要过大，以防茎部裂口。

### （六）采收

莴笋主茎顶端与最高叶片叶尖平时为最适收获期，茎部已充分肥大，品质脆嫩；如收获过晚，花茎伸长，纤维增多，肉质变硬甚至中空，品质下降。具体收获时期可根据市场行情与下一茬口安排而定。

---

**生产操作注意事项**

1. 莴苣为湿润性蔬菜，对土壤和空气湿度要求较高。
2. 茎用莴苣和结球莴苣不能采收过迟，否则易出现裂球或茎中空的现象。
3. 秋莴苣在育苗时要采取遮阴、降温、防雨措施，以利出苗。

---

## 任务四　芫荽生产

### ● 任务实施的专业知识

芫荽，又名香菜、胡荽，为伞形科芫荽属一、二年生草本植物。芫荽叶质薄嫩，有特殊香味，营养丰富，生食清香可口，且生长期短，一般不发生病虫害。我国南北各地均可栽培。

### 一、生物学特性

#### （一）形态特征

1. 根、茎、叶

芫荽的主根较粗大，白色。茎短缩，颜色白绿或绿色；花茎长，中空，有纵向条纹。子叶对生，披针形；真叶互生，羽状全裂；根出叶丛生。

2. 花、果实和种子

复伞形花序，花小，白色，异花授粉。双悬果球形，黄褐色，有芳香味，每个果实含有 2 粒种子，以果实为播种材料，千粒重 5.5～11g，使用年限为 2～3 年。

#### （二）生长发育周期

芫荽生育期短，在冷凉季节播种后 40～60d 收获，而在高温时播后 30d 便可收获。收获可间收，也可 1 次收获。秋季生产除近期食用外，可采用埋土冻法贮藏。食用前取出放在 0～10℃的地方，缓缓解冻，仍可保持鲜嫩状态，色味不减。

#### （三）对环境条件的要求

1. 温度

芫荽为耐寒性蔬菜，能耐 -8℃的低温。喜冷凉的环境条件，营养生长适宜温度为 15～18℃，高于 20℃生长缓慢，超过 30℃停止生长。其种子发芽适温为 18～20℃，超过 25℃发芽率迅速下降，超过 30℃几乎不发芽。开花结实适宜温度为 20～25℃。幼苗在 2～5℃低温下，经过 10 ~ 20d，可完成春化。

2. 光照

芫荽喜光，光照弱，生长慢，植株矮小，叶色浅，香味淡。芫荽属长日性作物，12h 以上的长日照能促进发育；在短日照的条件下，需经 13℃ 以下的较低温度才能抽薹开花。

3. 水分

芫荽为浅根系蔬菜，吸收能力弱，为湿润性蔬菜，对土壤水分和空气相对湿度要求较高。

4. 土壤和营养

芫荽在肥沃、保水保肥力强的土壤中生长较好，对土壤酸碱适应范围为 pH 值为 6.0 ~ 7.6。

## 二、品种选择

根据当地气候条件、市场需求及种植时间，选择优良品种，如大叶香菜、山东大叶等。夏秋反季节栽培香菜，宜选用耐热、耐病、抗逆性强的泰国四季大粒香菜品种。东北大叶香菜和北京芫荽耐寒性强，适合北方日光温室及大棚等保护地栽培。

## 三、栽培季节与茬口安排

春、夏、秋均可种植，但不耐高温。高温季节栽培，易抽薹，应以秋种为主。芫荽从播种到采收约需 60 ~ 70d。秋茬于 7 月下旬至 8 月播种，9 月下旬开始收获直到入冬；越冬茬于 9 ~ 10 月中旬播种，翌年 3 月中下旬至 5 月分期收获；春茬于 3 ~ 4 月播种，5 ~ 6 月收获；早春风障或小拱棚栽培于 2 月下旬播种，5 月收获；夏季遮阴栽培于 5 月下旬 ~ 6 月播种，7 ~ 8 月收获。

### ● 任务实施的生产操作

## 一、春芫荽栽培生产

### （一）品种选择

芫荽有大叶品种和小叶品种。大叶品种植株高，叶片大，缺刻少而浅，香味淡，产量较高；小叶品种植株较矮，叶片小，缺刻深，香味浓，耐寒，适应性强，但产量稍低。一般栽培多选小叶品种。

### （二）整地施肥播种

每 667m² 施充分腐熟有机肥 3000 ~ 5000kg，复合肥 20kg。深耕细耙做成平畦，一般畦宽 1.2m。华北春芫荽在 3、4 月播种，5、6 月收获。播前先把种子搓开，以防发芽慢和出双苗，影响单株生长。条播行距 10 ~ 15cm，沟深 4cm，覆土 2cm 左右。每 667m² 用种量 4kg 左右。播后用脚踩实，浇水保持土壤湿润，以利出苗；及时查苗，如土壤板结，要喷水松土。

芫荽播种技能训练评价表见表 10-6。

**表 10-6　芫荽播种技能训练评价表**

| 学生姓名： | | 测评日期： | | 测评地点： | | |
|---|---|---|---|---|---|---|
| | 内　　容 | | 分值 | 自　评 | 互　评 | 师　评 |
| 考评标准 | 菜地翻达 15cm 以上，土表平整 | | 30 | | | |
| | 畦面平整，土粒细碎 | | 20 | | | |
| | 播种量适当，播种均匀 | | 20 | | | |
| | 盖土厚度一致，厚度适中 | | 30 | | | |
| 合　　计 | | | 100 | | | |
| 最终得分（自评 30% + 互评 30% + 师评 40%） | | | | | | |

### （三）田间管理

当幼苗长到 3cm 左右时进行间苗定苗。中耕松土、除草 2 ~ 3 次。定苗前一般不浇水，以利于控上促下，蹲苗壮根。定苗后及时浇 1 次稳苗水，水量以不淹没幼苗为宜。随着苗棵生长，浇水间隔时间逐渐缩短，经常保持土壤湿润，收获前要控制水分。结合浇水分期进行追肥，头水轻追提苗肥，每 $667m^2$ 施尿素约 10kg，以后每浇 2 ~ 3 次水，追 1 次尿素 10 ~ 12.5kg。

### （四）采收

芫荽在播种后 40 ~ 60d 便可收获。收获时可间拔，也可 1 次收获。

## 二、秋芫荽生产

### （一）品种选择

选择抗逆性强、香味浓的品种，如天津芫荽、山东大叶芫荽、北京芫荽等。

### （二）整地施肥

选择阴凉、土质肥沃、有机质含量丰富的沙壤土，深耕后晒畦，每 $667m^2$ 施入腐熟有机肥 1500 ~ 2000kg，过磷酸钙 10kg，复合肥 5kg，整成宽 1.2 ~ 1.5m 的平畦。

### （三）播种与遮阳网覆盖

芫荽双悬果果皮坚硬，播种前应将双悬果搓开，以利出芽。芫荽秋季播种以直播为好，每 $667m^2$ 用种量为 1.5 ~ 2kg，播后覆盖一层厚 1cm 的细土，然后在畦面覆盖遮光率为 45% 的遮阳网。播后浇足水。出苗后把遮阳网升高至 80 ~ 100cm，搭成小平棚覆盖畦面直至采收结束。

### （四）肥水管理

芫荽幼苗期浇水不宜过多，3 ~ 4d 浇 1 次，生长旺盛期必须加强水肥管理，保持土壤湿润。施肥以速效性肥为主，结合浇水淋施，前期每 $667m^2$ 用稀人粪尿 1000kg 或尿素 4kg 淋施 1 ~ 2 次，后期每 5 ~ 7d 用复合肥 5 ~ 10kg 兑水淋施。

### （五）采收

出苗后 30 ~ 50d，苗高 15 ~ 20cm 左右时即可间拔采收，每采收 1 次追肥 1 次。

## 三、小拱棚芫荽生产

### （一）整地施肥

选择阴凉、土质肥沃、有机质含量丰富的沙壤土，深耕后晒畦，每 $667m^2$ 施入腐熟有机肥 2000 ~ 2500kg，过磷酸钙 10kg，复合肥 20kg，整成宽 1.2m 的平畦。

**（二）播种**

10月上旬播种。芫荽双悬果果皮坚硬，播种前应搓开，以利出芽。每667m² 用种量为1.5～2kg，播后覆盖一层厚1cm的细土，播后浇足水。

**（三）肥水管理**

芫荽幼苗期浇水不宜过多，3～4d浇1次为宜，生长旺盛期必须加强水肥管理，保持土壤湿润。施肥以速效性肥为主，结合浇水淋施，前期每667m² 用稀人粪尿1000kg或尿素4kg淋施1～2次，后期每5～7d用复合肥5～10kg兑水淋施。

**（四）扣棚管理**

11月上中旬当土壤将要上冻时盖小拱棚，白天温度控制在15～20℃，高于20℃时放风，夜晚盖好。扣棚后一般不再施肥浇水。

**（五）采收**

此茬一般在春节前1次性采收。

---

**生产操作注意事项**

1. 芫荽多行直播，播种时控制好播种量，出苗后注意间苗。
2. 芫荽幼苗期浇水不宜过多，3～4d浇1次。
3. 芫荽生长盛期要注意肥水供应。

---

# 任务五 茼蒿生产

## ● 任务实施的专业知识

茼蒿，别名蓬蒿、蒿子秆等，为菊科菊属一、二年生蔬菜。茼蒿食用部位为嫩茎及叶片，营养丰富，品质优，风味独特，是蔬菜中的一个调剂品种，也是快餐业、火锅城、自助餐等不可缺少的一道爽口菜。茼蒿容易栽培，且生长快、周期短，可设施生产。

## 一、生物学特性

### （一）主要形态特征

**1. 根、茎、叶**

茼蒿根系不发达，侧根多；营养生长期茎高20～30cm，生殖生长时期茎高60～90cm；叶无叶柄，叶较厚，互生，叶缘波状或深裂，叶缘缺刻深浅因品种而异。

**2. 花、果实和种子**

头状花序，单花舌状，黄色或白色。以果实为播种材料。瘦果，褐色，扁方块形，有棱角，千粒重为1.8～2g。

### （二）对环境条件的要求

**1. 温度**

茼蒿喜冷凉，为半耐寒性蔬菜，不耐高温，但适应性较广。生长适温为17～20℃，在

10～30℃温度范围内均能生长。种子在10℃时就能缓慢发芽，发芽适温为15～20℃。

2. 光照

茼蒿要求中等强度的光照，较耐弱光；属长日照植物，在高温短日照条件下抽薹开花。

3. 水分

茼蒿根系浅，吸收力差，为湿润性蔬菜。营养生长期要求较高的空气湿度和较高的土壤湿度。若干旱，则生长不良，纤维含量高，品质差。

4. 土壤和营养

对土壤要求不严格，但以沙壤土最适宜。肥料不足，特别是氮肥不足会导致植株矮小，叶色发黄，品质低劣，产量下降。

## 二、品种类型和优良品种

### （一）大叶茼蒿

大叶茼蒿又称为圆叶茼蒿，叶片大而肥厚，呈匙形，绿色，有蜡粉，节密而粗，淡绿色，质地柔嫩，纤维少，品质好，较耐热，生长慢，成熟晚。优良品种有上海圆叶茼蒿、香菊3号茼蒿等。

### （二）小叶茼蒿

小叶茼蒿又称为细叶茼蒿，叶狭小，缺刻多而深，叶肉较薄，香味浓，易发生侧枝，生长快，抗寒力比较强，成熟较早。优良品种有上海细叶茼蒿、北京小叶茼蒿、广西花叶茼蒿等。

### （三）花叶茼蒿

花叶茼蒿叶裂缺刻特别深，分裂多，似花叶，耐寒力强。

## 三、栽培季节与茬口安排

设施栽培周年均可进行，排开播种，分批收获。露地栽培以春、秋季为主。春播一般在3～4月播种，5～6月收获；露地夏秋栽培应于7～9月播种，9～10月收获。

## ● 任务实施的生产操作

## 一、茼蒿春露地生产

### （一）品种选择

选择耐寒力较强的小叶品种，如北京小叶茼蒿、上海细叶茼蒿等；也可选大叶茼蒿品种。

### （二）整地施肥做畦

以沙壤土为好，要求有方便的灌溉条件。整地前每667m² 施充分腐熟有机肥2000kg，复合肥20kg，然后进行翻耕，土、肥混合均匀后做成宽1.4～1.5m 的平畦。

### （三）播种

采用撒播或条播。撒播每667m² 用种量为4～5kg。条播按行距约10cm 开沟播种，每667m² 用种量约2.5～3kg。为了出苗整齐和提早出苗，播种前可进行浸种催芽，将种子放入清水中浸泡24h，在15～20℃条件下催芽，待种子露白时播种，覆土厚约1cm。

茼蒿播种技能训练评价表见表10-7。

**表10-7 茼蒿播种技能训练评价表**

| 学生姓名： | 测评日期： | | 测评地点： | | |
|---|---|---|---|---|---|
| | 内　　容 | 分　值 | 自　评 | 互　评 | 师　评 |
| 考评标准 | 菜地深翻达15cm以上，土表平整 | 30 | | | |
| | 畦面平整，土粒细碎 | 20 | | | |
| | 播种量适当，播种均匀 | 20 | | | |
| | 盖土厚度一致，厚度适中 | 30 | | | |
| | 合　　计 | 100 | | | |
| 最终得分（自评30%＋互评30%＋师评40%） | | | | | |

**（四）田间管理**

早春播种天气比较冷凉，播种后要在畦面上覆盖地膜，以增温保湿，幼苗出土顶膜前揭开薄膜。幼苗出土后开始浇水，保持土壤湿润。当小苗长到10cm左右时，按苗间距3～5cm间苗，同时铲除杂草。每次采收前10～15d追施1次速效性氮肥，每667m²施尿素10kg左右。

**（五）收获**

播种后一般40～50d收获，温度低时生长期延长至60～70d。幼苗长到18～20cm高时，贴地面一次性割收，洗净根部泥土，捆成小把上市。大叶茼蒿收获时留主茎基部4～5片叶或1～2个侧枝，用手掐或小刀割上部幼嫩主枝或侧枝，捆成把上市，隔20d左右采收1次。每次收完及时浇水追肥，以促侧枝生长。

## 二、日光温室茼蒿生产

**（一）整地施肥**

每667m²用优质农家肥2500～5000kg，过磷酸钙50～100kg，碳酸氢铵30kg。撒施后深翻，把肥料与土充分混匀。做宽1.2～1.5m的平畦，畦内耧平并轻踩1遍，以防浇水后下陷。

**（二）播种**

南方选用大叶茼蒿品种，北方选用小叶茼蒿品种。从每年10月到翌年3月均可播种。每667m²播种量1.5～2kg。条播按15～20cm的行距开沟，沟深1cm，沟内浇水，水渗后播种覆土。

**（三）播后管理**

播种后要保持土壤湿润，以利于出苗。全生育期浇2～3次水。苗高9～12cm时追第1次肥，随水每667m²施尿素10kg左右，共追2次。播种后晴天白天温度控制在20～25℃，夜间10℃，5～7d出苗。出苗后白天15～20℃，夜间8～10℃即可。

**（四）采收**

可在播后40～50d，苗高20cm左右时，贴地面一次性割收；也可分期采收，如疏间采收或保留1～2个侧枝割收，每次采收后浇水追肥1次，隔20～30d可再割收

1 次。

### 三、大棚茼蒿春早熟栽培生产

**（一）品种选种**

以抗寒性强的"北京茼蒿"为好，一般每 $667m^2$ 需用种 $1.5 \sim 2kg$。

**（二）施肥整地**

结合整地每 $667m^2$ 施磷酸二铵 $20 \sim 25kg$、硫酸钾 $10 \sim 15kg$、碳酸氢铵 $25kg$，深翻、整平后做成 $1 \sim 1.5m$ 宽的平畦，耧平踩实畦面。

**（三）播种**

播前 $3 \sim 5d$，将种子放在 $30℃$ 的温水中浸泡 $24h$，洗净晾干后置于 $15 \sim 20℃$ 的条件下催芽，每天用温水淘洗 1 次，待种子萌芽后即可播种。播种方式有两种：撒播，在畦内浇水，水渗下后均匀撒播种子，覆土 $0.5 \sim 1cm$ 厚；条播，在畦内按 $15 \sim 20cm$ 行距开沟，沟深 $0.5 \sim 1cm$，于沟内浇水后下种，然后覆土。

**（四）田间管理**

播种后温度为白天 $20 \sim 25℃$，夜间 $10℃$ 左右。出苗后以白天 $15 \sim 20℃$、夜间 $8 \sim 10℃$ 为宜。当幼苗长至 $1 \sim 2$ 片叶时进行间苗，条播的适当疏间过密苗即可。在苗高 $3cm$ 时开始浇水，苗高 $10cm$ 左右时随水追肥，每 $667m^2$ 用尿素 $10kg$。结合浇水再追肥 $1 \sim 2$ 次。

**（五）收获**

一般在播种后 $40 \sim 50d$，当苗高 $20cm$ 左右时便可一次性割收，也可疏间采收或分次割收，每 $667m^2$ 产量可达 $1000 \sim 2000kg$。

### 四、秋茼蒿生产

秋茼蒿在 $8 \sim 9$ 月播种，也可在 10 月进行。

**（一）品种选择**

秋茼蒿多选用上海圆叶茼蒿、花叶茼蒿、板叶茼蒿等优良品种。

**（二）整地施肥**

土壤要求保水保肥、排灌良好、土质疏松。基肥一般每 $667m^2$ 施腐熟农家肥 $5000kg$、磷酸二铵 $30kg$。施完后将地面耙平作畦，畦宽 $1 \sim 1.5m$。

**（三）播种方法**

茼蒿可条播或撒播，播前灌水造墒，水渗下后，均匀播种，覆土 $1cm$ 左右。

**（四）田间管理**

播后要保持地面湿润，以利于出苗；旺盛生长期追肥，以速效氮肥为主，以后每采收 1 次要追肥 1 次，每 $667m^2$ 用尿素 $10 \sim 20kg$ 或硫酸铵 $15 \sim 20kg$，以勤施薄施为好。

**（五）收获**

一般在播种后 $40 \sim 50d$，当苗高 $20cm$ 左右时便可一次性割收，也可疏间采收或分次割收。

生产操作注意事项

1. 茼蒿为速生蔬菜，出苗后要加强肥水管理。
2. 严格掌握采收标准，采收过早产量低，过晚则纤维含量高。

# 任务六　小白菜生产

## ● 任务实施的专业知识

小白菜，别名油菜等，为十字花科芸薹属一、二年生草本植物，以柔嫩多汁的叶片为产品。

## 一、生物学特性

### （一）形态特征

#### 1. 根

根系分布较浅，侧根较多，再生能力强，主要分布在15cm以内土层，较耐移栽。

#### 2. 茎

营养生长期茎短缩，直径为1~3cm，植株过密或遇高温时短缩茎伸长，生殖生长期抽生花茎，高80cm左右。

#### 3. 叶

营养生长期的叶有叶柄，着生于短缩茎上，为主要食用部分，花茎上的叶无叶柄。莲座叶丛塌地或半直立、直立，叶柄肥厚，白、绿白或浅绿色；叶片形状圆、卵圆、倒卵圆等，全缘或波状、锯齿状，表面光滑或皱褶，叶色浅绿、绿色或深绿色。

#### 4. 花

十字形花冠，总状花序，黄色，异花授粉，虫媒花，具有自交不亲和特性。

#### 5. 果实和种子

长角果，每果有种子20粒左右，成熟时易开裂。种子近圆形，褐色、红褐色或黄褐色，千粒重1.5~2.2g。

### （二）对环境条件的要求

#### 1. 温度

小白菜喜冷凉环境条件，耐寒力较强，不耐热。种子发芽适温20~25℃，生长适温18~20℃，能耐-3~-2℃低温，经锻炼的幼苗能忍受-8~-6℃低温，在华中地区可以露地越冬。种子萌动后，2~10℃约10d可通过春化。

#### 2. 光照

要求中等强度的光照。光照过弱，植株生长不良，叶小，叶柄细；光照过强，品质变劣。

#### 3. 水分

小白菜为湿润性蔬菜，根系浅，喜湿不耐涝，对空气相对湿度和土壤湿度要求较高。若干旱，生长不良，植株矮小，纤维素含量增加。

4. 土壤和营养

对土壤的适应性强，整个营养生长期需氮肥较多，也需适量的磷钾肥。

## 二、品种类型和优良品种

小白菜分为秋冬小白菜、春小白菜和夏小白菜等。

### （一）秋冬小白菜

我国南方广泛栽培，品种多。其耐寒力弱，易抽薹，植株直立或束腰。依叶柄色泽分为白梗类型及青梗类型。秋冬小白菜如图 10-5a 所示。

1. 白梗类型

（1）长梗小白菜　适合腌制加工，优良品种有南京高桩、常州长白梗、花叶高脚白菜等。

（2）短梗小白菜　叶柄肥厚，品质柔嫩，以鲜食为主。优良品种有南京矮杂 2 号、矮杂 3 号、矮抗 1 号、上海冬常青、浙江临海青菜等。

2. 青梗类型

多为矮桩型品种，叶柄匙状，肥厚、柔嫩，可供鲜食，优良品种有上海小叶青和矮抗青、杭州油冬儿、苏州青等。

### （二）春小白菜

春小白菜如图 10-5b 所示。植株多开展，少数直立或束腰。耐寒性强，抽薹迟，丰产，优良品种有杭州晚油冬儿、蚕白菜，上海三月慢、上海四月慢、上海五月慢等。

### （三）夏小白菜

夏秋高温季节栽培，又称为"火白菜"、伏菜，耐热，适应性强，生长迅速。优良品种有杭州火白菜、上海火白菜、广东黑叶 17 号、南京矮杂 1 号、扬州花叶大菜等。

## 三、栽培季节与茬口安排

小白菜生长迅速，生育期短，长江以南地区可选择适宜品种排开播种、周年供应；北方地区结合不同栽培设施也可周年生产。小白菜可单作，也可与果树、大田作物、瓜类、豆类等进行间作、混作与套作。栽培上一般分为三季。

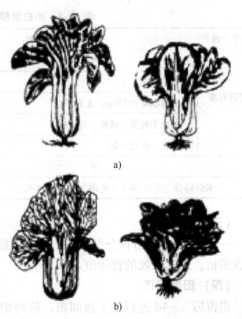

a)

b)

图 10-5　小白菜的品种类型
a）秋冬小白菜　b）春小白菜

### （一）秋冬小白菜

此茬为最主要的生产季节，以采收成株为主。江淮中下游在 8 月上旬至 10 月上中旬，分期播种，分批定植，苗龄为 20 ~ 25d 左右，陆续采收供应，至翌春 2 月份抽薹开花为止。如武汉、南京的矮脚黄，上海四月慢、五月慢，杭州的早油冬，广州的江门白菜和佛山乌叶等。

### （二）春小白菜

此茬生产的小白菜有"大菜"和"菜秧"之分。大菜是在前一年晚秋播种，以小苗越冬，次春收获成株供应，适宜播期在黄淮地区为 9 月下旬至 10 月上旬，江淮中下游地区为

10 月上旬至 11 月上旬，华南地区可延至 12 月下旬至翌年 3 月。菜秧则是当年早春播种，采收幼嫩植株供食，其供应期为 4 ~ 5 月份。

**（三）夏小白菜**

土壤解冻后气温升至 10℃ 以上后均可播种，黄河流域在 3 月中下旬开始至 9 月下旬均可播种；北方自 5 月上旬至 8 月上旬随时可以播种，播后 20 ~ 30d 收获幼嫩的植株上市。

● **任务实施的生产操作**

# 一、夏季小白菜生产

## （一）品种选择

选用抗病、耐热、品质优良的早、中熟品种，如高脚白、上海青等。

## （二）整地施肥

选择无污染、水源近、灌溉方便、土壤疏松肥沃的地块种植。每 667m² 施腐熟有机肥 1500 ~ 2000kg，整细整平地面，做成宽 1.2 ~ 1.5m 的平畦。

小白菜整地做畦技能训练评价表见表 10-8。

**表 10-8　小白菜整地做畦技能训练评价表**

| 学生姓名： | 测评日期： | | 测评地点： | | |
|---|---|---|---|---|---|
| | 内　容 | 分　值 | 自　评 | 互　评 | 师　评 |
| 考评标准 | 施肥均匀 | 30 | | | |
| | 菜地深翻达 15cm，土表平整 | 20 | | | |
| | 畦面无坡度，畦长、宽标准 | 20 | | | |
| | 沟直，深度一致 | 30 | | | |
| 合　　计 | | 100 | | | |
| 最终得分（自评 30% + 互评 30% + 师评 40%） | | | | | |

## （三）播种

一般在 5 ~ 8 月分期分批播种，均匀撒播，播后盖细土 0.5 ~ 1cm，耧平压实。提前采收的宜密植，延迟采收的宜稀植。

## （四）田间管理

出苗后 3 ~ 4d 进行第 1 次间苗，苗间距 2 ~ 3cm；当幼苗长有 4 片真叶时进行第 2 次间苗，苗间距 4 ~ 5cm。播种后及时浇水，保证齐苗、壮苗。夏季需水量大，应在早晚经常浇水。视小白菜的长势追肥 1 ~ 2 次，追肥应选用速效氮肥，每隔 7 ~ 10d 施 1 次，采收前 10d 停止追肥。播种后及定植后用遮阳网或防虫网覆盖，可改善小白菜的品质，减少虫害发生。

## （五）采收

一般在播后 20 ~ 30d，生长出 5 ~ 10 片叶时即可采收上市。

# 二、冬春季小白菜生产

## （一）品种选择

选择耐抽薹、耐寒、品质好的品种，如上海青、春月、春绿等品种。

### （二）整地播种

选择土壤肥沃、土质疏松的地块，整地前 20d 扣大棚膜，每 667m² 施腐熟有机肥 3000kg，优质三元素复合肥 20kg，做成 2m 宽的平畦，整平耙细。播种前先浇足底水，然后撒籽，细土盖籽，以种子不露为度，上面覆盖地膜，出苗后揭去地膜。

### （三）温度与水分管理

冬季以保温为主，大棚温度不超过 25℃。中午大棚温度超过 30℃ 时应放风透气。冬季小白菜应在中午气温较高时浇水。如遇 −2℃ 以下寒潮，应浇水或加盖塑料薄膜，以防冻保温。

### （四）采收

可一次性采收，也可分批采收。分批采收的适当加大播种量，第 1 次采收小白菜高度 10cm，拔大留小，采收后追施化肥；10 ~ 20d 后第 2 次采收，高度 15cm。冬季和早春应选择上午或下午温度较高时采收，晚春应选择早晚温度较低时采收。

## 三、春小白菜无公害生产

### （一）品种选择
选择早熟和耐抽薹品种，如高脚白、矮脚白等。

### （二）选地作畦
选择向阳高燥的疏松肥沃土壤，采取窄畦深沟栽培，畦宽 1.5m，要求畦面平整。

### （三）播种定植
春白菜多以幼苗上市。播种后用腐熟有机肥覆盖，以后视天气和畦面干湿情况决定浇水。栽幼苗时，苗龄 15 ~ 25d，行距 16cm，株距 6 ~ 10cm。

### （四）中耕追肥
南方春天多雨，应及时排水，降低地下水位。北方春天干旱，应及时浇水。定植后，每 3 ~ 4d 追施 1 次粪肥或沼液。晴天，追肥次数要勤，浓度宜小；雨后，追肥次数要减少，浓度可适当加大。采收前 7d 以上停施粪水，视天气和缺肥情况改浇清水或施少量尿素或碳铵。

## 四、秋冬小白菜生产

### （一）品种选择
在南方地区适于秋冬栽培的品种甚多，有大量的地方品种和杂交一代种。新优杂交品种主要有广东的 17 号白菜、常州的青抗一号、江苏的青优 4 号、南京的矮杂 1 号等。

### （二）播种
秋季一般在 7 月中下旬至 10 月播种，早播者 40d 可采收，迟播者 50 ~ 60d 采收。一般每 667m² 播种 0.5 ~ 1.5kg，为撒播均匀，可加入种子重量 100 倍的细土，充分混匀后再行播种。出苗后要及时间苗，在 4 ~ 5 片真叶时定苗，株距 5cm 左右。

### （三）肥水管理
鲜食小白菜生长期短，可不施基肥，而腌渍品种生长期较长，要求每 667m² 施农家肥 2000 ~ 3000kg 作基肥，保证生长期间养分持续供给。如遇高温干旱，要勤施清粪水或沼液。

**(四) 采收**

小白菜的采收期由气候条件、品种特性和消费需要而定。鲜食小白菜在 6～7 片叶，成苗后达到一定的经济产量即可分批陆续采收；腌白菜在初霜前后采收。

---

**生产操作注意事项**

1. 小白菜为速生蔬菜，出苗后要加强肥水管理。
2. 夏小白菜生产中利用防虫网和遮阳网，可减轻虫害，提高产品品质。

---

● **叶菜类蔬菜主要的病虫害**

叶菜类蔬菜主要病害有霜霉病、芹菜叶斑病、芹菜软腐病、小白菜花叶病等；虫害主要有潜叶蝇等。生产上应选用耐病品种，进行种子消毒；合理密植，发现病株及时拔除或用药剂进行常规防治。

# 练习与思考

1. 参与不同茬口叶菜类蔬菜栽培生产的全过程，写出技术报告，并根据操作体验，总结出经验和创新的技术。

2. 实地调查，了解当地叶菜类蔬菜主要栽培方式和栽培品种及其特性，填入表 10-9，并分析生产效果，总结栽培经验和措施。

表 10-9　当地叶菜类蔬菜主要栽培方式和栽培品种及其特性调查表

| 栽培方式 | 蔬菜种类 | 栽培品种 | 品种特性 |
|---|---|---|---|
|  |  |  |  |
|  |  |  |  |
|  |  |  |  |

3. 进行小白菜、芫荽、茼蒿的播种和水肥管理，操作结束后，写出技术报告，并根据操作体验总结出应注意的事项。

4. 进行菠菜播种前种子处理和播种生产，记录播种、发芽、生长情况，填表 10-10，并进行分析总结。

表 10-10　菠菜播种、发芽、生长情况记录表

| 菠菜品种 | 播种时间<br>(年、月、日) | 嫩芽出土时间<br>(年、月、日) | 子叶出土类型 | 真叶展现时间<br>(年、月、日) | 出芽率<br>(%) |
|---|---|---|---|---|---|
|  |  |  |  |  |  |

5. 进行秋季栽培莴苣、芹菜、菠菜等种子播种前处理和播种生产，比较各种蔬菜的发芽率和发芽势，并填表 10-11。

表10-11　秋季栽培莴苣、芹菜、菠菜种子发芽率和发芽势记录表

| 蔬 菜 品 种 | 播种时间<br>（年、月、日） | 子叶出土类型 | 真叶展现时间<br>（年、月、日） | 出芽率（%） | 发芽势（%） |
|---|---|---|---|---|---|
|  |  |  |  |  |  |
|  |  |  |  |  |  |
|  |  |  |  |  |  |

　　6. 参与菠菜栽培生产全过程，写出技术报告，总结出菠菜幼苗安全越冬的经验和创新技术。

　　7. 观察芹菜根、茎、叶和叶柄的形态特征，比较空心芹菜和实心芹菜叶柄结构的差异。

　　8. 观察菠菜根、茎、叶和叶柄的形态特征，比较圆叶菠菜和尖叶菠菜叶片的形态差异。

# 多年生蔬菜生产

> ## 知识目标

1. 了解多年生蔬菜的形态特征和生长发育规律及其与栽培生产的关系。
2. 理解多年生蔬菜对环境条件的要求及其与栽培生产的关系。
3. 掌握金针菜、百合、石刁柏等多年生蔬菜的育苗技术和生产管理技术。

> ## 能力目标

1. 能够根据当地市场需要选择多年生蔬菜优良品种。
2. 会选择栽培季节与安排茬口。
3. 能够根据当地气候条件进行多年生蔬菜的农事操作，能熟练进行播种、间苗、定植、中耕除草、肥水管理等基本操作，具备独立进行蔬菜栽培生产的能力。

## 任务一　金针菜生产

### ● 任务实施的专业知识

金针菜，别名黄花菜、安神菜等，为百合科萱草属宿根多年生草本植物，如图 11-1 所示金针菜是我国的特产蔬菜，分布范围广，南北均有种植，主要产品是含苞欲放的花蕾，采摘加工制成干品以供食用，既耐贮藏，又便于运输。

### 一、生物学特性

#### （一）形态特征

1. 根

根系发达，多数分布在 30~70cm 土层内。根从短缩根状茎的茎节上发生，先形成块状根和长条状肉质根，秋季又从条状肉质根上发生纤细根。长条状肉质根数量多、分布广，具有贮藏和输导作用。随着栽培时间的延长，短缩茎上发生的条状根不断上移，栽培管理上应培土和增施有机肥。块状根短而肥大，常在植株近衰老时发生。

**2. 茎、叶**

植株营养生长期只有短缩的根状茎，其上萌芽产生叶。叶对生，叶鞘抱合成扁阔的假茎。叶片狭长成丛，叶色深浅、长宽等依品种而异。与韭菜类似，黄花菜有分蘖习性，在长江中下游地区每年发生两次青苗，第一次在早春 2～3 月间，发生的分蘖称为春苗。待 8～9 月采蕾结束，割去黄叶和枯薹后，不久即发生第二次分蘖，称为冬苗，冬苗初霜时枯死。冬苗期间是黄花菜积累养分的重要阶段，大部分纤细根在此期发生。

**3. 花、果实、种子**

春苗生长到 5～6 月间，从叶丛中抽出花薹，顶端分化出 4～6 个花枝，每个花枝上可着生 10 个左右的花蕾，每个花薹可着生 20～60 个花蕾，形成聚伞花序。花蕾黄色或黄绿色，长约 12～14cm，表面有蜜腺分布点，常诱集蜜蜂、蚂蚁采食，也易引起蚜虫为害。蒴果，每一果实内含种子 10～20 粒，种子黑色有光泽，千粒重 20～25g。

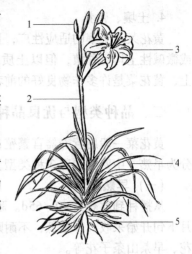

图 11-1　金针菜植株形态
1—花蕾　2—花薹　3—花
4—叶片　5—根

**（二）生长发育周期**

**1. 苗期**

从幼叶出土到花薹开始显露。此期主要为叶片生长期，可长出 16～20 片叶，约需 120d。

**2. 抽薹期**

从花薹显露到开始采摘花蕾，约需 30d。

**3. 结蕾期**

从开始采收花蕾到采收结束，需 40～60d。

**4. 休眠越冬期**

霜降后，地上部受冻枯死，以短缩茎在土壤中越冬，翌年土壤温度达 5℃以上时开始长出新苗。

**（三）对环境条件的要求**

**1. 温度**

黄花菜喜温暖且适应性强，地上部不耐寒，遇霜即枯萎。叶丛生长适宜温度为 14～20℃，抽薹开花需要 20～25℃的较高温度。而地下部分能耐 -25℃的低温，甚至在极端气温达 -40℃的高寒地区也可安全越冬。

**2. 光照**

黄花菜喜光，对光照强度适应范围较广，可与果园、桑园间作。

**3. 水分**

黄花菜耐旱能力较强。抽薹前需水量较小，抽薹后需水量逐渐增多，特别是盛蕾期需水量最多。高温、干旱易引起小花蕾不能正常发育而脱落，缩短采收期，严重影响产量和品质。蕾期若遇长期阴雨天，则容易落蕾。

**4. 土壤、营养**

黄花菜对土壤的适应性广，且能生长在瘠薄的土壤中，山地、山坡、平原、酸性红壤土或微碱性土均可种植，但以土质疏松、土层深厚、pH 值为 6.5 ~ 7.5 的土壤为宜。在生产上，黄花菜是许多作物良好的前茬，能减轻后作病虫害。

## 二、品种类型与优良品种

黄花菜一般用营养器官繁殖，种性较为稳定，各地均有良好的地方品种。按成熟时间可分为早熟、中熟及晚熟 3 种类型。

### （一）早熟类型

从播种到收获需 40 ~ 65d。耐热性强，但耐寒性稍差，多用作早秋栽培或春季栽培，5月下旬开始采收。产量低，不耐贮存。优良品种有沙苑黄花菜、湖南四月花、五月花、清早花、早茶山条子花等。

沙苑黄花菜为陕西大荔主栽品种，生长势强，薹高约 130cm，每薹着生 20 ~ 30 个花蕾，多的可达 60 个。花蕾淡金黄色，长约 10 ~ 12cm，味清香，品质好。5 月下旬开始采收，采收期约 40d。抗性强，耐干旱。一般每 667m² 可产 100 ~ 150kg。

### （二）中熟类型

从播种到收获需 55 ~ 75d，6 月上中旬开始采收。优良品种有江苏大乌嘴、浙江蟠龙花等。

**1. 江苏大乌嘴**

江苏大乌嘴为江苏主栽品种，浙江、江西、安徽等省均可栽培。其适应性广，抗逆性较强，分蘖较快，栽植后 3 ~ 4 年进入盛产期，花薹粗壮，薹高约 120cm，花蕾长 11 ~ 13cm，折干率高。6 月上旬开始采收，持续采收约 50d。一般每 667m² 可产 150 ~ 250kg。

**2. 浙江蟠龙花**

浙江蟠龙花为浙江主栽品种，叶片深绿色，株形紧凑，分蘖力强，花薹粗壮，薹高 80 ~ 100cm，现蕾整齐。花蕾长 9 ~ 10cm，上有褐色斑点，蕾嘴稍带乌褐色。抗病性强，耐干旱、耐高温。6 月上旬开始采收，采收期约 40 ~ 50d。一般每 667m² 可产 200 ~ 250kg。

### （三）晚熟类型

6 月下旬开始采收，优良品种有荆州花、茶子花等。

**1. 荆州花**

荆州花为湖南主栽品种，植株生长势强，叶片较软而披散，薹高 130 ~ 140cm，花蕾黄色、肉厚，长 11 ~ 13cm，折干率高。6 月下旬开始采收，采收期约 50d。一般每 667m² 可产 150 ~ 250kg。

**2. 茶子花**

茶子花为湖南主栽品种，叶色绿，分蘖多，栽植后第 4 年进入盛产期，薹高 120 ~ 130cm，分枝 6 ~ 8 个，蕾长 11cm，质地柔嫩，加工成干制品呈淡黄色，商品性较高；但易感染锈病、叶枯病，抗旱能力不强，产量不稳定。6 月下旬开始采收，采收期约 40 ~ 50d。一般每 667m² 可产 120 ~ 200kg。

此外，较著名的还有大同黄花菜，为山西大同特产。蕾长肉厚，色泽金黄，味清香，油性大，久煮不黏，脆嫩可口，花蕾长 11 ~ 15cm，折干率高，商品性好。

适合东北地区生长发育的耐寒黄花菜品种有金针Ⅰ、金针Ⅱ、金针Ⅲ等。

## 三、生产季节与茬口安排

黄花菜的花蕾采收后至冬苗发生前进行秋季栽植，也可在冬苗枯萎后至翌年春苗发生前进行春季栽植。长江流域秋季栽植，当年即可发生冬苗，为翌年春苗奠定良好基础，夏、秋季就能抽薹开花。种子播种繁殖，春、秋两季均可播种，一般以春播为主。

● **任务实施的生产操作**

## 一、整地、施肥

黄花菜一般栽植7~8年后产量最高，以后逐渐衰老，应及时更新复壮。更新年限一般不超过15年。因此选好地后，深翻30~50cm，耧平，打埂，修渠，作畦。畦长6m，畦宽2m。以畦按行距大小，挖种植沟集中施肥，一般每667m²施优质农家肥3000kg，过磷酸钙50kg，复合肥50kg，分层施入种植沟内，再放熟土覆盖，回填至距原地面20cm处，即可准备栽苗。

## 二、栽植

### （一）选好秧苗

选择性状优良的株丛，在花蕾采收后挖取1/4~1/3的分蘖作为种苗，挖出的分蘖苗从短缩茎上割开，剪除老根与块状根，也可将条状根适当剪短，即可定植。

### （二）栽植时间

黄花菜除旺苗期和采摘期外均可栽植，一般以春秋两季为好。春栽在清明前后，土壤解冻后进行。有冬苗的地区在冬苗大量萌发前栽植，翌年就可抽薹现蕾。

### （三）栽植方法

栽植时要注意早、中、晚熟品种搭配，一般中熟品种占70%~80%，适当搭配早熟和晚熟品种。栽植前应对根部进行修剪，每丛种苗只保持1~2层新根，长度为3.5~5.0cm，剪去块状肉质根和根颈部的黑色纤细根。采取单行栽植或宽窄行栽植的方法，单行栽植的行距为80~90cm，穴距40~50cm。如宽窄行栽植，宽行距为80~100cm，窄行距为60cm，穴距为40cm。一般以栽深20cm为宜。栽得浅，分蘖快，提早1~2年进入盛产期。栽后踩实，浇水缓苗，并且覆盖遮阳网，以保证缓苗。

## 三、田间管理

加强田间管理，使幼龄黄花及早进入盛产期，壮龄黄花延长采摘年限，增加产量。

### （一）中耕除草与培土

早春大地解冻后，春苗刚露出地面，应进行一次松土除草，以后结合浇水施肥，多次进行中耕，直到封垄为止，保持土壤疏松无杂草。除草时株间宜浅，行间宜深，深约10~15cm。

在冬苗枯萎后到春苗萌发前结合中耕施肥进行培土。栽植2~3年后，因条状根上移，每年应培土护根。培土不宜过厚，以免影响分蘖。

### （二）追肥

黄花菜是多年生植物，生长期长，生长量大，需肥量多。应充分保证黄花菜生育期对养分的需求。

**1. 少施催苗肥**

黄花菜从出苗到花薹抽出前，每 $667m^2$ 施人粪尿 1500kg 或尿素 10kg、过磷酸钙 10kg、钾肥 10kg。

**2. 重施催薹肥**

当植株叶片出齐，花薹抽出 15~20cm 时，结合浇水，每 $667m^2$ 撒施尿素 10kg、过磷酸钙 10kg、钾肥 10kg。

**3. 巧施催蕾肥**

当花薹抽齐时，结合浇水，每 $667m^2$ 撒施尿素 10kg。

**4. 轻施保蕾肥**

为保证采摘中后期，蕾大花多，小蕾不易凋谢，每隔 1 周喷施 500 倍液磷酸二氢钾。

**5. 施好越冬肥**

为培肥地力，保证来年高产，结合深刨，每 $667m^2$ 施优质农家肥 1500kg，过磷酸钙 50kg。

### （三）浇水

黄花菜属喜水作物，在生长发育期，保持一定的土壤水分有利于高产。出苗后，抽薹前，第 1 次水必须浇足；从抽薹到采摘，每隔 1 周浇 1 次水；从采收到终花期，应保持土壤湿润；采摘结束后浇 1 次水，延长功能叶的寿命，为来年丰产积累养分，封冻前进行冬灌蓄墒。

中、晚熟品种采收季节遇干旱时，应及时浇水，以防花蕾细小、脱落。

### （四）合理间作

新栽黄花菜前二年苗小，产量低，可在大行间种植一些矮秆作物，如瓜、豆、薯类等。

### （五）割除花薹和老叶

花蕾采收完毕后应及时把残留的花薹和老叶全部割除。留茬不能过低，以免损伤隐芽。一般从地面上 3~6cm 处割除。割叶后在行间深耕施肥，促进早发冬苗。在寒露时，黄花菜叶全部枯黄，要齐地割掉，并烧掉枯草和烂叶，减轻病虫危害。北方夏季雨少的地区，叶部病害少，也可不割叶，霜降后清洁田园。

### （六）深刨园土

三年以上的黄花菜地，割叶后结合施有机肥要深刨 20cm，并在株丛上培土。

## 四、采收

黄花菜采收期较长，从 6 月至 8 月下旬可一直采收。采收适期为花蕾饱满，色泽金黄，花苞上纵沟明显，含苞欲放时，要在开花前 1~2h 采摘完毕。采摘时要用手指捏住花梗的基部轻轻折断，不要强拉硬扯，以免伤害花蕾和其他幼蕾。采摘的花蕾应及时蒸制，然后置于通风处摊晾至干燥。

黄花菜栽培技能训练评价表见表 11-1。

表 11-1 黄花菜栽培技能训练评价表

| 学生姓名： | | 测评日期： | | 测评地点： | | |
|---|---|---|---|---|---|---|
| | 内 容 | | 分值 | 自 评 | 互 评 | 师 评 |
| 考评标准 | 整地方法适当，施肥种类、数量合适 | | 30 | | | |
| | 栽植时间适宜，方法适当 | | 30 | | | |
| | 田间管理及时，方法得当 | | 30 | | | |
| | 采收时期合适，方法正确 | | 10 | | | |
| | 合 计 | | 100 | | | |
| 最终得分（自评30% + 互评30% + 师评40%） | | | | | | |

**生产操作注意事项**

1. 护根培土不宜过厚，以 4 ~ 5cm 为宜，否则不利分蘖。

2. 采收时如遇雨天，花蕾吸水量大，膨大速度快，开花提早，应适当早摘，雨天也要坚持采摘。

# 任务二 百合生产

## ● 任务实施的专业知识

百合是百合科百合属所有种类的总称，为多年生宿根草本植物。因其地下鳞茎由许多鳞片抱合而成，故名"百合"，如图 11-2 所示。百合食用部位为鳞茎，其含水量较低，又耐低温，不易腐烂变质。百合分布范围广，我国南北方地区均有种植。

## 一、生物学特性

### （一）形态特征

**1. 根**

百合的根有肉质状根和纤维状根。肉质根着生鳞茎盘下，又称为下盘根，入土 30 ~ 40cm，尖端根毛较少，隔年不枯死，吸收能力较强。纤维根着生地上茎入土部分，又称为茎出根、上盘根等，入土浅，除吸收外，还有固定支持地上部分的作用，每年随地上部枯死而枯死。

**2. 茎**

百合的茎有地上茎和鳞茎。地上茎由鳞茎盘上顶芽形成，直立坚硬。一般茎粗 1 ~ 2cm，高 100 ~ 300cm，不分枝。茎表皮光滑或有白色茸毛，皮绿色或紫褐色。有些品种在茎的叶腋间产生紫黑色的气生鳞芽，称为珠芽。有的

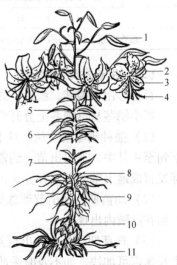

图 11-2 百合植株形态

1—花蕾 2—花 3—雄蕊 4—雌蕊
5—叶 6—珠芽 7—茎 8—子球
9—纤维根 10—鳞茎 11—肉质根

茎基部入土部分产生小鳞茎，称为子球。珠芽和子球均可作为繁殖材料，用来繁殖。

百合的鳞茎长在土中，呈扁球形或椭圆形，一般直径为6cm，厚度为4cm左右。由鳞片环抱短缩茎形成一个子鳞茎。子鳞茎着生在鳞茎盘上，由3~10个子鳞茎互相抱合形成一个大鳞茎，称为母鳞茎。每个子鳞茎上都能抽生出一条茎，也可作为繁殖材料。

3. 叶

百合的叶有正常叶和变态叶。正常叶生长在地上茎上，互生，无叶柄，平行叶脉，披针形或带形。披针形叶宽大，长10~18cm，宽1.5~2cm；带形叶细长，长约11cm，宽约0.2cm。叶色绿至深绿色，叶尖有的呈紫红色，叶表有蜡状白粉，是耐旱的特征。

变态叶是肥大的鳞片，白色或微黄色，为地下贮藏器官，也是产品器官。多数百合的鳞片为披针形。叶片的形态是品种的分类依据之一。

4. 花

单生，钟形或喇叭形，开放后向外翻卷，花被6片，两轮排列。雄蕊6枚，雌蕊1枚。有红、黄、粉和白等颜色。

5. 果

蒴果，长椭圆形。种子近圆形，扁平，黄褐色，数量多，千粒重2.1~3.4g。一般结果较少。

百合植株形态观察描述技能训练评价表见表11-2。

**表11-2 百合植株形态观察描述技能训练评价表**

| 学生姓名： | | 测评日期： | | 测评地点： | | |
|---|---|---|---|---|---|---|
| | 内 容 | | 分 值 | 自 评 | 互 评 | 师 评 |
| 考评标准 | 肉质状根和纤维状根的形态特征 | | 20 | | | |
| | 地上茎和鳞茎的形态特征 | | 30 | | | |
| | 正常叶和变态叶的形态特征 | | 20 | | | |
| | 花、果实及种子的形态特征 | | 30 | | | |
| | 合 计 | | 100 | | | |
| 最终得分（自评30%＋互评30%＋师评40%） | | | | | | |

### （二）生长发育周期

百合可用小鳞茎、鳞片、珠芽和种子进行繁殖，以小鳞茎和鳞片繁殖为主。

将小鳞茎从母鳞茎上分开作为种球栽植，其生长发育周期一般可分为六个阶段。

（1）播种越冬期　从8月下旬至10月中、下旬栽植，鳞茎在土中越冬，到翌年3月中、下旬至4月中、下旬出苗，约需经过160~180d。小鳞茎首先生长出下盘根，小鳞茎中心腋芽发育成地上茎的芽，并分化出叶片，但仍然埋在土中。

（2）幼苗期　从出苗到珠芽分化，一般为60~80d。当地上茎高达30~40cm时，珠芽开始在叶腋内出现。

（3）珠芽期　从珠芽出现到珠芽成熟，约需30~40d。此期如把地上茎顶芽摘除，珠芽生长速度可加快，如不及时采收，就会脱落。同时新分化的仔鳞茎生长速度也加快，逐渐膨大，使老仔鳞茎的鳞片分裂突出，形成新的鳞茎体。

（4）现蕾开花期　从开第一朵花至最后一朵花凋萎为现蕾开花期。通常在6~7月现蕾开花，一般30d左右。如果以采收鳞茎为目的的栽培方式，应及时将花蕾摘除。

（5）鳞茎速长期 从花凋萎后至收获前，这段时间称为鳞茎速长期。盛花期后，地上部分的生长达到高峰，地下鳞茎也迅速膨大生长，是产量形成期，一般为 30～60d。

（6）收获期 一般在 7 月末，地上茎、叶自然枯黄时就可以采收。但由于用途各异，采收鳞茎的时间也不同。如鲜食，随时可以采收；如加工，一般 7 月下旬至 8 月初采收；如留种，一般在 9～10 月边采收边栽植。

将鳞片播后 30d，基部产生愈伤组织，形成小鳞茎，先生根，后长叶。秋季叶片枯死，小鳞茎进入休眠期。翌年鳞茎盘抽生地上茎，长出不定根，发育早的可着生花朵。第 3 年达到种球标准，重约 50g，种球定植后经 3 年形成产品器官。

### （三）对环境条件的要求

**1. 温度**

百合的地上茎不耐霜冻，但地下鳞茎较耐寒，可在土中越冬，能耐 –20℃低温，适宜的地温为 14～16℃。气温在 10℃以上，顶芽开始生长，适宜茎叶生长的温度为 15～25℃。开花期适宜温度为 24～28℃，此温度也是鳞茎膨大的适宜温度。低于 3℃或高于 33℃时，植株枯黄，以至枯死。品种间对温度适应性有较大的差异，兰州百合适合于北方种植，麝香百合耐高温性强，适合南方种植。

**2. 光照**

百合，尤其在幼苗期喜欢光线柔和、无强光直射的半阴环境；但光照太弱，花蕾易脱落。

**3. 水分**

百合喜土壤湿润，但怕水涝，如遇雨涝积水，鳞茎易腐烂，导致植株死亡。南方应采用深沟高畦方式栽培。

**4. 土壤、营养**

百合喜肥沃、腐殖质丰富、排水良好、结构疏松的沙质壤土，pH 为 5.5～6.5。百合是耐肥植物，尤其是百合出苗时间长，养分消耗大，所以应重施苗肥。

## 二、品种类型与优良品种

百合的种与品种较多，作为蔬菜栽培的品种主要有卷丹类、山丹类和白花类。

### （一）卷丹类

鳞茎呈扁球形，直径可达 6～9cm，厚为 3～6cm，鳞片较阔而肥厚，排列紧密，色白稍带黄，淀粉含量高，味浓，微苦，肉质绵软。地上茎褐色，高 120cm 左右，用珠芽种植。优良品种如宜兴百合，生长速度快，产量高，每 667m² 可产 800～1200kg。

### （二）山丹类

**1. 川百合**

鳞茎扁球形或宽卵形，白色，高 2～2.5cm，横茎 2～2.5cm。叶条形、散生。花橙黄色，下垂，有紫黑色斑点，花被内轮宽于外轮，向外翻卷。花单生或 2～3 朵排成总状花序。

**2. 兰州百合**

兰州百合无苦味，又称为甜百合。鳞茎近卵圆形，鳞片肥大，长约 6cm，宽约 3cm。单个鳞茎鲜重 200g 左右，大的可达 500g 以上。生长期在 6 年以上，前 3 年培育种球，后 3 年培育产品。该品种耐干旱，适应高寒山区种植，在海拔 2000m 左右地区栽培，仍生长良好。

**（三）白花类**

鳞茎近圆形，色洁白，抱合紧密，味淡、无苦味，每个母鳞茎含 2~4 个仔鳞茎，鳞片长 8~10cm，宽约 2cm，鳞茎平均重约 250g，大的可达 500g 以上。地上茎高 100cm 以上。优良品种有湖南邵阳地区的龙芽百合，当地 9 月上旬至 10 月中旬栽植，翌年 9~10 月收获，每 667m² 可产 500~800kg。

● **任务实施的生产操作**

## 一、培育种球

在采收当年供播种用的鳞茎称为种球。用珠芽、小鳞茎、鳞片和种子均可培育成种球。

**（一）用珠芽培育种球**

产生珠芽的品种，在 6~8 月珠芽成熟时采收，沙藏后，当年 9~10 月播于苗床。苗床中按行距 12~15cm，开深 3~4cm 的浅沟，沟内每隔 4~6cm 播一粒珠芽，覆土厚约 3cm，盖草。翌年出苗时揭除盖草，并追肥、中耕除草，进行正常的田间管理。秋季地上部分干枯以后，掘起小鳞茎，选直径 2cm 左右的小鳞茎，再进行播种，行距 30cm，株距 9~12cm，覆土 6cm，管理措施与上年相近。第三年秋季掘起后，选择直径 3~4cm，重 30~50g 的小鳞茎作种球，较小的鳞茎再培养一年后作种球。

**（二）用小鳞茎培育种球**

结小鳞茎的品种，在采收百合时将小鳞茎一起收获。选 30~50g 重的小鳞茎作种球，进行播种。重量不足的可按珠芽第二年培育种球的方法进行培育。用小鳞茎培育种球，在初冬或早春均可播种。冬季气温适合的地区，土壤墒情又较好，可在初冬播种，出苗早，生长快。

**（三）用鳞片培育种球**

鳞片基部的腋芽经培育能形成一个新个体。秋季采收后选择成熟度好、形状好、粗壮、无病虫害的优良鳞茎，用利刀切下带鳞茎盘的鳞片，切下的鳞片不可久放。南方于 8~9 月间，北方于 4 月中、下旬插入带沙性的育苗床土内，各鳞片保持 3~6cm 间距，南方覆盖 4~5cm 厚，北方覆盖 15cm 厚的细沙。

播种时将鳞片凹面朝上，倾斜插入土中，耙平，覆膜，保持小鳞茎形成的适宜温度（20℃左右）。15~20d 后，从鳞片切口处发生很小的鳞茎，其下生根，翌年小鳞茎发芽，进行适当肥水管理，秋季便可采收到直径 1cm 左右的小鳞茎。随后采用与珠芽相同的方法培育种球。

百合鳞片培育种球技能训练评价表见表 11-3。

**表 11-3　百合鳞片培育种球技能训练评价表**

| 学生姓名： | 测评日期： | | 测评地点： | | |
|---|---|---|---|---|---|
| | 内　　容 | 分　值 | 自　评 | 互　评 | 师　评 |
| 考评标准 | 选择、处理符合培育种球的鳞片 | 20 | | | |
| | 育苗床土配制符合要求 | 30 | | | |
| | 培育的时间适宜，方法正确 | 30 | | | |
| | 管理方法符合要求 | 20 | | | |
| | 合　　计 | 100 | | | |
| 最终得分（自评30% + 互评30% + 师评40%） | | | | | |

**（四）用种子和组织培养方法培育种球**

1. 用种子培育

选成熟的新种子，用温床育苗的方法育成小苗，再培育种球，需 4 ~ 5 年的时间。

2. 组织培养

取百合鳞片，放在 MS 培养基上进行培养，保持 25℃，经过 30d，可形成愈伤组织，再培养 40d 可形成小植株。经过驯化，即可培育成种球。

## 二、整地施肥

选择前作种植豆科、禾本科等非百合科作物，土层深厚，且排水良好、不易旱涝的地块栽种。每 667m² 施入腐熟的猪粪、牛粪等厩肥 2500 ~ 3000kg。前茬作物收获后，深翻 25cm，晒地，尤其是水田更需要抢时间深耕暴晒，并进行土壤处理，一般每 667m² 撒生石灰约 50kg，以防蚂蚁和蚯蚓等为害；也可在播种前，用必速灭 10 ~ 15g/m² 熏蒸土壤后，均匀混入土壤深层 10 ~ 20cm，洒水保湿，使土壤相对湿度为 40% 左右，立即覆盖地膜 3 ~ 4d，揭膜后锄松土层，2d 后即可播种。

南方做宽 2 ~ 2.5m 的高畦，北方起宽 60cm 的垄畦。每 667m² 沟施磷肥 20kg、钾肥 10kg，最好再施腐熟的豆粕饼肥 50kg 作基肥。

## 三、栽植种球

**（一）种球处理**

将种球从土中挖出，并掰开，选择无病虫害，鳞片洁白无污点，抱合紧密，大小均匀，茎盘不霉烂者，在室内草席上晾 7d 左右，以减少含水量，促进后熟，防止腐烂和促进发芽。播种前，剪除鳞茎盘上的老根；还需进行药剂消毒处理，可供选用的药剂处理方法：40% 甲醛 50 倍液浸种 15min；75% 治萎灵 500 ~ 600 倍液浸种 25min；10% 双效灵 500 倍液浸种 25min；百菌清 500 倍液浸种 5min；多菌灵或托布津 800 ~ 1000 倍液喷雾种球；55% 雷多米尔—锰锌 200 倍液，或 12% 绿乳铜 200 倍液，或 5% 菌毒清 50 倍液浸种球 25min，阴干后栽植；还可以用 70% 敌克松粉剂 1 : 300 拌种。

**（二）栽植时间**

栽植期以在严寒来临前能发根，但发芽不出土为宜。一般在 9 月中旬至 10 月下旬，空闲地可适当提早到 9 月初栽植，水田应在 10 月末栽植结束。严寒地区可春栽。

**（三）栽植密度和方法**

一般畦作可按行距为 20 ~ 30cm 开沟，沟深约 15cm，沟底施种肥，每 667m² 施饼肥 100kg、复合肥 25kg，肥上盖一层薄土，使肥与种球隔离，按 15 ~ 20cm 株距摆放种球，根系朝下，覆土厚 7 ~ 10cm。高垄栽植，破垄施肥，垄上栽植 2 行，株距 15 ~ 20cm，行距 25 ~ 30m。一般每 667m² 栽植 12000 ~ 15000 株，播种量 250 ~ 300kg。适当增加密度，可增加产量。

百合栽植的深度为鳞茎直径的 2 ~ 3 倍，沙质土适当深栽，粘质土适当浅栽。覆盖地膜，可提早 20d 出苗。

## 四、田间管理

### （一）冬季管理

定植前后，根据当地的气候情况，可间作早熟的萝卜、青菜、菠菜等秋冬菜，可防止杂草滋生，使土壤温度变幅小，促进百合生根、发芽。严寒来临前收获间作蔬菜，平整土面后，每 $667m^2$ 覆盖猪羊粪 2000~2500kg，利于土壤保温，并可保护种球不受冻害。南方冬季雨水较多，注意清沟排水。

### （二）春季管理

**1. 重施苗肥**

由于百合出苗时间长，养分消耗大，所以应重施苗肥。每 $667m^2$ 施入充分腐熟的人畜粪1000kg 或尿素 20kg。

**2. 适时打顶、摘蕾**

百合一般在苗高 40cm 时需打顶、摘除花蕾，促进地下鳞茎的生长发育。

**3. 追施壮叶肥**

6 月上旬，百合地下鳞茎生长加快，是产量形成的关键时期，应追施壮叶肥，促进形成更多的营养物质。每 $667m^2$ 施尿素 15kg，适当加入磷、钾肥，氮、磷、钾的比例为 1：0.6：0.8。收获前 40~50d 停止追肥，并适时培土。

**4. 及时收获珠芽**

7 月上旬，珠芽成熟后，选择晴天用短棒轻轻敲打百合植株基部，收集脱落后的珠芽，以防止百合早衰。

**5. 生长后期**

珠芽收获后，如发现叶片发黄，脱肥早衰的田块可每 $667m^2$ 喷施 0.5% 磷酸二氢钾100g，以满足百合生长后期对磷钾的需要。

此外，还应及时中耕、除草。夏季要遮阴，防止高温、强光对茎叶的伤害。

## 五、采收

植株地上部完全枯萎，标志着鳞茎已充分成熟，一般在成熟后的一个月内是采收的适期。南方在立秋前后，鳞茎成熟，处暑前后即可采收。北方百合约在秋分前后成熟，霜降前采收完毕。采收在晴天进行，收获后随即剪去茎秆，除净泥土，剪去须根，及时运到阴凉处，摊开 1~2d 后，进行分级。用沙土进行堆藏或及时销售。将不够成品标准的小鳞茎，单独收藏，以备培育种球。

---

**生产操作注意事项**

1. 春季百合刚出苗应及时松土除草，以提高地温，促进幼苗生长。
2. 采收珠芽时，要防止折断植株和打掉绿色叶片。

---

# 任务三　石刁柏生产

## ● 任务实施的专业知识

石刁柏又名芦笋、龙须菜等，为百合科天门冬属多年生草本植物，如图 11-3 所示。芦笋从地下茎抽生的嫩茎，经培土软化后，质地细腻白嫩，纤维柔软，鲜甜可口，具有独特风味，既可鲜食，也可制罐头。石刁柏是一种营养价值高、具有抗癌保健功效的高档蔬菜，有"蔬菜之王"的美称，被誉为世界十大名菜之一。

目前，浙江、山东、安徽、江苏、广东、福建、辽宁等省种植较多。石刁柏适应性强，容易栽培，省工、成本低，经济效益高。

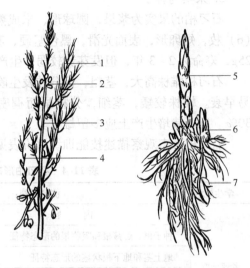

图 11-3　石刁柏植株
1—拟叶　2—果实　3—茎　4—分枝　5—嫩茎
6—鳞芽及鳞芽群　7—地下茎

## 一、生物学特性

### （一）形态特征

1. 根

石刁柏为须根系，由种子根、贮藏根和吸收根组成。种子萌发后，由胚根形成的根，称为种子根。长约 15cm，寿命较短，仅几个月。在种子根与茎之间形成地下短缩茎，其节上向下生长的肉质根为贮藏根，呈弦状，长约 1.2m，为明年的幼茎生长提供养分，寿命可达 6 年。由贮藏根的皮层发生的纤维状根，称为吸收根，是吸收水分和无机盐的重要器官，寿命为一年，更新速度快，环境条件不适时易萎缩。

大部分根系分布在 30cm 土层范围内，最长的深达 2m，是深根性作物。

2. 茎

石刁柏的茎由地上茎和地下茎组成。种子发芽后，由鳞芽发育成地上茎。地下茎短缩，呈根状，水平生长，节上和分枝先端生有鳞片、鳞芽和根，刚出土的肉质嫩茎顶端包被着鳞片。地下茎先端的芽具有顶端优势的特性，在未抽生地上茎时，芽基叶腋中也发育成鳞芽，互相密集群生，称为鳞芽群。

地上茎除初生茎外，均由鳞芽群的鳞芽萌发而形成。每丛地上茎可生长 70～80 株，茎粗 0.5～5cm，茎上互生分枝。如果幼茎自行生长发育，植株高度可达 2～2.5m。在土层下的幼茎白嫩，称为白石刁柏，抽生出地上茎，将其在幼小时采收，称为绿石刁柏。白石刁柏和绿石刁柏即为食用产品器官。产品的产量和品质与贮藏根的健壮生长密切相关，生产上应重视上一年茎叶管理。

3. 叶

石刁柏的叶由真叶和拟叶组成。真叶生长在茎的节上，退化成三角形淡绿色的薄膜状鳞片，不能进行光合作用，多脱落。茎上腋芽萌发形成叶状短枝，5～8 条簇生，代替叶片进行光合作用，称为拟叶。生产上培养壮龄拟叶，是提高光合作用，减少病虫害的重要措施。

**4. 花**

石刁柏雌雄异株，雄株开花早，花期长；雌株开花晚，花期较短。花小，钟形，花被6枚，黄绿色。雄蕊6枚，雄花较雌花长而色浅。虫媒或风媒花。

**5. 果实与种子**

石刁柏的果实为浆果，圆球形，未成熟时为浓绿色，成熟后为红色。每果有种子1～2（6）枚，短卵形，表面光滑，黑色坚硬，吸水性差，播种前应进行种子处理。种子千粒重25g，寿命为2～3年，但发芽势较弱，生产上宜用新种子。

石刁柏雌株高大，茎粗，但分枝发生晚而少，枝叶稀疏，嫩茎较少，产量低，寿命短，易早衰。雄株较矮，茎细，分枝早而稠密，抽生嫩茎稍细，但数量较多，产量比雌株高30%。所以栽培生产上应多留雄株。

石刁柏形态观察描述技能训练评价表见表11-4。

**表11-4　石刁柏形态观察描述技能训练评价表**

| 学生姓名： | 测评日期： | | 测评地点： | | |
|---|---|---|---|---|---|
| | 内　容 | 分　值 | 自　评 | 互　评 | 师　评 |
| 考评标准 | 种子根、贮藏根和吸收根的形态特征 | 20 | | | |
| | 地上茎和地下根状茎的形态特征 | 20 | | | |
| | 真叶和拟叶的形态特征 | 20 | | | |
| | 雌株和雄株的形态特征 | 20 | | | |
| | 花、果实及种子的形态特征 | 20 | | | |
| 合　计 | | 100 | | | |
| 最终得分（自评30% + 互评30% + 师评40%） | | | | | |

**（二）生长发育周期**

石刁柏在温带和寒带地区，冬季地上部干枯，以地下根状茎休眠越冬；而在热带和亚热带地区，地上部冬季不枯萎。石刁柏一年内经历生长与休眠2个阶段，称为年周期。石刁柏一生中经历幼苗期、快速生长期、成熟期和衰老更新期4个阶段，称为生命周期。

经济寿命一般为8～15年，通常10年左右更新一次。每年萌生新茎3次以上，一般在春季4～6月萌生的嫩茎可供食用。

**1. 年周期**

（1）生长期　每年土温回升到10℃以上时，石刁柏的鳞芽萌发长成嫩茎，生长成植株，直到秋末冬初地温下降到5℃左右时，逐渐干枯死亡。地上茎随气温升高生长速度逐渐加快，地下的鳞茎也在不断抽生嫩茎，约1个月抽生一批。秋季来临，养分转入肉质根贮藏。

（2）休眠期　从秋末冬初地上部茎叶枯死直到第二年春季新芽萌动。

**2. 生命周期**

（1）幼苗期　从种子发芽到定植前。

（2）快速生长期　从定植到开始采收嫩茎，一般在定植后的3年内。植株快速生长，肉质根已达到一定的粗度和长度，地下茎不断发生分枝，形成许多鳞芽群。

（3）成熟期　定植后的 4~10 年，植株继续生长，地下茎处于重叠状态，形成强大的鳞芽群，并大量萌发抽生嫩茎，嫩茎肥大，粗细均匀，品质好，产量高。

（4）衰老更新期　定植 10 年以后，植株生长速度减慢，出现大量细弱的茎枝，嫩茎数量减少，细弱、弯曲、畸形笋增多，产量、品质明显下降，需及时复壮或更新。

### （三）对环境条件的要求

**1. 温度**

种子萌发适温为 25~30℃，最适生长温度为 20~30℃，17~23℃抽生的嫩茎数量多，品质好，为采收期的最适温度。超过 30℃，嫩茎易纤维化，笋尖鳞片开放，品质变劣。超过 35℃，嫩茎停止生长。15℃ 以下，笋空心率高。根系耐寒性强，可在气温 -35℃、冻土层厚 1m 的严寒地区安全越冬。

**2. 光照**

石刁柏喜光，光照充足，产量高，品质好。

**3. 水分**

石刁柏耐旱不耐涝，地下水位高或积水，易产生茎枯病。嫩茎生长期和采收期需要湿润的土壤环境，否则嫩茎发生少而细，粗纤维增多，品质变劣。

**4. 土壤与营养**

石刁柏是深根性植株，要求土层深厚，通气、保水性良好的腐殖质壤土或沙质壤土。土质黏重，嫩茎生长不良，畸形笋多。适宜土壤 pH 值为 6.5~7.0。耐盐碱能力较强，土壤含盐量不超过 0.2% 时能正常生长。需氮肥较多，磷、钾肥次之，缺硼易空心。

## 二、品种类型与优良品种

根据色泽不同分为白石刁柏、绿石刁柏和紫石刁柏 3 种类型；根据嫩茎抽生早晚分早熟、中熟和晚熟 3 种类型。早熟类型茎多而细，晚熟类型茎少而粗。

我国栽培的石刁柏品种多从国外引进，优良品种有太平洋紫石刁柏、紫色激情石刁柏、哥兰德石刁柏、阿波罗石刁柏。

**1. 太平洋紫石刁柏**

顶端略呈圆形，鳞片包裹紧密，嫩茎紫罗兰色，肥大、多汁、微甜、质地细嫩，纤维含量少，不易空心，品质优异，生食口感极佳。第一分枝高度 67.2cm，在高温下，散头率也较低。抗性强，不易染病，抗根腐病和茎枯病。始收期晚，前期生长势较弱，抽茎较少，单茎粗壮，喜肥水，成年笋产量高，品质好，商品价值高。在我国北方地区定植后第三年，每 667m² 产量可达 200~250kg，成年笋每 667m² 可产 800~1100kg。

**2. 紫色激情石刁柏**

顶端略呈圆形，鳞片包裹紧密，嫩茎紫罗兰色，即使培覆土中不见日光，顶端也呈淡紫色或紫红色。第 1 分枝高度 63cm，在高温下散头率较低。抗病性好，但易受害虫袭击。植株生长势中等，单枝粗壮，但抽茎较少，枝丛活力中等，始收期较晚，休眠期较长。嫩茎粗大、多汁、微甜、质地细嫩，纤维含量少，味美，气味浓郁，没有苦涩味，生食口感极佳，是高级饭店、餐馆十分走俏的高级生食蔬菜品种。较高产，成年笋每 667m² 可产750~1000kg。

### 3. 哥兰德石刁柏

优质杂交一代品种。笋径粗大，平均直径在 1.4cm 以上，长势旺盛，两年以后每株出笋 45 根左右，分枝点在 50cm 以上。笋尖结实不易散头开花，深绿色，对土壤要求不严。每 $667m^2$ 最高可产 2400kg 以上，适宜生产绿、白石刁柏，无紫头。

### 4. 阿波罗石刁柏

生长势强的无性 $F_1$ 代杂交种，嫩茎肥大适中，平均茎粗 1.59cm，整齐，质地细嫩，纤维含量少。第一分枝高度 56cm，嫩茎圆柱形，顶端微细。鳞芽包裹紧密，笋尖圆形、光滑，在较高温度下，散头率也较低。嫩茎颜色深绿，笋尖鳞芽上端和笋的出土部分颜色微紫。外形与品质均佳，在国际市场上极受欢迎，是速冻出口的最佳品种。抗病能力较强，不易染病，抗叶枯病和锈病，对根腐病、茎枯病有较高的耐病性。植株前期生长势中等，成年期生长势强，抽茎多，产量高，质量好。在北方地区定植后第 2 年，每 $667m^2$ 可产 300～350kg，成年笋每 $667m^2$ 可产 1200～1500kg。

## 三、栽培季节与茬口安排

石刁柏可春播或秋播，生产上以春播为主。有保护地设施的地区，只要温度适宜可随时播种，设施栽培播期可提早 1 个月以上。长江流域多进行春播育苗移栽，4 月上、中旬播种，夏秋季定植于大田；秋播在 8 月下旬。若地膜覆盖或大棚育苗可提早到 3 月上旬播种，5 月末至 6 月初定植。华南地区除盛夏期外均可播种。华北地区一般在 4 月下旬至 5 月初播种，阳畦育苗可提前到 2 月中、下旬播种。东北较寒冷地区于 5 月上旬播种，7 月上旬定植。前茬为桑园、果园、番茄、胡萝卜、甜菜、甘薯的地块不宜种植石刁柏。

### ● 任务实施的生产操作

## 一、播种育苗

用种子育苗移栽是石刁柏生产中最常用的栽植方法。育苗可采用设施和种子直播等多种方法。采用设施育苗可提前 1～2 个月，提早进行露地移栽，利于根系发育。

按园土 5 份、过筛肥粪 3 份、过磷酸钙 2 份的比例配制营养土，混合拌匀，堆制 15d。将种子精选后，用 70% 甲基托布津或 50% 多菌灵 700 倍液的温水浸泡 1～2d，进行催芽。前 1～4d 保持温度为 25～30℃，中后期保持在 20～25℃。每天用 30℃ 的温水淘洗一遍，种子有 50% 露白时即可播种。选用口径 10～12cm 的营养钵装平土后，每钵播 1 粒种子，覆土 1cm。夏播覆盖遮阳网保墒，春播覆盖地膜保温。当有 20%～30% 幼苗出土后揭去覆盖物，苗高 10cm 左右，每隔 10d 施一次稀薄粪水，并拔除杂草，苗龄 70～80d。

当年生苗高 20～25cm，贮藏根长 15cm，有 3 条地上茎。二年生苗高 35～45cm，地下贮藏根 15～20 条，地上茎 8～10 个，即可定植。

石刁柏育苗技能训练评价表见表 11-5。

**表 11-5 石刁柏育苗技能训练评价表**

| 学生姓名： | 测评日期： | | 测评地点： | | | |
|---|---|---|---|---|---|---|
| | 内 容 | 分 值 | 自 评 | 互 评 | 师 评 | |
| 考评标准 | 营养土配制的比例合适，操作熟练 | 20 | | | | |
| | 种子处理及催芽管理方法正确 | 30 | | | | |
| | 营养钵装土、播种时期及方法适宜 | 30 | | | | |
| | 播后管理方法适当 | 20 | | | | |
| | 合 计 | 100 | | | | |
| 最终得分（自评30% + 互评30% + 师评40%） | | | | | | |

## 二、整地施肥

石刁柏幼苗细弱，对土壤条件反应敏感，应精心选地、整地。深翻 30 ～ 40cm，每 667m² 施腐熟的有机肥 2500 ～ 3000kg、过磷酸钙 50kg。耕后耙平，搞好田间灌排工程，南北开挖定植沟，行距 1.2 ～ 1.5m，沟宽 40 ～ 50cm、深 30 ～ 40cm。多雨地区，为避免定植沟过深积水，可挖 20cm 左右的浅沟，只施人粪或化肥作基肥；也可起宽 40cm、高 20cm 的垄。

移栽前沟内每 667m² 施有机肥 1000kg、复合肥 50kg、饼肥 40kg。

## 三、定植

定植时，贮藏根均匀向种植沟两侧伸展，方向与沟向垂直。地下茎上着生的鳞芽群一端与种植沟的方向平行，以使抽生嫩茎的位置集中在沟的中央成一直线，方便培土与田间管理。春植覆土 3 ～ 4cm，夏植覆土 5 ～ 6cm，秋植覆土 4 ～ 5cm，覆土后轻轻踩实，立即浇定根水。定植深度一般为 10 ～ 15cm。

白石刁柏需培土软化，行距 1.5 ～ 1.8m，株距 30 ～ 40cm。绿石刁柏行距 1 ～ 1.5m，株距 20 ～ 30cm。

## 四、田间管理

1. 定植当年的管理

定植后因植株矮小，可于石刁柏行间间作对石刁柏生长发育有益的作物，如小萝卜、菠菜等。同时应及时中耕除草。天气干旱时适时浇水，汛期及时排涝，严防田间积水沤根死苗。一般定植后一个月，根据苗情结合浇水每 667m² 追施复合肥 15kg。8 月份以后，石刁柏进入秋季旺盛生长阶段，应重施秋发肥，促进石刁柏迅速生长，一般每 667m² 施有机肥 2000 ～ 3000kg、复合肥 20 ～ 30kg。在距植株 20cm 处，顺垄开深 10cm 的沟条施，同时注意防治病虫害。冬前浇越冬水后，畦面撒粪肥防寒，翌年早春培入植株旁。入冬后，石刁柏茎叶枯萎，应齐地面割除并集中烧毁，减少病害菌源。

2. 定植第二年及以后的管理

（1）施肥 结合早春清园培土，每 667m² 施入农家肥 1000 ～ 2000kg、复合肥 10kg。采收期每 10 ～ 15d 追肥 1 次，施入尿素、过磷酸钙、氯化钾各 5kg。采收中后期，部分茎叶开始变黄，每 10d 喷施 1 次 0.2% 的硼砂或 0.2% 的磷酸二氢钾溶液，以防早衰。8 月上中旬采笋结束后，结合撤土平垄，要彻底清理残桩和地上母茎，鳞芽盘要喷药杀菌消毒。立秋前后，每 667m² 施有机肥 4000 ~ 5000kg、复合肥 10 ~ 20kg，以促复壮。每年结合培土，每 667m² 追施磷酸二铵、硫酸钾各 10kg，促发芽，在培土与采笋期间禁止施用有机肥。

（2）培土与撤土　春笋采收前 10 ~ 15d，在 10cm 处的土温达 10℃ 左右开始培土 2 ~ 3 次，每次培土厚 5 ~ 7cm，最后一次培土高 25 ~ 30cm，使嫩茎软化，生产出洁白柔嫩的优质产品。将土堆成梯形，底宽大于根冠直径 20 ~ 30cm，顶部略大于根冠直径，表面拍光拍实。采收绿石刁柏应保持地下茎上部有 15cm 的土层。

采收结束后，选无雨天耙开土垄撤土，降低垄的高度。撤土前沟施肥，上面盖撤下来的覆土。撤土后留高 5cm 的低垄，使鳞芽盘上有覆土厚约 15cm。撤土时将已出土的嫩茎全部割除，以免倒伏，使基部茎晒 2 ~ 3d 后，再恢复到培土前的状态。

（3）浇水与排水　采笋前期一般不浇水，中后期每隔 7d 浇 1 次水，保持土壤持水量为 60% ~ 70%。采收后结合施肥进行浇水，越冬前灌足封冻水。雨季注意排水。

（4）保留母茎，延长采笋期　定植后第二年的新石刁柏田块，只宜采收绿石刁柏。一般 4 月上、中旬长出的幼茎，作为母茎保留，以供养根株。以后再出的嫩茎开始采收，一般可采收 30 ~ 50d。进入盛产期的石刁柏田块，5 月上中旬前发出的嫩茎可全部采收。每穴留 2 ~ 3 根母株，可采收至 8 月上中旬。

（5）植株调整　每丛石刁柏一年能生长出 20 ~ 30 条新茎，以保持 15 条为宜。过密植株应适时疏枝，将弱枝、枯枝、病枝、残枝及时清除，母株上结的果要及早摘除。当植株高 150cm 时摘除母茎生长点，同时立支柱，拉线固定母茎与株丛，或搭架，以防倒伏。

## 五、采收

1. 采笋期

石刁柏定植后，南方第二年、北方每三年开始采收。一般从培土到采笋大约 15 ~ 20d。当地温稳定在 10℃ 以上时，即进入采笋期。华北地区一般在 4 月 10 日前后开始采笋。采收茎秆粗度达到 0.8 ~ 1cm 的粗笋，未达到标准的不采收。白石刁柏宜在早晨或傍晚进行采收，以防变色。

2. 采笋方法

采收白石刁柏时在土堆裂缝处用手扒开表土，露出笋尖，在其旁边垂直挖一深达 6 ~ 8cm 的小洞，左手抓住嫩茎上部，右手握刀向底下 16 ~ 18cm 处割取，放入筐中，上盖潮湿黑布。每天早、晚各采收 1 次。绿石刁柏茎长 20 ~ 25cm，粗 1.3 ~ 1.5cm，淡绿色时采收，2 ~ 3d 采收 1 次。

---

**生产操作注意事项**

1. 栽培石刁柏在培土与采笋期间禁止施用有机肥。
2. 栽培绿石刁柏应保持地下茎上部覆盖厚 15cm 的土层。
3. 白石刁柏宜在早晨或傍晚进行采收，以防变色。

---

### ● 多年生蔬菜主要的病虫害

金针菜主要病害有金针菜叶斑病，采收后易发生锈病等；百合易发生立枯病；石刁柏主要病害有茎枯病、褐斑病等。可喷洒多菌灵、甲基托布津、代森锌等进行防治。

害虫主要有地老虎、蚜虫、红蜘蛛、银纹夜蛾、甜菜夜蛾、甘蓝夜蛾等，开始返青时用敌百虫、辛硫磷灌根防治地老虎，用蚜力克防治蚜虫、红蜘蛛等，用灭幼脲、农林乐等1000倍液防治夜蛾类害虫。

## 练习与思考

1. 进行多年生蔬菜育苗定植和水肥管理，操作结束后写出技术报告，并根据操作体验总结出应注意的事项。

2. 参与多年生蔬菜栽培生产的全过程，写出技术报告，并根据操作体验，总结出经验和创新的技术。

3. 进行多年生蔬菜播种前种子处理和播种生产，记录栽植、发芽、生长情况，填表11-6，并进行分析总结。

表11-6 多年生蔬菜栽植、发芽、生长情况记录表

| 蔬菜名称 | 栽植时间<br>（年、月、日） | 嫩芽出土时间<br>（年、月、日） | 发芽势<br>（%） | 真叶展现时间<br>（年、月、日） | 出芽率<br>（%） |
|---|---|---|---|---|---|
|  |  |  |  |  |  |

4. 实地调查，了解当地多年生蔬菜主要栽培方式和栽培品种及其特性，填入表11-7中，并分析生产效果，整理主要的栽培经验和措施。

表11-7 当地多年生蔬菜主要栽培方式和栽培品种及其特性

| 栽培方式 | 栽培品种 | 品种特性 |
|---|---|---|
|  |  |  |
|  |  |  |
|  |  |  |

# 水生蔬菜生产

> ## 知识目标

1. 了解水生蔬菜的形态特征和生长发育规律及其与栽培生产的关系。

2. 理解水生蔬菜对环境条件的要求及其与栽培生产的关系。

3. 掌握莲藕、茭白等水生蔬菜的育苗技术和生产管理技术。

> ## 能力目标

1. 能够根据当地市场需要选择水生蔬菜优良品种。

2. 会选择栽培季节与安排茬口。

3. 能够根据当地气候条件进行水生蔬菜的农事操作，能熟练进行播种、间苗、定苗、中耕除草、肥水管理等基本操作，具备独立进行水生蔬菜栽培生产的能力。

## 任务一　莲藕生产

### ● 任务实施的专业知识

莲藕，又名荷藕，简称莲或藕。莲藕为睡莲科莲属多年生宿根水生草本植物，以肥大的地下根状茎为产品，如图 12-1 所示。

### 一、生物学特性

#### （一）形态特征

1. 根

莲藕主根退化，为须状不定根，着生地下茎的节上，分布浅，长势弱。生长期根呈白色或淡紫红色，藕成熟后变为黑褐色。根再生能力弱，易受高浓度肥料和盐分的危害。

2. 茎

茎为横生地下根状茎，通常称为藕或藕根，又称为莲鞭。藕有明显的节和节间，可分成

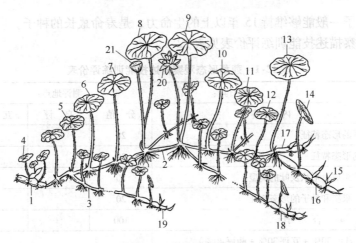

图 12-1 莲藕植株全形

1—种藕 2—主藕鞭 3—侧藕鞭（分枝） 4—水中叶 5—浮叶 6—立叶 7~8—上升阶梯叶群
9~12—下降阶梯叶群 13—后栋叶 14—终止叶 15—叶芽 16—主鞭新结成的主藕
17—主鞭新结成的侧藕 18—侧鞭新结成的藕 19—根须 20—荷花 21—莲蓬

藕头、藕身和后把 3 个部分。作为产品器官，藕头品质最佳，藕身次之，后把最差。莲鞭的分枝能力较强，其顶芽和腋芽都可生出藕鞭，分别称为主鞭和侧鞭。主藕鞭的腋芽可形成新的藕鞭，即一级侧鞭，也称为子藕，其上的腋芽又复生侧鞭，即二级侧鞭，也称为孙藕。

藕既是产品器官，又是繁殖材料，种藕栽植后，顶芽能横走地下，伸为莲鞭，形成新的植株，所以是繁殖材料的最重要部分。

3. 叶

莲藕的叶称为荷叶，藕鞭的每个节都可向上抽生出叶片，单叶，顶生，近圆形或盾形，全缘，正面为绿色，有蜡粉，背面为灰绿色。叶柄呈圆柱形，表面密生刚刺。

从种藕顶芽中产生的小叶称为钱叶，或称为荷钱，它的出现说明种藕已经萌发。从主藕鞭第 1~4 节上生出略大一些的叶称为浮叶，它的出现标志着主藕鞭已经开始延伸渐进。钱叶与浮叶的叶片较小，直径约 20~25cm，叶柄细软，不能直立，均属于浮水叶。从主藕鞭第 5~6 节以后长出的叶称为立叶，立叶的出现说明植株已进入营养生长期，立叶属于挺水叶。立叶初出水面时，两侧内卷成梭形，其方向就是藕鞭前进的方向，故可依此判断藕鞭的走向。长在同一条藕鞭上的立叶群，逐叶由低到高形成上升阶梯立叶群，再由高到低形成下降阶梯立叶群。

藕鞭和新种藕后把之间的节上长出的一张较大且刚刺较短的立叶称为后把叶或后栋叶，后把叶前方再生出一枚，称为终止叶。终止叶叶片较小，有的呈半展状，有的向前方卷合。终止叶出现时，标志着进入结藕期。后把叶与终止叶连线的前方就是新藕着生的位置，挖藕时可作为判断新藕方位的标志。

4. 花、果实和种子

莲藕的花称为荷花、莲花，单生，白色或粉红色，两性花。莲花自清晨渐次开放，至15~16 时闭花。一朵花开闭 3~4d 后凋谢，留下大花托，称为莲蓬。开花受精后，每一个子房发育成一个椭圆形的坚果，即为莲藕的果实。内有 1 粒种子，称为莲子，从开花至种子成熟需 30~40d。莲子也可作繁殖材料，但当年不能形成肥大种藕，且后代容易分离变异，故很少应用。莲子一般能够维持 15 年以上的生命力，是寿命最长的种子。

莲藕形态观察描述技能训练评价表见表 12-1。

**表 12-1 莲藕形态观察描述技能训练评价表**

学生姓名： 测评日期： 测评地点：

| | 内　　容 | 分　值 | 自　评 | 互　评 | 师　评 |
|---|---|---|---|---|---|
| 考评标准 | 根系的形态特征 | 20 | | | |
| | 茎的形态特征 | 30 | | | |
| | 叶的组成、形状及叶的类型 | 30 | | | |
| | 花、果实和种子的形态特征 | 20 | | | |
| 合　　计 | | 100 | | | |
| 最终得分（自评 30% + 互评 30% + 师评 40%） | | | | | |

### （二）生长发育周期

莲藕的生长发育周期一般分为幼苗期、成苗期、花果期、结藕期和休眠期 5 个时期。

**1. 幼苗期**

从种藕根茎萌动开始，到第 1 片立叶展出为止。在平均气温上升到 15℃时，莲藕开始萌动，这一时期长出的叶片全部是浮叶。在长江中下游地区，一般 4 月上旬，莲开始萌动长出浮叶。在华南及西南的云南地区，莲在 3 月上旬就开始萌动生长，而华北的河南、山东等地在 4 月下旬或 5 月上旬才开始萌动生长。东北地区要到 6 月上旬才开始萌动。一般情况下，莲的萌动期是莲藕定植的最佳时期。

**2. 成苗期**

从出现第 1 片立叶开始到现蕾为止。长江中下游流域一般从 5 月中旬开始进入成苗期。这一时期的典型特征是植株生长速度加快，叶片数不断增加，总叶面积加大。

**3. 花果期**

从植株现蕾到出现终止叶为止。花期一般延续 2 个月左右。长江中下游流域一般 6 月开始现蕾开花，7 ~ 8 月为盛花期。从开花到种子成熟需 30 ~ 40d。

**4. 结藕期**

从后栋叶出现到植株地上部分变黄枯萎为止。莲生长到一定时期，根状茎开始膨大形成藕，早熟品种一般在 7 月上旬，中晚熟品种在 7 月下旬或 8 月上旬开始结藕。到初霜来临，植株停止生长，新藕可随时采收，或在地下越冬，翌春采收上市或作种。

**5. 休眠期**

从植株地上部分变黄枯萎，新藕完全形成后，直到第二年春天腋芽、顶芽开始萌发为止。长江流域一般在 10 月下旬到第二年 3 月为藕的越冬休眠期。

### （三）对环境条件的要求

**1. 温度**

莲藕是喜温植物，8 ~ 10℃种藕开始萌芽，萌芽适温为 15℃左右，生长适温为 20 ~ 30℃，昼夜温差大，白天气温为 25℃左右，夜间温度为 15℃左右，利于莲藕膨大。休眠期要求 5℃以上，否则藕体易受冻腐烂。

### 2. 光照

莲藕喜光，不耐阴，生长发育期时期要求充足的光照。对光照长短的要求不严格，长日照利于茎、叶生长，短日照利于结藕。

### 3. 水分

莲藕在整个生育期内不能离水，萌芽生长阶段要求浅水，水位在 5～10cm 为宜。随着植株进入旺盛生长阶段，要求水位逐步加深至 30～70cm。以后随着植株的开花、结果和结藕，水位又逐渐落浅，直至莲藕休眠越冬，只需土壤充分湿润或保持浅水。水位过深，易引起结藕迟缓和藕身细瘦。要求水位稳定，切忌暴涨猛落。水位猛涨，淹没荷叶 1d 以上，易造成叶片死亡。水位深浅因品种而异，同一品种在浅水中种植时莲藕节间短，节数较多，而在深水中种植时节间伸长变粗，节数减少。

### 4. 土壤营养

莲藕喜富含有机质、土层深厚松软、淤泥层达 30cm 以上的壤土和黏壤土，适宜 pH 值为 6.5～7.5。莲藕要求氮、磷、钾三要素并重，品种间也存在一定差异。子莲类型的品种，氮、磷的需要量较多。藕莲类型的品种，则氮、钾的需要量较多。

### 5. 风

莲藕的叶柄和花梗都较细脆，而叶片宽大，易招风折断，折断后如遇大雨或水位上涨，使水从气道中灌入地下茎内，引起地下茎腐烂。生产上常在强风来临前灌深水，以稳定植株，减轻强风对莲藕的危害。

## 二、品种类型与优良品种

根据藕莲对水位适应性不同可分为浅水藕和深水藕两种类型。

### （一）浅水藕

浅水藕适宜于水田、浅塘或沤田栽培。水位多在 10～30cm，最深不超过 80cm。浅水藕多为早、中熟品种。优良品种有苏州花藕、杨藕 1 号、鄂莲 1 号、科选 1 号、浙湖 1 号、武植 2 号、海南州藕、湖北鲜花藕、嘉鱼藕、杭州白花藕、南京花香藕、江西无花藕等。

### （二）深水藕

深水藕适于池塘和湖荡栽培。水位多在 30～60cm，最大水深不超过 100cm，夏季涨水期能耐 1.3～1.7m 深水，深水藕多为中、晚熟品种。优良品种有鄂莲 2 号、小暗红、湖南泡子、湖北芝麻湖藕、安徽雪湖藕、家塘丝藕、广州丝藕、丝苗、浙江金华红花藕、武汉大毛节等。

## 三、栽培季节与茬口安排

莲藕多在炎热多雨季节生长。长江流域 4 月中旬至 5 月上旬栽植，7 月下旬开始采收；华南地区无霜期长，可于 2 月下旬栽植，6 月开始采收；华北各省在断霜后栽植，8 月中旬开始采收。湖荡水深，土壤温度低，须待水温转暖、温度稳定时栽植。浅水藕选择早熟品种进行塑料小棚覆盖栽培，可较露地提前 10～15d 栽植，前期盖膜 30～40d，可提早采收 10d 以上。大棚藕可提前 1 个月栽植，采收期也可提前 1 个月。

浅水藕主要有藕稻、藕与水生蔬菜轮作等形式，深水藕有藕蒲轮茬、藕鱼兼作、莲荸间作等形式。水生类蔬菜，在生产上是许多作物良好的前茬，能减轻后作病虫害。

## ● 任务实施的生产操作

### 一、整地施肥

藕田要选择避风向阳、保水蓄肥、富含有机质的粘壤土。湖荡应选择水流平缓，水位稳定，最高水位不超过100～130cm，淤泥层达20cm的地方栽种。新开藕田应先耕翻，并筑固田埂。在栽植前半个月施足基肥，每耕667m² 施人粪尿3000～4000kg或绿肥、厩肥5000kg、草木灰50～100kg。耕翻20～30cm，耙平。栽藕前1d再耙1次，使田土成为泥泞状态，平整土面，灌水深3～5cm，待栽。

### 二、种藕选择

选择分枝多，抗逆性强，品质好的品种。种藕应后把节较粗，顶芽完整，无病虫害，并且具有本品种特征、特性。一般洼地、稻田适宜浅藕栽培，要求单支藕具有完整的两个节，单藕重250g以上。水沟、河湾、水塘、湖泊适宜深水藕栽培。要求母藕、子藕整株种植，因为种藕从萌芽到荷叶出水所需要的时间较长，消耗的养分较多，整支藕内贮藏的养分较多，且可在主藕和子藕间自行调节，有利于齐苗、壮苗。如用子藕做种藕，子藕必须向同一方向生长且粗壮，否则新株发芽力弱，影响分枝数和产量。

### 三、栽植

1. 栽植前准备

藕栽植前，从留种田中将种藕挖出。挖种藕时，不能损伤藕身藕节，否则栽后泥水灌入藕孔，易引起腐烂。种藕必须带泥，运输过程中应注意保湿，严防碰伤。为避免因栽植过早、水温过低，引起烂株缺株，可在栽植前将种藕催芽。先将种藕置于室内，上、下垫盖稻草，每天洒水1～2次，保持堆温20～25℃，15d后芽长6～9cm即可栽植。

2. 适期栽植，合理密植

一般在当地日均温稳定在15℃以上时种植，排藕时期在春霜停止后，不宜太迟。

早熟品种栽植密度为行距1.2～1.5m，株距0.6～1m，每穴栽植带有3～4个藕头的种藕一支。如用子藕则每穴栽植2支，一般每667m² 用种量为1000支。中晚熟品种行距为1.5～1.8m，株距0.8～1m，一般每667m² 用种量为400支。

3. 栽植方法

浅水栽培时，先将藕种按规定株行距排在田面上，要求在四周距田埂1m处设边行，当相对排列时，应加大行距，使莲鞭在田间规则生长，避免拥挤。栽植时，将种藕顶芽稍向下埋入泥水中12cm深，后把节稍翘在水面上，以接受光照，提高温度，促进发芽。栽后抹平藕身和脚印，保持3～5d浅水。塘、湖深水栽藕时，将种藕每3支捆成一把，放在小船内，人下水先用脚在水底开沟，沟深为15～20cm，然后将藕插入沟中，再用脚将泥盖上，栽后用芦秆插立标记，以便于计数和防止踩坏。在风大的水体中栽藕时，应在距离藕田或藕荡外2～3m处栽植茭白或蒲草，用以防风挡浪，保护植株。

### 四、藕田管理

#### 1. 水位调节

浅水栽藕水位管理掌握由浅到深，再由深到浅的原则。栽植前放干水田，栽植后至萌芽阶段保持浅水，加水深 3～5cm 以提高水温，促进发芽。随着气温的上升，植株生长旺盛，逐渐加深水位到 15～20cm，以促进新生立叶生长，抑制地下细小的分枝发生。后期立叶满田，并出现后把叶，将水位落浅至 10～15cm，以促进嫩藕成熟。

池塘深水藕要随时调节水位，即由浅到深，再由深到浅。栽植前后水位要尽量放浅至 10～30cm，随着立叶与莲鞭的旺盛生长，逐渐加深水位至 50～60cm，结藕期间，水位又放落至 10～30cm。夏至后因暴雨、洪水淹没立叶，要在 8～10h 内紧急排涝，防止植株死亡而减产。

一般应在采收前 1 个月放浅水位，促进结藕。

#### 2. 追肥

莲藕喜肥，一般以重施基肥为主，追肥只占全生育期的 30%。排种密、采收早更要多施肥。排藕后分两次追肥，第 1 次在栽植后 30～40d，生出 6～7 片荷叶时，每 667m² 施人粪尿 1000～1500kg，促进发棵。第 2 次在栽植后 50～55d，田间已长满立叶，部分植株出现高大后把叶时重施催藕肥，每 667m² 施人粪尿 1500～2000kg 或尿素 20kg 和过磷酸钙 15kg。每次追肥前 1d 应放干田水，将肥施在浅水田，施后 1d，待肥料渗入土中，再灌到原来的深度。追肥后要将荷叶冲洗干净，以免烧伤叶片。同时也要防止因施肥过多，地上部分生长过旺，立叶贪青徒长，延长结藕期，使产量降低。施肥应在晴朗无风天气，不可在烈日下进行。

#### 3. 除草、摘叶、摘花

从栽植到立叶封行前，应进行 2～3 次中耕除草。齐苗后进行第 1 次除草，拔下杂草随即塞入藕头下面塘泥中，作为肥料。定植后 1 个月左右，浮叶渐枯，应及时摘除。同时结合施肥进行第 2 次中耕除草。生长出 5～6 片立叶时封行，早藕开始坐藕，不宜再下田除草，以免碰伤藕身。此时除草应在卷叶的两侧进行。莲藕以采藕为目的，开花结籽消耗养分，如有花蕾发生应将花梗曲折，不可折断，以免雨水侵入引起腐烂。

#### 4. 拨转藕头方向

莲藕旺盛生长期，莲鞭迅速生长，两侧产生分枝，并不断作扇形向前伸展。当新抽生的卷叶离田埂边 1m 左右时，表明藕鞭的梢头已逼近田埂，为防止藕头穿越田埂，田外结藕，应及时将其拨转方向。每次除草时，随时将接近田边的藕头向田内拨转，生长盛期每 2～3d 拨转 1 次。如天气不好，生长缓慢，则 7～8d 拨转 1 次，共转 5～6 次。转头应在中午茎叶柔软时进行，藕头很嫩，拨转时扒开表土，并将后把节一起托起，转好后再用泥土压好。

### 五、采收

#### 1. 嫩藕的采收

长江流域，早熟品种新藕一般在 7 月下旬到 8 月上旬成熟，此时藕嫩，含糖量高，易挖断，一般不放干水。嫩藕采收前几天摘除立叶，使藕身上的锈斑脱去。保留后栋叶和终止叶，并根据后栋叶和终止叶的走向确定地下藕的位置，用手扒出嫩藕。

### 2. 老藕的采收

晚熟品种或晚收早中熟品种，一般在9月上旬到10月中、下旬采收，此时藕已充分成熟，荷叶全部干枯，但终止叶较柔嫩，据此可判断地下藕的位置。在挖藕前10d，将藕田水排干。用铁锹先将藕身下面的泥掏空，然后慢慢地将藕分层向后拖出；也可利用藕身各节通道的特征，将终止叶放水中，再找后把叶，折断吹气，如终止叶冒出气泡，即说明这2片叶是长在一根藕上，即可顺着藕找到莲鞭，并在藕节前留3cm折断，以免泥水灌入气孔。

## 六、留种

留种田应选择生长良好，符合本品种特性的田块，每667m²留种田可供5~6个667m²的用种量。种藕必须留田越冬，到春季临栽植前随采、随选、随栽。长江以北地区，冬季气温较低，必须保持一定的水深，防止种藕受冻。

---

### 生产操作注意事项

1. 栽植时应注意水的深度，一般适宜水深在100cm以下。
2. 除草时注意不要伤到莲藕。
3. 施肥应在晴朗无风天气，不可在烈日下进行，追肥后要将荷叶冲洗干净。
4. 如有花蕾发生应将花梗曲折，不可折断，以免雨水侵入引起腐烂。

---

# 任务二　茭白生产

## ● 任务实施的专业知识

茭白，又叫茭笋，为禾本科菰属多年生宿根沼泽草本植物，如图12-2所示。在长江流域以南、台湾等地，尤其江浙太湖一带多利用浅水沟、低洼地广泛种植，华北地区也有零星栽培。茭白肉质整洁、白、柔嫩，含有大量氨基酸，味鲜美，营养丰富，可煮食或炒食，是我国特产的优良水生蔬菜。

## 一、生物学特性

### （一）形态特征

1. 根

茭白的根为须根，在分蘖节和匍匐茎节上环节抽生，数目多。长20~60cm，粗2~3mm，入土30cm。

2. 茎

茭白的茎可分地上茎和地下茎两种。地上茎

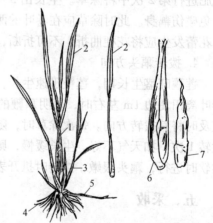

图12-2　茭白植株及茭白肉质茎
1—肉质茎　2—叶　3—分蘖　4—根　5—地下根状茎　6—带叶的肉质茎（茭白）
7—除去叶鞘的肉质茎（茭肉）

（俗称薹管）由叶鞘抱合成短缩状，部分埋入土中，其上发生多数分蘖，形成株丛，称为"茭墩"。由于茭白植株体内寄生着黑穗菌，其菌丝体随植株的生长，地上茎生长到10节以上，到初夏或秋季抽薹时，主茎和早期分蘖的短缩茎上的花茎组织受菌丝体代谢产物——吲哚乙酸的刺激，基部2~7节处分生组织细胞增生，膨大成肥嫩的肉质茎（菌瘿），即食用的茭白。地下茎为匍匐茎，横生于土中越冬，其先端数芽翌年春萌生新株，称为"游茭"，新株又能产生新的分蘖。

**3. 叶**

茭白的叶着生在短缩茎上，株高1.6~2m，有叶5~8片。由叶片和叶鞘两部分组成。叶片长披针形，长100~160cm，宽3~4cm。叶鞘长40~60cm，自地面向上层层左右互相抱合，形成假茎。叶片与叶鞘相接处有三角形的叶枕，称为"茭白眼"。此处组织柔嫩，病菌容易侵入，浇水时水深不能超过叶枕。

**（二）生长发育周期**

茭白一般不开花结实，以分蘖和分株进行无性繁殖。

**1. 萌芽期**

入春后3、4月，越冬母墩上的休眠芽萌发、出苗至长出4片叶，需40d。

**2. 分蘖期**

从新苗出现定型叶开始，到大部分新苗分别生长为株高具有6~7片叶的单株，每株基部抽生1~2次分蘖为止。从4月下旬开始，每一株可产生10~20个以上分蘖，此期植株生长量大，到8月末已封行。

**3. 孕茭期**

从茎拔节到肉质茎膨大充实。花茎受黑粉菌刺激肥大形成肉质茎，单个肉质茎孕茭需8~17d，全田植株孕茭一般持续30~60d。双季茭6月上旬至下旬孕茭一次，8月下旬至9月下旬又孕茭一次。单季茭为8月下旬至9月上旬才孕茭。

茭白形成后，如不及时采收，则菌丝体继续蔓延，产生厚垣孢子，肉质茎内出现不同程度的黑点，成为不能食用的灰茭。有些植株生长特别健壮，抗病力强，不被黑粉菌丝侵染，花茎不膨大，称为雄茭，如图12-3所示。灰茭、雄茭都没有食用价值，应严格选种，在田间及早排除。

**4. 休眠期**

从叶片全部枯死，地下茎休眠芽越冬开始，到翌春休眠芽开始萌发为止，约需80~150d。

**（三）对环境条件的要求**

**1. 温度**

茭白喜温不耐寒冷和高温干旱。5℃以上开始萌芽，适宜温度为10~20℃，分蘖期适宜温度为20~30℃。孕茭期适宜温度为15~25℃，低于10℃或超过30℃就不能孕茭，15℃以下分蘖停止，地上部生长也逐渐停滞，5℃以下地上部枯死，地下部分开始休眠，在土中

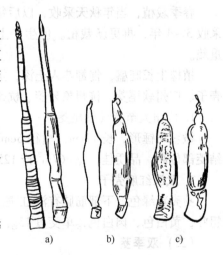

图12-3 雄茭、正常茭与灰茭茎部比较图

a）雄茭 b）正常茭 c）灰茭

越冬。

### 2. 水分

茭白是水生植物，一般整个生长期间不能断水，但茭白又是出水植物，所以水层又不能太深。水位要根据茭白不同的生育阶段进行调节。植株从萌芽到孕茭，水位要逐渐加深，从5cm逐渐加深到25cm。休眠期要保持土壤湿润。

### 3. 光照

茭白生长和孕茭都要求阳光充足，空气流通。因茭白植株高大，田间容易郁蔽，所以种植茭白要进行合理的密植，生长后期要勤除黄叶、老叶，增加通风透光，光照条件好，有利于分蘖的产生。单季茭在短日照时才能抽生花茎和孕茭，双季茭对日照要求不严格。

### 4. 土壤条件

茭白对土质要求不高，但不宜连作。以耕作层深达 20～25cm、富含有机质、保水保肥的粘土和粘质土壤最好。茭白植株高大，生长期长，需肥量大，需要肥沃的土壤，多施基肥，并分次追肥，要求有充足的氮肥和适当的磷钾肥。每生产 1000kg 茭白需氮 14.4kg、五氧化二磷 4.9kg、氯化钾 22.8kg。

## 二、品种类型与优良品种

根据茭白生产季节可分为单季茭（一熟茭）和双季茭（两熟茭）两种类型。单季茭分布广，双季茭主要分布在江南一带。

### （一）单季茭

春季栽植，当年秋天采收，以后每年秋季都可采收。此类型对肥水要求较宽泛，可连续采收 3～4 年，再更新栽植。但生产上为保持品种特性和获得高产，多进行年年选种换田重栽。

植株生长旺盛，匍匐茎入土深，抗旱，但产量较低。优良品种有广州大苗茭、武汉红麻壳子、广州软尾茭、杭州象牙茭、杭州一点红、常熟寒头茭等。

#### 1. 广州大苗茭（硬尾茭）

嫩茎纺锤形，长 17cm，横径 6cm，具 3～4 节，单茭重 15～20g。耐热耐肥，肉白色，结茭部位高。品质佳，每 667m² 产 1250～1500kg，广州 9～11 月采收。

#### 2. 武汉红麻壳子

茭壳青绿色，下部筋脉有淡红斑。茭肉肥大，长 30cm，横径 4.5cm，棒槌形，中下部粗壮，黄白色，肉白色，单茭重 15g，肥嫩，品质好。

### （二）双季茭

春季或早秋栽植，当年秋季采收一季，称为秋茭，翌年夏季再采收一季，称为夏茭，以后换田选种栽植。此类型对肥水要求较高，优良品种有无锡晏茭、苏州小蜡台、杭州半大蚕茭、苏州中秋茭、浙茭 2 号、浙茭 5 号、无锡早夏茭、宁波四九茭、杨茭 1 号等。

#### 1. 无锡晏茭

分蘖旺盛、晚熟、茭笋肥大、品质最佳，产量高，肉茎表面有许多瘤状突起皱纹，色白，每 667m² 产秋茭 750～1000kg，夏茭 1250～1500kg。

#### 2. 苏州小蜡台

茭笋肉短而圆，节位突出成盘，形似蜡台，顶尖，两端细中间粗而圆，肉质结实，味甜，纤维少，单茭重30g。在中熟品种中品质为最好。每667m² 产秋茭600kg，夏茭1250～1500kg。

### 3. 杭州半大蚕茭

茭笋自3～4节而成，长18～24cm，横茎3cm，单茭重57g左右，表面色淡绿，肉纯白，品质佳。每667m² 产秋茭350～400kg，夏茭1250～1500kg。

## 三、栽培季节与茬口安排

### （一）栽培季节

栽培茭白地区的无霜期需150d以上。长江中下游地区，一熟茭一般在4月定植，两熟茭分春栽和秋栽两种，春栽在4月中、下旬进行，秋栽在7月下旬至8月上旬进行，秋茭早熟品种多进行春栽，晚熟品种可进行秋栽。

浙江等地采用保护地栽培，1月下旬覆盖小拱棚，4月上旬揭棚，4月末开始采收，可提早上市和提高产量；还可用遮阳网覆盖栽培秋茭，可提早到8月末上市。

### （二）茬口安排

茭白需肥量大，又容易发生病虫害，应进行轮作。低洼水田可与莲藕、慈姑、荸荠、水芹、蒲草等轮作。在地势高的水田，可与水稻轮作。也可与旱生蔬菜轮作，水旱轮作能明显提高产量。

## ● 任务实施的生产操作

### （一）整地、施肥

选择浅水洼地或稻田栽植，水位不超过25cm，最好为粘壤土。可放干水的地块，干耕20cm左右，晒垡或冻垡。每667m² 施入腐熟的厩肥或粪肥4000～6000kg，耕耙平整，灌水深2～3cm。不能放干水的低洼水田，可带水翻耕。在茭田周围筑田埂高25～30cm，拍实以防漏水。

### （二）栽植方法

### 1. 选好秧苗

采用分蘖繁殖，茭白种性易变异，须年年选择母种留种。优良母株的标准是：生长整齐，植株较矮，分蘖密集丛生；叶片宽，先端不明显下垂，各包茎叶高度差异不大，最后一片心叶显著缩短，茭白眼集中色白；茭肉肥嫩，长粗比值为4～6；薹管短，膨大时假茎一面露白，孕茭以下茎节无过分伸长现象；整个株丛无灰茭和雄茭。另外，茭白包茎叶的平均宽度和由心叶向外数第二片叶的宽度，与茭肉重量呈正相关，这种相关可作为选种的参考。种株选好后，做出标志，翌年春苗高约30cm时，将茭墩带泥挖出，先用快刀劈成几块，再顺势将其分成小丛，每丛5～7株。分劈时应尽量少伤花茎。分墩后将叶剪短到60cm左右，减少水分蒸发。

### 2. 栽植时间

定植气温以15～20℃为宜，一般在5月上旬至5月末。一个熟茭孕茭前要有100～120d生长期，定植后20～30d开始分蘖，当年能产生10个有效分蘖。

### 3. 栽植形式

栽植密度行距60～100cm，株距25～30cm，最好用宽窄行，两行一组。茭苗应随挖随栽。

### （三）田间管理

#### 1. 水分管理

茭白不同生育生长期对水的深度要求不同，一般掌握由浅到深，再由深到浅的管水原则。茭苗定植后应深水护苗，促进缓苗，缓苗后保持浅水层 5～6cm，以利于提高土温，促进茭苗根系早生快发，特别是到严冬季节，夜间最好保持深水层 10～13cm 护苗度冬。春暖后再浅水促蘖，分蘖后期适当深灌，保持水层深度 10～13cm，控制无效分蘖的发生。暑天气候炎热，应加深水层，降低土壤温度，延长结茭期的生长时间，促进茭白增大。孕（结）茭时，为达到茭白软、肥大的目的，水层管理方面应采用深灌，但水深不能超过茭白眼（心叶），而结茭生长到一定时间，单支茭白逐渐停滞生长，水位也应逐渐降低。

#### 2. 追肥

追肥应根据茭白生长发育情况看苗分期施用，掌握轻催苗肥，巧施长粗肥。

1）移栽半个月左右，应施催苗肥，以促进生长和早生分蘖，每 667m² 施用碳酸铵 20～25kg。

2）茭苗分蘖高峰期，如果此时叶色偏淡，而每穴又不足 15 棵苗，每 667m² 可以施用碳酸铵 15～20kg，促进增粗。如叶色浓绿，每穴达 15 棵苗以上，生长势强，则不需追肥。

3）早熟茭白苗开始结茭，需要重施孕茭肥，以促进孕茭肥大，增加产量。如果茭苗茎秆由圆变扁，叶子往两边分，呈蝙蝠状的苗占全田 20%～30% 时，为施孕茭肥适宜时期。过早追肥，则促进营养生长，延迟结茭；过迟追肥，则达不到施肥效果。一般孕茭肥每 667m² 可以追施碳铵 40～50kg。

4）微肥。3 月中下旬使用磷酸二氢钾等微量元素进行根外喷施，有利于茭白养分的平衡，可提高茭白的抗逆性和品质，增加茭白的产量。在每次施用肥料时，需要先落浅田水，然后顺行撒施或进行土壤深施，第 2 天才能复水，以便提高肥料利用率，特别值得注意的是追施肥料应距离茭苗 2～3cm，避免烧苗现象发生，导致缓苗推迟茭白结茭期。

#### 3. 除草

茭苗栽植成活后至封行期间，最好能结合追肥耘耥除草，使土壤活化，提高土壤通透性和土壤温度，提高肥料利用率，促进茭苗生长，一般除草 2～3 次。

#### 4. 疏苗、剥去黄叶

为使茭苗大田通风透光良好，要及时拔除株丛内过密的弱分蘖（小苗），同时用泥填入株中间，使植株向四周展开生长。在生长发育后期，及时将植株外围的黄叶和老叶剥去。

### （四）适时收获

#### 1. 采收标准

茭白的采收标准为 3 片外叶长齐，心叶短缩，叶片、叶鞘交接处束成腰状，茭茎变粗变圆，茭白显著肥大，叶鞘开裂，茭白露白 1cm。过迟采收，茭肉发育、质地粗糙、品质下降；过早采收，茭白嫩而产量低。

#### 2. 采收时间

一般夏茭在 5～7 月陆续成熟，采收期长达至 10 个月。由于气温高，易发青，应 2～4d 采收 1 次。秋茭 9～10 月采收，前期每隔 4～5d 采收 1 次，后期每隔 6～7d 采收 1 次。

### 3. 采收方法

采收时先将茭白与茎基部分开，秋茭自结茭下部节间处折断，夏茭连根拔起。削去薹管和叶片，留叶鞘 30cm。注意不伤邻近未成熟的幼茭和根株，以免影响当年和翌年生产。茭白最好鲜收鲜销，如要外运，可带壳放置荫凉处浸入水中，或剥出茭白，每 20～30 支一捆、浸入 1%～2% 的明矾水中，可保存 7d 左右。采收时应注意清洁田园，防止病虫害的发生。

茭白生产技能训练评价表见表 12-2。

**表 12-2 茭白生产技能训练评价表**

| 学生姓名： | | 测评日期： | | 测评地点： | | |
|---|---|---|---|---|---|---|
| | 内　　容 | | 分　值 | 自　评 | 互　评 | 师　评 |
| 考评标准 | 整地、施肥方法正确，施肥种类、数量适当 | | 30 | | | |
| | 栽植时期、方法合适 | | 20 | | | |
| | 田间管理及时，技能熟练 | | 30 | | | |
| | 采收期适宜，方法正确 | | 20 | | | |
| 合　　计 | | | 100 | | | |
| 最终得分（自评30% + 互评30% + 师评40%） | | | | | | |

---

**生产操作注意事项**

1. 根据茭白不同生育生长期，对水分管理应掌握由浅到深，再由深到浅的管水原则。

2. 追施肥料应距离茭苗 2～3cm，避免烧苗现象发生，导致缓苗推迟结茭期。

### ● 水生蔬菜主要的病虫害

莲藕一般病虫害不严重。病害主要有腐败病，轻时叶片发黄，严重时病株枯萎死亡；虫害有蚜虫、斜纹夜蛾，可分别用 50% 的可湿性灭蚜粉剂和 90% 精制敌百虫药液除治。

茭白易发生白叶枯病、锈病等，易受叶蝉、蚜虫的危害，应及时防治。

## 练习与思考

1. 进行水生类蔬菜育苗定植和水肥管理，操作结束后，写出技术报告，并根据操作体验总结出应注意的事项。

2. 进行水生类蔬菜播种前种子处理和播种生产，记录栽植、发芽、生长情况，填表 12-3，并进行分析总结。

**表 12-3　水生蔬菜栽植、发芽、生长情况记录表**

| 蔬 菜 名 称 | 播种时间<br>（年、月、日） | 嫩芽出土时间<br>（年、月、日） | 发芽势<br>（%） | 真叶展现时间<br>（年、月、日） | 出芽率<br>（%） |
|---|---|---|---|---|---|
|  |  |  |  |  |  |

3. 实地调查，了解当地水生蔬菜主要栽培方式和栽培品种及特性，填表 12-4，并分析生产效果，整理主要的栽培经验和措施。

**表 12-4　当地水生蔬菜主要栽培方式和栽培品种及特性**

| 栽 培 方 式 | 栽 培 品 种 | 品 种 特 性 |
|---|---|---|
|  |  |  |
|  |  |  |
|  |  |  |

4. 如何培育茭白壮苗？

# 课 程 标 准

## 一、课程的性质及目标

《蔬菜生产技术》是现代种植专业的必修专业课程之一，是园艺技术专业的主干专业课，其先修课程有《植物及植物生理》、《植物生产环境》、《园艺设施》等；是《园艺植物遗传育种》、《蔬菜种子生产技术》及《园艺植物病虫害防治》等课程的前导课程。本课程主要讲授蔬菜生产的相关专业知识、基本技能和各类蔬菜的生产技术，使学生了解常见蔬菜作物的生物学特性、生长发育周期和栽培生产的关系，了解当地的品种类型与优良品种，掌握生产方式和生产技术，并掌握当前蔬菜生产推广应用的新技术和高效栽培技术，为以后从事蔬菜生产与技术指导和生产经营管理奠定坚实的基础。

## 二、知识和能力结构分析

《蔬菜生产技术》课程按照高等职业教育教学改革的要求，在内容选择上以任务实施的相关生产操作为主旨，任务实施的相关专业知识以"必需、够用"为原则，突出蔬菜"两高一优"生产的针对性和实用性。

本课程共学习十二个项目，前两个项目介绍蔬菜生产的技术基础和生产安排，包括蔬菜生产的基础知识、基本技术、采收及采后处理栽培季节及茬口安排等。项目三至项目十二主要学习蔬菜的高产高效生产，包括白菜类、根菜类、茄果类、瓜类、豆类、葱蒜类、薯芋类、绿叶菜类、多年生蔬菜、水生蔬菜的栽培生产技术，是对前两个项目的任务实施相关专业知识和任务实施相关生产操作的综合应用。

在实施的过程中，按农时季节和生产过程组织教学内容，采用"项目引导—任务驱动"的教学模式，以蔬菜生产工作过程为导向，以任务实施的相关专业知识和生产实践技能为重点，以专业能力培养为中心，以技能为单位，以生产为载体，使理论与实践融为一体，突出蔬菜生产实践技能训练。以基本技能为单位组织引导学生参与到栽培生产过程中，采用校内外生产基地相结合，实践教学、理论教学和生产实践相结合，教学、生产和科研相结合，教师、工人和学生相结合等形式，指导学生以学习团队为单位从事蔬菜生产，将课程内容置于蔬菜生产过程的工作任务中，使学生在"做"中学习，并进行技能训练和考核，通过动手操作掌握生产技术，能独立应用、分工合作，从而提高操作技能、积累生产经验，培养学生自主学习、自我发展的能力和对专业知识、技能的综合运用能力，达到熟练掌握蔬菜生产技术的目的。

## 三、教学起点

本课程应在学习《植物及植物生理》、《植物生产环境》、《园艺设施》和《植物保护》等课程的基础上开设，一般安排在春、秋两个季节完成。

## 四、课程大纲

适用专业：种植专业

### （一）课程教学目标

1. 知识教育目标

1）了解蔬菜的形态特征和生物学分类，了解生长发育周期以及各生育时期特点和栽培生产的关系。

2）掌握各类蔬菜对温度、湿度、光照、土壤营养等方面的要求和栽培生产的关系。

3）了解蔬菜栽培季节与栽培茬口的安排原则与方法。

4）了解当前蔬菜栽培的应用和发展情况。

5）掌握当地主要蔬菜的优良品种、高产高效的栽培模式和配套生产措施。

2. 能力教育目标

1）正确识别蔬菜和蔬菜种子。

2）能准确确定土壤耕翻适期和深度，会整地作畦；能确定基肥施用种类和数量；能确定移栽日期、密度和方法。

3）熟练掌握蔬菜常用的育苗技术，能根据市场需要和消费习惯，选择栽培品种；会进行种子选择与浸种催芽操作；能制作温床，并根据不同蔬菜特性配制育苗基质；能确定播种量，适时播种；能根据秧苗长势，调整管理措施；能诊断并防治苗期病虫害；会进行苗期低温锻炼操作，培育壮苗。

4）能够准确判断蔬菜的生长发育时期，并对蔬菜的生长发育情况作较为准确的田间诊断，能根据蔬菜长势，调整环境促控措施；能识别常见缺素症，根据植株长势，调整肥水管理技术；能准确采取植株调整措施；能诊断常见病虫害，组织实施病虫害综合防治。

5）熟练掌握主要蔬菜的高产优质栽培技术，熟悉当前蔬菜生产推广应用的新技术、新品种、新设施等。

6）能根据蔬菜质量标准，确定采收适期和采收方法；能选定分级标准，进行采后处理。

7）能组织、实施年度生产计划，制定蔬菜生产技术操作规程；熟悉蔬菜营销的基本知识以及对蔬菜生产的要求。

3. 情感教育目标

1）培养学生具备热爱农业、热爱科学，认真、踏实、严谨的科学态度和实事求是、勇于创新的工作作风和良好的社会责任感。

2）强化职业道德观念，培养学生具有吃苦耐劳和团结协作的团队合作精神。

**（二）教学内容与要求**

**绪论**

了解蔬菜的定义、营养价值和蔬菜生产的特点，理解我国蔬菜栽培区域及特点和我国蔬菜生产的现状、存在的问题及发展趋势。了解蔬菜生产技术课程的学习任务、方法及本课程学习的建议。

**项目一　蔬菜生产技术基础**

**1. 任务实施的相关专业知识与目的要求**

了解蔬菜种子的含义、寿命与使用年限，能够识别常见蔬菜种子的形态；掌握蔬菜种子的质量鉴别与种子播前处理方法；掌握蔬菜育苗营养土的配制、蔬菜播种期确定、播种量计算方法和播种方法及蔬菜幼苗的嫁接技术；掌握育苗技术和苗期管理中常见问题的防治措施；掌握定植技术及田间管理技术；掌握化学控制技术及除草剂使用技术在蔬菜生产中的作用及注意事项；了解商品蔬菜采收时期，掌握采收标准及采收的方法。

**2. 任务实施的相关生产操作内容**

蔬菜种子识别与蔬菜种子催芽处理；育苗基质的配制、处理方法，播种及育苗期管理；定植及田间管理；植物生长调节剂的使用方法及植物生长调节剂在蔬菜生产上的应用；菜田除草剂的使用。

**3. 教学重点**

蔬菜种子识别与蔬菜种子催芽处理，育苗基质的配制、处理方法，植物生长调节剂及除草剂在蔬菜生产上的应用。

**项目二　蔬菜生产安排**

**1. 任务实施的相关专业知识与目的要求**

掌握蔬菜生产季节确定的基本原则与方法；理解蔬菜栽培制度、栽培茬口确定的原则与方法及蔬菜栽培茬口的类型；了解主要季节茬口的生产特点，掌握主要蔬菜茬口安排。

**2. 任务实施的相关生产操作内容**

露地主要蔬菜栽培季节调查，设施主要蔬菜栽培季节调查，蔬菜的排开播种，蔬菜间作、套作、混种、复种设计，蔬菜轮作设计。

**3. 教学重点**

蔬菜生产季节确定的基本原则与方法，蔬菜栽培制度、栽培茬口确定的原则与方法及蔬菜栽培茬口的类型。

**项目三　白菜类蔬菜生产**

**1. 任务实施的相关专业知识与目的要求**

了解大白菜、结球甘蓝、花椰菜和茎用芥菜的形态特征，生长发育周期，对环境条件的要求及与栽培生产的关系，品种类型，主要栽培茬口安排，主要病虫害的识别与防治；理解白菜类蔬菜共同的生物学特性与栽培特点；掌握大白菜、结球甘蓝和花椰菜直播全苗、育苗、肥水管理技术和产品采收。

**2. 任务实施的相关生产操作内容**

大白菜秋季栽培生产，大白菜春季栽培生产；结球甘蓝育苗，塑料大棚栽培生产，露地栽培生产；花椰菜育苗，露地栽培生产，花椰菜春季设施栽培生产；茎用芥菜及球茎甘蓝栽培生产。

3. 教学重点

大白菜叶球形成规律，夏季大白菜反季节栽培，甘蓝先期抽薹的防治，花椰菜异常花球产生的原因与预防措施，花椰菜花球防护。

项目四　根菜类蔬菜生产

1. 任务实施的相关专业知识与目的要求

了解萝卜、胡萝卜、根用芥菜、牛蒡的肉直根形态与结构，生长发育周期，对土壤和施肥的要求，品种类型，栽培茬口安排，主要病虫害的特征，收获；理解根菜类蔬菜共同的生物学特性与栽培特点；掌握萝卜、胡萝卜、根用芥菜、牛蒡的播种，苗期及田间管理，主要病虫害防治，采收等。

2. 任务实施的相关生产操作内容

秋萝卜栽培生产、春季萝卜栽培生产、冬春萝卜栽培生产；夏秋茬胡萝卜栽培生产、春茬胡萝卜栽培生产；牛蒡栽培生产。

3. 教学重点

萝卜肉质根品质劣变的原因及预防措施，胡萝卜肉质根生长异常的原因及预防措施，胡萝卜的种子播前处理方法，牛蒡畸形根发生的原因及其防治的主要措施。

项目五　茄果类蔬菜生产

1. 任务实施的相关专业知识与目的要求

了解番茄、茄子、辣椒的主要形态特征，分枝结果习性，生长发育周期，对环境条件的要求及与栽培生产的关系，品种类型，主要茬口安排，主要病虫害的特征；理解茄果类蔬菜共同的生物学特性与栽培特点；掌握茄果类蔬菜常规育苗，植株调整，花果管理，化学调控与再生，主要病虫害防治及收获。

2. 任务实施的相关生产操作内容

番茄春季露地栽培生产，露地夏、秋茬番茄生产技术要点，番茄日光温室冬春茬生产，番茄塑料大棚延后生产，樱桃番茄生产技术要点。

露地早春茄子生产，茄子露地越夏连秋生产管理，露地晚茄子生产，茄子日光温室冬春茬生产，日光温室秋冬茬茄子生产。

辣椒春露地栽培技术，辣椒日光温室冬春茬栽培，日光温室早春茬辣椒栽培管理，日光温室辣椒秋延后栽培要点，大、中棚辣椒生产管理要点，干制辣椒栽培生产。

3. 教学重点

番茄、茄子、辣椒的生长及开花结果习性，番茄、茄子的植株调整，保花保果。

项目六　瓜类蔬菜生产

1. 任务实施的相关专业知识与目的要求

了解常见瓜类蔬菜的主要生物学特性，生长发育周期，对环境条件的要求及与栽培生产的关系；品种类型与茬口安排，主要病虫害的特征；理解瓜类蔬菜的共同生物学特性与栽培特点，开花结果习性等；掌握主要瓜类蔬菜的嫁接育苗，整枝、打杈与绑、落蔓，花果管理，肥水管理，病虫害防治技术，采收等。

2. 任务实施的相关生产操作内容

黄瓜嫁接育苗，冬春温室黄瓜生产，塑料大棚黄瓜生产，黄瓜露地栽培生产；西瓜嫁接育苗、塑料大棚春茬西瓜生产，西瓜露地生产；温室冬春茬西葫芦生产，露地春茬西葫芦生产；厚皮甜瓜春茬设施生产，厚皮甜瓜春提前生产，厚皮甜瓜露地生产，厚皮甜瓜秋延后生产，厚皮甜瓜秋冬茬保护地生产，薄皮甜瓜春季地膜覆盖生产；南瓜露地生产；冬瓜露地生产；瓜类果实成熟度鉴定。

3. 教学重点

瓜类嫁接育苗，瓜类蔬菜植株调整，大棚甜瓜栽培，西瓜生产易发生的生理障碍及其防治的主要措施，瓜类蔬菜果实成熟度鉴定，甜瓜保护地栽培生理障碍与防治措施。

项目七　豆类蔬菜生产

1. 任务实施的相关专业知识与目的要求

了解菜豆、豌豆、豇豆的主要形态特征，分枝结果习性，生长发育周期，对环境条件的要求及与栽培生产的关系，品种类型，栽培季节与茬口安排，主要病虫害的特征；理解豆类蔬菜共同的生物学特性与栽培特点；掌握菜豆、豇豆与豌豆的播种、肥水管理技术和主要病虫害防治。

2. 任务实施的相关生产操作内容

塑料大棚春提前菜豆生产，塑料大棚菜豆秋延后生产，日光温室冬春茬菜豆生产，菜豆露地生产；豇豆春露地生产，豇豆大棚春早熟生产，豇豆大棚秋延后生产，豇豆秋露地生产；食荚豌豆露地生产，豌豆塑料大棚秋延后生产，日光温室春豌豆生产；菜豆、豇豆的生长习性观察。

3. 教学重点

豆类蔬菜施肥技术，植株调整，菜豆落花落荚现象及防治措施，豌豆栽培生产中易出现的问题与防治措施。

项目八　葱蒜类蔬菜生产

1. 任务实施的相关专业知识与目的要求

了解大葱、大蒜、韭菜、洋葱的主要形态特征和种子的特点与出苗过程，生长发育周期，对环境条件的要求及与栽培生产的关系，品种类型，栽培季节与茬口安排，主要病虫害的特征；理解葱蒜类蔬菜共同的生物学特性与栽培特点；掌握大葱、大蒜、韭菜、洋葱的种子处理，播种，肥水管理和主要病虫害防治和收获。

2. 任务实施的相关生产操作内容

大葱露地生产，大葱保护地生产，大葱收获；大蒜露地生产，大蒜地膜覆盖生产，保护地蒜苗生产，蒜黄生产，大蒜收获；韭菜露地生产，大棚韭菜生产，日光温室韭菜反季节生产，韭黄生产，采收；洋葱露地生产。

3. 教学重点

葱蒜类蔬菜种子的特点与繁殖，幼苗管理，大葱培土软化，大蒜的"退母"现象及大蒜种性退化及复壮，韭菜的"跳根"现象及剔根、紧撮和客土，割韭，蒜薹与韭黄的生产技术要点。

项目九　薯芋类蔬菜生产

1. 任务实施的相关专业知识与目的要求

了解马铃薯、甘薯、生姜、山药的主要形态特征，产品器官类型与形成过程，生长发育周期，对环境条件的要求及与栽培生产的关系，品种类型，主要病虫害的特征；理解薯芋类蔬菜共同的生物学特性与栽培特点；掌握栽培季节与茬口安排，种子处理与播种，培土与肥水管理，主要病虫害防治，收获。

2. 任务实施的相关生产操作内容

马铃薯种薯处理，春马铃薯生产，秋马铃薯生产，马铃薯设施生产；根用甘薯的生产，菜用甘薯的生产；种姜处理，生姜露地生产，生姜设施生产技术要点；山药露地生产。

3. 教学重点

马铃薯种性退化的原因及其防治措施，马铃薯种薯处理和培土，甘薯的育苗和栽插方法，种姜处理，生姜培育壮芽及播种，山药繁殖方法，姜块和山药的收获。

项目十 绿叶菜类蔬菜生产

1. 任务实施的相关专业知识与目的要求

了解菠菜、芹菜、莴苣、芫荽、茼蒿、小白菜的主要形态特征，生长发育周期，对环境条件的要求及与栽培生产的关系，品种类型，栽培季节与茬口安排，主要病虫害的特征；理解绿叶菜类蔬菜共同的生物学特性与栽培特点；掌握菠菜、芹菜、莴苣、芫荽、茼蒿、小白菜的播种，肥水管理，主要病虫害防治和采收。

2. 任务实施的相关生产操作内容

春菠菜露地生产，夏季菠菜生产，早秋菠菜生产，秋菠菜生产，越冬菠菜生产，秋冬菠菜生产；日光温室秋冬茬芹菜生产，塑料大棚秋芹菜生产，芹菜秋延迟生产，塑料大棚芹菜春早熟生产；春莴笋生产，秋莴笋生产，叶用莴苣生产，莴苣夏季生产，塑料大棚秋冬莴笋生产，日光温室莴笋高效生产；春芫荽生产，夏芫荽生产，秋芫荽生产，小拱棚芫荽生产；茼蒿春露地生产，日光温室茼蒿生产，大棚茼蒿春早熟生产，秋茼蒿生产；夏季小白菜生产，冬春季小白菜生产，春小白菜无公害生产，秋冬小白菜生产。

3. 教学重点

菠菜、芹菜、莴苣、芫荽、茼蒿、小白菜的种子处理，水肥管理，采收。

项目十一 多年生蔬菜生产

1. 任务实施的相关专业知识与目的要求

了解金针菜、百合、石刁柏的主要形态特征，生长发育周期，对环境条件的要求及与栽培生产的关系，品种类型，栽培季节与茬口安排，主要病虫害的特征；理解多年生蔬菜共同的生物学特性与栽培特点；掌握金针菜、百合、石刁柏的播种，肥水管理，主要病虫害防治，收获。

2. 任务实施的相关生产操作内容

金针菜生产，百合生产，石刁柏生产。

3. 教学重点

金针菜的田间管理和采收；百合种球培育和处理；石刁柏播种育苗，田间管理和采收。

项目十二 水生蔬菜生产

1. 任务实施的相关专业知识与目的要求

了解莲藕、茭白的主要形态特征，生长发育周期，对环境条件的要求及与栽培生产的关系，品种类型，栽培季节与茬口安排，主要病虫害的特征；理解水生蔬菜共同的生物学特性与栽培特点；掌握莲藕、茭白的播种，肥水管理，主要病虫害防治和收获。

2. 任务实施的相关生产操作内容

莲藕植株形态观察及莲藕生产，茭白生产。

3. 教学重点

莲藕植株形态与生长过程，莲藕的栽植、田间管理和采收；茭白的栽植、田间管理和采收，茭白的结茭与灰茭的形成及识别。

## 五、课时分配表

附表1　蔬菜生产技术教学内容与课时分配表

| 序号 | 教 学 内 容 | 教 学 时 间 | | | 教学条件及教学方法 | 备注 |
|---|---|---|---|---|---|---|
| | | 总学时数 | 专业知识 | 生产操作 | | |
| 1 | 绪论<br>一、蔬菜的定义与生产特点<br>二、我国蔬菜栽培区域及特点<br>三、我国蔬菜生产中存在的问题及发展趋势<br>四、蔬菜生产技术课程的学习任务和方法<br>五、本课程学习的建议 | 2 | 2 | 0 | 多媒体教室及课件；讲授法 | |
| 2 | 项目一　蔬菜生产技术基础<br>任务一　种子处理<br>任务二　播种<br>任务三　育苗<br>任务四　定植<br>任务五　田间管理<br>任务六　化学调控<br>任务七　菜田除草剂使用<br>任务八　采收及采后处理 | 14 | 4 | 10 | 校内外生产基地设施、设备、农具，多媒体教室及课件、试验室；以工作过程为导向，"教、学、做"一体教学法 | 技能考核 |
| 3 | 项目二　蔬菜生产安排<br>任务一　栽培季节安排<br>任务二　茬口安排 | 2 | 1 | 1 | | 技能考核 |
| 4 | 项目三　白菜类蔬菜生产<br>任务一　大白菜生产<br>任务二　结球甘蓝生产<br>任务三　花椰菜生产<br>任务四　茎用芥菜生产<br>任务五　球茎甘蓝生产 | 10 | 2 | 8 | | 技能考核 |
| 5 | 项目四　根菜类蔬菜生产<br>任务一　大萝卜生产<br>任务二　胡萝卜生产<br>任务三　根用芥菜生产<br>任务四　牛蒡生产 | 10 | 2 | 8 | | 技能考核 |

（续）

| 序号 | 教学内容 | 教学时间 | | | 教学条件及教学方法 | 备注 |
|---|---|---|---|---|---|---|
| | | 总学时数 | 专业知识 | 生产操作 | | |
| 6 | 项目五　茄果类蔬菜生产<br>任务一　番茄生产<br>任务二　茄子生产<br>任务三　辣椒生产 | 8 | 2 | 6 | | 技能考核 |
| 7 | 项目六　瓜类蔬菜生产<br>任务一　黄瓜生产<br>任务二　西瓜生产<br>任务三　西葫芦生产<br>任务四　甜瓜生产<br>任务五　南瓜生产<br>任务六　冬瓜生产 | 10 | 2 | 8 | | 技能考核 |
| 8 | 项目七　豆类蔬菜生产<br>任务一　菜豆生产<br>任务二　豇豆生产<br>任务三　豌豆生产 | 8 | 2 | 6 | | 技能考核 |
| 9 | 项目八　葱蒜类蔬菜生产<br>任务一　大葱生产<br>任务二　大蒜生产<br>任务三　韭菜生产<br>任务四　洋葱生产 | 10 | 2 | 8 | 校内外生产基地设施、设备、农具，多媒体教室及课件、试验室；以工作过程为导向，"教、学、做"一体教学法 | 技能考核 |
| 10 | 项目九　薯芋类蔬菜生产<br>任务一　马铃薯生产<br>任务二　甘薯生产<br>任务三　生姜生产<br>任务四　山药生产 | 8 | 2 | 6 | | 技能考核 |
| 11 | 项目十　绿叶菜类蔬菜生产<br>任务一　菠菜生产<br>任务二　芹菜生产<br>任务三　莴苣生产<br>任务四　芫荽生产<br>任务五　茼蒿生产<br>任务六　小白菜生产 | 10 | 2 | 8 | | 技能考核 |
| 12 | 项目十一　多年生蔬菜生产<br>任务一　金针菜生产<br>任务二　百合生产<br>任务三　石刁柏生产 | 4 | 0 | 4 | | 技能考核 |
| 13 | 项目十二　水生蔬菜生产<br>任务一　莲藕生产<br>任务二　茭白生产 | 2 | 0 | 2 | | 技能考核 |
| | 总　　　计 | 98 | 23 | 75 | | |

## 六、教学建议

1）以工作过程为导向，按照学生形成实践操作能力的客观规律，精讲多练，带领学生参与蔬菜生产活动，指导学生在实践中多做、反复做。

2）可根据当地的自然环境条件、生产条件和市场需求，选用教学内容。对教学内容的顺序和学时数的安排，也可做适当的调整，应适时引入新知识和新技术。

3）注意考核方法的改革，将不宜直接和直观表现的知识和能力，通过生产实际操作进行检查，运用多种考核方法，综合评价学生的学习效果。

## 七、考核方式

### 1. 过程考核

本项考核成绩占课程总成绩的70%，由教师、学生、技术人员共同评价。包括各生产阶段成果质量、生产方案设计、技术报告撰写、操作规范及熟练程度、对团队的贡献率、出勤率、社会责任感、沟通能力等。

### 2. 结果性考核

本项考核成绩占课程总成绩的30%，包括专业知识考核和生产操作技能考核。专业知识考核方式为闭卷考试，由教师组织实施。生产操作技能考核结合生产过程进行，由教师、技术人员、学生、本人共同评价，充分体现以工作过程为导向，融知识、技能、素质三位一体。

# 参 考 文 献

[1] 王秀峰. 蔬菜栽培学各论 [M]. 4 版. 北京：中国农业出版社，2011.

[2] 张振贤. 蔬菜栽培学 [M]. 北京：中国农业大学出版社，2008.

[3] 周克强. 蔬菜栽培 [M]. 北京：中国农业大学出版社，2007.

[4] 韩世栋. 蔬菜生产技术 [M]. 北京：中国农业出版社，2006.

[5] 于广建，付胜国. 蔬菜栽培 [M]. 哈尔滨：黑龙江人民出版社，2005.

[6] 卢育华. 蔬菜栽培学各论（北方本）[M]. 北京：中国农业出版社，2000.

[7] 蔡国基. 蔬菜栽培学 [M]. 北京：中国农业出版社，1998.

[8] 董树亭. 蔬菜优质高产高效栽培 [M]. 北京：中国农业出版社，2003.

[9] 陈杏禹. 蔬菜栽培 [M]. 北京：高等教育出版社，2005.

[10] 吴国兴. 日光温室蔬菜栽培技术大全 [M]. 北京：中国农业出版社，1998.

[11] 刘世琦. 蔬菜栽培学简明教程 [M]. 北京：化学工业出版社，2007.

[12] 鞠剑峰. 园艺专业技能实训与考核 [M]. 北京：中国农业出版社，2006.

[13] 陈友. 保护地蔬菜栽培及病虫害防治技术 [M]. 北京：中国农业出版社，1999.

[14] 沈火林，黄寰. 芹菜芫荽无公害高效栽培 [M]. 北京：金盾出版社，2003.

[15] 高丽红，任华中. 蔬菜生产技术 [M]. 北京：中国农业出版社，2008.

[16] 罗庆熙，向才毅. 蔬菜生产技术（南方本）[M]. 北京：高等教育出版社，2002.

[17] 曹宗波，张志轩. 蔬菜栽培技术（北方本）[M]. 北京：化学工业出版社，2009.

[18] 丁习武，高俊杰. 叶菜类蔬菜栽培与加工新技术 [M]. 北京：中国农业出版社，2005.

[19] 王瑜，范双喜. 绿叶蔬菜优质高产栽培 [M]. 北京：中国农业大学出版社，1998.

[20] 徐道东、赵章忠. 绿叶类蔬菜栽培技术 [M]. 上海：上海科学技术出版社，2000.

[21] 中国农业科学院蔬菜花卉研究所. 中国蔬菜栽培学 [M]. 2 版. 北京：中国农业出版社，2010.

[22] 宋元林. 马铃薯 姜 山药 芋 [M]. 2 版. 北京：科学技术文献出版社，2004.

[23] 兰平. 萝卜 甘薯 马铃薯栽培新技术 [M]. 延吉：延边人民出版社，1999.